建築基礎設計のための
地盤調査計画指針

Recommendation Procedures for Planning Soil Investigations

for Design of Building Foundations

1985　制定

2009　改定（第二次）

日本建築学会

本書のご利用にあたって
　本書は，作成時点での最新の学術的知見をもとに，技術者の判断に資する技術の考え方や可能性を示したものであり，法令等の補完や根拠を示すものではありません．また，本書の数値は推奨値であり，それを満足しないことが直ちに建築物の安全性を脅かすものでもありません．ご利用に際しては，本書が最新版であることをご確認ください．本会は，本書に起因する損害に対しては一切の責任を有しません．

ご案内
　本書の著作権・出版権は(一社)日本建築学会にあります．本書より著書・論文等への引用・転載にあたっては必ず本会の許諾を得てください．
Ⓡ＜学術著作権協会委託出版物＞
　本書の無断複写は，著作権法上での例外を除き禁じられています．本書を複写される場合は，学術著作権協会(03-3475-5618)の許諾を受けてください．

一般社団法人　日本建築学会

改定の序

　本会の「建築基礎設計のための地盤調査計画指針」は，1985年に本会編「建築基礎構造設計指針」（当時は「建築基礎構造設計基準・同解説」）の地盤調査に関し，特に地盤調査計画について補足するものとして発行され，1995年には，当時の新たな知見，経験の蓄積を反映するための改定がなされた．今回の改定では，地盤調査に関する最新の知見を取り入れるとともに，「建築基礎構造設計指針」の2001年の改定版に示された，基礎種別ごとに限界状態に応じた検討，確認を行うという設計の考え方に対して，適切な地盤調査計画を立案，発注できることを目指した．

　本指針では，地盤調査計画にあたって，十分な事前調査を行って地盤構成を把握した上で，それに適合した基礎構造を想定し，設計に必要な地盤情報を取得するための適切な調査方法を選定し，ばらつきを考慮できる十分な数の調査を発注することを基本方針とし，この方針に沿った調査計画を行うための手順を示している．また，地盤調査，土質試験方法の選定にあたってはその適用性を理解することが重要であるが，特に一般の構造設計者が建築基礎の設計，施工計画を行うための地盤調査であることに配慮して，最新の知見，経験を踏まえて調査方法とその利用方法についてポイントを絞って解説している．

　さらに，本指針では，実際に地盤調査計画を行おうとする構造設計者の参考に供するため，さまざまな地盤条件および超高層建物や免震建物，パイルド・ラフト基礎を含むさまざまな建物条件での地盤調査計画の具体例を示している．

　一方，近年では土壌汚染や環境振動など地盤に関する環境問題への対応が必要となることも多くなってきているが，建築基礎構造との関わりについて示したまとまった資料は見当たらなかった．そこで，本指針では地盤調査計画にあたっての地盤環境問題に関する留意点を示すとともに，参考となる資料を付録として示している．地盤環境問題，地盤環境調査については，今後，継続した検討がなされ，将来は，より詳細な資料が作成されることが望まれる．

　本指針は，基礎構造運営委員会に設けられた「地盤調査計画小委員会」および「建築基礎設計のための地盤調査計画指針改定小委員会」において，ワーキンググループにて執筆された本文，解説に基づいて，運営委員会および小委員会での議論，意見を受けて，最終的に小委員会で全体の調整を行ったものである．なお，本指針の改定では，二つの小委員会の主査をつとめられた故田村昌仁氏の尽力によるところが大きいことを申し添える．

　今後の建築基礎構造の設計，施工においては，適切な地盤調査および地盤調査計画がより重要となるであろう．本指針が有効に用いられ，より安全な建築物の実現につながることに期待する．

2009年11月

日本建築学会

序（第一版）

　基礎構造分科会においては，「建築基礎構造設計規準・同解説，(1974年版)」の見直しの一環として，「地盤調査」に関しても検討してきた．具体的には，同規準1章「地盤調査」に関して，各機関の関係規定をはじめ参考資料等を収集・検討したが，この過程において建築基礎の設計における地盤調査の現況について，次のような問題のあることが明らかになった．すなわち，地盤調査において地盤の状態が的確に把握されていない場合が多く，その原因の大半が地盤調査の実施そのものよりも，地盤調査計画の不備にあることが明らかになった．しかも，現行の規準を含め前述の関係規定や参考資料においては，地盤調査の計画に関する部分が必ずしも十分とはいえず，このようなことも調査計画の不備を招いていると考えられた．

　このような状況から，基礎構造分科会としては，設計者や地盤調査の実施担当者はもとより建物の発注者に対しても，より的確で効果的な地盤調査が行われるよう強く奨励していくことが必要であり，このためには地盤調査計画の不備を補いうるような手引書を作成し，その普及を図ることが効果的であると判断した．そこで，この手引書として本「建築基礎設計のための地盤調査計画指針」を作成するために，昭和55年12月に「地盤調査小委員会」を発足させた．本指針は，建築基礎の設計を行うための地盤調査を対象として，設計のために必要な施工に関する調査を含め，これらの地盤調査に関し適切な計画の作成を主眼にしたものである．

　本指針は以上のような考えをもとに，実用性を重視し，極力簡明な形にまとめるよう配慮した．今後は，通常の地盤における一般的な建物の基礎設計に必要な地盤調査計画の作成においては，本指針が効果的に活用され，より適切な地盤調査の実施に役立つことを希望する．また，本指針をよりよいものとするために多くのご意見を寄せられることを期待する．

　なお，本指針の作成にあたっては，地盤調査小委員会委員各位をはじめ，基礎構造分科会（主査：吉見吉昭）および仮設構造分科会山留め小委員会（主査：古藤田喜久雄）に多大の尽力をいただき，深く謝意を表する次第である．

1985年7月

日　本　建　築　学　会

改定の序（第二版）

　基礎構造分科会（現在：基礎構造運営委員会）は 1985 年 7 月に，地盤調査計画の実用的手引き書として，「建築基礎設計のための地盤調査計画指針」を発行した．その後，約 10 年が経過し，最近では，超高層建物の建設，高盛土を伴う埋立地ならびに丘陵傾斜地の開発が進められ，地盤調査がより重要な役割を果たす事例が増えている．また，新たな経験・知見も蓄積されてきた．

　そこで，基礎構造運営委員会は，1992 年に「建築基礎設計のための地盤調査計画指針改定小委員会（主査：阪口　理）」を発足させた．本指針は，「建築基礎構造設計指針（1988 年版），第Ⅱ編 1 章地盤調査」をも補足するものとし，両指針の主旨を十分生かしたうえで新たな知見を加えて，内容の改定を行ったものである．

　構造技術者といえども地盤に関する知識が十分でない人もあり，地盤調査の技術者に経済性を含めた基礎の検討を依存している例もある．また，N 値や土質試験等の調査結果の信頼性について検討することなく，基礎の設計についても言及している調査報告書，さらに，発注者が地盤調査の重要性を十分認識せず，設計者に相談しないで単にボーリングを行い，その調査報告書をもとに基礎の設計を求めている場合も多々ある．

　このような実態を背景とし，本指針の改定では，十分な事前調査に基づき，新たに設定した「地盤種別」に応じた調査計画を立案すること，精度良い試験を実施すること等について解説するとともに，「自動化された標準貫入試験」の実施を推奨している．

　本指針の活用により，地盤の特性を正しく評価した合理的な基礎の設計が行われ，建物の安全性および経済性の向上に貢献できることを期待する．

　最後に，本指針の改定にあたって，多大なるご尽力をいただいた地盤調査計画指針改定小委員会（主査：阪口　理）」の委員各位，また基礎構造運営委員会の委員各位に深く謝意を表する．

1995 年 12 月

日　本　建　築　学　会

指針作成関係委員
—— (五十音順・敬称略) ——

構造委員会
委員長　中島正愛
幹　事　大森博司　　倉本　洋　　三浦賢治
委　員　（省略）

基礎構造運営委員会
委員長　中井正一
幹　事　鈴木康嗣　　田村修次
委　員　井上波彦　　内山晴夫　　小椋仁志　　加倉井正昭
　　　　金子　治　　佐原　守　　土屋　勉　　土屋富男
　　　　時松孝次　　長尾俊昌　　長谷川正幸　畑中宗憲
　　　　平出　務　　藤井　衛　　三町直志　　山崎雅弘

建築基礎設計のための地盤調査計画指針改定小委員会
主　査　金子　治（田村昌仁）
幹　事　佐藤秀人　　常木康弘
委　員　阿部秋男　　加倉井正昭　川西泰一郎　（木村　匡）
　　　　鈴木康嗣　　諏訪靖二　　平井芳雄　　本田周二
　　　　松尾雅夫　　三町直志
（　）は前任者

執 筆 委 員

1章　1.1〜1.8，2章　2.1〜2.3.13，3章　3.6，付録Ⅰ
　　地盤情報ワーキンググループ
　　　　主　査　金子　　治
　　　　幹　事　金井　重夫
　　　　委　員　浅香　美治　　鈴木　康嗣　　諏訪　靖二　　高橋　広人
　　　　　　　（田村　昌仁）　平田　茂良　　平塚　智幸　　村上　　哲

2章　2.3.14，2.3.15，付録Ⅱ
　　地盤環境ワーキンググループ
　　　　主　査　佐藤　秀人
　　　　幹　事　平井　芳雄
　　　　委　員　石井　　茂　（木村　　匡）　小寺　正明　　近者　淳史
　　　　　　　　高野真一郎　　田口　典生　　田崎　雅晴　　田中　尚人
　　　　　　　　田中　秀宜　　藤平　雅巳

3章　3.1〜3.5，3.7，3.8
　　調査計画例ワーキンググループ
　　　　主　査　常木　康弘
　　　　幹　事　三町　直志
　　　　委　員　内山　晴夫　　片岡　達也　　倉持　博之　　小口　和明
　　　　　　　　藤森　　智　　本田　周二　　松尾　雅夫　　宮久保亮一

建築基礎設計のための地盤調査計画指針

目　　　次

第1章　調査計画の基本事項
 1.1節　本指針の目的 …………………………………………………………………… 1
 1.2節　用　　　語 ……………………………………………………………………… 3
 1.3節　建築基礎の設計・施工計画のための地盤調査計画の基本事項 …………… 5
 1.4節　地盤調査計画のための事前調査 ……………………………………………… 9
 1.5節　建築基礎の設計と地盤調査 …………………………………………………… 12
 1.6節　建築基礎の施工計画と地盤調査 ……………………………………………… 19
 1.7節　地盤調査の規模・数量 ………………………………………………………… 22
 1.8節　地盤調査の発注 ………………………………………………………………… 26

第2章　建築基礎設計のための調査計画
 2.1節　調査計画の進め方 ……………………………………………………………… 28
 2.2節　事　前　調　査 ………………………………………………………………… 28
 2.3節　本　　調　　査
  2.3.1　本調査の種類と目的 ……………………………………………………… 36
  2.3.2　ボーリング調査による土質分類，地層構成，地盤断面の把握 ……… 39
  2.3.3　地下水位，透水性に関する調査，試験 ………………………………… 40
  2.3.4　物理特性に関する調査，試験 …………………………………………… 43
  2.3.5　化学特性に関する調査，試験 …………………………………………… 46
  2.3.6　標準貫入試験 ……………………………………………………………… 47
  2.3.7　標準貫入試験以外のサウンディング …………………………………… 50
  2.3.8　強度特性・変形特性に関する調査，試験 ……………………………… 52
  2.3.9　圧密特性に関する調査，試験 …………………………………………… 57
  2.3.10　液状化に関する調査，試験 ……………………………………………… 59
  2.3.11　地震動評価に関する調査，試験 ………………………………………… 61
  2.3.12　平板載荷試験 ……………………………………………………………… 64
  2.3.13　杭の載荷試験 ……………………………………………………………… 66
  2.3.14　地盤環境振動調査との連携 ……………………………………………… 68
  2.3.15　土壌汚染に対する配慮 …………………………………………………… 71

第3章　調査計画例

3.1節　沖積低地
- 3.1.1　沖積低地における調査計画例1（関東地区） …………………………… 77
- 3.1.2　沖積低地における調査計画例2（関西地区） …………………………… 85

3.2節　洪積台地
- 3.2.1　洪積台地における調査計画例1（関東地区） …………………………… 96
- 3.2.2　洪積台地における調査計画例2（関西地区） …………………………… 100

3.3節　傾斜地
- 3.3.1　傾斜地における調査計画例 ……………………………………………… 107
- 3.3.2　造成地における調査計画例 ……………………………………………… 114
- 3.3.3　山岳地・丘陵地（岩盤）における調査計画例 ………………………… 121

3.4節　埋立地
- 3.4.1　臨海埋立地
  - 3.4.1.1　大規模埋立地における調査計画例 ……………………………… 130
  - 3.4.1.2　埋立地に建設される大規模建築物の調査計画例 ……………… 142
- 3.4.2　ため池などの埋立地における調査計画例 ……………………………… 152

3.5節　広大な敷地における調査計画例 …………………………………………… 161

3.6節　宅地造成における調査計画例 ……………………………………………… 171

3.7節　超高層建築物および免震構造建築物
- 3.7.1　超高層建築物の調査計画例 ……………………………………………… 179
- 3.7.2　免震構造建築物の調査計画例 …………………………………………… 187

3.8節　パイルド・ラフト基礎建築物の調査計画例 ……………………………… 196

付録Ⅰ　地盤調査計画のための資料
- 付録Ⅰ.1　地形と地質・地層 …………………………………………………… 207
- 付録Ⅰ.2　地盤データのばらつきと限界状態設計法の適用例 ……………… 213
- 付録Ⅰ.3　標準貫入試験結果の利用 …………………………………………… 220
- 付録Ⅰ.4　地盤調査発注仕様書 ………………………………………………… 225
- 付録Ⅰ.5　地盤調査方法の国際化および海外基準における地盤調査の現状 ………… 232

付録Ⅱ　地盤環境調査に関する資料
- 付録Ⅱ.1　地盤環境振動調査 …………………………………………………… 237
- 付録Ⅱ.2　地盤環境振動調査例 ………………………………………………… 245
- 付録Ⅱ.3　環境振動問題に関わる法律および諸基準 ………………………… 252
- 付録Ⅱ.4　環境振動の予測と対策 ……………………………………………… 260
- 付録Ⅱ.5　土壌汚染調査 ………………………………………………………… 267
- 付録Ⅱ.6　土壌汚染調査例 ……………………………………………………… 278

付録Ⅱ.7　土壌・地下水汚染に関わる法律および諸基準……………………………282
付録Ⅱ.8　土壌・地下水汚染対策………………………………………………………289

建築基礎設計のための
地盤調査計画指針

第1章　調査計画の基本事項

1.1節　本指針の目的

> 地盤調査は，建築物の要求性能に基づく建築基礎の設計および施工計画に必要な地盤情報を取得するために行う．本指針は，その計画の元となる地盤情報の収集と分析，地盤調査計画の立案方法，調査・試験の適用方法，調査結果の解釈方法について示すことを目的とする．

(1) 本指針の適用範囲
- 本指針は，建築基礎の設計および施工計画に必要な地盤情報を取得するために実施する地盤調査を計画立案する上で必要な基本的な考え方を示したものである．ただし，「小規模建築物基礎設計指針」[1.1.1]で対象とする小規模建築に関する地盤調査は本指針から除く．
- 建築基礎の設計に関しては，「建築基礎構造設計指針[1.1.2]」（以下，「基礎指針」）に示された建築基礎の設計に必要な地盤データ（地盤情報）を得るために実施する地盤調査の計画について示した．そのため，基礎指針に示された各レベルの要求性能に対応できるよう，沈下の検討や耐震設計に必要な地盤情報とそれを得るための地盤調査についても示した．
- 建築基礎の施工計画に関しては，本会の「山留め設計施工指針[1.1.3]」・「建築地盤アンカー設計施工指針・同解説[1.1.4]」・「建築工事標準仕様書　JASS 3 土工事および山留め工事，JASS 4 杭・地業および基礎工事[1.1.5]」に準拠して，地下工事（根切・山留め，建築基礎の施工）を安全に進めるために必要な地盤情報とそれを得るための地盤調査について示した．

(2) 本指針の基本方針
- 一般の構造設計者・施工技術者が本指針を参照することにより，安全性を確保し，かつ合理的な建築基礎の設計・施工計画のための地盤調査を計画できることを目指し，地盤調査の手順や方法を示すとともに，想定されるさまざまなケースにおける具体的な計画例を示した．
- 本指針では，「地盤情報」とは，建築基礎の設計および施工計画に必要な，いわゆる「地盤定数」のみでなく，地形・地質や地盤災害に関する資料，データベースなどを総称したものである．また，地盤に関連した環境問題のうち，特に建築基礎の設計・施工計画に影響を及ぼすと思われる土壌汚染と地盤環境振動に関する情報を含むものとした．
- 安全性を確保し，かつ合理的な建築基礎の設計，および安全性の高い施工のためには，精度の高い調査・試験方法の採用とともに，結果の妥当性やばらつきを評価できる十分な数量の調査・試験の実施とその結果の精査が必要であることを示した．また，建築物の立地条件（平野部に計画されることが多い，既存建物が残っている場合があるなど）についても考慮すべきことを示した．
- 発注段階から設計者・施工者と専門知識を有する調査者が，連携・協議して計画を進めることが重要であることを示した．
- 地盤調査計画および結果の解釈にあたっては，事前調査による既存資料（地盤図など）および地盤情報データベースやハザードマップ類を積極的に利用し，総合的に検討すべきであることを示

した．
- 地盤調査の方法は，設計に必要な最小限の情報を示し，詳細は専門書，たとえば，地盤工学会「地盤調査の方法と解説[1.1.6]」・「土質試験の方法と解説[1.1.7]」によるものとした．本指針の基準・規格で「JGS」とあるのは地盤工学会の基準である．
- 地盤の環境評価との関連については，土壌汚染対策法（2002）に基づく土壌汚染と地盤を伝播する振動によって発生する環境振動（地盤環境振動調査）を取り上げ，それらが地盤調査計画に及ぼす影響について示した．

　一般に，これらが問題となるような地盤であれば，建築基礎の設計・施工計画以前に，建設計画の前提条件として調査が行なわれているが，その結果が建築基礎の設計や施工の制約となる場合や，設計時や施工中に問題が発覚して追加調査が必要になる事態も考えられる．そこで本指針では，構造設計者および建築の企画・設計・施工に携わる関係者が建築基礎設計のための調査計画を立案する上で必要最小限の理解を得るための情報を示すこととした．

　なお，地盤調査計画において参考となる，土壌汚染やその調査・対策・地盤環境振動調査に関する情報および調査計画例については付録Ⅱにまとめて示した．

(3) 本指針の構成

　本指針は以下の三つの章および付録Ⅰ，Ⅱで構成されている．

表 1.1.1　本指針の構成

第1章	調査計画の基本事項	地盤調査の手順や規模など，計画立案にあたっての基本事項を示している．
第2章	建築基礎設計のための調査計画	地盤調査計画立案にあたって，各調査，試験方法の概要と適用性，検討事項について示している．
第3章	調査計画例	地形・地質，建築物・基礎形式の種類ごとに，地盤調査計画の実例および調査結果の設計への適用方法を示している．
付録Ⅰ	地盤調査計画のための資料	地盤調査計画に参考となる資料や専門的あるいは研究段階の事項について示している．
付録Ⅱ	地盤環境調査に関する資料	地盤環境に関する解説および調査方法，対策，調査計画例について示している．

参 考 文 献

1.1.1)　日本建築学会：小規模建築物基礎設計指針，2008
1.1.2)　日本建築学会：建築基礎構造設計指針，2001
1.1.3)　日本建築学会：山留め設計施工指針，2002
1.1.4)　日本建築学会：建築地盤アンカー設計施工指針・同解説，2001
1.1.5)　日本建築学会：建築工事標準仕様書　JASS 3 土工事および山留め工事，JASS 4 杭・地業および基礎工事，2009
1.1.6)　地盤工学会：地盤調査の方法と解説，2004
1.1.7)　地盤工学会：土質試験の方法と解説，2000

1.2節　用　語

　地盤情報と調査の概念，調査方法（事前調査および本調査），調査内容などに関する用語のうち，本指針で用いる主なものを以下に挙げる．その他の関連用語については，文献1.2.1)～1.2.3)などを参照されたい．

(1)　地盤情報と調査の概念
・地盤情報：建築物の基礎構造設計および施工に必要な地盤に関わる情報全般．
・地盤調査：建築によって影響を受ける当該敷地範囲内で行う原位置試験および室内土質試験を併せた，地盤の性質を調べるための調査や試験の総称．単に「調査」ともいう．
・事前調査：各種資料あるいは当該敷地およびその周辺を踏査（現地踏査）することにより，当該地盤の構成や支持層深度などを予測し，地形上の特徴や敷地の特殊条件などを把握することで，適切な地盤調査計画を立案するための調査．
・予備調査：本調査に先立ち地層構成を把握するなど当該地盤の概要を把握するためにあらかじめ行う実体調査．
・本　調　査：適切な基礎構造設計と施工を行うための，当該敷地における詳細な調査．
・追加調査：本調査の結果，設計・施工上，適切な評価ができないか，あるいはより確実性を求めるために本調査に追加して行う調査．
・地盤定数：土の強度や変形など設計・施工計画に用いる物理特性・化学特性・力学的特性（強度・変形特性）を表す地盤の特性値．地下水位（水圧）や単位体積重量などの地盤情報を含む．応力状態やひずみレベル，排水条件に応じて値は変化する．狭義の「地盤情報」．
・地盤環境問題：地盤にかかわる環境問題．具体的には典型7公害（騒音，振動，大気汚染，土壌汚染，水質汚濁，地盤沈下，悪臭）のうち，地盤に関連するもの，または地盤に関連して発生する問題をいう．本指針では，この中で地盤環境振動・土壌汚染について取り扱う．

(2)　地盤の構成
・土　　　層：自然の状態で土や岩が堆積したもの．「地層」ともいう．
・土質区分：土の観察や粒度に基づいて，「砂質土」・「粘性土」などのグループ（土質分類）に区分すること．「地質区分」ともいう．
・土層区分：土層の堆積年代・土質区分などに基づいて，地盤を連続して同等の特性を示す層に区分すること．「地層区分」ともいう．
・ボーリング柱状図：ボーリング調査の結果を，調査地点ごとに深さに対して図示したもの．「土質柱状図」ともいう．一般に，地質や地層構成・層厚・観察記録・標準貫入試験結果・試料採取位置・地下水出現深度などが記入される．
・想定地盤断面図：想定される地盤の深度方向断面を，土層区分にしたがって分けた図．
・支　持　層：構造物を十分に支持する能力があり，かつ沈下に対しても安全である地層．「支持地盤」ともいう．
・表層地盤：工学的基盤より上にある層．
・工学的基盤：耐震設計のための設計用入力地震動を入力する基盤で，一般には一定の層厚と水平方向の広がりを有するせん断波速度$V_s=300～700$m/sの層とされているが，建築の設計では便宜的に$V_s=400$m/s程度以上，厚さ5m以上を目安とすることが多い．
・深部地盤：工学的基盤と地震基盤の中間にある，約2 300万年前～180万年前に堆積した厚さ2～3km程度の地層．
・地震基盤：表層地盤の影響をほとんど受けず，地震動の影響を共通に捉えられると考えられる十分に硬い基盤で，一般に，$V_s=3 000$m/s程度以上の岩盤をいう．
・速度構造：地震基盤から地表までの弾性波速度の分布．「地震波速度構造」ともいう．
・地盤周期：地盤のもっとも揺れやすい周期．地盤の卓越周期ともいう．目安としては周期1秒以上を長周期という．建築物の設計では地盤周期に基づく地盤種別により，地震力を変化させる手法が用いられることがある．

- 活 断 層：断層（岩体が分離して破断面に沿って相互に逆方向に変位することによって生じる地質構造）のうち，最近に変位が生じ，今後も活動する可能性があるもの．
- 沖 積 層：現在の沖積平野の地表部を構成する地層で，約2万年前の最終氷期最盛期以降に堆積した地層をいう．完新世に堆積した層に一部更新世に堆積した層も含まれる．
- 洪 積 層：沖積層より古い第四紀の堆積物からなる地層をいう．
- 完 新 世：第四紀を二分した時の新しい地質年代で，氷河の急激な交代の生じた約1万年前から現在までをいう．以前は「沖積世」といわれていたが，現在では地質用語としては使われない．
- 更 新 世：第四紀を二分した時の古い地質年代で，180または160万年前〜約1万年前までを指す．以前は「洪積世」といわれていたが，現在では地質用語としては使われない．
- 第 四 紀：新生代を二分した時の新しい地質年代で，180または160万年前〜現在まで．
- 第 三 紀：新生代を二分した時の古い地質年代で6500万年前〜180ないし160万年前．

(3) 事前調査
- 地 盤 図：地盤を構成する地層および地層層序を示す図．簡略化した土質柱状図を含むものが多い．
- 地 質 図：岩石や時代の違いに基づいた地質区分と，その分布を示した図で，平面図と断面図がある．
- 地 形 図：土地の地表面の起伏，形態，水系の物的状態を示した図．
- 地盤情報データベース：地盤調査により得られた各種データを集積し，データベースとして一般の活用を意図したもの．
- ハザードマップ：地震や洪水など，自然災害による地域の危険性を定量化し，防災を目的として地図上に示したもの．
- 現地踏査：敷地の地層構成を推定する目的で，敷地の地形や堆積環境，改変の履歴を探るために敷地周辺を実際に踏査し観察すること．

(4) 本 調 査
- 原位置試験：原位置の地表またはボーリング孔を利用して，地盤の強度や変形特性，地下水などを調べる地盤調査の総称．
- 室内土質試験：サンプリングにより地盤中より採取した試料を用いて，土の物理・力学・化学的性質を調べるために室内で実施する各種試験の総称．
- ボーリング：掘削機械や器具を用いて地盤中に孔を掘る作業．
- ボーリング調査：ボーリング孔を用いたサウンディング・地下水調査などの原位置試験・室内土質試験用のサンプリング・試料の観察を総称したもの．
- サウンディング：ロッドにつけた抵抗体を地盤中に貫入・回転・引抜くことで，その抵抗から地盤の強度や変形性状を調べる原位置試験．
- サンプリング：試料を地盤中から採取すること．
- 物理探査：人為的または自然に生じている物理現象を，地表やボーリング孔を利用して計測・解析することにより，地下の成層状態・土層の密度・弾性係数などを推定する地盤調査方法．

(5) 調査内容
- 孔口標高：ボーリング孔口の地盤高さ．
- 孔内水位：ボーリング調査時にボーリング孔内で確認される水位．
- 帯 水 層：地下水によって飽和状態にある透水性の良好な土層．
- 不圧地下水：最上部に自由に上下する地下水面を持つ帯水層中の地下水．「自由地下水」ともいう．
- 被圧地下水：不透水層に挟まれた地下水面を持たない帯水層中の地下水をいい，帯水層の上端よりも高い水頭を持つ．
- 変形係数：一般に地盤のヤング率 E およびせん断剛性率 G，地盤反力係数 $K(k)$ の総称であるが，本指針では単に「変形係数」というときはヤング率の意味で用いる．
- 打撃効率（標準貫入試験の）：ハンマーの持つ本来の位置エネルギーと，実際にロッドに伝達されるエネルギーの比．ハンマーの位置エネルギーは，ロッドに衝突するまでに落下時の摩擦と衝突時のエネルギーロスにより減少する．
- 動的変形特性：10^{-6}〜10^{-2} 程度のひずみレベルにおける土の変形係数と減衰定数の変化を示すもの

で，変形係数は，せん断弾性率 G を初期せん断弾性率 G_0 で無次元化した G/G_0 とせん断ひずみ γ との関係で示すのが一般的である．

(6) 地盤環境調査
・地盤環境振動：環境振動のうち，地盤を伝播して建築物に入力するもの，あるいは敷地外に伝播するものをいう．ここで，環境振動とは，居住環境に伝播する，あるいはそこで発生する日常的な振動の総称で，居住性ならびに居住空間に何らかの影響を及ぼすような振動の総称．主な振動源として，交通振動や工事振動，建物内部での設備機器や人の動きによる振動などがある．
・事前検討（地盤環境振動に関する）：振動源の有無と地盤環境振動問題が発生する可能性を調べ，振動測定調査実施の可否を判断するために行う事前調査と簡易な振動予測を合わせた検討．
・振動測定調査：建築物内の振動を予測し，振動対策を施すための情報を得る目的で実施する調査．振動レベルの測定，振動波形の測定と周波数分析などの詳細予測を合わせた調査・検討．
・振動波形測定：振動の時系列データを観測する調査．周波数特性などのより詳細な情報を得るためには，採取データをもとに周波数分析を実施する．
・振動レベル：人が感じる振動の強さを表す指標．振動の物理的大きさを表す指標である振動加速度レベルを振動感覚補正特性で補正したもの．
・資料等調査（土壌汚染調査に関する）：土壌汚染調査において土壌汚染のおそれを判断するための事前調査で，資料調査・聞き取り調査・現地調査・土地利用に関する履歴調査などをあわせたものをいう．
・土壌汚染状況調査：土壌汚染の有無や平面的な汚染範囲を特定するために行う概況調査・空間的な広がりを調べるための深度方向調査・必要に応じて実施される絞込調査からなる土壌汚染調査の総称．

参 考 文 献
1.2.1) 日本建築学会：建築学用語辞典，岩波書店，1999
1.2.2) 地盤工学会：地盤工学用語辞典，2006
1.2.3) 日本地質学会：地質学用語集，共立出版，2004

1.3節　建築基礎の設計・施工計画のための地盤調査計画の基本事項

1．地盤調査は，建築物の計画から設計・施工に至る過程において必要な地盤情報を得るために段階的に実施する．調査計画にあたっては，事前調査を十分に行い，周辺の地盤情報を把握して採用される基礎形式を想定し，調査，試験方法を選定するとともに，計画の初期段階から施工計画についても考慮することが望ましい．
2．地盤は堆積環境や応力履歴などの影響により，同一敷地内の地盤であっても均一・成層でないことが多いため，地盤調査は複数本実施すると共に，同一地層における地盤定数の判断に必要な試験数を確保することを原則とする．
3．地盤調査計画と地盤環境振動調査との連携や土壌汚染の影響といった，地盤環境問題との関係については，調査計画の最初に確認，検討する．

1．調査計画の基本事項
　地盤調査は，建築物の設計・施工に至る過程で必要な地盤情報を得るために図 1.3.1 に示すように資料調査，現地踏査による事前調査および原位置調査，室内土質試験による本調査を実施し，必

要に応じて予備調査，追加調査を行う．以下，本指針では予備調査，追加調査を含む調査を「本調査」という．図1.3.2に建築物の計画から施工までの流れと地盤環境調査を含む地盤調査の関係を示す．

調査計画の立案にあたっては，事前調査により最初に推定した地盤情報から，必要に応じ予備調査を行った上で，採用される基礎形式を想定して本調査の仕様を決定するが，実施設計・施工計画時のデータ不足を防ぐためには，採用可能な複数の基礎形式を想定しておく．

施工計画に必要な地盤情報は，設計のための情報と共通する項目が多いものの，地下水調査など施工計画上の必要性から調査仕様が決まる調査もあり，また共通する地盤定数でもデータが必要な深度が異なる場合もある．施工中に追加調査が必要となった場合，コスト，工程への影響が大きいことから，調査計画の初期段階から施工性の検討に必要な地盤情報についても考慮する．

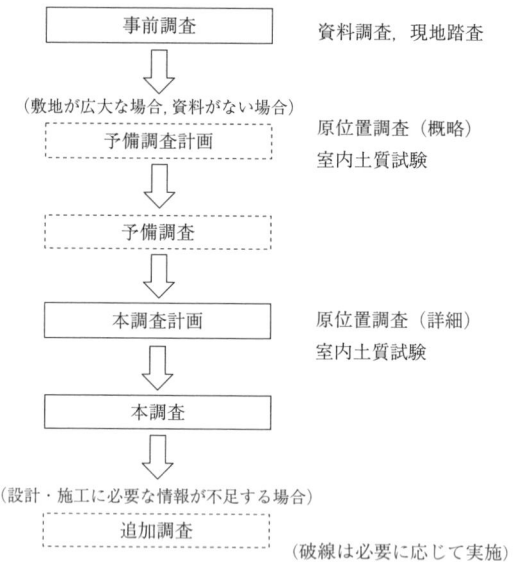

図 1.3.1 地盤調査の流れ

地盤環境調査は，問題になるような土地であれば建設計画の前提条件として事前に行なわれており，図1.3.2に示すように，必要に応じてその結果を参照し，あるいは追加調査を計画する．

このうち，地盤環境振動評価に必要な地盤情報は，建築基礎の設計・施工，特に地震動評価に必要な調査と重複するので，振動が問題となる地盤・基礎では地盤調査と地盤環境調査の連携をとって計画を進める．

また，土壌汚染については，汚染拡散の可能性や汚染対策の実施による地盤物性への影響などについて最初に確認し，建築基礎の設計・施工およびそのための地盤調査計画に反映させる．

2．地盤調査データのばらつきと調査数

地盤中には，川の流れによって削られた谷（埋没谷）や削られなかった丘（埋没丘陵）の存在や地殻変動によって生じた断層などによる地層の不連続・隆起や沈降による地層の傾斜などにより同一敷地内でも地盤は均一な成層状態ではないことが多い．さらに，地盤自体のばらつき以外にも，調査方法自体のばらつきや結果の解釈に伴うばらつきも考えられる．一方で，狭い敷地で行われた多数本の調査結果では，精度の高い地盤調査を行えば，同一地層内の地盤はあまりばらつかない例[1.3.1)]が示されており，複数の調査結果を比較して精査することが地盤調査では重要であることを示唆している．

建築物の設計・施工のための地盤調査計画において，特に小規模の建築物では，ボーリング調査数が1本，地盤情報がN値のみという調査が多い．一方，多数の調査・試験が行われていても，得られる地盤情報が整合せず判断に困る場合や，想定する建物の設計・施工には必要のない調査，対象地盤の適用性に疑問が持たれる調査が行われていることもある．少ない情報，不適切な情報か

第1章 調査計画の基本事項 －7－

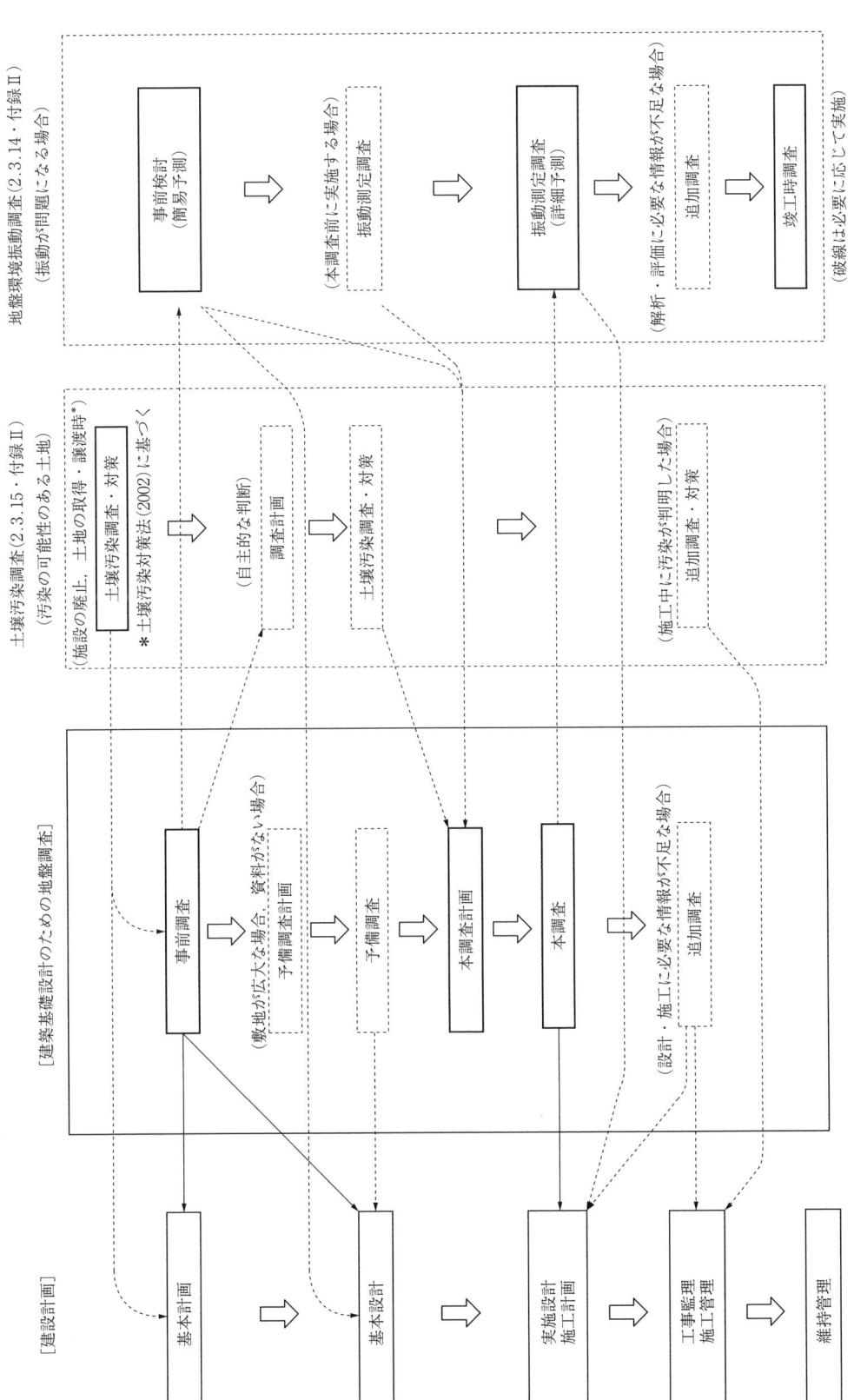

図1.3.2 建設計画と地盤調査の流れ

ら設計用の地盤定数を求めたのでは安全性が確保できないことも考えられ，あるいは逆に過度に安全側で不経済となる可能性もある．

設計用の地盤定数は，一般に平均値あるいは下限値を用いることが多いが，試験数が少ない場合，下限値や単純な算術平均値は安全側の値となるとは限らない．安全余裕の客観的・定量的な評価のためには，ばらつきを統計的に評価できるだけの調査箇所数・試験数（サンプリング数）を確保し，信頼性設計[1.3.2),1.3.3)]の考え方に基づき，統計的な処理を行って平均値や変動係数を算出し，調査数も考慮して設計用の地盤定数（特性値）を算出する必要がある．ただし，地盤に関しては機械的に算出した変動係数が過大となって，設計値として採用される値が推定される下限値を下回る可能性もあり[1.3.4)]，適切な推定区間の設定や調査深さ・測定データの精査が必須である．

ばらつきの実態およびばらつきを考慮した設計（限界状態設計法）の建築基礎への適用例[1.3.3)]については付録I．2に示す．

本指針では現状においては地盤に関する信頼性評価手法の確立には至っていないと判断し，当面はボーリング調査数として1.7節に示すような建築面積（要求性能，重要度や規模に対応）に応じた数を確保することを推奨する．その上で，事前調査による近隣の調査結果や，標準貫入試験以外の調査・試験結果との相関性を精査して，（たとえば，地層の違いや調査方法と土質が適合しないことに起因する異常値を排除して平均値を算出するなど，）設計者の判断により地盤定数の設定を行うものとする．

この時，広大な敷地や事前調査資料が得られないような場所では，データ補間のために簡易なサウンディング（2.3.7項参照）や物理探査の併用も有効である．また，調査・試験方法を地盤条件に適合したものとするには，2.3節に示すそれぞれの特徴を理解し，選定することが重要である．

事前調査や予備調査で地層の層序や層厚の変化，支持層の不陸，N値や強度定数などの地盤定数のばらつきが大きいことが推定される地盤では，室内土質試験・物理探査・平板載荷試験は少なくとも2か所以上で実施すべきである．室内土質試験のためのサンプリングは，深さ方向に試験対象となる地層ごとに1か所以上（供試体は1か所3個以上），層厚が厚い場合は同一層であっても深度方向に圧密特性や強度特性が異なる可能性もあるので，複数箇所で実施することが望ましい．

3．地盤環境問題との関連

(1) 地盤環境振動調査との関連

建築物の建てられる多くの地盤では，大小の差はあるが，道路や鉄道などの交通振動や工場の機械振動などの地盤環境振動を受振しており，それらが建築物内で増幅され，居住環境や嫌振機器の作動環境を阻害することがある．地盤環境振動に関するトラブルを未然に防ぐためには，地盤環境振動調査によって建築物内の床レベルでの振動特性を予測し，基礎構造を含む設計計画に反映させるが，地盤環境振動の伝播特性は地盤の種類や構成によって異なる．そこで，トラブルが予想されるケースでは，地盤調査計画にあたって，標準貫入試験・PS検層・室内土質試験などの結果を参照できるように，地盤環境調査や予測と連携した調査計画を立案する．

(2) 土壌汚染の影響

土壌汚染対策法（2002）では，有害物質を使用している特定施設が廃止された場合や土壌汚染に

よる健康被害が生じるおそれがある時に，土壌汚染調査の実施を義務付けている．また，一定規模以上の土地改変を行う際に，条例によって土壌汚染調査を義務付けている自治体もあり，土壌汚染の可能性がある土地においては，建築物の計画段階で，すでに土壌汚染調査が実施されていることが多い．しかし，近年では施主や開発者が土地・建築物の資産価値評価などのため，自主的な土壌汚染調査を希望する例も多くなっている．

当該敷地に基準値以上の汚染がある場合には，浄化や封じ込めなど法や条例に基づいた厳格な措置を講じなければならず，基礎形式を含めた設計変更を要求されることもある．設計あるいは施工中に汚染が判明した場合には，建設計画の大幅な遅延や見直しなどを余儀なくされ，設計・施工に大きな影響を及ぼす可能性がある．また，土壌汚染調査が敷地の取得時などにすでに実施されている場合であっても，調査の実施後に法や条例が変更されていることもあるので注意を要する．また，汚染物質は難透水層上部に滞留していることが多いので，不用意な掘削やボーリングなどで汚染を拡散することのないように十分注意する必要がある．そのため，土壌汚染に関する確認は他のすべての調査に先駆けて実施する必要がある．

参 考 文 献

1.3.1) 鈴木康嗣：地盤調査の信頼性，2006年度日本建築学会大会PD資料，pp.15～34，2006.9
1.3.2) 日本建築学会：建築物の限界状態設計指針，pp.231～233，2002
1.3.3) 地盤工学会：性能設計概念に基づいた基礎構造物等に関する設計原則，2004
1.3.4) 鈴木康嗣，小林勝已，西山高士，小林治男，田中久丸：地盤定数のばらつきを考慮した杭の鉛直支持力に関する検討と試設計，日本建築学会技術報告集，第14巻，第27号，pp.61～66，2008.6

1.4節　地盤調査計画のための事前調査

> 本調査の計画に先立って，地形・地質や地盤に起因する災害などに関する資料を収集，分析して，地層構成や採用可能な基礎形式を想定し，計画に反映させるための事前調査を実施する．

(1) 事前調査の目的

事前調査は，本調査に先立って，資料調査や現地踏査によって地形・地質に関する情報を収集，分析し，地層構成をある程度推定するとともに，地盤に起因する障害・自然災害の可能性や地盤環境（土壌汚染など）に関する情報を，地盤図・地形図・地質図・既存または近隣での建築基礎の施工記録・災害記録・ハザードマップなどにより収集・分析して，基礎形式の想定および地盤調査（本調査）計画に適切に反映させるために実施する．

最近では敷地周辺の地震発生確率や地盤増幅度など地震動に関する情報の整備・公開が精力的に進められており，計画建物の地震荷重の大きさもある程度まで想定可能であり，基礎形式の想定のための有効な資料となる．また，市街地に建設される建築物では敷地内の既存の建物やさまざまな地中障害物が調査計画や設計・施工に影響する可能性があるので，過去に遡って土地の利用方法や建物の用途・位置・構造などを調査しておくことが必要である．

施工による近隣への影響を考える場合にも，広範囲に多くのデータを収集・分析する必要があり，近隣構造物の変形や地下水位への影響以外にも，土質や地層構成を推定した上で，セメント系固化材を用いた地盤改良における六価クロムの溶出や，薬液注入による地盤汚染などの可能性も考慮しておく必要がある．

現地踏査は，資料から得られる情報を現地で確認するほか，例えば舗装や擁壁の変状状況や段差などから広域地盤沈下の進行状況を推測可能であるなど，有益な情報が得られるので，できる限り実施すべきである．

事前調査の詳細，具体的な資料は2.2節に，地盤環境振動や土壌汚染に関しては付録Ⅱに示す．

(2) 地形・地質に関する情報の収集

わが国の地形は，図1.4.1，図1.4.2に示すように，山地・丘陵・台地・低地に大別され，このうち，低地はさらに自然堤防や後背湿地などの微地形に細分されるなど非常に複雑で，基礎形式の想定や

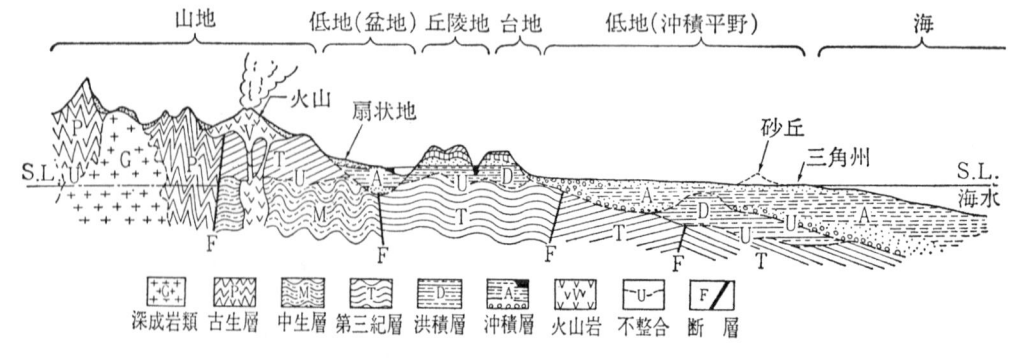

図1.4.1 地形と地質の関係[1.4.1)]

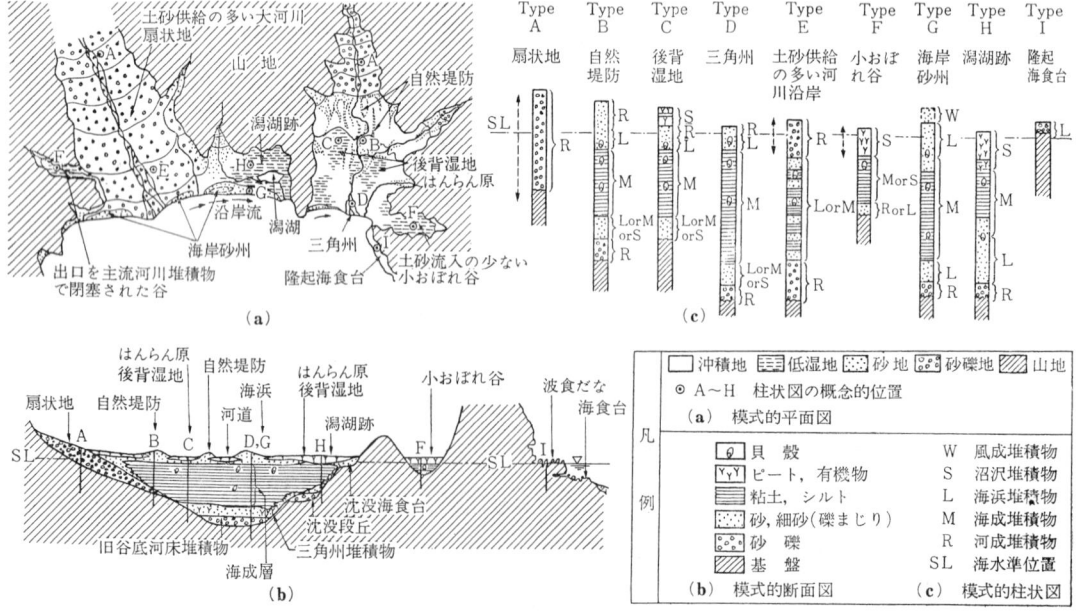

図1.4.2 地形と地質の関係の例（沖積低地）[1.4.2)]

地盤調査計画に先立って，建設予定地の地形・地質に関する情報を収集し，地層構成の推定，特殊性の把握を行うことが必要である．地形は，地質の表部にあたり，生成された際の堆積環境や，その結果堆積した地質や地層構成を反映したものである．地形判読などの資料調査によって，建設予定地の地質や地層構成をある程度推定可能である．一般的に，低地では，表層地盤が軟弱地盤である場合が多く，建物の不同沈下，液状化，掘削時のヒービングや山留め壁の過大な変形などの問題が生じやすく，山地や丘陵は，低地に比べて地盤は良好である場合が多いが，偏土圧の影響の考慮が必要となったり，地滑り・斜面崩壊などの土砂災害の可能性もあり，想定される基礎形式やそれに対応する検討項目は異なる．また地盤・基礎に関する施工記録や災害記録，近隣の基礎形式なども地層や地盤の特殊性を判断する有効な材料となる．詳細は2章および付録Ⅰに示す．

(3) 建築基礎における事前調査の留意点

建築基礎の設計・施工では，通常の設計で考慮する荷重以外にも，図1.4.3に示すような各種地形と典型的な地盤構成に起因する作用荷重や外乱・災害が通常の設計荷重よりも遙かに大きな影響を及ぼすことがあることに注意を要する．これらには，地盤の性状や土質だけでなく，敷地の実況，土地の生い立ちや立地条件に密接に関わる作用もあり，さまざま資料を用いた十分な事前調査が必要である．

地盤に起因する自然災害や障害としては，①液状化②活断層③広域地盤沈下④土砂災害⑤特殊土に伴う災害などが挙げられる．これらの詳細については2.2節で示す．

また地盤環境振動や土壌汚染についても，付録Ⅱに示す地盤環境調査のための事前調査を参考にこれらが地盤調査計画に及ぼす影響について確認する．

さらに，市街地では既存建物を解体してその跡地に新設建築物を建設することが多くなっており，解体条件も考慮する必要がある．たとえば，計画地に既存建物が残っていて調査位置が制約される場合には，既存建物解体後に追加調査が必要になることがある．既存建物の跡地では，新設杭の設置位置に既存杭が存在していると，杭配置の変更やパイルキャップの補強などの設計変更を要する可能性もあるので，調査の段階で事前に土地の履歴を調査しておくことが重要である．

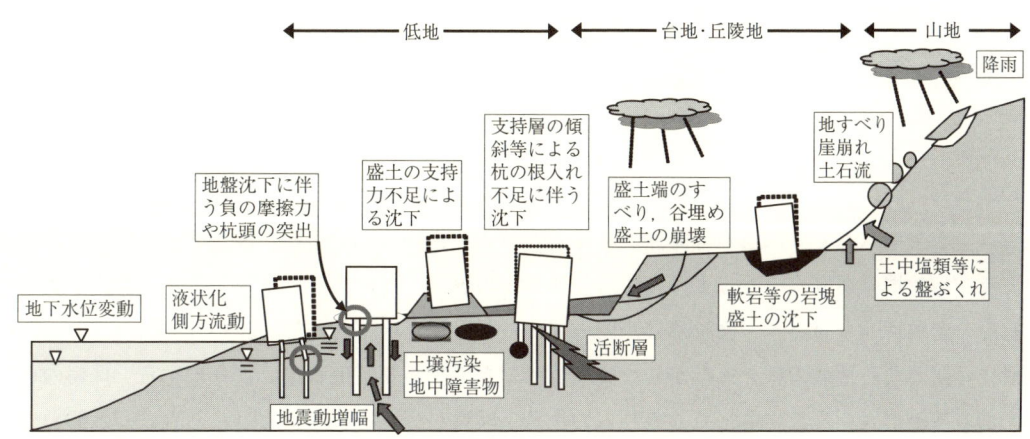

図1.4.3 地盤・敷地に起因する外乱および災害

ただし，既存杭や基礎躯体は基礎工事の障害となるだけでなく，新設建物に利用することにより合理的で経済性にも優れた計画が可能な場合や，既存杭の撤去が新設杭の支持力や周辺構造物の安定性に支障をもたらすことが予想される場合もある．既存杭や基礎躯体の利用に関する調査の概要については1.5節に示すが，詳細は文献1.4.3)～1.4.5)などを参照されたい．事前調査としては，設計図書（構造図，構造計算書）や施工図，施工管理に関する報告書類，検査済証などを確認した上で，利用の可能性を検討し，調査計画を立案する．

また，埋土や盛土には，コンクリートガラなどの産業廃棄物，樹木の伐根，ゴミなどが埋められている場合もあるので，これらの地中埋設物の存否や存在深度などを事前に把握することが重要である．廃棄物などでなくとも，過去の遺構・遺跡が存在していると，その調査・保存のために工事が中断することもあるので，可能性のある敷地では事前に遺構・遺跡の存在の可能性を役所の文化財担当者や周辺住民への聞き取り調査，文献調査などで確かめておくことが重要である．その他，特殊なものとして，不発弾・ガス田・地下壕・防空壕跡・火山活動による溶岩流などがある．不発弾調査としては物理探査の一つである水平磁気探査および鉛直磁気探査[1.4.6]などが採用されている．

参 考 文 献

1.4.1) 地盤工学会：建設計画と地形・地質，p.32，1984
1.4.2) 池田俊雄：地盤と構造物，鹿島出版会，1999
1.4.3) 建築業協会：既存杭利用の手引き，http://www.bcs.or.jp/books/details/503.html，2003
1.4.4) 国土技術政策総合研究所：住宅・社会資本の管理運営技術の開発，国土技術政策総合研究所プロジェクト研究報告 No.4, pp.127～142, 2006
1.4.5) 構造法令研究会編：既存杭等再使用の設計マニュアル（案），共立出版，2008
1.4.6) 物理探査学会：物理探査ハンドブック，pp.475～477，1998

1.5節　建築基礎の設計と地盤調査

> 地盤調査計画にあたっては，設計対象建築物の用途・規模や重要度，基礎の要求性能，地盤条件（地形・地質）などを考慮して基礎構造を想定した上で，設計に必要な検討項目を選定し，その検討が行えるような調査項目と数量を計画する．このとき，建築基礎の施工計画に必要な地盤情報もあわせて取得できるように配慮する．合理的な基礎構造の設計を行うためには，採用の可能性がある基礎形式を複数想定しておくことが望ましい．

(1) 基礎形式を想定した地盤調査計画

地盤調査計画にあたっては，対象とする建築物の用途・規模や重要度，敷地の地盤条件（地形・地質）などを考慮して，採用の可能性がある基礎形式を想定し，その要求性能を検討するために必要となる地盤情報が取得できるようにする．建築物の規模，地盤条件，想定する基礎形式が異なれば基礎の要求性能も異なり，検討項目が同一であっても調査項目・方法は同一ではないため，設計，検討に必要となる地盤情報をあらかじめ整理しておき，手戻りが生じないようにする．採用の可能性がある基礎形式を複数想定して，それらの比較，検討が行えるようにするとともに，地盤調査に必要な費用・期間と調査結果に基づく設計用地盤定数の精度の関係を，総合的に考慮することも重

要である．地盤調査の項目や規模を大きくして調査費用・期間が増加したとしても，地盤評価の精度向上が基礎形式や施工方法の変更，合理化につながれば，建設工事全体としては費用を低減させることも可能である．また，1.6節に示す建築基礎の施工計画に必要な地盤情報もあわせて取得できるような地盤調査計画とすることが大切である．

　基礎形式の想定は，敷地の地盤条件と建築物の規模によって，たとえば表1.5.1を目安に，設計者の判断により行う．表1.5.1で複数の基礎形式が示されているのは，基礎形式を1種類に限定せず，各々の基礎形式について検討が行えるような地盤調査を計画して，どの基礎形式が適切であるかを調査結果に基づいて判断すべきことを表している．表1.5.1で直接基礎（地盤改良など）と記してあるのは，直接基礎とする際に，セメント系固化材を用いる地盤改良やサンドコンパクションパイ

表1.5.1　地形・地質と基礎形式の一般的な組み合わせの例

建築物の規模	地形・表層部の地質		
	山地	丘陵地・台地	低地・埋立地
	岩盤　〜　第三紀層　〜	洪積層　〜	沖積層
低層	直接基礎		
中層		直接基礎（地盤改良など）	
高層	直接基礎	パイルド・ラフト基礎	
超高層	パイルド・ラフト基礎	杭基礎	

表1.5.2　直接基礎および杭基礎の検討項目[1.5.1)]

要求性能レベル（限界状態）	要求性能		
	上部構造に対する影響	基礎部材	地盤
a．終局限界状態	（基礎の変形角，傾斜角）	各部材の応力または変形量	鉛直支持力，（沈下），（滑動抵抗），液状化
	（基礎の変形角，傾斜角）	各部材の応力，または弾性変形量	鉛直支持力，（沈下量），引抜き抵抗力，（引抜き量），水平抵抗力，（水平変位量），液状化
b．損傷限界状態	基礎の変形角，傾斜角	各部材の応力	鉛直支持力，沈下，滑動抵抗，液状化
	基礎の変形角，傾斜角	各部材の応力	鉛直支持力，沈下量，引抜き抵抗力，引抜き量，水平抵抗力，水平変位量，液状化
c．使用限界状態	基礎の変形角，傾斜角	各部材の応力またはひび割れ幅	沈下，滑動抵抗
	基礎の変形角，傾斜角	各部材の応力またはひび割れ幅	沈下量，（引抜き抵抗力），（引抜き量），（水平抵抗力），（水平変位量）

［注］　1）上段が直接基礎，下段が杭基礎に対応する．　2）（　）の項目は必要に応じて検討する．

ルなどの地盤改良工法を必要上地業として採用する場合があることを示している．表1.5.1のパイルド・ラフト基礎は，直接基礎と杭基礎が複合して荷重を支持する併用基礎である．パイルド・ラフト基礎や一つの建築物に複数の基礎形式を併用した異種基礎のような併用基礎では，複合・併用される複数の基礎形式（パイルド・ラフト基礎であれば直接基礎と杭基礎の両方の基礎形式）について検討を行う必要がある．

想定した基礎形式に対する検討項目は，基礎指針では，要求性能レベル（限界状態）に応じて基礎形式ごとに設定されている（表1.5.2）．表1.5.2をふまえて，地盤条件と建築物の規模で分類した基礎形式別の検討項目を，表1.5.3に示す．地盤条件や建築物の規模，基礎形式を考慮して，設計に必要な検討項目を抽出する．なお，パイルド・ラフト基礎であれば，直接基礎と杭基礎の両方について検討を行う．杭基礎において杭先端の支持層以深に粘性土層が存在する場合は，建築物の規模によらず，その圧密沈下の検討が必要である．大規模構造物や重量構造物では，台地や丘陵地においても，あるいは杭基礎であっても，沈下の検討が必要である．さらに，超高層建物や免震・制震構造では，入力地震動を設定するための地盤情報が必要となる．また，敷地条件によっては基

表1.5.3 地盤条件と建築物の規模で分類した基礎形式別の検討項目

地盤条件（地表または基礎下から支持層までの地盤条件）と建築物の規模		基礎形式別の検討項目	直接基礎 鉛直支持力	直接基礎 滑動抵抗	直接基礎 即時沈下量	直接基礎 圧密沈下量	杭基礎 鉛直支持力	杭基礎 引抜き抵抗力	杭基礎 沈下量	杭基礎 引抜き量	杭基礎 水平抵抗力	杭基礎 水平変位量	共通 液状化側方流動	共通 入力地盤振動地震動特性	共通 (偏)土圧	共通 耐久性	共通 地盤環境
低地埋立地（盛土造成地を含む）	粘性土腐植土	低層	○	−	−	○	○	−	○	−	−	−	−	−	−	○	○
		中層・高層	○	○	−	○	○	○	○	−	○	−	−	−	−	○	○
		超高層	○	○	○	○	○	○	○	−	○	○	−	○	−	○	○
	砂質土砂礫	低層	○	−	○	−	○	−	−	−	−	−	○	−	−	○	○
		中層・高層	○	○	○	−	○	○	○	−	○	−	○	−	−	○	○
		超高層	○	○	○	−	○	○	○	−	○	○	○	○	−	○	○
台地丘陵地	粘性土火山灰質粘性土	低層	○	−	−	−	○	−	−	−	−	−	−	−	−	○	○
		中層・高層	○	○	−	○	○	○	○	−	○	−	−	−	−	○	○
		超高層	○	○	−	○	○	○	○	−	○	○	−	○	−	○	○
	砂質土砂礫	低層	○	−	−	−	○	−	−	−	−	−	−	−	−	○	○
		中層・高層	○	○	−	−	○	○	−	−	○	−	−	−	−	○	○
		超高層	○	○	−	−	○	○	○	−	○	○	−	○	−	○	○
山地（傾斜地・斜面）	風化岩土砂崖すい	低層	○	−	−	−	○	−	−	−	−	−	−	−	−	○	○
		中層・高層	○	○	−	−	○	○	−	−	○	−	−	−	−	○	○
		超高層	○	○	−	−	○	○	○	−	○	○	−	○	−	○	○

［注］○：通常は検討する，−：通常は検討が不要または対象外

礎構造の耐久性（地盤の化学特性：2.3.5参照）や地盤環境（地盤環境振動，土壌汚染：2.3.14項，2.3.15項参照）についての検討が必要な場合もある．岩（(2)④参照）や特殊土（2.2節参照）についても特有の検討が必要となる．

(2) 建築基礎の設計に必要な地盤調査
① 検討項目と地盤調査方法

建築基礎の設計のための検討項目とそれに対応する地盤調査方法を表1.5.4に示す．設計は基礎

表1.5.4　検討項目と地盤調査方法

調査・試験方法		調査によって得られる主な地盤情報	直接基礎				杭基礎					共通				本指針の参照先
			鉛直支持力	滑動抵抗	即時沈下量	圧密沈下量	鉛直引抜き支持抵抗力	引抜き量	沈下量	水平抵抗力	水平変位量	液状化	入力地震動地盤振動特性	土圧	耐久性	地盤環境	
事前調査		地形・地質他	○	○	○	○	○	○	○	○	○	○	○	○	○	○	2.2節
原位置調査	ボーリング調査	土質分類，地層構成	○	○	○	○	○	○	○	○	○	○	○	○	○	○	2.3.2項
	地下水位測定	地下水位	○	○	○	○	○	○	○	○	○	○	○	○	○	○	2.3.3項
	標準貫入試験	N値，土質	○	○	○	－	○	○	○	○	○	○	○	○	○	－	2.3.6項
	孔内水平載荷試験	地盤反力係数	○	－	○	－	○	○	○	○	○	－	－	－	－	－	2.3.8項
	PS検層	弾性波速度	－	－	－	－	○	－	○	－	－	－	○	－	－	○	2.3.11項
	微動測定，微動アレー観測	振動特性	－	－	－	－	－	－	－	－	－	－	○	－	－	○	2.3.11項
	平板載荷試験	荷重〜変位関係，地盤反力係数，支持力	○	－	○	－	－	－	－	－	－	－	－	－	－	－	2.3.12項
	杭の載荷試験		－	－	－	－	○	○	○	○	○	－	－	－	－	－	2.3.13項
	透水試験・揚水試験	透水係数	－	－	－	－	－	－	－	－	－	○	－	－	－	－	2.3.3項
室内土質試験	物理試験	物理特性	○	○	○	○	○	○	○	○	○	○	○	○	○	○	2.3.4項
	化学試験	化学特性	－	－	－	－	－	－	－	－	－	－	－	－	○	－	2.3.5項
	圧密試験	圧密特性	－	－	－	○	－	－	○	－	－	－	－	－	－	－	2.3.9項
	一軸圧縮試験三軸圧縮試験	せん断強度，変形係数	○	○	○	－	○	○	○	○	○	－	－	－	－	－	2.3.8項
	動的変形試験	せん断剛性，減衰定数	－	－	－	－	－	－	－	－	－	－	○	－	－	－	2.3.11項
	液状化試験	液状化強度	－	－	－	－	－	－	－	－	－	○	－	－	－	－	2.3.10項
地盤環境調査		付録Ⅱ参照	－	－	－	－	－	－	－	－	－	－	－	－	－	○	付録Ⅱ

［注］　○：得られた地盤情報を検討に用いることができる，－：検討できない

指針によるものとし，想定した基礎形式に対応した地盤調査方法を選択する．ただし，表1.5.4に示した調査・試験方法は，直接検討できるものと，経験式や設計者の判断により間接的に推定するものが合わせて示されている．本指針の第2章に示す調査・試験方法の解説あるいは専門書を参考に，それぞれ方法の特徴や土質に対する適用性を理解して，選定・評価することが必要である．地盤調査の規模・数量については，1.3節および1.7節を参照されたい．

② 設計用入力地震動の検討のための地盤調査

建築物の耐震設計において，時刻歴応答解析により地震荷重に対する検討を行う際の設計用入力地震動の設定にあたっては，地震動の入力過程を検討する上で必要な地盤情報を得るための地盤調査が必要である．

地震動の入力過程は，図1.5.1に示すように岩盤内での破壊（断層運動）に伴い波動が発生して，その波動が岩盤（地震基盤）内を伝播し，堆積地盤（工学的基盤および表層地盤）内で増幅され，建築物基礎へ入力すると考えられる．この過程において地震動は，震源特性（断層位置・規模など）・伝播経路特性（地震基盤内での伝播特性）・サイト特性（工学的基盤および表層地盤内での増幅特性）の影響を受ける．震源特性や伝播経路特性を評価するための震源と伝播経路のモデルは，主に資料調査に基づいて設定されるが，地震基盤構造については微動アレー観測により推定することもできる．サイト特性を評価するための工学的基盤または地震基盤から地表までの地盤モデルは，地盤調査に基づく地層構成および基盤の傾斜・速度構造・地盤周期・動的変形特性などから設定される．

設計用入力地震動は，観測波・模擬波・サイト波に分類される．それぞれの設定に必要な地盤情報，地盤調査を表1.5.5に示す．建築基準法による時刻歴応答解析では，このうち模擬波による応答解析が要求されている．またサイト波は，震源特性・伝播経路特性・サイト特性のすべてを考慮して設定されるもので，超高層建築物・免震構造建築物などで用いることがある．設計用入力地震動の検討に必要な地盤情報を得るための地盤調査の詳細は2.3.11項を，設計用入力地震動の作成方法については文献1.5.2などを参照されたい．

③ 既存杭・基礎躯体利用のための調査

1.4節で示したように既存杭，基礎躯体が残置されている場合，地盤調査や基礎の施工において障害となる可能性があるが，逆にこれらが健全な状態で耐久性に問題がない場合には，新築建物の

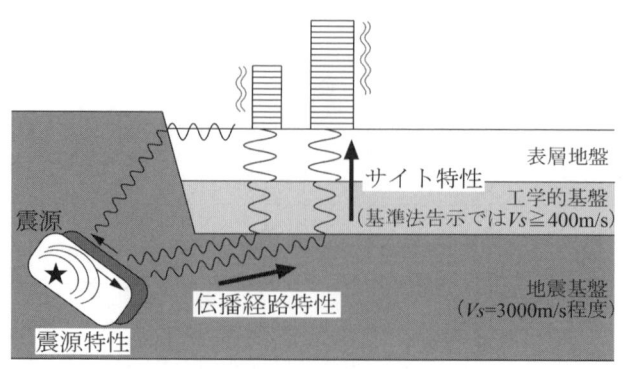

図1.5.1 地震動の建築物への入力過程

表1.5.5　設計用入力地震動の分類と必要な地盤情報，地盤調査

分類	概要	特性考慮			検討に必要な地盤情報	検討に必要な地盤調査
		震源	伝播	サイト		
観測波	過去に発生した地震において観測された地震動．入力地震動として利用する際には，最大振幅の変更などの調整を行うこともある．	×	×	×	—	—
模擬波	与えられた目標性能に適合するように作成された地震動．工学的基盤上で定義された目標応答スペクトルに，サイト特性を考慮して作成する．	×	×	○	土層構成，V_s，V_p，単位体積重量，ポアソン比，せん断剛性・減衰定数－ひずみ関係	PS検層，動的変形試験，密度検層など
サイト波	被害地震，活断層想定地震（シナリオ地震）を想定して地震基盤上での応答スペクトルを求め，伝播経路特性，建設予定地のサイト特性を考慮して求めた地震動．	○	○	○	上記に加えて，断層位置，活動度，断層タイプ，破壊規模，距離減衰特性，Q値など	上記に加えて，微動アレー探査，必要に応じて活断層調査など

［注］　○：特性を考慮している，×：特性を考慮していない，−：該当する項目がない

基礎の設計に積極的に利用して，コスト・工期・環境面などでメリットを得ることも可能である[1.5.3)〜1.5.5)]．ただし，既存杭・基礎躯体の構造体としての利用にあたっては，健全性や耐久性を調査して構造性能を確認した上で，現行基準に適合するように設計することが必要である．これらの調査は「地盤調査」の範疇ではないが，建築基礎の設計にかかわる調査であることから，ここに概要を示すこととした．

　表1.5.6に既存杭の利用に関する調査方法を示すが，利用される既存杭としては場所打ちコンクリート杭または鋼管杭が多く[1.5.5)]，これらの調査も主に場所打ちコンクリート杭を対象としている．既製コンクリート杭については，特に杭頭をカットした際にプレストレスが抜けるカットオフの問題[1.5.3)]に注意が必要である．

　既設の基礎躯体の利用は，地下外壁を山留め壁に利用することが多く，人工地盤として直接基礎の支持地盤に利用した例もある[1.5.5)]．これらの場合の調査は耐久性調査が主となる．

④　岩の調査・試験

　建築物は低地（平野部の堆積地盤）に計画されることが多く，岩に関する調査を行うことは少ない．一般的に岩盤は安定した支持層と見なすことが可能で，資料調査・現地踏査により，岩盤分類（岩級等級・岩級区分）を推定できれば，工学的性質をある程度想定することが可能である．

　しかしながら，岩盤の工学的性質は，構成要素である岩石の性質だけでなく，不連続性や風化度にも依存する．地質年代・岩の種類・堆積環境を考慮して，不連続性やすべり面の安定性・風化度などの検討が必要と判断されれば，弾性波探査などの物理探査や吸水膨張試験（JGS 2121-1998）・スレーキング試験・凍結融解試験・RQD（コア採取試料の観察により割れ目の存在，破砕性を判定）などを行う．一軸圧縮強さや弾性波速度による軟岩／硬岩の判別も可能である．せん断試験などの

表 1.5.6 既存杭利用のための調査[1.5.3]～[1.5.5]より作成

	調査項目	調査方法	備考
事前調査	杭の諸元・仕様 施工状況	資料調査（構造図，構造計算書，施工図，施工管理記録，検査済証など）	利用の可能性について検討するための資料であるが，これらが残されていることが必須条件である．
健全性調査	杭径，位置，劣化状況 杭長，損傷の有無・位置 杭長，損傷の有無・位置，スライム沈殿状況 損傷の有無・位置 損傷の有無・位置 杭の傾斜	目視調査 インティグリティ試験 オールコアボーリング ボアホールカメラ ボアホールソナー 目視（杭頭），孔内傾斜計	杭頭露出部で実施 ボーリング孔または既製杭中空部で実施
耐久性調査	コンクリートの圧縮強度 コンクリートの劣化状況 鉄筋の引張強度	圧縮試験 中性化試験 塩化物含有量試験 引張試験	コア・サンプリング試料使用
支持力調査	鉛直支持力，水平抵抗	杭の載荷試験	本指針 2.3.13 参照

原位置試験は建築物ではほとんど行われない．上記の試験方法の詳細は，専門書[1.5.6],[1.5.7]を参照されたい．

⑤ 盛土造成地における地盤調査計画の留意点

盛土造成地では，砕石や破砕した岩質材を盛土材として用いることが多く，調査・試験の岩質材への適用性や盛土地盤の不均一性の評価について注意が必要である．岩質材のうち泥岩や凝灰岩などは，吸水・乾燥により崩壊，細分化するものがあるので注意が必要であり，スレーキング試験（JGS 2124-2006）[1.5.6]などによる検討を行う．

盛土造成地の特徴として，盛土底部位置で計測された地下水位が静水圧分布とならず，降雨浸透などの影響により盛土中央部に高い間隙水圧が分布することがある．土砂災害は地下水に起因することが多いので，ボーリングの掘進深度ごとに地下水位変化の観測や，間隙水圧測定，電気探査（比抵抗法）などを行うことも検討する．また，透水性や排水機能の確認も重要である．

谷を埋めた盛土や斜面を拡幅した盛土（腹付け盛土）では，自然堆積地盤と盛土造成地盤の境界に存在する薄い腐植土層などで滑動・崩壊した事例が報告されており，この境界を把握することも重要である．たとえば，事前調査により盛土材の材質や切土・盛土境界を推定し，オートマチックラムサウンディング試験やMWD検層（2.3.7項参照）などを標準貫入試験に併用することで，多点かつ連続的に地盤情報を得る方法がある．

なお，宅地造成等規制法などに基づいて盛土造成地の耐震性調査のために実施される造成地盤の変動予測調査[1.5.8]（いわゆるスクリーニング）については，本指針の対象外であるが，調査方法や調査結果は建築基礎設計のための調査計画において事前調査のための有効な資料となる．

参 考 文 献

1.5.1) 日本建築学会：建築基礎構造設計指針，p.93，p.174，2001
1.5.2) 日本建築学会：建築物荷重指針・同解説，pp.491〜503，2004
1.5.3) 建築業協会：既存杭利用の手引き，http://www.bcs.or.jp/books/details/503.html，2003
1.5.4) 国土技術政策総合研究所：住宅・社会資本の管理運営技術の開発，国土技術政策総合研究所プロジェクト研究報告 No.4，pp.127〜142，2006
1.5.5) 勝二理智，柏　尚稔，倉田高志，森井雄史，有木寛江，林　康裕：既存杭基礎の再利用に関する研究，日本建築学会近畿支部研究報告集，pp.269〜272，2007
1.5.6) 地盤工学会：岩の試験・調査方法の基準・解説書－平成18年度版－
1.5.7) 地盤工学会：設計用地盤定数の決め方－岩盤編－，2007
1.5.8) 国土交通省ホームページ，http://www.mlit.go.jp/crd/web/

1.6節　建築基礎の施工計画と地盤調査

> 地盤調査計画の立案にあたっては，施工の安全性および基礎の施工性や周辺環境への影響についても十分配慮して計画を進める．

　一般に，地盤調査は建築基礎設計のために必要な地盤情報を得ることを主目的として，施工については根切り深さや基礎形式などを概略的に想定して計画が進められることが多い．そのため，根切り山留め工事や基礎の施工計画において周辺環境への影響の検討のための地盤情報が不足することが判明した場合や，施工中に設計時の想定と著しく異なるような地盤条件であることが判明した場合には追加調査が必要となる．また，地盤情報が不十分なために，選定した基礎工法での施工が困難であったり，施工上の安全性が確保できない場合には設計変更を余儀なくされる可能性がある．基礎の施工は建設コスト・工程に占める割合が大きく，計画時の情報不足のために施工中に追加調査・追加検討を行って計画を変更する場合，計画全体へ及ぼす影響が大きい．

　したがって，調査計画にあたっては施工性にも十分配慮し，施工時の追加調査の必要性など施工にかかわる配慮を心掛けることが肝要である．また，一般に設計者と施工計画を担当する技術者は別であることが多く，その場合には地盤調査計画の初期段階から調査計画を立案する設計者と施工者・あるいは施工者が決定していない場合は施工計画の経験と知識のある技術者が連携をとって，施工性の確認のための検討事項にも広く配慮した調査計画とすることが望ましい．施工計画を専門とする技術者の協力が得られない場合には，調査者と相談や協議を行なうことも有効である．

　地盤調査計画にあたって施工計画に関して検討すべき事項を以下に，建設計画と施工計画および地盤調査との関係を図1.6.1に示す．

- ・想定される基礎の施工性，および施工時の安全性
- ・根切り山留め工事を伴う場合の山留め架構，地下水処理工法の種類と施工時の安全性
- ・根切り山留め工事が周辺環境に及ぼす影響
- ・基礎工事に伴う工事振動の周辺環境への影響
- ・土壌汚染地盤では，地盤調査工事も含めた土壌汚染の拡散抑止

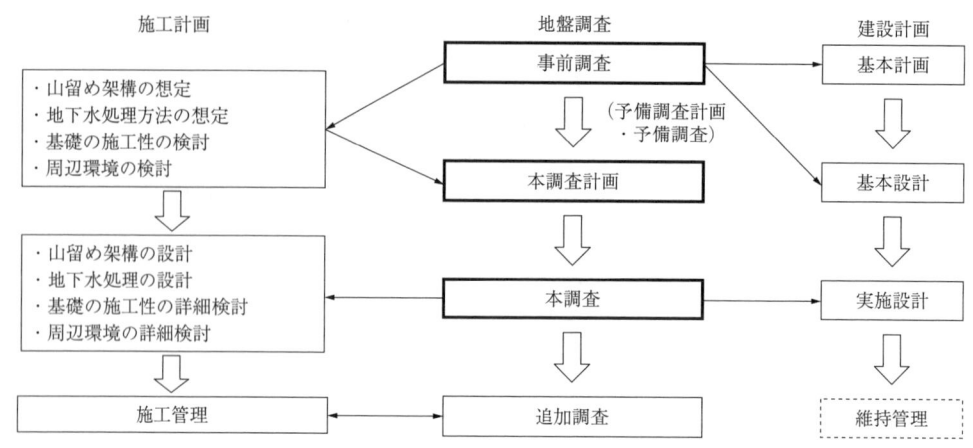

図 1.6.1　建設計画，施工計画と地盤調査の関係

施工計画に必要な地盤情報と調査・試験方法の一覧を表 1.6.1 に示す．施工計画のために必要な地盤情報は建築基礎の設計のために必要な情報と重複しているものが多いが，基礎構造の設計と山留め架構の設計では必要な地盤情報の深さが違うことに注意が必要である．

施工計画の詳細については本会の建築基礎の施工に関する指針類（「山留め設計施工指針」[1.6.1]・「建築地盤アンカー設計施工指針・同解説」[1.6.2]・「建築工事標準仕様書　JASS 3 土工事および山留め工事，JASS 4 杭・地業および基礎工事」[1.6.3]）を参考にされたい．

建築基礎の施工計画において最も重要な検討項目は地下水の情報であり，根切り・山留め工事において工事中に発生するトラブルの大部分は地下水に起因する[1.6.4]とされており，特に大規模な根切り・山留め工事における地下水処理工法の選定は建築工事のコスト，工程に大きな影響を及ぼす．

地下水に関する調査については 2.3.3 項に示すが，施工のための調査計画にあたっては，事前調査により周辺を含む対象地盤の地層構成を推定し，水位の求め方の違いによるボーリング孔の水位（いわゆる「孔内水位」）の意味や不圧地下水（自由地下水），被圧地下水の意味や透水試験，揚水試験の目的と適用性を理解した上で，調査方法を選定する．

また，地下水の遮断や低下によるトラブルが予想される場合や汚染物質の拡散の可能性のある場合などでは地下水の流動についても配慮する．一般的には，事前調査および地盤構成・透水性から流動について推測し，必要に応じて観測井戸を設けて水質の検査などを行うが，重要な水源がある場合など詳細な情報が必要な場合はトレーサー試験[1.6.5]などを行う．

基礎の施工性に関しては，直接基礎では基礎底面の保護や掘削の施工性確保のために地下水位の把握が重要である．杭基礎では工法の選定にあたって，施工の障害となる玉石，転石混じり層の存在，地中障害の可能性，孔壁の崩壊しやすい層や伏流水の存在（地下水の流動）について事前調査で確認しておくことが必要である．なお，玉石，転石混じり層は標準貫入試験の適用範囲外であり，これらの層の存在は確認できるものの，N 値自体の定量的な意味は低い．また，玉石の粒径，粒度については（標準貫入試験の試験区間の中間部で行われる）コアボーリング試料の観察から推定するのが一般的である．

表 1.6.1　施工計画に必要な地盤情報と調査・試験方法

	検討項目	地盤情報	調査・試験方法
根切り・山留め工事	山留め架構の選定	地層構成，地下水位	ボーリング，標準貫入試験，（標準貫入試験以外のサウンディング），孔内水平載荷試験，地下水位調査，物理試験（密度），一軸・三軸試験，透水試験
	山留め架構の設計（断面設計・根入れ長さ）	地層構成，地下水位，側圧（単位体積重量・内部摩擦角・粘着力（一軸圧縮強さ）），水平地盤反力係数，変形係数，透水係数	
	施工性（ドライワークの確保・地盤改良の必要性）	地層構成，地下水位，強度特性（内部摩擦角・粘着力（一軸圧縮強さ）・鋭敏比）	
	ヒービング	地層構成，地下水位，単位体積重量，強度（内部摩擦角・粘着力（一軸圧縮強さ）），変形係数，透水係数	
	ボイリング・パイピング		
	盤ぶくれ		
	リバウンド量		
	地下水処理工法の選定（排水工法・止水工法）	地層構成（不透水層の深さ・層厚），地下水位，透水係数，貯留係数	ボーリング，標準貫入試験，（標準貫入試験以外のサウンディング），地下水位調査，透水試験，揚水試験，電気検層
	水位低下量・揚水量の算定揚水井戸本数の算定		
基礎の施工性・耐久性	杭の施工性	地層構成（土質），地下水位，水流，強度（内部摩擦角・粘着力（一軸圧縮強さ）・鋭敏比）	ボーリング，標準貫入試験，（標準貫入試験以外のサウンディング），一軸・三軸試験
	直接基礎の施工性		
	掘削面の保全		
	杭の孔壁の崩壊防止	地下水位，透水係数（地下水の流速・流向の推定用）	ボーリング，透水試験，地下水位調査
	基礎躯体，杭体の耐久性	地層構成，地下水位，pH	ボーリング，化学試験
	地盤アンカーの耐久性	地層構成，地下水位，pH	
	地盤改良工法の改良効果	地層構成，pH，強熱減量	
周辺環境	掘削による周辺への影響	地層構成，地下水位，密度，強度（内部摩擦角，粘着力（一軸圧縮強さ）），変形係数，透水係数	ボーリング，標準貫入試験，（標準貫入試験以外のサウンディング），孔内水平載荷試験，地下水位調査，物理試験（密度），一軸・三軸試験，透水試験
	揚水による周辺への影響（沈下・井戸枯れ）		
	杭基礎の施工の影響		
	地盤改良による影響	地層構成（土質）	六価クロム溶出試験，pH試験
	地盤環境振動	2.3.14項，付録Ⅱ参照	PS検層，常時微動測定，地盤環境振動調査（付録Ⅱ参照）
	土壌汚染	2.3.15項，付録Ⅱ参照	トレーサー試験[1.6.2)] 土壌汚染調査（付録Ⅱ参照）

参 考 文 献

1.6.1) 日本建築学会:山留め設計施工指針,2002
1.6.2) 日本建築学会:建築地盤アンカー設計施工指針・同解説,2001
1.6.3) 日本建築学会:建築工事標準仕様書・同解説 JASS 3 土工事および山留め工事, JASS 4 杭・地業および基礎工事, 2009
1.6.4) 前掲 1.6.1), p.17, 2002
1.6.5) 地盤工学会:地盤調査の方法と解説, pp.339〜342, 2004

1.7節 地盤調査の規模・数量

1. 地盤調査の規模と数量の設定にあたっては,想定される地盤や建物の条件,基礎設計に際して検討すべき項目,解析モデルなどに応じて,必要と判断される規模・数量とする.
2. 施工性に十分配慮した基礎計画の立案のため,想定される地盤条件や基礎の施工方法,施工の安全確保および周辺環境への影響などを考慮して,必要と判断される規模・数量とする.

1. 設計のための地盤調査の規模
(1) 基 本 事 項

　1.3節および1.4節でも示したように,わが国の地形・地質は非常に多様,複雑で,堆積地盤は,土性・地層の厚さなどが複雑に変化していることが一般的である.そのため,敷地が広大でボーリング調査間隔が広い場合に限らず,たとえば図1.7.1に示す東京湾岸部の沖積層基底地形[1.7.1]のように層構成が複雑に傾斜している地域や図1.7.2のような(人工的な改変も含め)局所的に地層構成や層厚が変化している場合には,調査本数が少ないと地盤の特性を十分に把握できない可能性がある.したがって,危険側の設定に陥ったり,設計用地盤定数を安全側に評価しすぎて結果的に建設計画全体のコストを押し上げたりすることのないよう,適切な試験本数を確保することが必要である.本節では「調査本数」は,特記のない限り,2.3.2項に示すボーリング調査およびボーリングと同時に実施される標準貫入試験の本数を示しているが,これは2.3.6項に示すように,標準貫入試験によるN値がわが国の建築基礎の設計・施工計画においては最も幅広く活用されている基本情報であることを考慮したことによる.なお,地盤環境調査に関しては付録IIに示した.

(2) 調 査 本 数

　調査本数は,建築物の要求性能および確保すべき安全余裕の信頼性に応じて決定すべきものであるが,建築基礎設計では地盤に関する信頼性を定量的に評価できる段階ではないと判断し,明確な数字は示していない.なお,これまでの実績や最小限の安全性確保の観点からは,事前調査もしくは予備調査の結果に基づいて地層構成の変化を推定した上で,建築面積に応じて範囲を確保するとして図1.7.3のような提案[1.7.2]もなされており,調査本数を検討するための目安となる.ただし,建築面積が小さい場合でも,2本以上とすることを原則とし,建物形状を考慮して,建物範囲が効果的に含まれるよう,端部および建物内部に配置することが望ましい(図1.7.5参照).

　図1.7.4に実務設計におけるボーリング本数に関するアンケート調査結果[1.7.3]を図1.7.3に重ねて

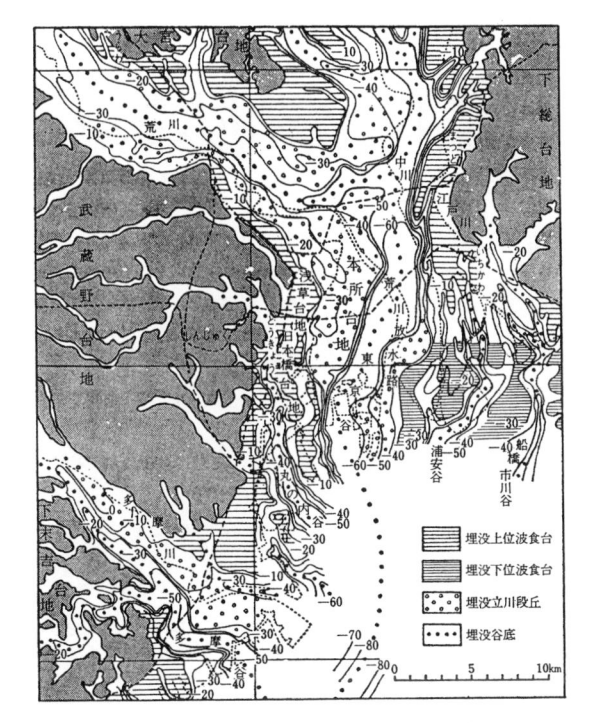

図 1.7.1 東京の沖積層基底地形[1.7.1)]

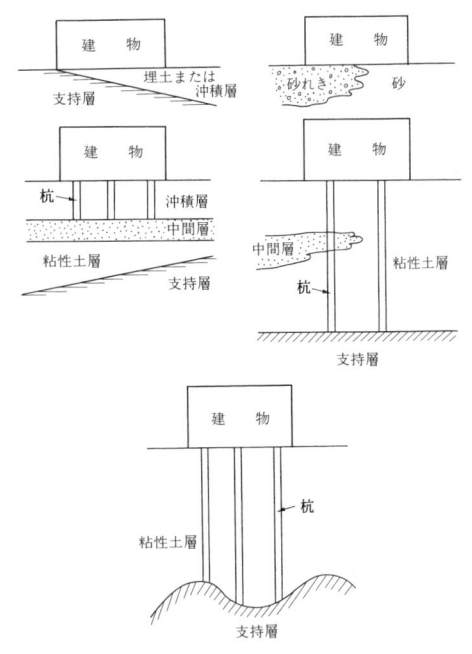

図 1.7.2 地層が変化している例[1.7.2)]

示す．このアンケート調査は，比較的規模が大きく設計者が十分な検討を行って計画された建築物が主な対象であるが，地層構成の変化に応じた明瞭な差は見られないものの，図 1.7.3 とほぼ対応している．

　事前調査により支持層の不陸が予想される場合や大規模造成地などで改変時の施工管理状況が不明で，建物計画位置における盛土あるいは切土の詳細な分布状況が把握できていないような場合は，予備調査を行って地盤構成を概略把握した後に本調査を実施するか，調査結果によっては追加調査を行う可能性をあらかじめ想定した計画とすることも必要である．また，地盤の状況や敷地の広さによっては，静的コーン貫入試験やオートマチックラムサウンディング（2.3.7 項参照）など，短

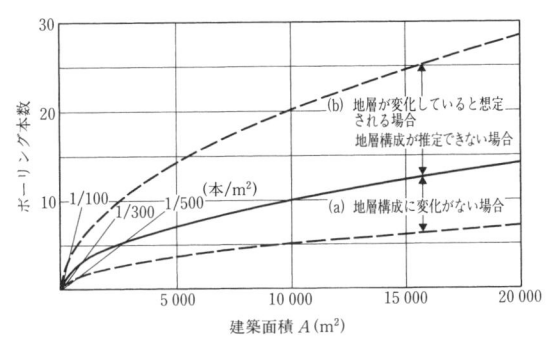

図 1.7.3 ボーリング本数の目安[1.7.2)]

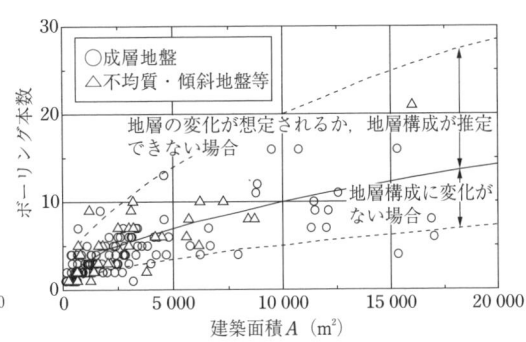

図 1.7.4 ボーリング本数の実態調査結果[1.7.3)]

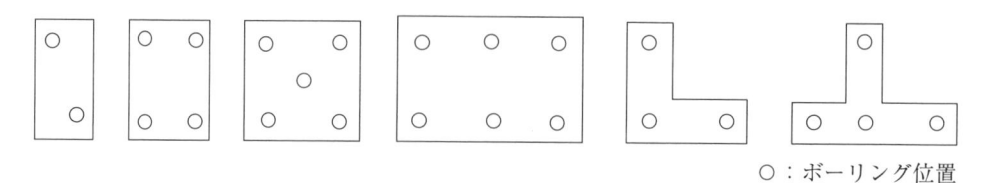

図 1.7.5 建物の形状とボーリング調査配置

時間で多数の調査ができる他のサウンディングや地表面から地層構成を推定可能な物理探査を補間として併用することが有効な場合もある．さらに，資料が少なく，事前調査による地盤構成の推定が難しいようなケースでは，予備調査により乱れの少ない試料を採取し，室内土質試験を実施して地盤の詳細な特性をあらかじめ把握しておくことも考えられる．

(3) 調査位置

調査位置は，図 1.7.5 に模式的に例示するように，建物範囲が効果的に含まれる配置で行うが，地形的要因や事前調査結果なども考慮して判断する．敷地内に複数棟が建つ場合や既存の建物が存在する場合についても，同様の考え方に基づいて配置する．既存の建物により十分に調査できない場合には，建物撤去後の追加調査を検討する．

(4) 調査深さ

調査深さは，表 1.7.1 を目安として，事前調査により地盤構成や支持層の不陸，工学的基盤の傾斜の可能性を推定し，基礎形式を想定した上で設定する．ただし，実務における発注では，これを仮定値とし，調査の途中経過の報告を受けて調査者と協議しながら最終的に決定することが望ましい．

表 1.7.1 設計のためのボーリング調査深さの目安

解析条件 \ 想定する基礎形式	直接基礎	杭基礎
① 一般の場合	支持層として想定される地層が確認できる深さまで．ただし，以深に沈下の原因となる地層が現れることが想定される場合は，当該層の有無が確認できる深さまで． ・事前に地層構成の想定ができない場合は，べた基礎スラブ短辺長さの2倍以上または建物幅の1.5～2倍程度，が目安となる．	沖積層全層かつ支持層として想定される地層が5～10m以上確認できる深さまで． 支持杭の場合は，杭先端深さより杭先端径の数倍の深さまで（一般に2～3倍とすることが多いが，採用予定の杭工法の先端支持力の評価方法や形状に留意して設定する必要がある．）．ただし，以深に軟質な層が現れることが想定される場合は，当該層の有無が確認できる深さまで．
② 地震応答解析を行う場合（PS検層用，2.3.11参照）	工学的基盤を5～10m以上確認できる深さまで．ただし，以深に軟質な層が現れることが想定される場合は，その下の工学的基盤同等の層が確認できる深さまで．	

基礎形式に直接基礎を想定する場合，基本的に建物重量による載荷の影響がほとんど及ばない深さまでとすべきで，地盤改良工法の採用も考慮した上で決定する．杭基礎を想定する場合，建物規模や杭仕様にもよるが，支持層に相当する地層の厚さを5〜10m程度以上確認する．支持杭の場合は，杭先端深さ（支持層深さ＋杭の必要根入れ長）より杭先端径の一般に2〜3倍の深さまでとすることが多いが，採用予定の杭工法の先端支持力の評価方法や形状に留意して設定する必要がある．また，基礎形式に係わらず，支持層以深に沈下が懸念される層の存在が想定される場合には，そのような層の有無が確認できる深さまで調査する．

支持層の目安は砂質土，礫質土ではN値50（または60）以上，粘性土では20〜30以上とすることが多いが，地盤条件や建物の要求性能，想定される複数の基礎形式を勘案して設計者が適切に判断する．なお，粘性土ではサンプリング試料を用いた室内土質試験により強度・変形特性（2.3.8項参照）を確認することが望ましい．

地震応答解析（時刻歴解析）を行う場合は，入力地震動評価のための工学的基盤を確認できる深さまで調査を行う．工学的基盤は，一般には一定の厚さがあって水平方向にも連続したせん断波速度$V_s＝300〜700m/s$の層とされているが，建築の設計においては便宜的に$V_s＝400m/s$，厚さ5m以上を目安とすることが多い．調査は，通常は2.3.11項に示すPS検層を行うが，基盤の傾斜が予想される場合[1.7.4),1.7.5)]には複数本実施することが望ましいが，敷地の広さや周辺の資料により判断する．また，標準貫入試験を補助的に用いる場合の目安としては，N値50では$V_s＝400m/s$には足りず，洪積層であればN値60以上で概ね対応するとされているが，N値とV_sの関係はばらつきが大きいことに留意する（付録Ⅰ．3参照）．なお，1.5節に示すようにサイト波設定のための地震基盤深さは資料調査により推定することが多い．

2．施工性確認のための地盤調査の規模

施工性確認のための必要な地盤情報は設計のための情報と共通するものが多いが，地下水調査など施工上の要求から調査仕様が決まる調査もあり，また共通する地盤定数でも，データが必要な深さも違う可能性がある．したがって1.6節に示したように，施工のための調査を追加で実施するのではなく，初期段階から施工計画に配慮した計画とし，調査規模を決定することが望ましい．

ただし，施工計画のためにボーリング本数を増やすことは基本的には必要なく，設計のために実施するボーリング調査において施工計画のための調査を併せて行う．（ただし，地下水調査のために多孔式揚水試験を行う場合は，そのためのボーリングが必要である．）この場合，前述のように，ボーリング深さについては施工計画のために必要な深さが設計のために必要な深さを上回ることもあるので，表1.7.2に示す目安を参考に調査深さを決定する．また，調査位置についても，山留め壁の配置や地下水処理を考慮することが望ましい．

参考文献

1.7.1) 貝塚爽平：東京の自然史＜増補第二版＞，p.153，1988
1.7.2) 日本建築学会：建築基礎設計のための地盤調査計画指針，1995
1.7.3) 金子 治，金井重夫：地盤調査の現状と最新の動向，2006年度日本建築学会大会パネルディスカッ

表 1.7.2 施工性確認のための調査深さの目安

検討事項	調査深さの目安
山留め壁の設計	根入れ深さの検討に必要な深さまで，あるいは根切り底以深の不透水層が確認できる深さまで．
根切り底の安定性検討 （地下水位が根切り深さより上の場合・水位がわからない場合）	地表面から根切り深さの3倍，根切り深さ＋根切り平面の短辺長のいずれか大きいほうの深さまで．
揚水計画	根切り底以深の不透水層の存在する深さまで．

  ション資料，pp.7〜14，2006
1.7.4) 平成12年度国土交通省告示第1457号 第10第2項第一号ハ
1.7.5) 2007年度版建築物の構造関係技術基準解説書，pp.441〜442，2007

1.8節 地盤調査の発注

> 地盤調査の発注にあたっては，調査担当者に調査の方針を明確に示し，必要に応じて相談や協議を行った上で，設計・施工の目標に応じた適切な調査・報告が行われるよう計画する．

 地盤調査の発注にあたっては，設計・施工条件や，事前調査に基づいて建設地付近の地盤（地層構成）についてどの程度把握できているかを勘案して，基礎形式を想定し，調査内容および数量（仕様）を指定する．想定した基礎形式の設計・施工計画に対して，適切な調査・試験内容・実施数を確保するためには，調査結果をどのように使い，どの程度の試験精度を要する調査であるか，設計および施工計画の想定内容と調査の方針を明確に示した上で，設計者・施工者・専門知識を有する調査者が連携して計画を進めていくような発注方法とすることが望ましい．
 なお，地盤環境調査の発注に関しては付録Ⅱに別途示した．
 表1.8.1に発注項目・内容と報告事項を示す．このうち，①〜④については発注した項目（調査・試験）に対して基本事項が一定の書式（地盤工学会データシートなど）により報告されるが，検討事項については，検討条件や報告の方法を協議した上で発注する．⑤〜⑦については，設計に関わる内容であり，発注者が検討方針，検討方法を明示した上で，①〜④とは別に個別に発注されるべきものである．
 発注にあたって，発注者は調査方針・調査項目・調査方法・検討事項・報告内容を調査者に明確に指定する必要がある．調査項目や調査方法を発注するプロセスとしては，対象となる建物の設計・施工の方針について示した上で，調査担当者と相談や協議を行いながら決定して行く方法と，本指針や専門書，過去の事例などに基づいて，設計者が事前調査を自ら行い，その判断により地盤と基礎形式を想定して調査仕様を指定し，発注する方法がある．本指針においては，基礎形式の想定とそれに対応する調査方法（1.5節）やボーリング調査の数量，深さの目安（1.7節）などの基本事項を第1章に，建築基礎設計のための事前調査を含む調査方法の適用性・留意点について第2章に示

表 1.8.1 地盤調査の発注項目および報告事項

	発注		報告	
	項目	内容	基本事項	検討事項
①	共通事項	調査方針・調査目的 調査場所 調査仕様 委託範囲 想定される基礎形式 想定される根切り深さ	案内図 調査位置（標高・掘進長・標高の基準点） 調査，試験方法 調査内容一覧	基本事項と共通
②	資料調査	調査資料の範囲	広域地盤状況・地歴 近隣の地形・表層地質	基本事項と共通
③	原位置調査	調査方法 調査数・調査位置 調査深さ（の目安） サンプリング位置，個数	土質柱状図 地層分類 地盤断面図 各調査結果の一覧とまとめ データシート（巻末資料）	調査結果の相関図 近隣や類似地盤との比較 特に問題となる地層の有無
④	室内土質試験	試験方法 試験数 試験条件	各試験結果 結果一覧 データシート（巻末資料）	試験結果の相関図 近隣や類似地盤との比較
⑤	設計用地盤定数の設定		個別に指示	設計用地盤定数 近隣や類似地盤との比較
⑥	地盤の工学的性質		個別に指示	地盤種別 液状化判定 沈下量の評価
⑦	基礎工や対策工の提案		個別に指示	支持力の算定 基礎工や対策工の提案 近隣や類似地盤での施工例

している．

　地盤調査発注仕様書の例を付録 I．4 に示すが，発注方法によらず，設計者は調査者に，調査項目や調査方法だけでなく，調査方針や想定される基礎形式などの地盤調査にかかわる必要な情報を明確に示すことが重要である．

　ただし，実際の地盤は事前に推定したものと完全に一致することはほとんどありえないことから，設計・施工用のデータの不足，解釈の誤りを防ぐためには，十分な事前調査を実施するとともに，可能な限り調査者や地盤について十分な知識を持っている技術者と事前に相談や協議を行って計画を進めることが望ましい．

　発注先は調査の方針や委託する内容を考慮して選定するが，地盤調査に関しては公的な認定などはなく，たとえば地盤調査業者については国土交通大臣の地質調査業者登録，地盤に関する専門知識を有する技術者の資格としては技術士［建設部門（土質及び基礎）］などが判断材料となる．

第2章　建築基礎設計のための調査計画

2.1節　調査計画の進め方

> 地盤調査計画の立案にあたっては，各調査・試験方法の特徴を理解し，建築基礎設計への適用性を考慮して計画を進める．

地盤調査計画の立案にあたっては，図2.1.1に示すように，設計方針に従って，対象とする建築物の用途・規模や重要度，敷地の地盤条件（地形・地質）などを考慮して，採用の可能性がある基礎形式を想定し，その要求性能を検討するために必要となる地盤情報が取得できるよう，調査方法や試験条件を決定する．なお，ここで示した「地盤条件など」には，地盤環境問題との関わりも含まれる．また，地盤調査の流れや規模・数量および発注方法などの基本事項については，第1章に示した．

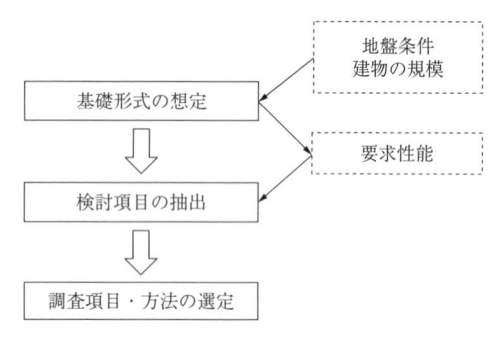

図2.1.1　基礎形式を想定した地盤調査

1.5節で示したように，想定した基礎形式に対する設計のための検討項目は，要求性能レベル（限界状態）および地盤条件や建築物の規模，基礎形式により異なるので，それぞれに応じた検討項目を抽出し，それに必要な調査方法や試験条件を選定する．

調査方法や試験条件の決定にあたっては，以下の節に示す調査・試験方法の解説，あるいは専門書[2.1.1), 2.1.2)]を参考に，それぞれ方法の特徴を理解した上で選定し，計画を進める必要があるが，特に，建築基礎設計のための地盤調査方法としての適用性について検討することが重要である．また，調査結果が想定と異なった場合の仕様変更の対応方法も含め，可能であれば調査者あるいは地盤調査の知識と経験を持つ技術者と連携，協議して進めて行くことが望ましい．

参考文献

2.1.1)　地盤工学会：地盤調査の方法と解説，2004
2.1.2)　地盤工学会：土質試験の方法と解説－第1回改訂版，2000

2.2節　事前調査

> 地盤調査計画の策定に先立って，対象敷地およびその周辺の地盤に関する情報が記載されている既存の資料を収集する．資料には多種多様なものがあり，目的に対応する適切な資料を収集・整理・分析するほか，必要に応じて現地踏査を行い，それらの結果に基づいて対象敷地の地盤を想定した後に，本調査計画を策定する．

(1) 地盤情報に関する資料調査

事前調査の目的は，対象敷地およびその周辺の地盤情報や災害に関する資料の収集・整理・分析や現地踏査により基礎形式を想定し，地盤調査計画を策定するための一助とするものである．建築物の建設場所は都市部や平野部が多く，周辺の地盤データが比較的入手しやすいため，予備調査の代わりに，敷地の地盤構成を推定する手段として周辺の地盤データの有効利用が可能である．また，周辺の地盤データは地盤のばらつきを評価する際の補助データともなりうる．

地盤情報に関する資料調査の分類を表 2.2.1 に，資料の整理・分析により得られる情報を表 2.2.2 に，資料の種類と概要を表 2.2.3 に示す．各資料の入手方法は，地盤工学会「地盤調査の方法と解説 付録」[2.2.1)] なども参照されたい．実際にどのような資料を調査するかは，建設場所・建築物の規模・地形・地質や災害などの地盤の特殊性を勘案し，さらに資料入手の難易度などにも配慮して判断する．最近では，地図の電子化・数値化も精力的に進められており，表 2.2.1 に示したように各種資料がインターネットを介して公開され，設計，施工に利用しやすくなってきている．

以下に各資料の概要を示す．

① 地盤図

地盤図は建築物の主な建設場所である平野部での整備が進んでおり，資料調査の最初の対象となる．ボーリングデータを中心に工学的性質を考慮して整理・分析されたもので，支持層想定の手掛かりとなる地盤断面図や土質試験結果が示されているものもある．地盤図はさまざまな機関からさまざまな形で出版・公表されてきている[2.2.1)]が，絶版などで入手できないものもある．地盤図のデータやその他の集積されたボーリングデータを元に，⑥に示す「地盤情報データベース」として電子

表 2.2.1 地盤情報に関する資料

資料分類	資料
図書 (出版物)	地盤図，地形図，土地分類図，土地利用図，土地条件図，空中写真，地質図，ハザードマップ (液状化マップ，宅地ハザードマップ，地震ハザードマップ，活断層図など)， 地学・地盤・地震・災害・事故・トラブルなどの専門書や一般啓蒙書， 地盤・建築・土木関係の学会出版物などの関連報告
Web公開 電子出版	地形図，地質図，土地条件図，土地分類図，空中写真・衛星画像，住宅地図，地質図， ハザードマップ，都市活断層図，地盤情報データベース (地盤図)
報告書 記録類	既存の建物の設計図書，既存・近隣の地盤調査報告書，台帳類 (地中埋設物) 周辺での建築物の基礎形式，施工事例記録，事故・トラブル情報に関する論文・出版物など

表 2.2.2 資料の整理・分析により得られる情報

地形	対象敷地の地形の改変，地歴
地質	地質の概要と地質学的特性
推定地質断面	地層構成，地層の連続性，支持層の想定，透水層の存在と特性
地盤の物性値	物理・力学的性質の代表値
設計・施工の諸問題	液状化・沈下・土砂災害の可能性，地震動の大きさの推定，既存建物の利用の可能性，地中障害の存在，根切り掘削工事・地下水処理の必要性や注意点，杭の施工性

表 2.2.3 資料の種類と概要

資料の種類	発行・提供機関	概要
地盤図	学会,地方自治体,研究機関,地質調査業協会	主に平野部の表層部の地質を示したもので,ボーリング柱状図が集められている.
地形図	国土地理院 地方自治体	明治時代からのものが入手可能であり,新旧を比較することで地形の改変,地歴を推定可能である.
空中写真(航空写真)	国土地理院 他	地形図と同様の利用ができ,詳細な情報も判読可能.
土地条件図	国土地理院	平野部を中心に地形分類や等高線,地盤災害の可能性がある地形の分布を示した地図
土地利用図	国土地理院	都市や農地・林地などの利用状態を色分けして示した地図
土地分類図	国土交通省	国土交通省による土地分類調査をまとめた地図(地形分類図,表層地質図,土壌図など)の総称
地質図	産業技術総合研究所,地方自治体,学会	表土を除いた表層の地質時代・区分を示した地質平面図と地質断面図がある.
施工記録,設計図書	施主・設計者 施工者	既存建物の設計図書・地盤調査報告書・近隣の施工記録などであるが,近隣のものは入手困難な場合が多い.
埋設物台帳(道路・下水道・電話・電気・ガスなど)	地方自治体	埋設物の位置を示した地図
専門書・一般啓蒙書	出版社	地学・地盤・地震・災害・事故・トラブルなどに関する専門書
学会出版物など関連報告	各学会	日本建築学会,地盤工学会,土木学会,日本地質学会,応用地質学会などの学会誌,論文集,研究発表会概要集など
地盤情報データベース	表2.2.5参照	表2.2.5参照
ハザードマップ	本節(2)参照	種々の災害が発生する可能性を地図上に表現したもので,液状化,土砂災害,活断層などがある.

化および公開が進められている.

　また,データの少ないそれ以外の地域では,②〜④の地形・地質情報の利用が有効である.

② 地形図,空中写真(航空写真)・衛星画像,住宅地図

　地形図は,狭義では国土地理院が発行する地図(一般図)を指すが,最新版がインターネットで公開されており,旧版の地形図についても明治時代のものまで入手可能で,地形・地質的特徴を想定するとともに,新旧を対照することで土地の改変(切土・盛土・埋立てなど),地歴を推定できる.

　地形図が入手できない場合,あるいは地形図ではわからない詳細な情報(微地形)については空中写真(航空写真)・衛星画像を利用・併用することもできる.これらもインターネットなどで公開されており,空中写真は過去のものも入手できるので,地形図と同じ利用方法が可能である.

　また,都市部においては住宅地図を土地利用の履歴の推定に利用することも可能であり,土壌汚

染の可能性について検討するためにも有効である（2.3.15項参照）．

③ 土地条件図・土地利用図・地形分類図

　土地条件図や地形分類図には地形（山地・山麓地・丘陵地・火山地，台地・段丘，扇状地性低地，自然堤防砂州・砂丘，谷底低地，三角州低地・氾濫原性低地，旧河道，埋立地，など）に加えて利用目的も記載されており，建設予定地の地盤の特性がある程度想定できる．例えば，低地の一般面は軟弱地盤からなることが多く，農地や遊水地などに利用されてきた場所での調査計画にあたっては沈下や液状化の可能性に注意が必要である．逆に，低地の中でも「低地の微高地」は水はけが良く，古くから集落が発達していた良質な地盤と推定される．

④ 地質図

　産業技術総合研究所がホームページ上で発行・公開（http://iggis1.muse.aist.go.jp/ja/top.htm）している地質図，国土交通省各地方整備局や自治体が発行している各地域の地質図などがあり，対象敷地の地質分類，その地質分類の工学的意味などを把握することで地盤の特性を推定し，基礎形式や施工計画の想定材料とすることができる．たとえば表層が沖積層の場合，通常は支持層にはできないので，杭基礎や併用基礎を想定した調査計画とする．洪積層は直接基礎の支持層にできる可能性もあるが，詳細な調査に基づく検討が必要である．逆に，杭基礎の場合は施工がしにくくなる場合もあることに注意して工法を選定する．根切り工事における山留め工法の選定にあたっても地質から同様の想定が可能である．

　地質の分類は表2.2.4のように堆積や生成年代で分けるのが一般的で，表中には対応する地形的な特徴も併せて示している．ただし，地質区分については計測技術の向上などに伴う見直しが進められており，年代や呼び方は必ずしも確定的ではない．本指針では最新の研究成果に基づいて，約2万年前の最終氷期以降の海進により堆積した地層を沖積層と呼ぶこととした．この定義では「沖積層」に更新世（1万年前〜160ないし180万年前）の堆積物が一部含まれるため，本指針でいう「沖積層」と地質学でいう完新世（1万年前〜）の堆積層である「完新統」とは一致していない．なお，地質時代として完新世，更新世のことを沖積世，洪積世と呼んでいたこともあるが，古い用語であり地質学の分野では廃語となっている．

表2.2.4 地質年代表

時代区分			年代	地質，地層	主な地形
新生代	第四紀	完新世（現世）	約1万年〜	沖積層，完新統	低地・扇状地
		更新世	〜160ないし180万年	洪積層，更新統	台地・丘陵地・段丘地
	第三紀	新第三紀 鮮新世	〜520万年	第三紀層，第三系 軟岩	丘陵地・山地
		新第三紀 中新世	〜2330万年		
		古第三紀 漸新世・始新世・暁新世	〜6500万年		
中生代〜古生代			2.4〜5.7億年	中生層，古生層・岩盤	山地

⑤ 施工記録，設計図書，報告書他

既存建築物や近隣の基礎形式・基礎工事に関する情報・基礎工事時のトラブルなどの情報は，基礎形式の想定や地下工事の施工計画の参考となる有用な資料である．既存建物の設計図書からは，建築基礎の設計・施工に影響を及ぼす地中障害の可能性や既存基礎の利用の可能性についての情報が得られる．ただし，近隣の地盤調査結果や基礎形式（杭の長さなど）に関する資料は，公開されているものは少ないため自社以外のものを入手することは難しい．地盤調査会社や施工会社にデータが保管されていることもあるが，情報の帰属（著作権，所有権）について確認する必要がある．

また，施工時の近隣への影響を検討するためには周辺埋設物の位置を把握する必要があり，地方自治体で公開されている道路台帳や電気・ガス台帳などの台帳類が参考になる．

⑥ 地盤情報データベース

既存の地盤に関する資料の中でも最近整備が進んでいる地盤情報データベースは，ボーリング柱状図だけでなく土質試験なども含む有用な情報で，急速に整備が進められており[2.2.2)]，建築分野でも事前調査のための資料としての有効活用が期待される．

建築物は民間事業が多く，調査結果もそれぞれの建築主に帰属することから，共有化できるデータとして集積されてこなかった．一方，工事敷地が広範囲にわたることが多い土木工事では，地盤構成の推定のためには予備調査やそれに代わるだけの数多くの資料が必要であった．そのための資料として公共工事を中心に蓄積されてきたデータを電子化した地盤情報データベースが日本全国各地で構築されてきており，既に実用化され一般に公開されているものもある．公共機関を中心とした地盤情報データベースの整備・公開状況を表2.2.5に示す．

地盤情報データベースで提供される主な地盤情報は，調査位置ごとのボーリング柱状図・物理探査・検層結果・採取試料による室内土質試験結果の三つである．公開されているものの多くは柱状

表2.2.5 地盤情報データベースの整備・公開状況（2008年3月現在）

名称	管理部署	ボーリング数	公開方法
国土地盤情報検索サイト "KuniJiban"（試験運用）	国土交通省 土木研究所・港湾技術研究所	関東 13 000 九州 14 000	WEB（無償）
東京の地盤（Web版）	東京都土木技術センター	7 000	WEB（無償）
地質環境インフォメーションバンク	千葉県環境研究センター	25 000	WEB（無償）
しまね地盤情報配信サービス	島根県土質技術研究センター	2 000	WEB（有償）
環境地図情報「環境View」	横浜市	4 500	WEB（無償）
神戸JIBANKUN	神戸市地盤調査検討委員会	6 000	CD（有償）
関西地盤情報データベース	関西圏地盤情報協議会	45 000	CD（有償）
北海道地盤情報データベース	地盤工学会北海道支部	13 000	CD（有償）
四国地盤情報データベース	四国地盤情報活用協議会	10 000	CD（有償）
九州地盤情報データベース	地盤工学会九州支部	30 000	CD（有償）
ほくりく地盤情報システム	北陸地盤情報活用協議会	400	WEB（有償）

図のみであるが，先進的な整備が進められてきた関西圏地盤情報データベース[2.2.2)]のように，柱状図だけでなく土質試験・PS検層の結果などの地盤調査報告書に記載されているデータが全てデジタルデータとなっていて設計・施工の参考となるものもある．

ただし，地盤情報データベースは土木分野の公共工事のデータが中心であるため，道路や河川など線的なデータ分布となっており，建築物の設計で利用する際には周辺の断面を参考として対象敷地の地層構成を想定することになる．また，データベース構築にあたっては基本的に調査報告書をそのまま入力しているので，データの信頼性は元になる調査報告書に依存する．これらのデータの採否・利用方法については慎重な判断が必要である．

(2) 地質や地盤に起因する災害に関する資料調査

建築基礎の設計・施工に影響を及ぼす可能性のある地質や地盤に起因する災害については，ハザードマップや災害記録などの資料調査を実施し，基礎の選定や調査計画に反映する．

ハザードマップは災害の予測，推定結果を地図上に示したもので，液状化・活断層・土砂災害など種々のものがあり，対象敷地の建築物にとって何が問題になるのか判断して必要と思われる資料を収集する．公表状況は「国土交通省ハザードマップポータルサイト」(http://www1.gsi.go.jp/geowww/disapotal/index.html) などで見ることができる．

① 液状化

地震時の液状化の有無は基礎形式の選定，基礎構造の設計に大きく影響するため，事前に液状化の可能性をハザードマップや液状化履歴，既存のボーリングデータ，埋立ての履歴，微地形判読などの資料を調査した上で調査計画に反映する．表2.2.6に地形，液状化履歴に基づく液状化の可能性の判定の例[2.2.3)]を示す．また，液状化に関するハザードマップは多くの自治体が作成，公開しており，過去の液状化発生地点をまとめた全国的な液状化履歴図[2.2.4)]も出版されている．

② 活断層および地震動予測

活断層に起因する障害は，直接には断層の変位により断層近傍の構造物に生じる被害，間接には活断層を震源とする内陸型直下地震による被害である．敷地内に活断層が存在する場合には開発行為が規制・指導される場合もある[2.2.5)]．

超高層建物や免震建物などで時刻歴解析により耐震設計を行う場合は，活断層の情報に基づく設計用入力地震動（サイト波，1.5節参照）を作成することもある．活断層の位置や活動度，確実度

表 2.2.6 地形，液状化履歴に基づく液状化の可能性[2.2.3)]を一部修正

液状化の可能性	地形	液状化履歴
a．液状化の可能性が高い	・埋立地 ・現河道，旧河道 ・形成されて間もない自然堤防 ・砂丘と低地の境，砂丘間低地	液状化履歴地点
b．場合によって可能性あり	上記以外の低地	液状化履歴のない地点
c．可能性が低い	・台地　・丘陵　・山地	

については，全国を網羅した調査結果が出版[2.2.6), 2.2.7]されている他，文部科学省地震調査研究推進本部のホームページ（http://www.jishin.go.jp/main/）などで公開されるなど，デジタル化やWeb公開が進められている．これ以上の情報が必要な場合には，群列ボーリング調査・物理探査・トレンチ調査・空中写真判読などにより調査する[2.2.8]が，建築物では原子力発電所など特殊な例を除いてほとんど行われない．

敷地に発生する地震の大きさを予測するための，発生する可能性のある地震動・地盤増幅度に関する調査結果も公開されており，基礎形式の想定や調査計画の参考となる．たとえば，文部科学省の研究成果として「地震ハザードステーション」（http://www.j-shis.bosai.go.jp）がある．ここでは，各地で発生する可能性のある地震の①発生間隔，②揺れの強さ，③確率のうちの二つを固定して残りの一つを表示した「確率論的地震動予測地図」，主要な震源断層の規模や揺れの分布を示した「震源断層を特定した地震動予測地図」が公開されている．

③　広域地盤沈下

地盤沈下の状況は，環境省の「全国地盤環境情報ディレクトリ」や「全国の地盤沈下地域の概況」（http://www.env.go.jp/water/jiban/chinka.html），地方自治体が公表している観測結果が利用できる．

広域地盤沈下地域では，軽量の建物であっても直接基礎を想定することは困難な場合があり，杭基礎の場合も負の摩擦力や杭頭の突出の影響など特有の設計上の課題がある．事前調査で沈下の状況を把握するとともに，場合によっては現地で沈下観測を実施するなど，地盤沈下の状況に対応した調査計画が必要である．

④　土砂災害・造成宅地

谷や沢を埋めた造成地や傾斜地盤を拡幅（腹付け）した造成地では,過去の豪雨や地震において，崖崩れ・土砂の流失・地滑り的変動（滑動崩落）などにより，建築物被害が生じている．このような地盤災害を防止するための各種法令が，国土交通省や地方自治体により定められている．たとえば，宅地造成など規制法で指定される造成宅地防災区域または宅地造成工事規制区域では，滑動崩落防止工事の実施などが要求される．土砂災害対策法や急傾斜地法で指定される土砂災害が警戒される区域では，開発行為・建築物の構造・掘削などが規制される．関連告示では，土石流や急傾斜地の崩壊や地すべりによって建築物に作用する土圧の算定や外壁および基礎などの耐力の規定が設けられている．このため，宅地ハザードマップ[2.2.9), 2.2.10]などを参照して対象とする建築物の敷地がこれらの指定区域に該当するかどうかを調べる必要がある．

また，土砂災害は，地下水位の変動や豪雨による地盤の脆弱化など，地下水に起因することが多いので，敷地の排水性（地盤の透水性，地下水排水工など）について調査することが望ましい．

⑤　特殊土に伴う災害・障害

しらす・まさ土・関東ローム・泥炭などは，地域性のある特殊土であり，特有の災害・障害の可能性がある．これらの工学的性質は通常の地盤の延長で扱うことは難しいことから，該当する地域では地盤図や地形図でこれらの存在を確認するとともに解説書[2.2.11]や公開されている調査結果などを参考にして特徴を理解し，それに対応した調査計画とする必要がある．代表的な特殊土とその特徴を表 2.2.7 に示す．

表 2.2.7 代表的な特殊土[2.2.11)]などを参考に作成

名称	学術区分	おもな分布域	特徴	留意点
ローム	火山灰質粘性土	関東地方，北海道東南部，東北地方の主に太平洋側，九州地方	高含水性 高過圧密性 高地耐力性(地山)	含水比の変化に伴う強度変化や乱れによる強度低下
しらす	火砕流降下軽石，その二次堆積物	九州地方（鹿児島県，宮崎県） 東北地方十和田湖周辺	砂質土状を呈する 非溶結性～溶結性（地山）．	降雨による侵食崩壊 地震による斜面の崩壊 二次堆積物の液状化
まさ土	花こう岩系風化残積土および崩積土	中国全般，四国，近畿地方，まさ土による埋立地	風化の程度により砂質土状～砂礫状で，粒度は不均質．	未風化部（玉石）が残存 侵食崩壊 埋立てまさ土の液状化
腐植土 泥炭 ピート	高有機質土	日本全域	高含水性 高圧縮性 低強度	初期強度が小さい 圧密沈下量が大きい 地盤改良（固化）しにくい

　この他に特殊土が堆積する地盤における障害については，火山地帯や乾燥地帯の塩類集積土における硫酸塩などの土中塩類による基礎部材の耐久性の低下や，温泉地などpH4以下の強酸性地盤での基礎部材の耐久性の低下などがあり確認・対応が必要である．土中塩類については，根切り・山留め工事において結晶化に伴う膨張現象による盤ぶくれの可能性についても考慮する必要がある．

　また，軟岩や旧産炭地などの特殊土を材料とした造成地盤では，スレーキングによる沈下や膨張など一般の土質とは異なる障害が発生する可能性が考えられる．周辺にこれらの特殊土が存在する場合には，それが盛土材料となる可能性もあることに配慮する．

(3) 現地踏査

　計画にあたっては資料調査に加えて現地踏査を実施することが望ましい．地盤図，地形図などから得られる情報を現地で確認するほか，例えば既存建物や構造物の沈下，傾斜あるいは舗装や擁壁の変状状況や段差などから広域地盤沈下の進行状況を推測できるなど，調査計画立案に際して有益な情報が得られることが多い．また，大規模な掘削工事，特に止水，排水を伴うことが想定される場合には，周辺の井戸の使用状況，建物や各種構造物，地下埋設物などの工事前の状況を調査，記録し，調査計画に反映することが必要である．

(4) 地盤環境に関する事前調査

　地盤調査と地盤環境振動および土壌汚染との関わりは2.3.14項および2.3.15項で示すが，これらが懸念されるケースでは，事前調査により問題点を把握して調査計画に反映することが重要である．

　地盤環境振動については，地盤構成の想定・同様な建物における事例の調査・現地踏査などを行った上で，必要に応じて振動予測に用いる地盤情報も取得可能な計画とする．

　また，土壌汚染調査が義務付けられている土地や可能性が懸念される土地の場合は，過去の土壌汚染調査・土壌汚染対策の実施状況を調査し，地盤調査計画への影響と対応について検討する．

参考文献

2.2.1) 地盤工学会：地盤調査の方法と解説　付録，p.858～865，2004
2.2.2) 中道正人，中村甚一，山本浩司：近畿地方の地盤情報データベースとその利用，基礎工2004年3月号，pp.21～23，2004
2.2.3) 安田　進：液状化の調査から対策工まで，p.100，1988
2.2.4) 若松加寿江：日本の地盤液状化履歴図，東海大学出版会，1991
2.2.5) 横須賀市ホームページ：http://www.city.yokosuka.kanagawa.jp/tosou/kihon_k/03.html
2.2.6) 中田　高，今泉敏文編：活断層詳細デジタルマップ，2002
2.2.7) 活断層研究会：新編日本の活断層　分布図と資料，1991
2.2.8) 前掲2.2.1)，pp.74～78
2.2.9) 国土交通省ホームページ：http://www.mlit.go.jp/crd/web/jigyo/jigyo.htm
2.2.10) 川崎市ホームページ：http://www.city.kawasaki.jp/takuchibousai/takuchitaisin/takuchitaishinka.html
2.2.11) 土質工学会：日本の特殊土，1974

2.3節　本　調　査

2.3.1　本調査の種類と目的

> 本調査は，事前調査により把握した地盤条件および基礎の要求性能などの設計条件を考慮して最適な基礎形式，施工方法を選定し，その設計，施工のために必要な地盤情報を得るために行う．
> 本調査の方法には，ボーリング・サウンディング・サンプリング・物理探査・載荷試験・地下水調査などの原位置調査および室内土質試験などがあり，地盤条件や基礎の設計・施工のための検討項目に応じて適切な方法を選定し，適切な調査数を計画する．

表2.3.1～3に建築基礎の設計・施工のための本調査に用いられることの多い原位置調査・室内土質試験・物理探査・検層方法の概要を示す．調査計画にあたっては，設計・施工計画のための検討事項（1.5節，1.6節）に対して，それぞれの特徴や土質に対する適用性，設計・施工条件との対応を考慮して表1.5.4や表1.6.1を参考に調査・試験方法を選択する．調査数の考え方については1.7節に示した．また，3章には，さまざまな設計・施工条件における調査計画例を示している．

調査・試験の詳細は2.3.2項以降に示すが，本指針では，建築基礎の設計・施工のために一般に用いられる地盤調査計画の必要最小限の情報を示しており，本指針に示した以外の調査方法やこれ以上の詳細については，地盤工学会「地盤調査の方法と解説」[2.3.1]・「土質試験の方法と解説」[2.3.2]などの専門書を参考にされたい．なお，杭の載荷試験については，建築基礎の設計のため，あるいはその検証のために実施される調査であり，本指針でも本調査の一つとして扱うこととした．平成13年国土交通省告示第1113号でも地盤調査に含まれている．なお，既存杭，基礎躯体利用のための調査は地盤調査の範疇ではないが，基礎の設計・施工と関わることから概要を1.5節に示した．

原位置試験が，地盤内の状態そのままで調査可能であるものの，得られるデータ，指標（N値など）から，力学的性質・変形特性を評価するには経験式・理論式を用いなければならない．これに対し，室内土質試験は試験条件が明確かつ調整可能で，条件を変えて試験を実施して試験条件の影響や試験精度を比較・評価することも可能で，力学的性質（強度特性・変形特性）を直接的に調べることができるが，程度の差はあってもサンプリング時の試料の乱れの影響は免れない．

表 2.3.1　主な原位置調査方法とその概要

調査方法	概要	参照先
ボーリング	掘削機械により地盤に穿孔することで，地盤の構成を調べ，サンプリング，サウンディング，物理探査を行うために行われる．これらの調査・試験を含む総称を「ボーリング調査」という．	2.3.2項
標準貫入試験	サンプラーを地盤中に30cm打ち込むのに要する打撃回数により地盤の硬軟を判定するサウンディング方法．採取試料により土層の構成も判定可能．	2.3.6項
標準貫入試験以外のサウンディング	敷地が広大である場合や軽微な建物で補間的に行われることが多く，静的コーン貫入試験，オートマチックラムサウンディング試験，スウェーデン式サウンディング試験，MWD検層などがある．	2.3.7項
孔内水平載荷試験	土の水平方向の変形係数，地盤反力係数の把握のため，ボーリング孔の孔壁を用いて，加圧，載荷するサウンディング方法．	2.3.8項
物理探査・検層	動的特性や地層構成を調べるため，地表あるいはボーリング孔内の検出器で測定した物理量を用いて間接的に地盤の特性を把握する．	表2.3.3
サンプリング	室内土質試験に用いるための試料を採取するために行われる．	表2.3.4
載荷試験	原位置で地盤の荷重－変形特性・支持力を直接把握するための調査であり，地盤に対しては平板載荷試験，杭基礎は杭の載荷試験を行う．	2.3.12項 2.3.13項
地下水調査	地下水位はボーリング孔で測定されるが，測定法により解釈に注意が必要．施工計画における揚水量，時間および近隣への影響の検討のための透水性，水理定数については単孔または複数孔の透水・揚水試験が行われる．	2.3.3項

表 2.3.2　主な室内土質試験方法とその概要

調査方法	概要	本指針の参照先
物理試験・化学試験	土粒子の密度，含水比，湿潤密度，粒度など土の基本的な物性や，pHなどの化学的性質を把握するとともに，工学的性質を推定するために行う．	2.3.4項
一軸圧縮試験 三軸圧縮試験	サンプリング試料を用いて，強度特性（粘着力，内部摩擦角）や変形特性（変形係数，ポアソン比）を把握するために行う．三軸圧縮試験では，土質や設計条件により試験条件を選定する．	2.3.8項
圧密試験	サンプリング試料を用いて，圧密沈下特性を検討するための粘性土の圧密に関わる諸係数を把握するために行う．	2.3.9項
液状化試験	サンプリング試料を用いて，砂質土の液状化強度を直接把握するために行う．繰返し非排水三軸試験またはねじりせん断試験．	2.3.10項
動的変形試験	サンプリング試料を用いて，土の変形係数（せん断弾性係数）および減衰定数のひずみ依存性（ひずみレベルとの関係）を把握するために行う．繰返し三軸試験またはねじりせん断試験．	2.3.11項
透水試験	サンプリング試料を用いて，透水係数を把握するために行う．	2.3.3項

表 2.3.3 主な物理探査・検層方法

調査方法	概要	本指針の参照先
電気検層	ボーリング孔内で電気比抵抗を測定し，帯水層を把握し地層構成を推定する．	2.3.3 項
PS 検層（速度検層）	ボーリング孔内の受振器で地盤内を伝播する弾性波（P波，S波）を測定し，地盤の速度構造を調べる	2.3.11 項
常時微動測定	地表に設置した微動計で常時微動を測定し，地盤の固有周期を把握する	2.3.11 項
微動アレイ探査	地表に複数配置した微動計で常時微動を同時測定し，地震基盤までの地下構造（弾性波速度構造）を推定する	2.3.11 項
弾性波探査（屈折法）	地表の測線上に配置した受振器で人工的に発生させた弾性波の伝播を測定し，地下構造を推定する	参考文献 2.3.1)
表面波探査	表面波（レイリー波）を用いた弾性波探査で，P波，S波に比べ小さい起振力でも測定可能なので，市街地などで適用しやすい	参考文献 2.3.1)
密度検層	ボーリング孔内で放射性同位元素からγ線を放射させ，地盤内で散乱したγ線強度を測定して，密度を推定する	計画例 3.1.4.2，計画例 3.6 節

　室内土質試験に用いる試料を採取するためのサンプラーは，事前調査で推定した地層構成に基づいて，表 2.3.4 に示すような土質ごとの適用性（採取能力，乱れの可能性）を考慮して選定される．それぞれのサンプリング方法の詳細は文献 2.3.3) などを参照されたい．乱れの少ない高品質な試料を得るためには，より費用のかかる高度な方法とする必要があり，目的に応じた適切な方法を選定する．サンプリング方法によりボーリングの必要孔径が異なることにも注意が必要である．ただし，サンプラーの選定については経験と知識が必要であり，実際のサンプリング時には原位置の状況により計画と異なるサンプラーに変更することもある．また，ここで示した以外のサンプリング方法も開発・実用化されている[2.3.3)]．したがって，サンプリング方法については，機械的に選定するのではなく，調査計画段階および調査を行いながら調査者と連携して最適な方法を選定する．

　原位置調査と室内土質試験は補完関係にあり，それぞれの長所や適用限界を理解した上で，採用する方法を選定する．

表 2.3.4 サンプリングの種類と適用性

サンプラーの種類		適用地盤	必要孔径	備考・通称
固定ピストン式シンウォールサンプラー [JGS 1221-2003]	ロッド式	主にN値0～4程度の粘性土で，細粒分の混入の多い場合にはN値0～8程度の砂質土でも適用の可能性がある．	86mm以上	シンウォールサンプラー
	水圧式	ロッド式よりもやや硬質な粘性土に適用可能		
ロータリー式二重管サンプラー [JGS 1222-2003]		主にN値4～15程度の粘性土．	116mm以上	デニソンサンプラー
ロータリー式三重管サンプラー [JGS 1223-2003]		主にN値4程度以上の粘性土およびN値10程度以上の砂質土．細粒分の混入の多い場合にはN値10以下の砂質土にも適用可能．	116mm以上	トリプルチューブサンプラー・サンドサンプラー 砂質土では微視構造の乱れの可能性がある
ロータリー式スリーブ内蔵二重管サンプラー [JGS 1224-2003]		軟岩や固化工法による地盤改良土の力学試験に供する試料の採取が可能．観察用の場合には広範囲の地盤に適用できる．	66mm以上	コアパックサンプラー 孔径によって数種類のサンプラーがある．
ブロックサンプリング [JGS 1231-2003]		地表，根切り底付近の地下水以浅の浅い層で手掘り作業が可能であれば，多くの地盤で力学試験に供する試料の採取が多量に可能．	不要	採取可能な層は限られるサンプリングの作業性，安全対策の検討が必要
凍結サンプリング		細粒分の少ない砂地盤や砂礫地盤であれば高品質の試料が採取可能．	*)	細粒分が多い場合には凍結膨張による乱れの可能性がある
標準貫入試験用サンプラー [JIS A 1219-2001]		乱れた状態ではあるが，標準貫入試験が可能なあらゆる地盤で試験と同時に（主に物理試験に供される）試料を採取できる．	66mm以上	レイモンドサンプラー

[注] ＊：凍結管設置および試料採取のためのボーリングが必要

2.3.2 ボーリング調査による土質分類，地層構成，地盤断面の把握

> ボーリング調査により得られる地盤情報（土質分類・地層構成・地下水など）は，地盤工学上の問題の把握，基礎構造決定の基本情報であり，調査方針を明確に示し，調査者と連携をとって計画を行う．

　ボーリング調査とは，柱状図・地盤断面図作成のための地層構成や地下水位・支持層の深さなどの基本情報の把握，およびサウンディング他の原位置調査や室内土質試験のためのサンプリングのために実施される調査の総称である．単にボーリングという場合は削孔作業を指している．ボーリングには通常はビットを回転させて掘削するロータリー式ボーリングが用いられる．ボーリング孔径は一般に66～116mmで，表2.3.4に示したようにサンプリング方法や原位置試験（たとえば，孔内水平載荷試験やPS検層は試験方法により掘削径が異なる）により孔径が異なり，調査費用に

も影響するので，できれば調査者に確認した上で計画を行い，発注にあたっては明確に指示する．

一般の設計では，ボーリング調査の数量・調査深さは，1.7 節に示すように主に標準貫入試験の必要性から決定されることがほとんどであるが，得られる情報の意味や結果の整理方法を理解した上で，情報不足や設計者・施工者の発注意図と乖離することがないよう，調査方針を調査者に明確に示し連携をとって調査計画を進めることが重要である．

ボーリング調査によって得られたデータの整理方法の概要を以下に示す．

調査結果のうち土（地）質区分については，オペレータによる調査時の土の観察・試錘日報の記載事項・サンプル試料の色調・木片などの混入物の有無の観察・試料を触った感覚などを踏まえた上で，2.3.4 項に示す物理試験結果に基づいて，工学的性質の類似したグループに区分され，「砂質土」「粘性土」などの土（地）質分類名が付けられる．さらに，N 値，土の力学的性質や透水性に関する試験結果も踏まえて，深さ方向に連続して同等の特性を示す層を同じ土（地）層と判断し，土層区分を行う．土層名は，地質年代（「沖積層」など，2.2 節参照）あるいは地域特有の土層名（「有楽町層」など）が用いられ，地質年代を示す大文字 A：沖積層（Alluvium），D：洪積層（Diluvium），T：第三紀層（Tertiary）または地域名，例えば有楽町層は Y と，土質名を示す小文字 s：砂質土（sand），g：礫質土（gravel），c：粘性土（clay）などを組み合わせた，As，Dg，Yc というような記号で表現される．さらに，ボーリング孔ごとの柱状図，および調査地周辺の地盤図などの既存資料を参考に，同等の特性を示す地層の水平方向の分布を推定・想定し，想定地盤断面図が作成される．この時，ボーリング数が少ないほど，また不陸の大きい地盤ほど推定・想定した断面が不確定要素を多く含むものとなることは言うまでもない．

柱状図および地盤断面図には，建物レベルと調査深さの関係が明確になるようボーリング孔ごとに孔口の標高および孔口からの調査深さが示される．孔口標高は一般に測量に用いたベンチマークの記号（TP，AP，TBM など）で示される．設計・施工のためには仮の基準点からの相対的な標高で支障がない場合も多いが，事前調査を含む複数の調査結果を比較・精査する場合には標高が重要な判断材料となるので，正確な地盤高さ（絶対標高）を明確に示すよう指示する必要がある．

以上のように，ボーリング調査結果は建築基礎の設計・施工のための基本情報であるが，結果の整理・解釈には調査者の判断を多く含むので，設計者・施工者は調査の目的や主な検討事項（たとえば，液状化・圧密沈下など）を明示した上で，調査者と協議・連携をとって計画を進めることが重要である．

2.3.3 地下水位，透水性に関する調査，試験

> 地下水に関する調査・試験は，地下水の区分やそれぞれの水位・透水性を把握するための調査方法の適用性を理解した上で，基礎の設計・施工に必要なデータを取得できるように計画する．

地下水状態の模式図を図 2.3.1 に示すが，建築物の設計・施工において最も基本となる情報は対象とする地層（帯水層）の水位と透水性である．表 2.3.5 に地下水に関する主な検討項目を示す．

地下水位は，基礎構造の設計・施工において基本となる重要な情報であり，調査により測定され

第2章　建築基礎設計のための調査計画　−41−

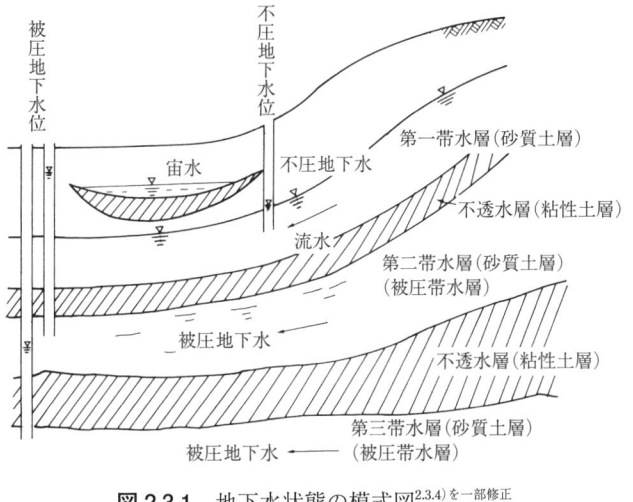

図 2.3.1 地下水状態の模式図[2.3.4)を一部修正]

図中ラベル：被圧地下水位、不圧地下水位、第一帯水層（砂質土層）、宙水、不圧地下水、不透水層（粘性土層）、流水、第二帯水層（砂質土層）（被圧帯水層）、被圧地下水、不透水層（粘性土層）、第三帯水層（砂質土層）（被圧帯水層）、被圧地下水

表 2.3.5 地下水に関する検討項目[2.3.5)]

分類	検討項目
設計関連	・地下外壁の設計 ・基礎底盤の設計 ・建物全体の浮き上がり ・砂地盤の液状化
施工関連	・山留めの計画 ・排水計画 ・掘削および残土処理計画 ・場所打ち杭の施工管理
周辺環境	・周辺地盤，構造物の沈下 ・井戸などの枯渇 ・水質汚染

る地下水位の意味を十分理解した上で，調査計画を立案する．

地下水は地下水面と帯水層の位置関係により，不圧地下水と被圧地下水とに分けられる．不圧地下水は，帯水層中に自由地下水面を有する地下水で，自由地下水ともいう．被圧地下水は，難透水層に挟まれた帯水層中に地下水面をもたない地下水をいい，帯水層の上端よりも高い水頭を有する．なお，難透水層を貫通した後に得られる地下水位は，被圧地下水の影響を受けており，不圧地下水とは区別して扱う．

不圧地下水の把握は，基礎底面に作用する浮力や地下外壁に作用する水圧，地震時の液状化対象層の設定に関係し，基礎の設計において基本となる情報である．また，建設工事に伴う地盤掘削において，山留め壁の内外の水頭差により生じるボイリングや，掘削底面が被圧地下水の揚圧力によって膨れ上がる盤膨れなどの検討に被圧帯水層の位置や地下水位の把握が重要となる．地下水位の評価にあたっては，不圧地下水位に対する季節（降水量）変動の影響や被圧地下水位に対する地下水揚水状況による影響も考慮する必要がある[2.3.6)]．

透水性は，主に特に深い根切り工事を行う際に，施工安全性の確保および近隣環境保全のために調査されるが，周辺を含む対象地盤の地層構成を把握した上で，適切な試験方法を選定する．

(1) 地下水位

ボーリング孔内で測定される水位を孔内水位と呼ぶが，表 2.3.6 に示すように孔内水位は水位の求め方によりその意味が異なる．設計に用いるための不圧地下水位として泥水位を用いるのは適切ではない．無水掘りにより測定される水位，または清水置換した孔内において人為的に水位を変化させた後，水位変動がほぼ停止した段階の水位（平衡水位）により把握しなければならない．平衡水位を求めるためのボーリング孔を利用する方法［JGS 1311 - 2003］[2.3.8)]では，水位測定用パイプを孔底に打ち込んで孔内水との遮水を行い，測定用パイプ内の水を清水に置換して測定を行う．被圧地下水の測定では，対象とする帯水層の上位の難透水層にケーシングを打ち込み，孔壁と水位測定用パイプとの隙間で上下の流れを生じないように遮水を行う必要がある．長期的に継続して水位を

表2.3.6　ボーリング孔内水位の種類と解釈[2.3.7)に修正加筆]

種　類	水位の求め方	水位の解釈
無水掘りによる水位	泥水を用いないで掘り進んだとき，孔内に地下水が流入し始めた深度	粘性土中の場合は溜り水，砂質土中の場合は，不圧地下水位を示す．
泥水位	泥水を用いて削孔し，ボーリングが終了した後の安定水位	孔壁にマッドケーキ（難透水の膜）ができるために値そのものは参考にならない．実際の水位はそれ以深と判断される
水洗い後の水位	削孔後に泥水を清水に置換し，孔内を洗浄した後の安定水位 被圧地下水位の正確な測定には上位帯水層との遮水が必要	洗浄が十分ならば砂質土中では不圧地下水，粘性土中では溜り水またはその下部の砂質土層の被圧地下水の水位を示す．

測定するには観測井による方法［JGS 1312 - 2003］[2.3.8)]がある．

　施工計画（揚水計画）にあたって，帯水層の分布を把握するために，帯水層と難透水層では地盤の比抵抗の分布が異なることを利用して帯水層の分布などを推定する電気探査［JGS 1122 - 2003］[2.3.9)]が実施されることもある．ただし，地盤の比抵抗は岩石の構成鉱物・間隙率・飽和度など各種因子の影響も受けるため，解析された比抵抗の構造（コンター図）のみから帯水層の分布の確定は困難で，地層構成やボーリング孔の地下水調査結果などを併せて総合的に解釈することが重要である．

(2) 透　水　性

　建設工事に伴う地盤掘削によりボイリングや局所的なボイリングにより土中に生じる水みちがパイプ状に進行するパイピングなどの建設現場における問題や，地下水位を低下させて掘削工事を進めることによる工事現場外の井戸枯れや地盤沈下などの建設現場周辺に及ぼす影響が懸念される．これらは地盤の透水性と関連が強く，このため建設現場における透水性をあらかじめ把握することが重要である．2.3.4項に示す粒度試験から得られる粒径から概略値を推定することも可能であるが，透水試験による透水係数の代表的な把握方法としては，次の三つが挙げられる．

　・単一の観測井またはボーリング孔を使用する方法（単孔式透水試験）
　・揚水井と観測井を別にして，複数の井戸を使用する方法（多孔式揚水試験）
　・室内透水試験に基づく方法

① 単孔を利用した透水試験（単孔式透水試験）［JGS 1314 - 2003］[2.3.10)]

　単孔式透水試験は，地層の透水係数を原位置で把握する必要がある場合に実施される．1本のボーリング孔を利用して，汲上げもしくは注水によりボーリング孔内の水位を変化させ，水位の回復状況より透水係数を求める．一般的に用いられるピエゾメータ法の概念図を図2.3.2に示す．

　この試験方法は，比較的安価に深さ方向に多数の試験を行うことができるが，得られる透水係数は試験位置近傍に限定される．また，本試験において前述のボーリング孔を利用した地下水位測定方法［JGS 1311 - 2003］に準じて測定される平衡水位を不圧地下水位として用いることもある．

② 揚水試験（多孔式揚水試験）［JGS 1315 - 2003］[2.3.10)]

　多孔式揚水試験は，大規模な地下掘削工事が行われる場合などに掘削に伴う湧水量や水位の変動

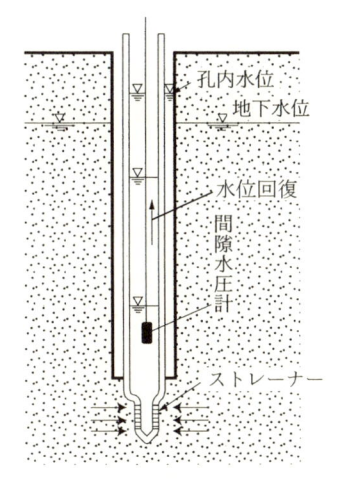

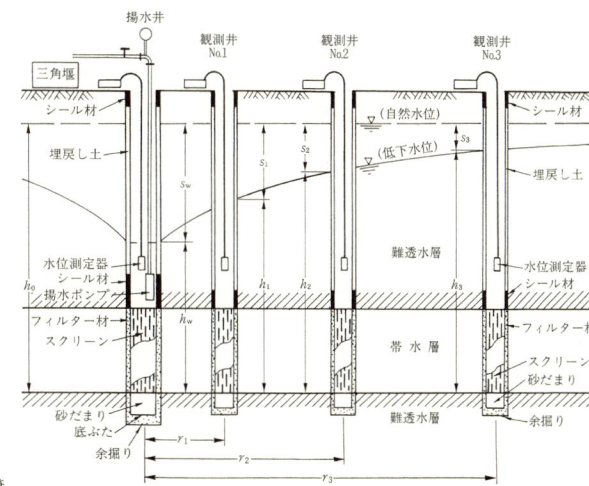

図 2.3.2 ピエゾメータ法の試験概念図[2.3.9)]に加筆

図 2.3.3 多孔式揚水試験の試験概念図[2.3.10)]

を詳細に把握する目的で，複数の井戸を用いて帯水層の水理定数（透水係数，透水量係数，貯留係数など）を直接求める方法である．得られる値は広範囲の帯水層の平均的な定数である．

試験は，図2.3.3に示すように揚水井と観測井を分けて，揚水量一定で揚水して各観測井の水位低下量の経時変化を測定する．試験結果の解析は，非平衡式（Theis法，Jacob法）や平衡式（Thiem法）を用いるが，これらの詳細については文献2.3.10）などを参照されたい．

③ 土の透水試験（室内透水試験）[JIS A 1218 - 1998][2.3.11)]

室内透水試験は，採取した試料の透水係数を把握するもので，試験対象となる層の局所的な透水性を精度よく把握できる．室内透水試験方法には2種類あり，透水係数の大きい土では定水位透水試験，透水係数の小さい土では変水位透水試験が用いられる．

ただし，室内透水試験は地盤全体の透水性を表現したものではないため，地盤全体の透水性評価にあたっては地盤調査結果による地層構成などを十分考慮して総合的に判断する必要がある．また，透水係数は想定される現場条件に対応する試験条件の下で求める必要があり，大きな礫を含む土が対象となる場合や乱れの少ない試料の採取が困難な場合，あるいは地盤が不均質で代表試料の採取が困難な場合は，単孔式透水試験・多孔式揚水試験によるのが適切である．

2.3.4 物理特性に関する調査，試験

> 物理特性に関する調査・試験は，地盤の基本的な物性，原位置における状態を把握すると同時に力学的性質を推定するための補助情報としても使用可能であり，事前調査から推定される地盤構成，想定した基礎の設計・施工に必要な地盤情報が得られるような調査計画とする．

物理特性は，表2.3.7に示すように土粒子の密度・含水比・湿潤密度など土の物性を把握して工学的分類を行うとともに，経験的な関係式から力学的性質を推定するための基本情報となるものであり，設計・施工に必要な地盤情報が得られるような調査計画とする．なお，通常は湿潤密度試験

表 2.3.7　土の物理特性に関する試験[2.3.2)に基づいて作成]

名称	規格など	試験から求められる値	利用
土粒子の密度試験	JIS A 1202	土粒子密度	間隙比・飽和度の計算，土質の概略推定
含水比試験	JIS A 1203	含水比	力学的性質の推定，間隙比・飽和度の計算，土質の概略推定
湿潤密度試験	JIS A 1225	湿潤密度	上載圧の計算，土質の概略推定
粒度試験	JIS A 1204	粒度，均等係数，曲率係数 細粒分含有率，粘土分含有率	土質分類，液状化判定のための指標 透水係数の推定，締固め特性の判定
細粒分含有率試験 （簡易粒度試験）	JIS A 1223	細粒分含有率	土質分類，液状化判定のための指標
液性限界・塑性限界試験	JIS A 1205	液性限界，塑性限界 塑性指数，液性指数	粘性土・非粘性土の分類，粘性土の力学特性や圧縮指数（Cc）の推定

を除いて，標準貫入試験用サンプラーで採取した試料を用いて実施する．

物理特性に関する主な試験方法の概要を以下に示す．

(1) 土粒子密度試験・含水比試験・湿潤密度試験[2.3.12)]

土粒子密度は，土を構成する土粒子部の単位体積に対する質量として定義される．

含水比は，土を構成する土粒子の質量に対する間隙水の質量の比で定義され，細粒分を多く含む土ほど大きく，砂・礫分を含むと小さくなる．通常は百分率で表される．

湿潤密度は乱れの少ない状態で採取された自立可能な試料を用いて寸法・体積と重量を測定するもので，一軸・三軸圧縮試験用の供試体を用いて測定されることが多い．

これらの値から間隙比・飽和度が計算できる．概略の土の分類も可能で，土粒子密度は一般に砂質土であれば $2.65\mathrm{g/cm^3}$ 付近，粘性土で $2.70\mathrm{g/m^3}$ 付近となるが，有機物やガラス性土粒子を含む場合はやや小さくなる傾向にある．湿潤密度と含水比については表 2.3.8 に示す範囲の値が目安となる．

表 2.3.8　わが国の湿潤密度と含水比のおおよその範囲[2.3.12)を一部修正]

	沖積粘性土	沖積砂質土	洪積粘性土	関東ローム	高有機質土
湿潤密度 ρ_t (g/cm³)	1.2～1.8	1.6～2.0	1.6～2.0	1.2～1.5	0.8～1.3
含水比 w_n (%)	30～150	10～30	20～40	80～180	80～1 200

(2) 粒度試験[2.3.13)]

土の粒度組成を数量化し，土を構成する土粒子粒径の分布状態を把握する試験である．この結果より粒径とその粒径より小さい粒子の質量百分率の関係である粒径加積曲線を描き，細粒分（粘土・シルト），粗粒分（砂・礫）の割合を求める．均等係数や細粒分含有率など粒度特性を表す指標を得ることができる．試験結果は，図 2.3.4 に示す区分や工学的分類の指標となる．また，10％粒径や20％粒径から透水係数を推定することも可能である．

粒径	5μm	75μm	425μm	2mm	4.75mm	19mm	75mm	300mm
粒径区分	粘土	シルト	細砂	粗砂	細礫	中礫	粗礫	粗石	巨石
			砂		礫		石	
構成分	細粒分		砂分		礫分		石分	
			粗粒分					

図 2.3.4 土粒子の粒径区分と呼び名[2.3.14)を一部修正]

粒度試験は広範囲にわたる土の粒径を測定するため,75μm以上の土粒子に対するふるい分析とそれ以下に対する沈降分析の2種類の分析方法に分かれており,目的に応じて指定する.液状化判定の必要性の判断や安全率の算定に用いる場合には,N値の測定と同じ間隔で細粒分含有率を測定すべきである.細粒分含有率のみの把握であれば細粒分含有率試験(通称「簡易粒度試験」)により75μmふるい通過質量を測定することで比較的容易に求めることができる.ただし,埋立てあるいは盛土地盤における低塑性シルトなどの液状化判定の必要性を判断する場合には,粘土分含有率測定のための沈降分析が必要である.

(3) 土の液性限界・塑性限界試験[2.3.15)]

粘土などの細粒土は,含水比の状態によって液体状〜塑性状〜半固体状〜固体状に変化する.このような含水比の変化による状態の変化をコンシステンシーと呼び,練返した細粒土の状態の境界を与える含水比を液性限界 w_L・塑性限界 w_P・収縮限界 w_S と定義している.土の液性限界・塑性限界試験では,これらの値を求めるとともに,塑性指数 $I_P (= w_L - w_P)$・液性指数 $I_L (= (w_n - w_P)/I_P)$,w_n は自然含水比)が算定できる.ただし,砂質系のシルト質土は塑性限界が求められないものもある.

試験結果のうち液性限界と塑性指数から塑性図を用いて土の分類を行い,圧縮性・透水性などの工学的性質の概略を推定できる.また,液性指数 I_L は,自然状態における細粒土の含水状態を相対的に示したもので,値が1に近づくほど自然状態の含水比が液性限界に近く,乱すと液状になる不安定な状態であると判断される.$I_L > 1$ の土は特に不安定で,山留め工事や掘削工事においてトラブルが発生することが多い.

(4) 土の工学的分類 [JGS 0051-2000][2.3.16)]

土質の観察による評価や,これまで述べてきた物理試験の結果に基づいて,地盤材料を工学的特徴の類似したグループに分類する.分類は大分類(「粗粒土」,「細粒土」),中分類(「砂」,「シルト」など)小分類(「シルト質細砂」,「粘土(低液性限界)」など,5%以上15%未満を「まじり」,15%以上50%未満を「質」と表す)で示される.ただし,柱状図では「細砂」,「砂まじり粘土」,といった土質名が使われることが多い.

2.3.5 化学特性に関する調査, 試験

> 化学特性に関する調査・試験は, 基礎構造の耐久性の検討や工学的性質の推定にあたって, 地盤を構成する土の化学的な性質を把握するため行う試験であり, 目的に応じて適切な調査・試験方法を選定する.

化学的特性に関する調査・試験は, 表2.3.9に示すように地中構造物の劣化や地盤改良工法の改良効果の検討のため, 土のpH・電気伝導率・有機物の含有量などを把握するために行われており, 目的に応じて適切な試験方法を選定する. また, 2.3.15項や付録Ⅱに示すような地盤環境問題においてもその必要性が増加している.

化学特性に関する主な試験方法の概要を表2.3.9に示す.

(1) 土懸濁液のpH試験・電気伝導率試験・土の水溶性成分試験[2.3.18]

試料に一定の質量比で蒸留水またはイオン交換水を加えた懸濁液あるいは溶出液について, pH・電気伝導率・塩化物・硫酸塩含有量を求める試験で, 温泉地のような強酸性地盤・硫酸塩土壌や臨海部の埋立地などの耐久性が懸念されるような地盤において, コンクリートの劣化や鋼材の腐食といった耐久性の検討に利用される. またpH試験は, 薬液注入工法やセメント系固化材を用いた地盤改良による周辺環境への影響を調査するために用いられることもある.

(2) 強熱減量試験・有機炭素含有量試験[2.3.19]

土に含まれる有機物は, 動物質有機物と植物質有機物とに分類される. 工学的に問題となるのは植物質有機物を含む土, いわゆる腐植土で, 多量に含む土としては泥炭や黒泥が代表的である. このような土は一般に高含水比・高間隙比であり圧縮性が極めて大きく, 盛土などによる沈下や側方流動が問題となる場合がある. また, 土中の有機物は分解が進むと腐植に変わるが, 時間経過に伴う分解による層の圧縮は二次圧密のようなクリープ的な圧縮性状を示すことから, 宅地造成地などにおいてはこの植物性有機物を含む土層が存在する場合は注意を要する土質である. また, セメント系固化材を用いた地盤改良効果の妨げになる可能性もある. 有機物含有量を表すこの強熱減量は, 高有機質土の圧縮指数, 非排水強度などの力学的性質と関連付けられている.

強熱減量試験は, 炉乾燥試料土を700〜800℃で強熱したときの減少質量を求める試験で, 強熱減量は強熱前の質量に対する減少質量の百分率で表す. この試験で得られる強熱減量は土に含まれ

表2.3.9 土の化学的性質の試験

名称	規格など	試験から求められる値	利用
土懸濁液のpH試験	JGS 0211	土懸濁液のpH	鋼材やコンクリートの耐久性の検討
電気伝導率試験	JGS 0212	土懸濁液の電気伝導率	
土の水溶性成分試験	JGS 0241	塩化物, 硫酸塩の含有量	
強熱減量試験	JIS A 1226	有機物含有量	地盤改良効果の推定
有機炭素含有量試験	JGS 0231	有機炭素含有量	有機質土の力学的性質の推定
六価クロム溶出試験	文献2.3.17)	六価クロム溶出濃度	セメント改良土からの溶出の可能性

る有機物の量（有機物含有量）の概略値として利用される．

(3) 六価クロム溶出試験[2.3.17]

　地盤改良に伴いセメントやセメント系固化材に含まれる六価クロムが溶出して周辺環境に影響を及ぼす可能性を検討するための試験で，平成3年環境庁告示46号による溶出試験および溶媒液中に静置して溶出量を測定するタンクリーチング試験がある．後者は，精査が必要な場合や大規模な工事において主に実施される．特に対象土が火山灰質粘性土の場合は溶出濃度が高いとの報告[2.3.17]もあり，国土交通省直轄工事では，セメントやセメント系固化材を使った地盤改良にあたっては試験が義務付けられている．

2.3.6 標準貫入試験

> 　標準貫入試験は，基礎設計・施工において基本となる地盤情報を得るための調査であり，できる限り試験誤差が小さくなる試験方法を採用する．
> 　標準貫入試験の計画にあたっては，建物の規模や重要度・想定した基礎・地盤条件を考慮して，適切な試験数・試験位置・試験深さを確保できるようにする．

　標準貫入試験は，地層構成の把握と地盤の相対的な硬さを知るための調査（サウンディング）の一つで，ボーリング孔を利用して比較的簡便に実施でき，下記の特長などから建築基礎の設計に関わるほとんど全ての地盤調査に用いられている．

・玉石や転石を多く含む地盤を除き，軟弱地盤から硬質地盤まで試験の適用範囲が広く，わが国の複雑な堆積環境に対し適用性の高い調査法である．

・サンプラーで採取した試料を直接目視で確認できるため，地層構成の把握が容易である．

・これまでの膨大なデータベースを背景に，標準貫入試験で得られるN値と地盤定数との間に数多くの相関関係が提案され，基礎設計に幅広く利用されている．

・N値が支持層の判断に直接使用できる．たとえば，一般に，砂質土や礫質土でN値が50を超える連続した地層は，支持杭の支持地盤となる可能性が高い．ただし，粘性土ではN値20～30を支持地盤の目安とすることが多いが，サンプリング試料を用いた室内土質試験により強度・変形特性（2.3.8項参照）を確認することが望ましい．

　このように，複雑な地盤でも土質を目視で判別できる確かさと，誰でも容易にN値を活用できる利便性から，標準貫入試験はわが国で最も普及している地盤調査方法である．標準貫入試験の利用環境が整えられており，土質柱状図とN値さえあれば，地下水に関わる内容を除き，多くの基礎設計の課題が検討できる状況にある[2.3.20]．標準貫入試験の方法およびN値の利用に関しては数多くの研究がある．地盤定数（砂や粘土の強度特性・変形特性）や砂地盤の液状化判定の評価への利用の概要は付録Ⅰ．3に示したが，詳細は専門書[2.3.20],[2.3.21]を参照されたい．

　なお，N値は試験方法を標準化してもばらつき，さらに地盤の堆積環境や拘束圧にも影響され，測定値そのものに多くの不確定要素を含む．N値は，地盤の相対的な硬さを表す一つの指標であり，そこから経験的に導き出された地盤定数は自ずと精度に限界があることを了解した上で，設計に利

用する必要がある．特に，粘性土の強度や変形に関する地盤定数は乱れの少ない試料を用いた室内土質試験により評価することを基本とすべきである．

(1) 試験方法

標準貫入試験の方法はJIS A 1219-2001に規定されている．図2.3.5に示すように質量63.5±0.5kgのハンマーを高さ76±1cmから自由落下させ，中空のサンプラーを地盤に30cm打ち込むのに要する打撃回数がN値である．ハンマーの落下方式には，手動（コーンプーリー法・トンビ法）と自動（半自動型・全自動型）がある．自動落下装置における半自動型と全自動型（図2.3.6）との違いは，ハンマーの吊上げ方法および記録方式であり，巻き上げドラムで吊り上げたハンマーが一定の高さになると自動的に落下し，打撃回数を手動で記録する半自動型が一般的である．

N値のばらつきには多くの要因が関連するが，主として，地盤の不均質性に起因するものと，試験・装置に起因するものに大別できる．後者については，ハンマーの落下方式により打撃時のエネルギー効率（打撃効率）が異なる影響が大きい．図2.3.7に異なる落下方式により測定したN値の比較に関する二つの研究成果[2.3.22),2.3.23)]を示す．いずれの結果でも，コーンプーリー法は他の方法に比べ打撃効率が低いためにN値を過大に評価するとともに，ばらつきも大きい傾向が見られ，使用すべきでない．N値はハンマーの落下高さやロッドの鉛直性を敏感に反映し，監督者の有無によりN値が2～4倍に変化した例も報告されている[2.3.24)]．そこで，打撃効率とともに人為的な測定のばらつきを避ける観点からも，自動落下装置の採用を強く推奨する．また，N値は各深度のボーリング孔底で測定することから，孔底を乱さない削孔やスライムの処理も重要である．

(2) 調査計画

図2.3.7に示したようにN値は本質的にばらつきを含むものであり，ドライブハンマー（ハンマー）を載せただけでロッドが自沈するような軟弱地盤では精度の良い評価は望めないなど，適用地盤にも注意が必要である．したがって，できる限り測定誤差が小さくなる試験方法を採用するとともに，敷地の地盤条件や設計，施工の検討レベルによっては，標準貫入試験のみの調査とすることは避け，室内土質試験や他の原位置試験を併せて実施し，総合的に評価することを想定した調査計画とする．さらに，1.3節や1.7節に示したように，地盤のばらつきや試験誤差を総合的に考慮できるよう，建物の規模・基礎形式に応じた試験数・試験位置・試験深さを確保する計画とする必要がある．

また，標準貫入試験のJIS規格では測定間隔は規定されておらず，一般には1m間隔で実施されるが，地層の変化が大きく連続してデータ取得をしたい場合などでは，45cm（予備打ち15cm＋本打ち30cm）以上であれば，試験方法としてN値を細かく測定することも可能である．

JIS規格では貫入量30cm未満で打撃回数50回に達した場合はすべてN値「50以上」として「50/貫入量」で示すこととなっているが，この時の貫入量から30cm時の打撃回数を外挿した値を換算N値として用いる場合がある．たとえば，場所打ち杭の鉛直支持力式における先端平均N値の上限は，基礎指針[2.3.25)]では換算N値で100（N値50以上の場合．ただし極限支持力の上限値により実質的に75で頭打ちにしている．），平成13年国土交通省告示第1113号では打撃回数で60である．あるいは，N値からせん断波速度（V_s）を算定し，工学的基盤の確認に用いる場合にも換算N値が使われることがある．換算N値を用いて定量的な評価を行う可能性がある場合には，外挿の妥

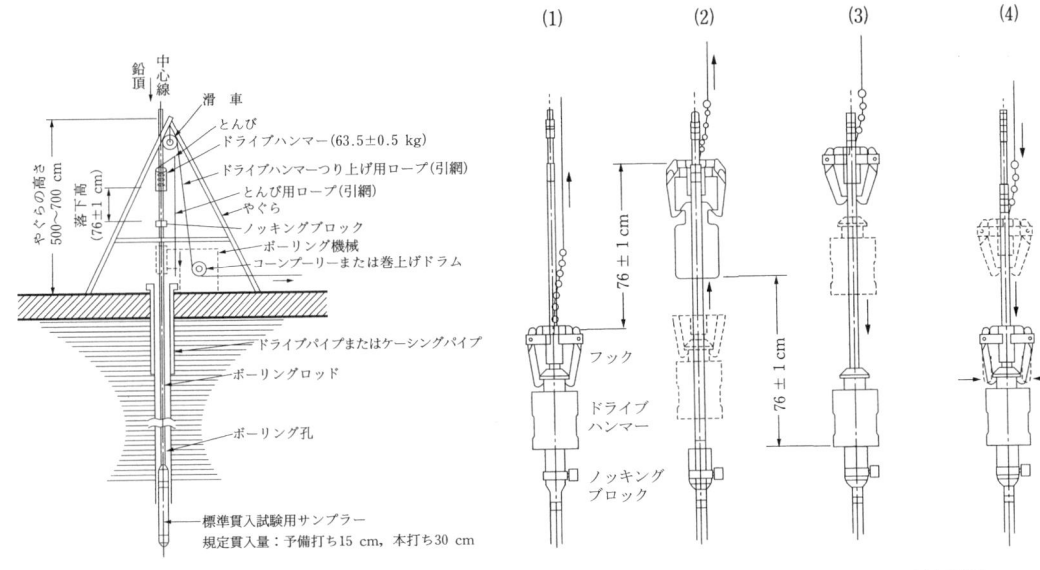

図2.3.5 標準貫入試験装置および器具[2.3.20)]

図2.3.6 自動落下装置の例[2.3.20)]を加筆修正

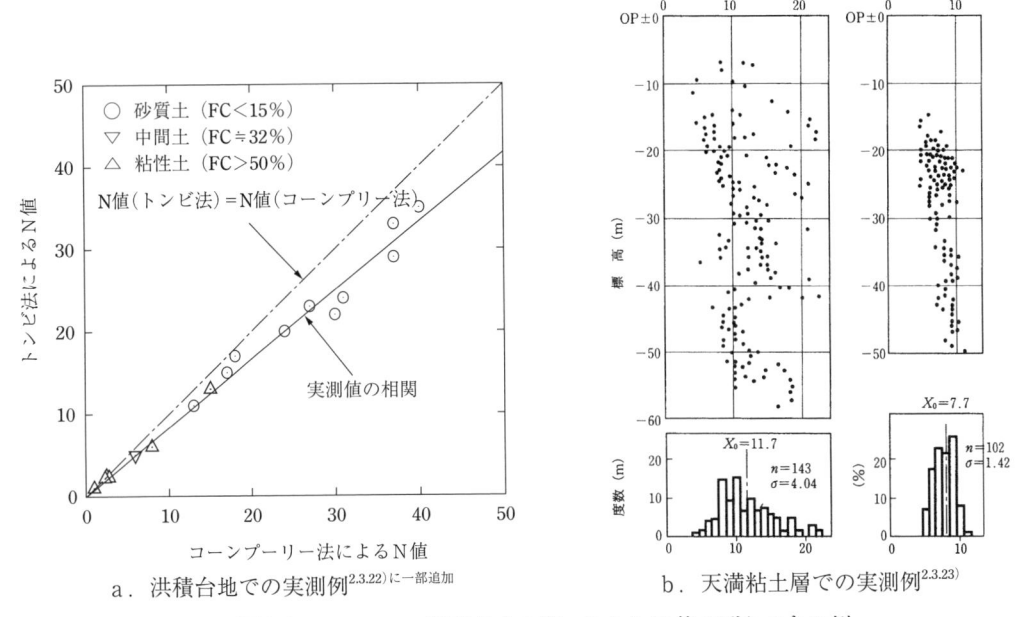

a．洪積台地での実測例[2.3.22)]に一部追加

b．天満粘土層での実測例[2.3.23)]

図2.3.7 ハンマー落下方式の違いによるN値のばらつきの例

当性や各種の誤差要因の影響について十分考慮して，打撃回数の上限値を上げたり，地層の変化が予想される場合には打撃回数ごとに貫入量を記録した上で換算するなど，精度の確保をはかる．建築基礎の設計用では告示に従ってN値60まで利用することがあるので60回まで打撃することが多い．

2.3.7 標準貫入試験以外のサウンディング

> 標準貫入試験以外のサウンディングは，主に標準貫入試験との併用あるいは補間により，地盤情報の信頼性を向上させるために実施されるもので，調査・試験方法の特徴や適用性を理解した上で，採用について検討し，適切な方法を選定する．

2.3.6項に示したように，日本の地盤は海外に比べて地層の変化が激しいことから，適用地盤が広く，対象敷地の地層構成把握のためには土質試料の採取が可能な標準貫入試験が広く用いられ，小規模建築物以外では基本情報取得のための必須の試験となっている．しかし，得られるデータは通常は1m間隔（最小45cm間隔）で不連続であり，比較的労力を要する試験である．

それに対し，静的コーン貫入試験やオートマチックラムサウンディング試験などのサウンディングでは連続したデータが取得可能で，標準貫入試験に比べて作業能率が高く，短時間で多数のデータが測定可能である．たとえば，広大な敷地で地層の不陸が予想される地盤であれば，標準貫入試験を補間する位置で連続する多数のデータを取得することで，地盤情報の信頼性を向上させることも可能となる．以下に標準貫入試験以外の主なサウンディングの概要[2.3.26]を示す．

(1) 静的コーン貫入試験

静的コーン貫入試験は，先端が閉塞した円錐形のコーンを静的に貫入させて地盤の抵抗値を連続的に調べるための試験である．比較的簡易な先端抵抗のみを測定するオランダ式二重管コーン貫入試験（ダッチコーン）や人力で貫入できるポータブルコーン貫入試験などもあるが，建築基礎の設計のための調査にはセンサーを内蔵した電気式静的コーン貫入試験を用いることが多く，特に指定しない限り，先端抵抗，周面摩擦抵抗に加え，間隙水圧も測定できる3成分コーンが使われる．

さらに，せん断波速度計測を追加したサイスミックコーン（図2.3.8）や含水比と密度を測定できるラジオアイソトープコーンもある．コーンの貫入には静的な反力が必要で，玉石・転石や砂礫層および杭の支持層として期待されるN値50以上の層の調査は難しく，調査深さも限界があるため，日本での調査実績は港湾地域などの軟弱粘性土に限られていたが，計測技術の向上によりさまざまな目的に適用範囲が拡大している．

コーン貫入試験では土を直接観察して土質判別を行うことはできないが，過去のデータに基づく判別手法の提案[2.3.28]〜[2.3.30]もなされている．また，コーン貫入抵抗（先端抵抗）と粘性土の非排水せん断強さの関係についても多くのデータ[2.3.31]が蓄積されており，N値との関係は土の種類と土の硬さにより，指標I_cを利用することである程度の推定ができるとする研究成果[2.3.32]もある．

(2.3.1)式は得られた先端抵抗q_tと周面摩擦抵抗f_sを上載圧（σ_v, σ_v'）で基準化した$Q_t(=(q_t-\sigma_v)/\sigma_v')$と$F_R(=f_s/(q_t-\sigma_v))$により算定した指標$I_c$に基づいて，土質や圧密度，細粒分含有率を推定するための式で，砂地盤の液状化判定[2.3.32]にも用いられている．また，粘性土地盤において間隙水圧の測定値から圧密度を推定する試みもなされている．（本指針計画例3.4.2参照）

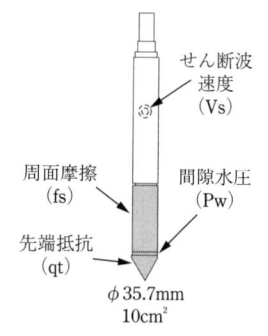

図 2.3.8　サイスミックコーン[2.3.27]

$$I_C = \{(3.47 - \log Q_t)^2 + (1.22 + \log F_R)^2\}^{0.5} \tag{2.3.1}$$

(2) オートマチックラムサウンディング試験

　オートマチックラムサウンディング試験はコーンを動的に貫入させる試験で，貫入深度は20～30m程度が限界であるが，標準貫入試験と同様に軟弱な粘性土から砂質土まで，幅広く適用可能である．操作が容易で迅速に測定ができるため，標準貫入試験の補間の目的で適用が広がっている．

　試験装置を図 2.3.9 に示す．試験は，標準貫入試験と同じ質量 63.5kg のドライブハンマー（落下高 50cm）により先端にコーンが取り付けられたロッドを打撃貫入させ，貫入量 20cm となる打撃回数 N_{dm} を測定する．さらに打撃後にロッド周面の摩擦抵抗の影響を補正するため，ロッドを回転させてトルク M_v (N·cm) を測定する．測定結果を (2.3.2) 式で補正して得られた N_d は，標準貫入試験で求められる N 値とほぼ同じ値 ($N_d \fallingdotseq N$) として評価される．

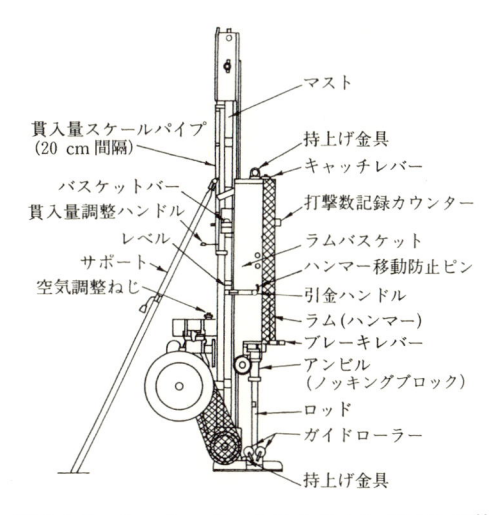

図 2.3.9 オートマチックラムサウンディング装置[2.3.26]

$$N_d = N_{dm} - 0.04 M_v \tag{2.3.2}$$

　最近では N_d と杭の支持力係数の直接的な関係についての検討や，土質試料を採取できないという欠点を補うため，試験孔を利用したサンプリングも試みられている[2.3.33]．

(3) スウェーデン式サウンディング試験

　スウェーデン式サウンディング試験は深さ 10m 程度までの軟弱層を対象とするサウンディング方法である．装置および操作が容易で迅速に測定できるなどの利点があり，小規模建築物の地盤調査として多く用いられているこの試験は，密な砂質地層，礫・玉石層や固結地層などには適用できず，ロッド周面摩擦の影響やスクリューポイントの磨耗の影響などによる試験のばらつきも避けられないことから，小規模建築物以外での利用範囲は限定される．

　試験の方法は手動，半自動，全自動方式があり，ロッドの先端に図 2.3.10 に示すようなスクリューポイントを取り付け，原則として 25cm ごとに 0.05kN～1kN の荷重 W_{sw} を加えた時の貫入量，および貫入が止まった後に 1kN の荷重で回転貫入させた時の回転数から貫入量 1m あたりの半回転数 N_{sw} (≦150) を測定する．なお (2.3.3)～(2.3.6) 式に示すように，測定値 ($\overline{N_{sw}}$, $\overline{W_{sw}}$ は平均値) から N 値[2.3.34]や長期許容応力度 q_a[2.3.35]～[2.3.37] を算定するための (2.3.3)～(2.3.6) 式が提案されているが，小規模建築物以外では参考データ程度に用いるべきであろう．

$$N = 2W_{sw} + 0.067 N_{sw} \quad [礫・砂・砂質土] \tag{2.3.3}$$
$$N = 3W_{sw} + 0.050 N_{sw} \quad [粘土・粘性土] \tag{2.3.4}$$

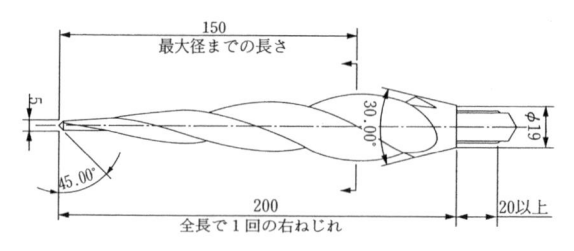

図 2.3.10 スクリューポイントの例[2.3.26]

$$q_a = 30 + 0.6\overline{N_{sw}} \quad (kN/m^2) \qquad (2.3.5)^{2.3.36}$$

$$q_a = 30\overline{W_{sw}} + 0.64\overline{N_{sw}} \quad (kN/m^2) \qquad (2.3.6)^{2.3.37}$$

(4) その他のサウンディング

ボーリング時の各種抵抗値から地盤の硬さを判定する調査法を計測ボーリング[2.3.38]と呼び，その代表的なものにロータリーサウンディング試験やMWD検層試験がある．いずれも，標準貫入試験やコーン貫入試験では適用が難しい硬質地盤でも適用可能で，かつ比較

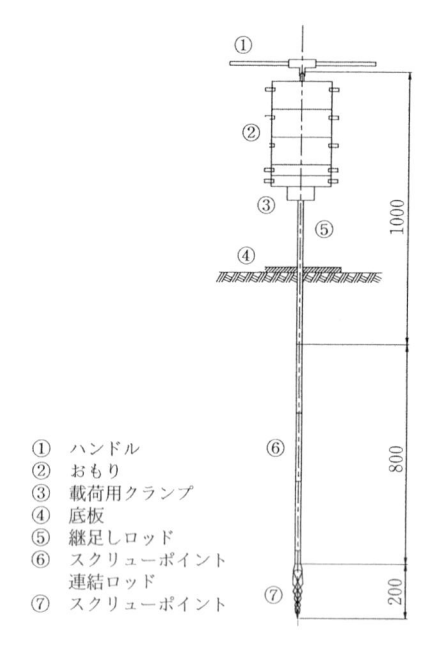

① ハンドル
② おもり
③ 載荷用クランプ
④ 底板
⑤ 継足しロッド
⑥ スクリューポイント連結ロッド
⑦ スクリューポイント

図 2.3.11 試験装置の概要（手動方式）[2.3.26]

的短時間で，連続的な測定が可能であり，特に広大な敷地で支持層に不陸がある場合の確認などに有効である．

ロータリーサウンディング試験[2.3.38]は，専用のボーリングマシンにセンシングビットを取り付けたセンシングロッドを装着し，回転速度を一定に保った状態で一定貫入力または一定貫入速度で掘削を行い，抵抗値を求め，N値や一軸圧縮強さに換算する．硬質地盤まで適用可能で，深層混合処理工法などの地盤改良体の硬さを測定するためなどに用いられる[2.3.39]．

MWD検層試験は，アースアンカー孔掘削用の削孔ビット付の回転打撃式ドリルを用い，静的な押込み力，回転トルクおよび打撃力を与えて地盤を掘削する際に投入するエネルギーと掘削速度を測定し地盤の硬さ N_P（換算N値）を連続的に評価する．N_P は軟弱層ではN値との対応の精度が落ちるもののN値10以上ではほぼ対応する[2.3.38]とされており，硬質地盤（支持層）の出現深度を多数の箇所で測定したい場合に有用である．

2.3.8 強度特性・変形特性に関する調査，試験

> 設計・施工計画に必要な強度特性・変形特性は，建築物の要求性能，基礎構造・工法の種類，地盤条件などにより異なるので，調査計画にあたっては，これらの条件を勘案した適切な調査・試験方法，試験条件を選定・決定する．

(1) 強度特性，変形特性の検討に必要な地盤情報

設計・施工計画に必要な強度特性・変形特性は，構造物の要求性能，基礎構造・工法の種類，地盤条件などにより異なるので，取得した地盤情報の精度やひずみレベルと設計・施工条件との対応，土質に対する適用性や試料の乱れの影響など，試験方法の特徴を考慮した調査計画とする．

建築基礎の設計・施工計画のための地盤情報については，載荷試験により支持力および荷重－変位関係を直接得る方法と，地盤調査により得られた強度特性・変形特性から求めた支持力を用いて荷重－変位関係を推定する方法がある．本項では後者のための強度特性・変形特性の調査計画について示す．なお，載荷試験については 2.3.12 項・2.3.13 項に，圧密特性については 2.3.9 項に示す．

強度特性・変形特性の評価に必要な地盤情報を表 2.3.10・表 2.3.11 に示す．

(2) 強度特性に関する調査・試験方法および地盤定数の決定方法

建築基礎の設計・施工のため，内部摩擦角・粘着力・一軸圧縮強さのような強度特性を求める調査・試験として，サンプリング試料に対する一軸圧縮試験・三軸圧縮試験が一般的である．表 2.3.12 に建築基礎の設計で一般的に用いられる一軸，三軸圧縮試験の特徴と適用性・留意点を示す．それぞれの特徴，設計条件との対応を考慮した上で試験方法を選定し，発注にあたっては試験方法や三軸圧縮試験の圧密応力などの試験条件を明記する．サンプリング方法についても，表 2.3.4 に示したような土質条件に対する適用性を理解した上で指定する．表に示した以外の三軸圧縮試験方法（圧密非排水（CU）（$\overline{\mathrm{CU}}$），圧密排水（CD））や単純せん断試験や一面せん断試験などの詳細については専門書[2.3.40]を参照されたい．

建築基礎の設計・施工のための調査における粘性土の強度特性については，多くのデータが蓄積されていること・試験方法が比較的容易であること・砂分を含む粘性土であっても建築基礎の設計では内部摩擦角は 0°として基本的に考慮しないことなどから，一軸圧縮試験から得られる一軸圧縮強さ q_u あるいは非圧密非排水（UU）三軸圧縮試験から得られる粘着力 c_u を用いている．洪積粘性土や軟岩などを対象とした一軸圧縮試験では試料の乱れ（サンプリング時のクラックなど）に起因する試験誤差が生じる可能性があり，その影響を避けることのできる UU 試験を行なう．あるいは，拘束圧の影響が小さい浅い層に対しては一軸圧縮試験・深い層に対しては UU 試験を行なう場合や，両方を実施して得られる結果と関係式（$c_u = q_u/2$）を比較してばらつきや試験精度を評価することもある．なお，砂分の多い粘性土で内部摩擦角を評価したい場合には CU または $\overline{\mathrm{CU}}$ 試験を行なう．

粘性土の一軸圧縮強さと N 値との関係に関する経験式も提案されているが信頼性は低く，設計に用いるための強度特性は土質試験によって評価すべきである．

一方，直接基礎の支持力や土圧係数の計算に用いる砂質土の内部摩擦角については，N 値との相関に関する多くのデータが蓄積されていることから，圧密排水（CD）三軸圧縮試験によらず，以下の関係式[2.3.41]を用いることが多い（付録Ⅰ．3 参照）．

$$\phi = \sqrt{20N} + 15 \, (°) \tag{2.3.7}$$

$$\phi = \sqrt{20N_1} + 20 \, (°) \,\, (3.5 \leq N_1 \leq 20), \,\, \phi = 40 \, (°) \,\, (N_1 > 20), \,\, ここで, \,\, N_1 = N\sqrt{98/\sigma'_{v0}} \tag{2.3.8}$$

(3) 変形特性に関する調査・試験方法および地盤定数の決定方法

① 変形係数・地盤反力係数

地盤は比較的小さいひずみレベルから非線形性を示す．そのため，変形係数・地盤反力係数の調査・試験方法の選定および結果の評価・解釈にあっては，設計で考慮したひずみレベルと測定時の

表2.3.10 強度特性の評価に必要な主な調査・試験方法と地盤情報

調査・試験方法	地盤情報	適用対象	本指針の参照先
一軸圧縮試験 三軸圧縮試験	一軸圧縮強さ 粘着力・内部摩擦角	直接基礎の支持力，杭基礎の支持力，斜面安定，土圧係数（地下壁，擁壁あるいは山留め架構の設計）の算定，根切り底・施工地盤の安定性	表2.3.12
物理試験	単位体積重量	一軸圧縮試験，三軸圧縮試験とあわせて用いられる	2.3.4項
平板載荷試験	地盤の支持力	直接基礎の支持力	2.3.12項
杭の載荷試験	杭の支持力	杭基礎の支持力（鉛直，水平）	2.3.13項
標準貫入試験	N値	直接基礎の支持力係数，杭基礎の支持力，内部摩擦角の推定	2.3.6項

表2.3.11 変形特性の評価に必要な主な調査・試験方法と地盤情報

調査・試験方法	地盤情報	適用対象	本指針の参照先
一軸圧縮試験 三軸圧縮試験	変形係数 ポアソン比	基礎構造の沈下・変形量，山留め架構の変形量，施工時の周辺地盤の変形量	表2.3.12
孔内水平載荷試験	地盤反力係数	杭の水平抵抗，沈下・変形量の算定	本項(3)③
平板載荷試験	地盤反力係数	沈下・変形量の算定	2.3.12項
PS検層	せん断波速度	沈下・変形量の算定 振動特性の評価	2.3.11項
動的変形試験	$G-\gamma \cdot h-\gamma$関係，G_0	非線形特性の評価	2.3.11項
杭の載荷試験	荷重−変位関係	杭基礎の沈下・変形量の算定	2.3.13項
標準貫入試験	N値	経験式による変形係数の推定	2.3.6項
圧密試験	圧密特性	圧密沈下量・時間の算定	2.3.9参照

[注] G_0：微小ひずみレベルのせん断剛性，G：せん断剛性，h：減衰定数，γ：せん断ひずみ

表2.3.12 一軸圧縮試験，非圧密非排水（UU）三軸圧縮試験の特徴

試験方法［基準］	適用地盤	得られる地盤情報	試験方法・特徴
一軸圧縮試験 ［JIS A 1216：1998］	粘性土 岩	一軸圧縮強さ q_u 変形係数 E_{50} 破壊ひずみ	試料に拘束圧を加えない状態で載荷する．（透水性が低ければ非圧密非排水条件に対応と見なせる．）洪積粘性土や軟岩時では試料の乱れの影響に注意が必要．
非圧密非排水（UU）三軸圧縮試験 ［JGS 0521-2000］	粘性土	粘着力 c_u	試料に原位置の応力状態に対応した拘束圧を加えて載荷するが，圧密の影響は考慮できない．内部摩擦角も導かれるが信頼性が低い．一軸圧縮試験の E_{50} に相当する変形係数を測定可能．

第2章 建築基礎設計のための調査計画

表 2.3.13 変形係数 E_s の測定方法と特徴・評価方法

測定方法	特徴・評価方法
PS検層 (せん断波測定)	微小ひずみレベルの変形係数であるが,試験精度は高い.沈下実測による逆算 E_s 値はせん断波速度 V_s から算定した値の20～50%であったとの報告がある[2.3.42].
平板載荷試験	基礎の挙動に近い状態で直接測定が可能であるが,影響範囲は載荷板径の2倍程度の直下のみである.再載荷時の E_s 値は逆算 E_s 値と対応していたとの報告がある[2.3.42].
孔内載荷試験	地盤条件や試験方法によっては,孔壁の乱れによる試験誤差が生じる. 杭の水平地盤反力係数評価のために用いられることが多い.
一軸・三軸圧縮試験	サンプリング時や供試体作成時の乱れの影響による誤差が生じる可能性がある. (共振法は除き)一般には比較的大きなひずみレベルの変形係数である.
動的変形試験	繰返し三軸またはねじり載荷により幅広いひずみレベルの変形係数が把握できる サンプリング時や供試体作成時の乱れの影響による誤差が生じる可能性がある.
急速平板載荷試験[2.3.43] FWD[2.3.44]	衝撃荷重により生じた変位量から弾性係数を求める.比較的簡易に測定可能であり,地盤改良の品質検査や路盤の締固め管理などに用いられる.
標準貫入試験	変形係数を直接測定しておらず,経験式による評価である. $E_s = 2.8N$(過圧密された砂,MN/m²), $E_s = 1.4N$(正規圧密された砂,MN/m²)[2.3.42] 杭の水平地盤反力係数評価用 $E_o = 700N$(基準変位1cmの時の値,kN/m²)[2.3.45]
静的コーン貫入試験	経験式による評価. $E_s = 2q_c$(砂地盤)[2.3.46]

ひずみレベルの関係・地盤に対する適用性・調査方法の影響範囲と想定する基礎の大きさの関係・地盤および供試体の乱れによる試験誤差などを考慮する必要がある.変形係数の測定方法と特徴・評価方法を表2.3.13に示す.調査方法とひずみレベル・設計対象との関係については,図2.3.12に例を示すように多くの研究[2.3.47]～[2.3.51]がなされている.ただし,これらは幅を持つ関係であることや土質によって差があることを理解しておくことが必要である.

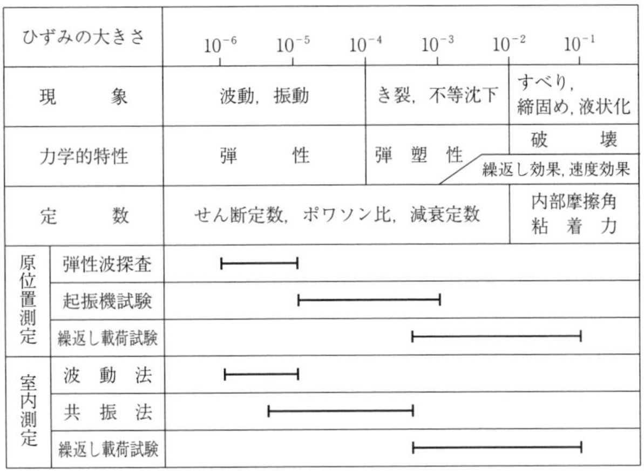

図 2.3.12 ひずみレベルと調査方法の関係[2.3.47]

建築基礎の設計,施工の実務においては,砂質土では標準貫入試験のN値から,粘性土では一軸圧縮試験による $E_{50}(=q_u/2/\varepsilon_{50}, \varepsilon_{50}$:圧縮応力が $q_u/2$ の時の圧縮ひずみ)から,変形係数を推定することが比較的多い.前者についてはばらつきを含む推定であり,後者も試料の乱れなどの影響による試験結果のばらつきは避けられない.

これに対し,せん断波速度測定(PS検層)は原位置で測定された微小ひずみレベルの値ではあるが,2.3.11項(3)に示すように,動的変形試験で求めたひずみレベルと剛性低下率の関係を併用す

ることで，ひずみレベルの影響を考慮した変形特性の評価ができる．これまでPS検層や動的変形試験は地震動評価のために行われることが多く，動的解析を行わない中小規模の建築物ではあまり実施されていなかったが，性能設計において沈下・変形の評価の重要性・必要性が高まっており積極的な実施が望まれる．

なお，各試験方法から得られる変形係数の関係として，日本道路協会「道路橋示方書・同解説Ⅳ下部構造編」[2.3.52]や鉄道総合技術研究所「鉄道構造物等設計標準・同解説　基礎構造物・抗土圧構造物」[2.3.53]では，平板載荷試験により得られた変形係数（繰り返し曲線の勾配の1/2から算出する）を基本として試験方法ごとに係数が示されている（付録Ⅰ.3参照）が，適用は「地盤条件，基礎の設計条件などを考慮して総合的に検討することが望ましい[2.3.52]」と述べられている．

② 杭基礎の変形特性

杭基礎の変形特性は2.3.13項に示す載荷試験による荷重－変位関係を用いるのが基本である．杭基礎の沈下については，載荷試験結果に基づく経験式を用いて算定する方法[2.3.54]もあるが，変形係数ではなく最大摩擦力度や極限先端支持力から荷重－沈下量関係を設定することが多い．

③ 杭の水平抵抗の検討のための水平地盤反力係数

杭の水平抵抗を評価するための水平地盤反力係数k_hは孔内水平載荷試験により求めることが多い．図2.3.13に概要（JGS 1442-2003[2.3.55]）を示すが，あらかじめ掘削された試験孔に等荷重あるいは等変位方式の測定管を挿入するプレボーリング形式を用いることが多い．この形式では，砂礫のような孔壁面が平滑でない地盤や軟弱粘性土など乱されやすい地盤では，ボーリング孔壁の乱れの影響による測定値の低下の可能性がある．軟弱な地盤に対しては，掘削と載荷を連続して行うことで乱れの影響を少なくできる[2.3.55]自己掘削（セルフボーリング）形式の試験機も実用化されている．

孔内水平載荷試験の実施位置については，支配的な影響を与える地盤の範囲$\beta(=\{k_h \cdot B/(4EI)\}^{1/4}$，$B$：杭径，$EI$：杭体の曲げ剛性）も考慮する．実施数は1地層あたり1，2か所程度であることが多い[2.3.56]が，ばらつきを評価するためには同一地層でも複数箇所で実施するか，標準貫入試験や一軸圧縮試験他の試験も併用して，その結果も参考にして設計・施工用の変形係数を設定することが望ましい．なお，想定した深度と地層の関係が実際とは異なる場合もあるので，発注にあたってはそのような場合の対応（協議方法・優先するのは地層か深度かなど）を明示することが望ましい．

孔内水平載荷試験によるE_mと標準貫入試験によるN値の関係は，概ね$E_m = 700N(\text{kN/m}^2)$とされており[2.3.57]，基礎指針でも基準変位（1cm）時の水平地盤反力係数k_{ho}を(2.3.9)式[2.3.58]により評価する場合の変形係数E_0は，孔内水平載荷試験または一軸・三軸試験の結果を用いるか，N値から$E_0 = 700N$として導くものとしている．ただし，

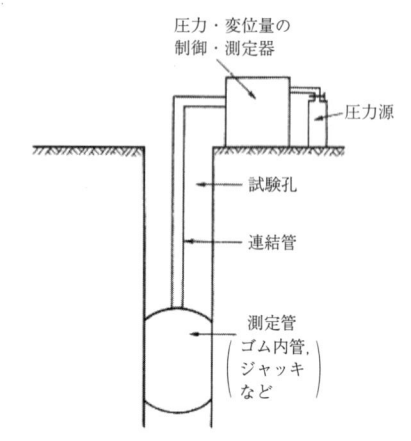

図2.3.13 孔内水平載荷試験方法の概要[2.3.55]

(2.3.9)式は静的載荷試験における杭の基準変位に対応するものであり，この関係（$E_0 = 700N$）は一般的な地盤の変形係数を示すものではない．

$$k_{ho} = \alpha \cdot \xi \cdot E_0 \cdot B^{-3/4} \tag{2.3.9}$$

ここで，α：評価法によって決まる定数，ξ：群杭の影響を考慮した係数

あるいは，弾性論に基づく関係（たとえば Francis の提案式[2.3.59]：$k_h B = 1.30 \cdot \{(E_0 B^4/EI)^{1/12}\} \cdot \{E_0/(1-\nu^2)\}$，$\nu$：ポアソン比）を用いる場合には，杭の変形や地震動により地盤に生じるひずみレベルを考慮して E_0 を設定する必要があり，調査方法もそれに対応できるものとする．

④ ポアソン比

変形特性や土圧係数 $K(=\nu/(1-\nu))$ の評価に用いるポアソン比 ν を室内土質試験により測定するには，圧密排水三軸圧縮（CD）試験における軸ひずみと側方ひずみの関係，あるいは K_0 圧密非排水（K_0CU）試験による $K_0(\nu=K_0/(1+K_0))$ から求めることができるが，いずれもサンプリング試料の高い品質と試験精度が要求される．そのため，ポアソン比 ν の値は理論値または経験値が採用されることが多い．目安としては，飽和状態で非排水条件であれば非圧縮材料と同じ 0.5 に近い値，排水条件に応じて 0〜0.5 の間となる．基礎指針では，飽和粘性土，非排水条件の砂 0.5，排水条件の砂 0.3，ローム 0.3（間隙比の大きいものは 0.15）という値が示されている．なお，沈下の評価にあたっては，非圧縮材料（0.5）に近いポアソン比を持つ地盤であっても，せん断変形およびせん断応力による体積変化（ダイレイタンシー）による即時沈下があることに注意が必要である．

また，PS 検層により得られた S 波速度 V_s から変形係数 $E(=2(1+\nu)G$，$G=\rho V_s^2)$ を導く場合には (2.3.10)式により V_s と P 波速度 V_p の比からポアソン比 ν を算定できるが，この値は非排水状態での値であり，飽和状態であれば 0.5 に近い値となる．

$$\nu = \{(V_p/V_s)^2 - 2\}/[2\{(V_p/V_s)^2 - 1\}] \tag{2.3.10}$$

2.3.9 圧密特性に関する調査，試験

> 粘性土地盤における圧密沈下などの検討のための調査・試験の計画にあたっては，試験の特徴と得られるデータの意味・適用方法を理解した上で，試験目的や地盤との対応を考慮して試験方法・条件・数量を選定・決定する．

建築基礎の圧密沈下，杭基礎の負の摩擦力（ネガティブフリクション）の評価にあたっては，現地調査，資料調査（2.2 節参照），ボーリング調査（2.3.2 項参照）や物理試験（2.3.4 項参照）により圧密の可能性を検討した上で，圧密沈下が懸念される場合には，原地盤から採取した乱さない試料を用いて圧密試験により圧密状態を確認し，沈下量を算定するためのデータを得る．

一般的に圧密沈下が懸念される地盤は，地盤沈下が進行中の地域，N 値が 0〜2 程度の沖積粘土や含水比・液性指数（2.3.4 項参照）の大きい粘性土などであるが，洪積粘土であっても荷重が大きくなれば圧密の可能性はあり，それぞれの建物・地盤条件に応じた判断が必要である．

(1) 圧密試験によって得られるデータと建築基礎の設計における利用方法

　圧密試験は，粘性土（細粒分を主体とした透水性の低い飽和土）を対象に，地盤の沈下量や沈下時間の予測に必要な圧縮性と圧密速度などの情報を求める室内試験である．

　建築基礎の設計では，まず，圧密降伏応力 p_c と現状および建物建設後に想定される有効上載圧 σ'_z（建物平均接地圧＋地盤の自重から地下水位以下の浮力を引いた値）を用いて圧密状態（圧密未了～正規圧密～過圧密）を判断する（図 2.3.14）．過圧密状態と判断された場合あるいは正規圧密地盤でも建物荷重に相当する有効上載圧の変化によって生じる圧密沈下量が許容値以内に収まると推定される場合には直接基礎または併用基礎が採用可能であり，圧密試験結果と建物荷重を元に沈下量を求め，採用の可能性について検討する．

　地盤が圧密未了あるいは正規圧密であると判断される場合，建築物ではほとんどのケースで杭基礎が採用されるが，圧密未了で沈下が進行している地盤においては負の摩擦力に対する検討が必要である．負の摩擦力は一軸圧縮強さ（2.3.8 項参照）・有効上載圧を用いた推定式（粘性土）あるいは N 値（砂質土）から算定される[2.3.60]．

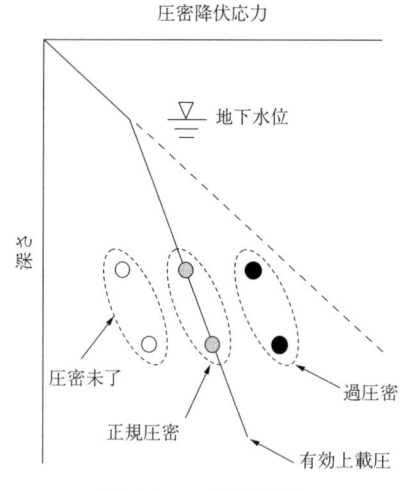

図 2.3.14　圧密状態

(2) 圧密試験方法[2.3.61]と試料数

　圧密試験には，段階載荷による方法（JIS A 1217）と定ひずみ速度載荷による方法（JIS A 1227）があり，前者は「標準圧密試験」と呼ばれることもある．通常の検討では段階載荷による方法が採用されるが，圧密降伏応力を把握するために大きな荷重が必要な洪積粘土あるいは圧縮曲線が圧密降伏応力付近で急激に変化する洪積粘土や鋭敏比の高い沖積粘土では，精度確保のためには荷重増分を細かくする必要があり，このような土質に対しては定ひずみ速度載荷による圧密試験を実施することが有効である[2.3.61]．また，段階載荷による方法では載荷時間は 8 日を要するが，定ひずみ速度載荷による方法ではこれを短縮することができるものの二次圧密（長期的なクリープ現象）は把握できない．

　試験は原位置からサンプリングされた試料を用いて行うが，圧密層が厚い場合や圧密層上下で排水条件（土質）が異なる場合は，層の中でも圧密特性が異なるので，圧密検討対象層の上中下で試料を採取して試験を実施することが望ましい．

(3) 圧密試験結果を用いた沈下の評価

　地盤の沈下は，即時沈下と時間遅れを伴う圧密変形による沈下に分けて考えられる．圧密変形は，荷重の負荷によって生じた過剰間隙水圧消散に伴う有効応力の変化によって生じる体積変形（一次圧密）と，過剰間隙水圧消散後の有効応力一定状態で生じる体積クリープ変形（二次圧密）の二つの時間遅れを伴う体積変化現象である．

　圧密沈下計算に用いるパラメータと試験法・調査法を表 2.3.14 に示す．建築基礎の設計では，圧

表 2.3.14 圧密沈下計算に用いるパラメータと試験法・調査法

パラメータ		用途	試験法など A	B	C	備考
圧密降伏応力	p_c	圧密状態の判断	○	○	−	Bの適用性は本項(2)参照
圧縮指数	C_c	圧密沈下量の計算	○	○	−	
再圧縮指数	C_r	過圧密状態での圧密沈下量の計算	△	△	−	通常の報告事項ではない
体積圧縮係数	m_v	圧密沈下量の計算	○	○	−	C_c の代わりに用いられる
初期間隙比	e_0	圧密沈下量の計算	−	−	○	物理試験による
有効上載圧	σ_z'	圧密沈下量の計算	−	−	○	物理試験による
圧密係数	c_v	沈下時間の計算	○	○	−	
時間係数	T_v	沈下時間の計算	−	−	−	理論的に算出
二次圧密係数	C_α	二次圧密沈下量の計算	○	−	−	

[注] A：土の段階載荷による圧密試験，B：土の定ひずみ速度載荷による圧密試験，C：現地調査・物理試験
○：パラメータが得られる，△：得られるが通常の報告事項ではない，−：得られない

密試験結果によって得られた圧密降伏応力 p_c，圧縮指数 C_c および初期間隙比 e_0，建設後の有効上載圧 σ_{2z}' を用いて一次圧密沈下量 S を，建設前の有効上載圧が p_c を上回る（正規圧密または圧密未了の）場合であれば (2.3.11)式を用いて評価するのが一般的な方法である．なお，過圧密状態の沈下量を計算するための再圧縮指数 C_r は圧密試験の報告事項の規定にはないので，必要であれば発注にあたって別途指示するか，得られた圧密曲線から算出する．計算方法の詳細やその他の沈下量の算出方法，圧密時間，二次圧密沈下量の算出方法は専門書[2.3.61]や基礎指針[2.3.62]を参照されたい．

$$S = \Sigma \left(\frac{C_c \Delta H_i}{1+e_0} \log \frac{\sigma_{2zi}'}{p_c} \right) \quad (2.3.11)$$

2.3.10 液状化に関する調査，試験

> 砂地盤の液状化抵抗を評価・検討する方法は，概略的な方法から高度な解析を組み合わせた詳細な方法まで各種あり，液状化危険度評価の目的・対象となる構造物の重要度や基礎構造に応じた適切な方法を選定し，これに必要な地盤情報が得られるような調査，試験を計画する．

我が国のような地震多発国では，沖積砂地盤や埋立地などが広がる多くの場所で，液状化の可能性が高いという認識を持って地盤調査計画を立てる必要がある．液状化危険度の評価方法には表2.3.15 に示すような種類があり，目的や対象となる構造物の重要度などによって適宜選択し，それぞれに必要な地盤情報が得られるよう計画する．

(1) 資料調査に基づく方法
液状化履歴図[2.3.63]や埋立て履歴，堆積年代による地層区分（沖積層，洪積層），地盤図，地形図，ハザードマップなどの資料によって，対象とする地域に液状化を生じる可能性のある緩い砂地盤が

表 2.3.15 液状化危険度の評価・検討方法

	概要	必要な地盤情報	調査・試験方法
(1)	資料調査により対象地盤の液状化の可能性について概略検討する	地質年代，地形・地質 液状化履歴	資料調査 現地踏査
(2)	原位置調査，室内土質試験結果から液状化強度を評価し，地表面加速度から推定した地震時地盤応力と比較して液状化の可能性，液状化の程度について検討する	N値，コーン貫入抵抗 単位体積重量，細粒分含有率 液状化強度 地下水位	標準貫入試験，静的コーン貫入試験，物理試験 液状化試験（乱れの少ない試料） ボーリング調査
(3)	地震応答解析により，地盤内応力または液状化の可能性について検討する	地盤の動的特性 液状化試験の試験データ	PS検層他（1.5節，2.3.11参照） 液状化試験（乱れの少ない試料）

分布するかどうかを概略検討し，(2)(3)に示す検討の必要性を判断する．一般に過去の地震で液状化が生じた地点は再度液状化する可能性が高く，埋立地や自然地盤であれば旧河道や自然堤防などで液状化の可能性のある緩い砂地盤が分布することが多い．資料調査については2.2節に示した．

(2) 地盤調査に基づく方法[2.3.64),2.3.65)]

図 2.3.15 に示すフローのように，標準貫入試験の N 値と細粒分含有率（および地盤の単位体積重量と地下水位）から求まる液状化抵抗比と，地震時に地盤内の各深さに生じる等価な繰返しせん断応力比を比較して液状化に対する安全率・液状化の程度を求める方法である．繰返しせん断応力比を算定するための地震外力としては，基礎指針[2.3.64)]では地表面における設計用水平加速度の最大値を損傷限界検討用として150〜200cm/s^2，終局限界検討用として350cm/s^2 程度を推奨している．

細粒分含有率が比較的高く，N 値の信頼性が低いと考えられる土に対しては標準貫入試験の代わりにコーン貫入試験を用いる方法[2.3.66)]，N 値が大きくなりやすい礫質土では大型貫入試験による方法[2.3.67)]やせん断波速度を用いる方法[2.3.68)]により，総合的に検討することが望まれる．

原位置試験から間接的に液状化抵抗を求める代わりに乱れの少ないサンプリング試料に対する液状化試験（一般に繰返し非排水三軸試験[2.3.69)]）により直接求めることで精度の高い液状化予測ができる．ただし，サンプリング時の乱れの影響により液状化抵抗の評価に誤差（一般に緩い砂では大きめ，密な砂では過小評価）が生じる可能性もある．高精度な結果を得たい場合に最も乱れの少ない方法として凍結サンプリング[2.3.70)]があるが，建築物の重要度や費用対効果も考慮して選定する．また，三軸試験から得られた液状化抵抗から原位置における液状化抵抗を推定するには，有効拘束圧・静止土圧係数・多方向せん断の影響による補正を行う必要があ

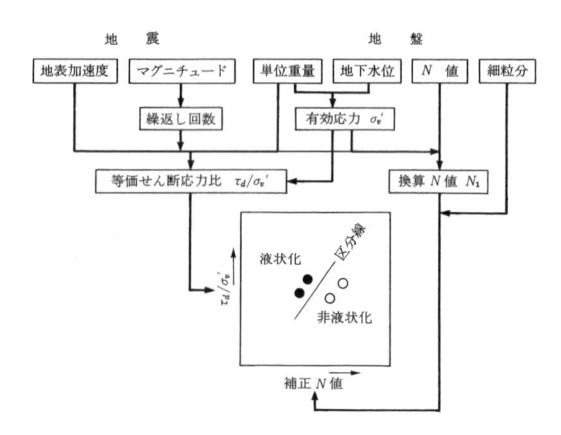

図 2.3.15 液状化事例と N 値に基づく簡易判定法のフロー[2.3.65)]

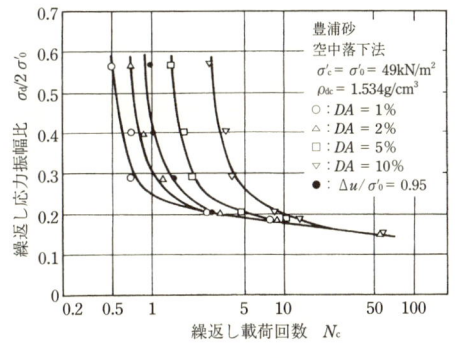

図 2.3.16　液状化試験結果の例[2.3.69]

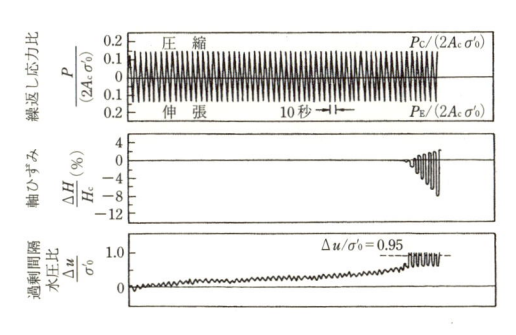

図 2.3.17　液状化試験データの例[2.3.69]

る[2.3.71]ことにも留意する．

(3) 地震応答解析に基づく方法

　これは地震応答解析に基づいて液状化の有無やその程度，さらに基礎構造に対する影響を詳細に検討する方法である．工学的基盤における入力地震動を設定し，全応力解析により地盤内に生じるせん断応力比を求め，液状化抵抗は上記(2)に基づく方法と液状化現象を直接扱う有効応力解析に基づく方法がある．地震応答解析のための調査は 1.5 節および 2.3.11 項を参照されたい．また，一般に有効応力解析では，パラメータ設定のため液状化試験（繰返し非排水三軸またはねじりせん断試験など）による液状化抵抗（図 2.3.16）と共に，試験結果から得られる軸ひずみや過剰間隙水圧比の上昇過程などの詳細なデータ（図 2.3.17）も必要で，解析コードによっては透水係数などが必要な場合もある．

2.3.11　地震動評価に関する調査，試験

> 　地震動評価に関する調査は，主に地盤振動特性の把握および耐震設計における設計用入力地震動の作成を目的として，以下の検討項目に必要な情報が得られるよう計画する．
> 　(1)　地盤の速度構造
> 　(2)　地盤周期（地盤卓越周期）
> 　(3)　地盤の動的変形特性

　地震動評価に関する調査は，地盤振動特性の把握および耐震設計における設計用入力地震動（1.5 参照）の作成に必要な地盤特性を明らかにするため，地表から地震基盤までの地盤モデル（速度構造）の作成，地盤周期の判定，地震応答解析を行う場合の非線形パラメータ（動的変形特性）の設定のために必要な地盤情報を得られるよう計画する．表 2.3.16 に調査方法と調査内容を示す．表 2.3.16 以外にも，密度の把握のための密度検層（表 2.3.3 参照）などを併せて行うこともある．

(1) 地盤の速度構造に関する調査

　地盤振動特性を把握するための地盤の速度構造に関する調査には以下の方法がある．

① PS 検層（速度検層）（JGS 1122 - 2003）[2.3.72]

　PS 検層には，ボーリング孔近傍の地表で起振した弾性波を孔内で受振するダウンホール方式と，

表 2.3.16　地震動評価に関する調査一覧

調査名	調査内容	主な対象地盤*	地震動評価における特性	備考
PS検層（速度検層）	調査地におけるP波およびS波の速度構造	表層地盤	短周期域のサイト特性	調査地を代表した結果であるかの吟味が重要
微動アレイ探査	調査地におけるS波速度構造	深部地盤	長周期域のサイト特性	アレイ規模は地震基盤の深度に応じて計画
常時微動測定（短周期）	周期1秒より短周期の地盤周期	表層地盤	短周期域の地盤振動特性	PS検層の検証に利用
常時微動測定（長周期）	周期1秒より長周期の地盤周期	深部地盤	長周期域の地盤振動特性	微動アレイ探査の検証に利用
動的変形試験	地盤のせん断剛性および減衰比のひずみ依存性	表層地盤	地盤の動的変形特性	地盤の非線形性を考慮した計算に使用

［注］ ＊：「表層地盤」は地表から工学的基盤まで，「深部地盤」は工学的基盤から地震基盤までの地盤

同一のボーリング孔内で起振した弾性波を受振する孔内起振受振方式（サスペンション方式）がある（図2.3.18）．ダウンホール方式の場合，調査位置が深くなるほど地表から伝わる波が減衰して受振器に明瞭な波が届かなくなるため孔内起振受振方式を用いる場合がある．なお，速度構造の決定にあたっては2.3.2項に示した地層構成や2.3.6項に示した標準貫入試験によるN値分布を参考にされることが多い．

せん断波速度を用いて工学的基盤の判定を行なう際に，事前調査により基盤面が傾斜していることが想定される場合には，2本以上の調査を行って確認することが望ましい．また，試験結果は2.3.8項に示す静的な変形特性や2.3.14項に示す地盤環境振動の評価にも用いられる．

② 微動アレイ探査[2.3.73)]

深部地盤を構成する各地層のせん断弾性波速度は，調査地付近における既往の調査資料[例えば，2.3.74)]を用いることが多いが，直接調査する場合は微動アレイ探査による推定が行われる．微動アレイ探査は，地表面に沿って伝播する微動（表面波）の位相速度が周波数によって変わる特性（分散性）を利用して，微動計を地表に複数配置して同時計測することで位相速度（図2.3.19）を求め，これに基づいて地震基盤までの地下構造を推定する方法である．なお，調査の前提として，地層構成が著しく不均質であったり地表面の起伏が大きかったりして水平成層構造の仮定が破綻しないこと，近傍に人工的な強い振動源がないこと，などの条件を満たす必要がある．

一般に微動計は，図2.3.20に示すように，中心に1台，円周上に正三角形を形成するように3台，正三角形の中点に3台，計7台配置し，微動計の間隔（アレー規模）は想定さ

(a) ダウンホール方式　　(b) 孔内起振受振方式

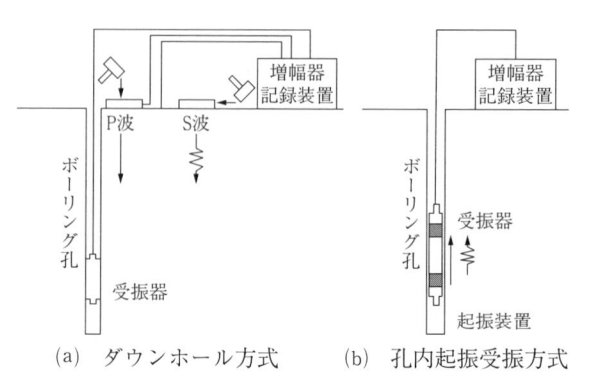

図 2.3.18　代表的なPS検層の試験方法

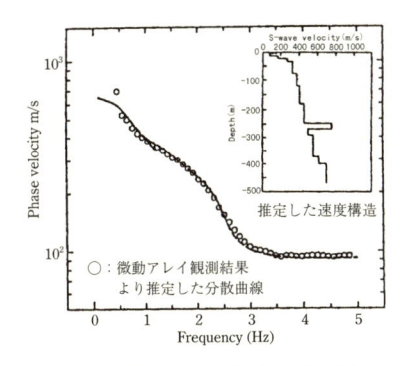

図 2.3.19 微動アレイ探査に基づく S 波速度構造の推定例[2.3.73]に加筆

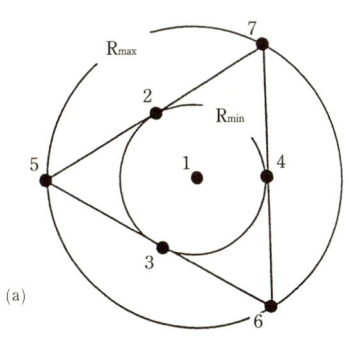

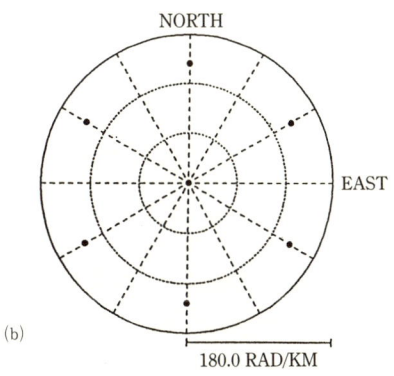

図 2.3.20 微動計の配置例[2.3.73]

れる地震基盤の深度に応じて計画することが多い．

(2) 地盤周期（地盤卓越周期）に関する調査

地盤周期（地盤卓越周期）を把握する調査として常時微動測定[2.3.75]がある．常時微動の測定は単点で行うことが一般的である．測定機器は地震計（微動計）・増幅器・収録器で構成されるが，一般に周期は 1 秒を目安として短周期と長周期に分けられ，対象とする周期に応じて微動計や増幅器の特性を選択する．都市部においては工事や車両による突発的な振動源の影響の強い振動がしばしば記録されるため夜間の実施が望ましい．微動の振動源の影響を取り除く方法として，1 点で観測された微動の水平動と上下動のスペクトル比（H/V スペクトル）を用いる方法[2.3.75]があるが，H/V スペクトルの卓越周期が長周期までの地盤周期と対応が良いという実例が多くあり，地盤振動特性の評価や前述した PS 検層・微動アレイ探査結果の検証に有効である．ただし台地・丘陵地など深さ方向に S 波速度の変化が乏しい地盤では明瞭な卓越周期が現れず，地盤周期の判断が難しい場合も多い．建築基準法に従って地盤種別を判定するための地盤周期は，(1)で示した速度構造を用いて計算するか，常時微動測定結果のスペクトル解析[例えば2.3.76]から得られた卓越周期を用い，これらの値から表 2.3.17 に従って地盤種別を判定することができる．ただし，これらから求められる値は弾性（微小ひずみレベル）における値である．

(3) 地盤の動的変形特性に関する調査

地震応答解析を行う場合の動的変形特性（非線形パラメータ）を設定するための動的変形試験[2.3.77]は，繰返し三軸試験（JGS 0542 - 2000）や繰返しねじりせん断試験（JGS 0543 - 2000）を用い，試料に繰り返しせん断応力を加え，得られた応力－ひずみ関係の形状よりひずみに応じて変形係数（三軸試験ではヤング率 E，ねじり試験ではせん断剛性率 G）と減衰比 h を求める．

この試験の整理方法を模式的に図 2.3.21 に示す．通常は，一定応力振幅で 11 回の載荷を行い，10 サイクル目の履歴曲線の除荷点を結んで変形係数を，履歴曲線の囲む面積（図 2.3.21 中の灰色部分）とひずみエネルギー（図 2.3.21 中の斜線部分）の比を 4π で割って減衰比 h を計算する．こ

表 2.3.17　地盤種別と地盤周期 T_g(s) の対応

第1種地盤	岩盤,硬質砂れき層その他主として第三紀以前の地層によって構成されているもの又は地盤周期などについての調査若しくは研究の結果に基づき,これと同程度の地盤周期を有すると認められるもの	$T_g \leq 0.2$
第2種地盤	第1種地盤及び第3種地盤以外のもの	$0.2 < T_g \leq 0.75$
第3種地盤	腐植土,泥土,その他これらに類するもので大部分が構成されている沖積層(盛土がある場合においてはこれを含む.)で,その深さがおおむね30メートル以上のもの,泥沢,泥海などを埋め立てた地盤の深さがおおむね3メートル以上であり,かつ,これらで埋め立てられてからおおむね30年経過していないものまたは地盤周期などについての調査若しくは研究の結果に基づき,これらと同程度の地盤を有すると認められるもの	$0.75 < T_g$

れらを軸ひずみ振幅 ε またはせん断ひずみ振幅 γ に対する E-ε と h-ε 関係または G-γ と h-γ 関係として整理する.

結果は地盤の非線形性を考慮した地震応答解析に用いられる他,ひずみレベルの影響を考慮した静的な変形特性評価の際にも用いられる.一般に試験は非排水条件で行われるが,後者の目的の場合は排水条件で行うこともある.なお,2.3.1項に示したように室内試験ではサンプリングの乱れの影響を排除できないことに配慮し,微小ひずみレベルの $G(G_0)$ として PS 検層の結果を採用し,本試験の G-γ 関係と組み合わせた G_0/G-γ 関係を設計に用いることもある.

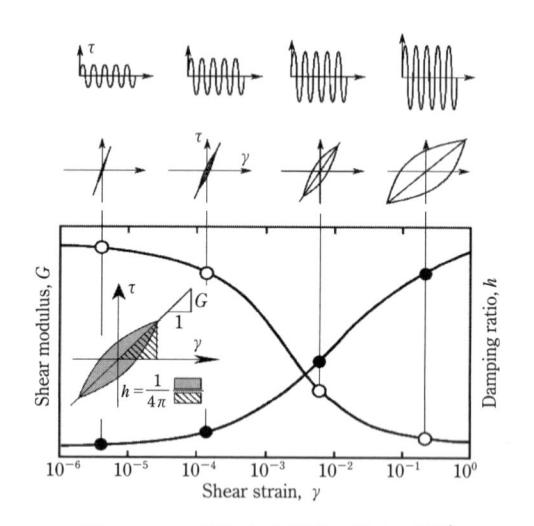

図 2.3.21　動的変形試験の模式図[2.3.78]

2.3.12　平板載荷試験

平板載荷試験は,地盤の変形や強さなどの支持力特性を直接把握するために実施される.調査計画にあたっては,想定した基礎構造に対して設計・施工に必要な情報が得られるよう適切な試験位置・深さ・試験数・載荷方法・載荷装置を決定・選定する.

平板載荷試験(JGS 1521-2003)[2.3.79]は,地盤の極限支持力や地盤反力係数など地盤の強さと変形に関するデータを得るために実施され,比較的簡便で直接的な試験であるが,建築基礎の設計では設計段階で行われることはまれで,根切工事後に設計支持力の確認あるいは沈下の計算に用いた変形係数の確認のために実施されることが多い.

設計者は以下について計画,指示する.

・試験数,試験位置,深さ

・最大荷重（度），載荷板径（形状・寸法）

・載荷パターン，制御方式

・反力装置

　試験数・試験位置は地盤の不均質性・ばらつきを想定して判断するが，小規模であってもボーリング調査と同様に2か所以上で実施することが望ましい．

　計画最大荷重の値は，試験の目的が極限支持力を確認することにある場合は，地盤の種類や締り具合などから推定される極限支持力を参考にして決める必要がある．また，目的が設計荷重を確認することにある場合には，長期設計荷重の3倍以上に設定する必要がある．

　載荷板は300mm以上の円形の鋼板を用いることになっているが，建築物を対象とする試験では300mmの載荷板が多く用いられている．試験地盤に礫が混入する場合には，礫の最大径が載荷板直径の1/5程度までを目安とし，この条件を満たさない場合は大型の載荷板を用いることが望ましい．

　載荷パターンには段階式載荷と段階式繰返し載荷がある．段階式載荷は載荷－除荷の1サイクルの載荷方法であり主に支持力を求める場合に採用され，段階式繰返し載荷は多サイクルに載荷－除荷を繰り返して各荷重段階での変形特性を求める場合に採用される．載荷の制御方式には荷重制御方式と沈下量制御方式があるが，既往の実績や制御の容易さから荷重制御方式が一般的である．

　試験地盤は，半無限の表面を持つと見なせるよう載荷板の中心から半径1.0m以上の範囲を水平に整地する．反力装置にはアンカーによる方法と実荷重による方法があるが，アンカー体や実荷重受台はいずれも載荷板中心から1.5m以上離して配置する．建築物では根切工事の最終段階で重機類や構台柱を利用することが多く，試験位置周辺での作業状況も含めて，施工計画との調整が重要である．

　基礎の支持力や沈下量は，基礎の根入れ・形状・大きさ・剛性・地盤構成・地下水位・載荷重・載荷時間などのいろいろな条件に支配されるので，試験結果を実設計に用いる際には載荷条件の違いを考慮することが必要である．載荷面積の違いによる載荷の影響範囲の概念図を図2.3.22に示すが，平板載荷試験によって求められる支持力特性は載荷板の1.5～2.0倍程度の深さの地盤が対象であり，例えば300mmの載荷板により試験した場合は450～600mm程度の深さの地盤が対象となることを十分認識しておくことが必要である．一般には深い層ほど地盤は固くなるので安全側の評価になっているが，より深い地盤の影響が懸念される場合には，載荷板を大きくしたり，深く掘削して試験を実施することが考えられるが，後者は支持地盤を乱すことになるので注意が必要である．基礎指針[2.3.80)]では試験結果を用いて支持力係数を算出し，さらに載荷板と基礎幅の違いの影響を考慮して支持力を評価する方法が推奨されている．また，試験は根入れがほとんどない状態で実施されるので，周辺地盤が掘削

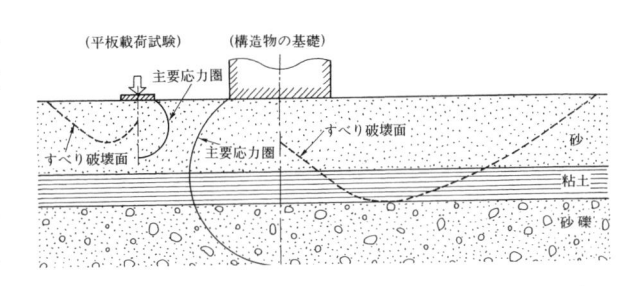

図 2.3.22　構造物の基礎と載荷板の大きさの関係[2.3.78)]

される恐れがない場合などは根入れの効果を加算して評価する[2.3.80), 2.3.81)].

2.3.13 杭の載荷試験

> 杭の載荷試験は，杭の支持力と荷重－変位関係を直接評価するための地盤調査の一つであり，調査計画にあたっては，本設杭と同じ工法で設置された杭を採用し，目的と状況に応じた適切な載荷方法・試験方法・数量を選定する．

　杭の載荷試験は，計画地において本設杭と同じ工法で設置された杭に，想定外力を模擬して載荷し，杭の荷重－変位関係，支持力を直接計測するもので，広義の地盤調査の一つである．杭の載荷試験方法の分類，評価される項目を表 2.3.18 に，載荷方式ごとの特徴を表 2.3.19 に示す．具体的な実施方法と結果の利用・問題点については地盤工学会の基準など[2.3.82), 2.3.83)]に詳しい．

　杭の載荷試験は，本設杭を施工する前にあらかじめ杭の荷重－変位特性を調べて設計に反映させる評価試験と，施工後に設計値を確かめる確認試験に分けられる．確認試験では設計変更となる可能性もあり慎重な検討が必要である．一般に載荷試験は，多くの日数と費用を要する試験であり，地盤条件・設計条件・費用対効果を考慮した実施の判断が必要である．

　載荷試験方法は，目的や杭種，施工環境に応じて選定するが，計画にあたっては事前に行った地盤調査結果の精査と専門の技術者との協議，連携が重要である．なお，一般に載荷試験の実施は地盤調査業者（会社）とは別の専門業者に発注される．

　試験方法・試験対象（杭長・杭径・試験杭か本設杭か）・試験数量に関しては，実施目的を考慮して事前に原位置調査や室内土質試験を実施し，地盤構成・各層の力学的性質・支持層の深さ，およびこれらのばらつきを精査して設定する．静的載荷試験の場合，地盤条件や施工条件から最も不利と考えられる 1，2 本の杭を対象に実施することが現実的であるが，建物規模（杭本数）が大きい場合や地盤のばらつきが大きい場合は適宜追加する．

　動的な載荷試験は 1 日で数本の試験を行うことも可能で，大規模な反力装置を必要としないことから，地盤条件・建物規模を考慮した上で杭の施工状況に応じて数量を設定できる．動的載荷につ

表 2.3.18 載荷試験方法の分類例[2.3.82)]

載荷方向	載荷方法	試験方法	評価される項目
鉛直載荷試験	静的載荷	押込み・先端	荷重－変位関係，鉛直支持力（周面摩擦力・先端支持力）
		引抜き	荷重－変位関係，引抜き抵抗力
		鉛直交番	同上，繰返しの影響
	動的載荷	急速	杭頭荷重－変位関係
		衝撃	動的効果を含む杭頭荷重－変位関係，杭体の健全性
水平載荷試験	静的載荷	一方向	荷重－変位関係，水平地盤反力係数の逆算値，杭体の応力分布，地盤の破壊状況
		水平交番	同上，繰返しの影響

表 2.3.19　載荷方式の違いと特徴[2.3.83]

項目	静的載荷	動的載荷	
		急速載荷	衝撃載荷
概要	（図）	（図）	（図）
載荷荷重	静的	動的	動的
載荷時間	数時間	0.1～0.2s	0.01～0.02s
試験装置	油圧ジャッキ，実荷重	軟クッションハンマーなど	ハンマー，重錘
反力装置	反力杭，反力桁	基本的に不要	不要
支持力評価	結果を直接利用	一質点系モデルなど	一次元波動解析
支持力推定精度	高い ◀ ──────────────────── 低い		
コスト	高い ◀ ──────────────────── 低い		

いては載荷時間が短くなる影響を「動的効果[2.3.84]」として評価し，静的な挙動を推定する手法がほぼ確立されており，最近では動的載荷による水平載荷試験も試みられている．

また，建物の建替えに際して既存杭が利用されるケースは今後さらに増えることが予想されるが，利用にあたっては耐久性や健全性の調査とともに，支持力の評価のために載荷試験を実施する場合がある[2.3.85),2.3.86)]（1.4節，1.5節参照）．

既存杭の鉛直支持力は，地盤条件と杭仕様を示した設計図書などが存在し地盤環境が大きく変化していない限り，既存建物の重量に対応する支持力は確保されているものと見なすことができる．これらの前提条件が満たされなければ載荷試験を行って支持力を確認することになる．この場合は，建替え後に利用しない杭に対して実施するか，利用する杭であれば設計荷重と弾性範囲内の荷重－沈下関係の対応を確認することになる．

既存杭の水平抵抗に関しては耐震設計を考慮していない年代のものが多いことから，これまで水平力の分担を目的に利用されることはほとんどなかった．今後は，耐震性のある既存杭に水平力を負担させる場合も出てくると考えられるが，試験方法や評価方法は今後の課題である．

既存杭に載荷試験を実施する場合，反力装置の設置に関して現場状況に応じた制約が予想され，載荷方法としては動的試験の適用が便利であろう．

2.3.14　地盤環境振動調査との連携

> 　　地盤調査計画においては，地盤環境振動調査の必要性についても勘案し，地盤環境振動調査を行う場合には，対象建築物の環境振動に対する要求性能を把握したうえで，ボーリング調査や PS 検層などの地盤情報を共有できるよう，連携して計画を進める．

(1) 地盤環境振動調査との連携

　地盤環境振動が問題となる場合，基礎スラブ厚や基礎形式の選定・建設位置や施工方法の選定など建設計画や構造設計に影響を及ぼす可能性があり，地盤調査計画にあたっても地盤環境振動調査の可能性について考慮しておくことが望ましい．地盤環境振動の増幅特性や伝播特性を予測・検討するために必要な地盤構成や地盤の振動特性などの地盤情報は建築基礎設計に必要な情報と共通であり，連携を考慮して調査計画を立案する．

　なお，地盤環境振動が問題となるのは，計画される建築物が病院あるいは道路や鉄道に近接している・精密製造機器・検査機器が設置されるなどの理由で居住性の基準が厳しいために地盤環境振動による障害発生の可能性がある場合と，工事振動や工場・作業所・実験施設などに設置された機械が発する振動によって周辺に振動障害が生じる恐れのある場合，つまり対象建築物が振動源となる可能性がある場合があるが，本節は主に前者を対象とする．後者は敷地境界での振動が規制値以下であることを確認する[2.3.87]ことになるが，基本的には同じ考え方・手順により評価可能である．

(2) 地盤環境振動の要因と発生する障害

　近年，鉄道や道路からの交通振動や各種工場から発生する機械振動が増大し，地盤を伝わる振動が十分に減衰しないまま住宅や嫌振施設へ伝わり，公害や障害として問題になる事例が増えている．一方，環境に対する意識の向上に伴い，住宅やオフィスではより静音な居住空間や空間が求められ，また，半導体製造工場などの嫌振機器を扱う施設では，生産・加工製品の高精度化・微細化により受振許容値が厳しくなるなど，環境振動に対する要求性能が年々高くなってきている．

　建築物を建設する敷地地盤は，大小の差はあるものの鉄道・道路・工場などからさまざまな地盤環境振動を受振している．表 2.3.20 に主な地盤環境振動の発生要因と振動の特徴を示す．

　これらのうち特定工場や建設作業現場からの振動および道路交通振動については，「振動規制法」により公害振動として規制されている．規制の対象は，工場・建設現場では発生源となる敷地境界の振動レベル，道路交通振動では道路の敷地境界における振動レベルである（Ⅱ．3 参照）．このような振動は，地盤を伝播して建築物に入力し，住宅やオフィスの居住環境や作業環境を悪化させ，あるいは，精密機械や検査機器の稼働性能に悪影響（歩留まり低下や不良製品の増加など）を与える場合がある．振動障害の例を評価の目安（振動許容値）や指針類とともに表 2.3.21 に示す．

(3) 地盤環境振動調査

　図 2.3.23 に地盤環境振動に対するトラブルを未然に防止するための地盤環境振動調査の手順を建設計画および地盤調査の関連とあわせて示す．最初に建築物の要求性能を十分に検討・把握した上で，地盤環境振動調査の計画・評価に必要なデータを適切な時期に取得できるよう，地盤調査の計画と連携して進める．

表 2.3.20　地盤環境振動の要因

要因	加振源	振動の原因	振動の主な特徴
高架を含む道路および鉄道	車両	道路：路面の凹凸・亀裂やマンホールなど	断続的に繰り返す衝撃振動 2～3Hz および 8～12Hz が卓越
		鉄道：レールの継目など	断続的に繰り返す衝撃振動 8～12Hz が卓越
		高架橋：橋桁の共振など	断続的に繰り返す衝撃振動 2～3Hz の低振動数
トンネル，地下鉄	車両	レールの継目など	断続的に繰り返す衝撃振動 20Hz 以上の比較的高い振動数
工場	プレス機械，圧縮機，せん断機など	プレスなどの衝撃力や回転機械の偏心による振動	定常振動（回転機械）あるいは間欠的に繰り返す衝撃振動（プレス機械）など
建設工事	建設重機など	重機などの作業・走行	作業に応じて，衝撃振動から定常振動までさまざま
ライブハウス，スポーツ施設	人間	人間の「たてのり」などの動作による加振力	定常振動など 2～5Hz の低振動数が卓越

表 2.3.21　環境振動の障害

障害の対象	障害の内容	振動評価の目安・指針類
精密機械や検査機器	製品の不良や操作の不能	精密機械や検査機器固有の振動許容値
人間	作業能率や居住性の悪化	建築物の振動に関する居住性能評価指針[2.3.88), 2.3.89)] など 全身振動暴露評価指針[2.3.90)] など

① 事前検討

　事前検討では，資料調査や現地踏査などにより外部振動源の有無を調べ，場合によっては簡易な振動予測を実施し，地盤環境振動による障害発生の可能性や振動測定調査の必要性を検討する．振動予測には地盤構成・物理特性・PS検層結果など，建築基礎設計のための地盤調査で得られる地盤情報が共通して使用される．

　なお，事前検討に先立ち，建築物の用途に応じた要求性能について事業主（建築主）と協議する．要求性能は，振動規制法，各種基準や指針，設置する機器の許容値，さらには過去の事例などの総合的判断によるが，地盤環境振動による障害発生の可能性がある精密製造機器や検査機器の許容値は，それぞれの機器特有の振動許容値を有しており，これらを確認した上で建築物の要求性能が設定される．

② 振動測定調査

　障害発生の可能性があり，詳細な調査が必要と判断された場合には，振動測定調査（振動レベルの計測および振動波形の測定）を実施する．

　振動レベルの計測は，敷地の振動環境を数値的に評価する目的で行なう．振動レベルは比較的簡単に測定でき結果も分かりやすいが，周波数に関する情報がないため，共振による振動の増幅を判

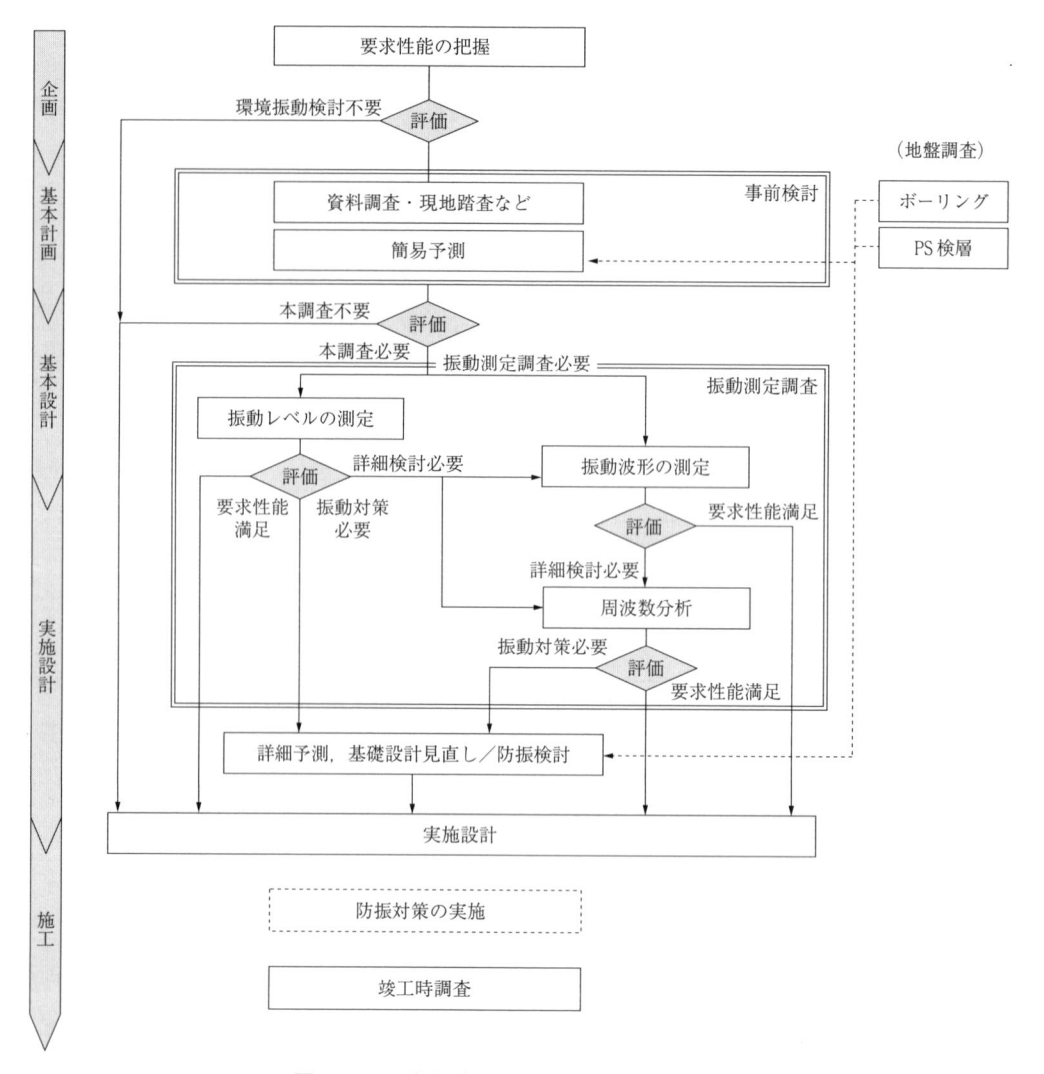

図2.3.23 建設計画と環境振動調査のフロー

断することができないので注意が必要である．必要に応じて，同時に振動波形を記録したり，周波数分析機能を有する振動レベル計を用いることを検討する．

振動波形の測定は，周波数特性などの詳細な情報を得るために実施する．一部の精密機器では波形の最大値で許容値が規定されているものがあるが，通常は周波数分析を行ない，共振による振動の増幅などを考慮した上で要求性能を満足するかどうかの確認を行う．ただし，以上の計測および検討はあくまで建設前の敷地を対象としたもので，建設後の建物内の振動を予測し要求性能の確認を行なうには，PS検層結果などの地盤情報を用いて共振現象による振動の増幅を考慮して，建物内の床レベルでの振動を予測する必要がある．

要求性能を満足しない場合は，基礎スラブ厚の増加やより剛性の高い基礎形式への変更を含む防振対策を検討する．

③ 竣工時確認調査

調査が実施できない特別な事情がない限り，防振対策を実施した場合には建築物の竣工時に所定の要求性能を満足していることを確認するための測定を行う．

2.3.15 土壌汚染に対する配慮

> 地盤調査計画において，土壌汚染がないこと，あるいは土壌汚染調査および必要がある場合には対策が終了していることを最初に確認する．何らかの汚染がある場合や対策が行われている場合には，その内容を十分に理解した上でそれに対応した調査計画を立案する．

(1) 土壌汚染が建築基礎の設計や地盤調査計画に及ぼす影響

土壌汚染が問題となるような地盤であれば，一般に建築基礎の設計・施工計画以前に土壌汚染調査や必要に応じた対策が行なわれていると考えられる．しかしながら，土壌汚染対策法施行前に取得された土地などで，土壌汚染が疑われる場合には不用意なボーリングや杭の施工によって汚染を拡散させないような配慮が必要となる．あるいは土壌汚染対策が行われている場合には，周辺の地盤とは異なる地盤物性となっているケースも考えられる．そこで，事前に土壌汚染のないことあるいは土壌汚染調査および必要に応じた対策が終了していることを最初に確認し，何らかの汚染がある場合や対策が行われている場合には，その内容を十分に理解した上で，地盤調査計画に反映させる必要がある．

ただし，土壌汚染に関する調査および計画，対策の検討は，指定調査機関など，十分な知識と経験を有する専業者の助言を受けた上で，建築基礎設計のための地盤調査計画とは別に実施されるものであり，本指針では土壌汚染についての理解を助けるための最低限の情報を示した．土壌汚染調査計画・関連法規・基準類・土壌汚染対策の詳細については付録Ⅱを参照されたい．

(2) 土壌汚染調査の概要

土壌汚染の問題は，揮発性有機化合物や重金属といった人体に有害な物質が地盤に混入することにより発生する．有害物質には自然由来のものと人為的なものがあり，後者は主に事業活動により生成され，関連施設からの漏洩などにより地表や地下埋設物（タンク，埋設配管類）から地下に浸透する．図2.3.24に示すように，地下に浸透した有害物質は土粒子に吸着・結合したり，土粒子間に滞留して土壌を汚染する．また，雨水や地下水によって汚染物質が溶出し，土壌汚染が広がる場合もある．人の健康被害が懸念される有害物質に関しては法令で

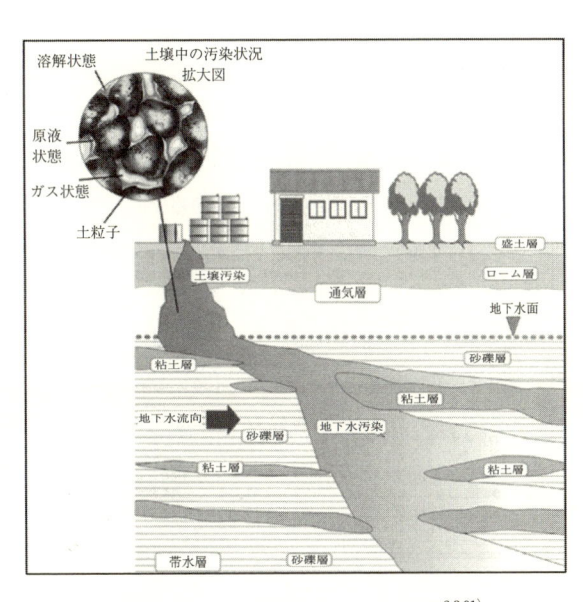

図2.3.24 土壌汚染のイメージ図[2.3.91]

厳しく規制されており，土壌汚染に関する法令としては，土壌汚染対策法（付録Ⅱ．7参照）が2003年2月に施行された．土壌汚染対策法では，特定有害物質が使われていた施設などの使用が廃止されたときに，土地の所有者が指定調査機関による土壌汚染調査を実施することになっている．また，大規模な宅地開発など一定規模以上の土地の改変時に，条例によって土壌汚染調査を義務付けている自治体もある．このように，法令や条例に従った調査が必要な場合には，土地の取得時などの建築物の計画段階ですでに土壌汚染調査が実施されていることが多い．しかし，既往の土壌汚染調査では「問題なし」と判断されている場合でも，調査後に新たな汚染が生じている場合や，法令や条例などが改正され，現行のものに対しては不十分な調査内容や評価結果である場合もある．汚染の状態が現行の基準値に適合しない場合には，浄化・除去・封じ込めなどの汚染対策を講じない限り建築行為が認可されない場合がある．特に，施工中に汚染が判明した場合には，適正な処理を施さない限り，それ以降の施工が許可されないことがあるため，工期の大幅な遅れや建築計画そのものの見直しを余儀なくされることもあり，十分な注意が必要である．また，過去の土壌汚染調査で汚染が発見され，何らかの対策工を実施している場合には，その内容と位置を確認し，一般の地盤調査計画や設計計画に反映させる．

　近年では，資産評価や開発行為の順調な進行を保証する目的で，建築行為に先だって，自主的な土壌汚染調査を計画する事例も増加している．土壌汚染調査は，滞留した汚染物質が不用意な掘削工事などで拡散することのないよう，すべての建築行為に先駆けて実施することが原則である．また，土壌汚染調査は，資料等調査・概況調査・絞込調査・深度方向調査（以上を，土壌汚染状況調査という．）と段階的に計画・実施されるため，十分な時間的余裕が必要となる．

　なお，土壌汚染の形態は多種多様であり調査・分析方法が法令や条例によって規制されている場合もあるので，既往調査の良否の判断をする場合には，指定調査機関など十分な知識と経験を有する専業者の助言を受けて判断すると良い．

(3) 土壌汚染物質とその用途

　土壌汚染の原因となる有害物質には揮発性有機化合物・重金属類・農薬・ダイオキシン類・油などがある．土壌汚染対策法には人の健康被害を生ずるおそれのあるものとして，鉛・砒素・トリクロロエチレンなど25の特定有害物質が定められている．地方公共団体の条例などの中にはこの他にダイオキシン類を加えているものもある．表2.3.22に土壌汚染の可能性を検討するための判断材料として，土壌汚染対策法に基づく主な特定有害物質とその用途例を示す．

　鉛などの重金属類は土壌に吸着されやすいため移動しにくく，比較的地表近くにとどまり深くは浸透しにくい．また，重金属類には砒素・ふっ素など自然由来の汚染物質もあり，土壌汚染対策法の対象とはならないが，搬出・運搬には規制がある．一方，トリクロロエチレンなどの揮発性有機化合物は，人工生成物であり人為的汚染の原因となる有害物質である．揮発性有機化合物は，粘性が低く，比重が水より大きいため，地下深くまで浸透しやすく，地下水の流れなどにより移動しやすい．地盤調査計画や建築基礎設計への影響も，これらの特徴に応じて考慮する必要がある．

表 2.3.22 主な特定有害物質と用途

	物質名	主な用途
揮発性有機化合物	四塩化炭素	機械器具の洗浄，殺虫剤，ドライクリーニングの洗剤，フロンガスの製造
	1,2-ジクロロエタン	塩化ビニルモノマー原料，合成樹脂原料，フィルム洗浄剤，有機溶剤，殺虫剤
	ジクロロメタン	プリント基盤の洗浄，金属の脱脂洗浄，冷媒，ラッカー
	テトラクロロエチレン	機械金属部品や電子部品の脱脂やドライクリーニング用の洗剤
	トリクロロエチレン	機械金属部品や電子部品の脱脂やドライクリーニング用の洗剤
	ベンゼン	染料，溶剤，合成ゴム，合成皮革，合成顔料，化学工業用原料，ガソリン
重金属など	六価クロム化合物	化学工業薬品，メッキ剤
	シアン化合物	メッキ工業，化学工業
	水銀およびその化合物	化学工業，電解ソーダ，蛍光灯，計器
	鉛およびその化合物	鉛蓄電池，鉛管，ガソリン添加剤など用途が広い
	砒素およびその化合物	鉱山，製薬，半導体工業
	ポリ塩化ビフェニル（PCB）	電気絶縁油，熱媒体，ノーカーボン複写紙などに使用（現在は製造・使用禁止）
	チウラム	種子，球根，芝などの殺菌剤，ゴムの加硫促進剤

参考文献

2.3.1) 地盤工学会「地盤調査の方法と解説」，2004
2.3.2) 地盤工学会「土質試験の方法と解説－第1回改訂版」，2000
2.3.3) 前掲 2.3.1)，p.174
2.3.4) 田中修身：建築基礎 PLUS 土を掘る技術と固める技術，p.31，1992
2.3.5) 川島眞一：東京都における地下水の経年変化，基礎工，Vol. 29, No. 11, pp.77〜79, 2001
2.3.6) 前掲 2.3.4)，p.58
2.3.7) 前掲 2.3.4)，p.63
2.3.8) 前掲 2.3.1)，pp.357〜367
2.3.9) 前掲 2.3.1)，pp.89〜95
2.3.10) 前掲 2.3.1)，pp.377〜412
2.3.11) 前掲 2.3.2)，pp.331〜347
2.3.12) 前掲 2.3.2)，pp.54〜68，pp.146〜155
2.3.13) 前掲 2.3.2)，pp.69〜92
2.3.14) 地盤工学会：地盤工学用語辞典，p.486，2006
2.3.15) 前掲 2.3.2)，pp.93〜108
2.3.16) 前掲 2.3.2)，pp.213〜246
2.3.17) 国土交通省ホームページ：http://www.mlit.go.jp/tec/kankyou/kuromu.html
2.3.18) 前掲 2.3.2)，pp.159〜185
2.3.19) 前掲 2.3.2)，pp.186〜205
2.3.20) 前掲 2.3.1)，pp.246〜273
2.3.21) 地盤工学会：N値とc・φの活用法，1998

2.3.22) 大岡　弘：コーンプリー法とトンビ法による標準貫入試験 N 値の比較（洪積砂層の場合），第 19 回土質工学研究発表会，pp.117～118，1984

2.3.23) 竹中準之介，西垣好彦：標準貫入試験に関する基礎的研究（Ⅲ），第 9 回土質工学研究発表会，pp.13～16，1974

2.3.24) 鈴木康嗣：地盤調査の信頼性，2006 年度日本建築学会大会 PD 資料，pp.17～18，2006

2.3.25) 日本建築学会：建築基礎構造設計指針，pp.207～210，2001

2.3.26) 前掲 2.3.1)，pp.243～377

2.3.27) 鈴木康嗣，時松孝次，古山田耕司：地震時の液状化事例とコーン貫入試験結果の関係，日本建築学会構造系論文集，第 571 号，pp.95～102，2003

2.3.28) Robertson, P.K. : Soil classification using the cone penetration test, Canadian Geotechnical Journal, Vol. 27, No. 1, pp.151-158, 1990

2.3.29) Robertson, P.K. and Fear, C.E. : Liquefaction of sands and its evaluation, Proceedings of the First International Conference on Earthquake Geotechnical Engineering, IS TOKYO'95, Vol. 3, pp.1253-1289, 1995

2.3.30) 鈴木康嗣，時松孝次，實松俊明：コーン貫入試験結果と標準貫入試験から得られた地盤特性との関係，日本建築学会構造系論文集，第 566 号，pp.73-80，2003.4

2.3.31) 田中洋行，榊原基生，後藤健二，鈴木耕司，深沢　健：我が国の正規圧密された海成粘性土の静的コーン貫入試験から得られる特性，港湾技術研究所報告，第 31 巻，第 4 号，pp.61-92，1992.12

2.3.32) 前掲 2.3.25)，p.65，2001

2.3.33) A.Yamamoto, S. Hirata and M. Tamura : Geotechnical Investigation for Housing Construction by Swedish Ram Sounding in Japan, The Seventeenth International Offshore and Polar Engineering Conference, pp.1248～1253，2007

2.3.34) 稲田倍穂：スウェーデン式サウンディング試験結果の使用について，土と基礎，Vol. 8，No. 1，pp.13～18，1960

2.3.35) 田村昌仁，枝広茂樹，渡部英二，吉田　正，秦樹一郎：戸建住宅を対象としたスウェーデン式サウンディングによる地盤評価の考え方，土と基礎，Vo. 50, No. 11，pp.15～17，2002

2.3.36) 平成 13 年国土交通省告示第 1113 号第 2

2.3.37) 日本建築学会：小規模建築物基礎設計指針，p.75，2008

2.3.38) 前掲 2.3.1)，pp.333～336

2.3.39) 境　友昭，斉藤栄一郎，杉村亮二：ロータリーサウンディング法による地盤改良の施工管理，土と基礎，Vol. 42，No. 2，pp.49～52，1994

2.3.40) 前掲 2.3.2)，pp.425～562

2.3.41) 前掲 2.3.25)，pp.113～114

2.3.42) 前掲 2.3.25)，pp.144～146

2.3.43) 日本建築センター：建築物のための改良地盤の設計および品質管理指針，pp.457～459，2002

2.3.44) 地盤工学会：設計用地盤定数の決め方－土質編－，p.81，2007

2.3.45) 前掲 2.3.25)，pp.277～278

2.3.46) 土質工学会：土質力学ハンドブック　1982 年度版，p.339，1982

2.3.47) 石原研而：土質動力学の基礎，鹿島出版会，p.5，1976

2.3.48) 龍岡文夫，澁谷　啓：三軸試験と原位置試験法の関連（変形特性について），三軸試験方法に関するシンポジウム，土質工学会，pp.39～84，1991

2.3.49) Kokusho, T. : In-situ Dynamic Soil Properties and Their Evaluations, Proc. of the 8th Asian regional Conference on SMFE, Vol. 2, pp.215-240, 1987

2.3.50) 日本建築学会：建築基礎の設計施工に関する研究資料 12　地盤の変形係数評価法に関する研究の

現状，pp6～9，1997
2.3.51) 時松孝次，吉見吉昭：動的解析のための調査，地質と調査，1982年第1号，pp17～23，1982
2.3.52) 日本道路協会：道路橋示方書 Ⅳ下部構造編，p.255，2002
2.3.53) 鉄道総合技術研究所：鉄道構造物など設計標準・同解説 基礎構造物・抗土圧構造物，p.87，2000
2.3.54) 前掲2.3.25)，pp.224～230
2.3.55) 前掲2.3.1)，pp.319～328
2.3.56) 金子 治，鈴木康嗣：変形係数評価のための地盤調査計画，日本建築学会大会，B-1，p.503～504，2008
2.3.57) 前掲2.3.1)，p.268，p.324
2.3.58) 前掲2.3.25)，p.277
2.3.59) 日本建築センター：地震力に対する建築物の基礎の設計指針 付・設計例題，p.53，1985
2.3.60) 前掲2.3.25)，pp.256～259
2.3.61) 前掲2.3.2)，pp.348～423
2.3.62) 前掲2.3.25)，pp.135～141
2.3.63) 若松加寿江：日本の地盤液状化履歴図，東海大学出版会，1991
2.3.64) 前掲2.3.25)，pp.61～69
2.3.65) 吉見吉昭：砂地盤の液状化（第二版），技報堂出版，p.83，1991
2.3.66) 鈴木康嗣，時松孝次，古山田耕司：地震時の液状化事例とコーン貫入試験結果の関係，日本建築学会構造系論文集，第571号，pp.95～102，2003.9
2.3.67) Suzuki, Y., Goto, S., Hatanaka, M. and Tokimatsu, K.: Correlation between strength of gravelly soils and penetration resistances，土質工学会論文報告集，Vol. 33, No. 1, pp.92～101, 1993.3
2.3.68) 時松孝次，鈴木康嗣：液状化の判定方法と実際の現象，基礎工，Vol. 24, No. 11, pp.36～41, 1996
2.3.69) 前掲2.3.2)，pp.635～657
2.3.70) 時松孝次，大原淳良：8.2凍結サンプリング，土と基礎，Vol. 38, No. 11, pp.61～68, 1990
2.3.71) Tokimatsu, K. and Yoshimi, Y.: Empirical correlation of soil liquefaction based on SPT N-value and fines content，土質工学会論文報告集，Vol. 23, No. 4, pp.56～74, 1983
2.3.72) 前掲2.3.1)，pp.82～88
2.3.73) 物理探査学会：物理探査ハンドブック，pp.203～211，1998
2.3.74) 地震調査研究推進本部：地下構造調査成果報告書，http://www.jishin.go.jp/main/p_koho03.htm
2.3.75) 前掲2.3.73)，pp.199～203
2.3.76) 大崎順彦：地震動のスペクトル解析入門，鹿島出版会，1994
2.3.77) 前掲2.3.2)，pp.658～702
2.3.78) 日本建築学会構造委員会基礎構造運営委員会：建築基礎の設計施工に関する研究資料4 液状化地盤における基礎設計の考え方，p.33，1998
2.3.79) 前掲2.3.1)，pp.495～504
2.3.80) 前掲2.3.25)，p.112
2.3.81) 平成13年国土交通省告示第1113号第2
2.3.82) 地盤工学会：杭の鉛直載荷試験方法・同解説（第1回改訂版），2002
2.3.83) 土質工学会：杭の水平載荷試験方法・同解説，1983
2.3.84) 地盤工学会：杭の急速載荷試験の載荷メカニズムと適用性受託研究報告書，pp.2～3，1999
2.3.85) 建築業協会：既存杭利用の手引き，http://www.bcs.or.jp/books/details/503.html，2003
2.3.86) 構造法令研究会編：既存杭など再使用の設計マニュアル（案），共立出版，2008
2.3.87) 江島 淳：地盤振動と対策－基礎・法令から交通・建設振動まで－，集文社，1979

2.3.88) 日本建築学会：建築物の振動に関する居住性能評価指針・同解説，2004
2.3.89) 日本建築学会：居住性能に関する環境振動評価の現状と規準，2000
2.3.90) 日本建設機械化協会：建設作業振動対策マニュアル，1994
2.3.91) 環境庁水質保全局監修：事業者のための地下水汚染対策，土壌環境センター，1997

第3章　調査計画例

　本章では，想定されるさまざまな敷地について，数多くの地盤調査計画事例を示した．第1章および第2章では，地盤調査計画の基本的な流れや考え方，さらには調査方法などを記述しているが，それらを具体的に建築物の設計にあたってどのように計画するかは，建築物の規模や敷地の状況によって変わる．そのため，これら調査計画例から参考となる事柄を参照して，当面する事例に対して最善の計画を建てるのに役立てられることを期待している．具体的な事例にはそれぞれ固有の特殊性があり，第1章・第2章で述べられている一般論との相違があることに注意されたい．

　本章では，代表的地盤として3.1節「沖積低地」・3.2節「洪積台地」・3.3節「傾斜地」・3.4節「埋立地」を挙げ，それぞれの地盤において必要になるであろう地盤調査の手順や調査方法をできるだけ具体的に示した．さらに，3.5節「広大な敷地における調査計画例」・3.6節「宅地造成における調査計画例」では，敷地が広いことによる調査手順などの特殊性や，比較的軽量の建築物を造成地で計画する場合の調査計画の方法について記述している．また，建物の種類によっては一般の建物とは異なる調査計画が必要になる場合があるため，3.7節「超高層建築物および免震構造建築物」・3.8節「パイルド・ラフト基礎建築物」を取り上げ，具体的調査方法について記述した．

　表3.1に計画例の一覧を示す．

3.1節　沖積低地
3.1.1　沖積低地における調査計画例1（関東地区）
(1)　建築計画
①　敷地の位置・形状

　建設予定地は東京都江東区の東京臨海部で昭和初期から埋め立て造成が行なわれた地区にあたり，沖積低地に位置する平坦な市街地に位置し，敷地形状は南角が隅切りされた長方形である．

②　建築物概要

　敷地内の計画建築物は，地上8階，地下なしの事務所ビルである．構造種別はSRC造であり，柱間のスパンも大きいため1柱あたりの荷重は比較的大きいと考えられる．

(2)　事前調査
①　文献調査

　文献調査および敷地周辺での既往地盤調査資料により，地盤概要の調査を行った．

　これらの資料によれば，調査敷地は図3.1.1に示すように東京湾に流入する河川の侵食により最終氷河期以降に形成された埋没谷部分に位置している．この埋没谷は多摩川，江戸川の河川付近，千葉臨海部など東京湾の臨海部に広く分布している．これらの埋没谷付近では，海水面の上昇により厚く沖積層が堆積し，表層部は人工的な埋立て造成が行なわれ現在に至っている．したがって，東京礫層，固結シルトなど支持層に適した堅固な地盤が比較的浅く分布する山の手台地と異なり，N値が低い沖積層が厚く分布することが予想された．

— 78 —　建築基礎設計のための地盤調査計画指針

3.1 調査計画例一覧

*表中のゴシック体で示した項目は各計画例の着目点を示している

	地形・地質	建物規模	想定する基礎形式	調査の特徴	主な調査方法、（ ）は本数
3.1.1	沖積低地（関東）	SRC造8/0	杭基礎	中間層支持の可能性の検討	標準貫入試験（SPT）（4）、孔内水平載荷試験（LLT）、物理試験、力学試験（一軸、三軸、圧密）
3.1.2	沖積低地（関西）	RC造6～14階（16棟）	可能であれば直接基礎、判定条件を満たさなければ杭基礎	過去に行った地盤改良効果確認のための予備試験、静的コーン貫入試験の採用	予備調査：SPT（2）、力学試験（一軸、圧密）、簡易粒度含む、静的コーン貫入試験（CPT）（16）、本調査：SPT（8）、CPT（64）、LLT、物理試験、力学試験
3.2.1	洪積台地（関東）	RC造4/0	直接基礎または杭基礎（中間層）	直接基礎か杭基礎かの判定	SPT（2）、LLT、力学試験（一軸）
3.2.2	洪積台地：造成地（関西）	RC造5/0（25棟）	直接基礎または杭基礎	予備調査および追加調査を実施	予備調査：SPT（5）、物理試験、力学試験（一軸、圧密）、本調査：SPT（34）、孔内水平載荷試験、物理試験、力学試験、追加調査：平板載荷試験
3.3.1	傾斜地	RC造3/0	直接基礎	支持層傾斜の確認と斜面安定計算のための地下水位の把握	SPT（6）、地下水位測定、物理試験、力学試験
3.3.2	丘陵地（造成地）	S造2/0	直接基礎または杭基礎	オートマチックラムサウンディングによる支持層の確認	SPT（14）、オートマチックラムサウンディング（SRS）（15）、物理試験、力学試験（一軸、三軸、圧密）
3.3.3	山岳地・丘陵地（岩盤）	RC造2～5/0（4棟）	直接基礎、杭基礎または異種基礎	支持層傾斜の確認、支持層が岩盤	SPT（16）、LLT、物理試験、力学試験（一軸）、岩石試験（三軸）
3.4.1.1	埋立地（羽田）	①S造低層、②S造中層・地下あり	杭基礎	液状化の検討、①は化学特性の確認、②は時刻歴応答解析・施工計画のための調査	①SPT（8）、LLT、物理試験、力学試験（一軸、三軸、圧密）、化学試験（pH、水溶性成分試験）、現場透水試験、②は①に加えSPT+1、PS検層、動的変形試験
3.4.1.2	埋立地（臨海副都心）	S造24/2+RC造4/0	杭基礎	支持層が異なる2つの建物、液状化の検討・時刻歴応答解析・施工計画のための調査、化学特性の確認	SPT（12）、LLT、物理試験、力学試験（一軸、三軸、圧密、液状化、動的変形）、化学試験（pH、水溶性成分試験）、PS検層、常時微動測定、密度検層、現場透水試験、間隙水圧測定
3.4.2	埋立地（ため池）	S造3/0	杭基礎	CPTによる埋立土（浚渫粘土）の分布の把握・圧密度の推定・液状化判定	SPT（5）、CPT（36）、LLT、物理試験、力学試験（一軸、三軸、圧密）
3.5	沖積低地	S造5/0	杭基礎	大規模な築堤地での支持層の傾斜確認のためMWD検層を実施	SPT（12）、LLT、物理試験、力学試験（一軸、三軸、圧密）、追加調査：MWD検層（43）
3.6	沖積低地	造成宅地	なし	宅地造成のための調査	SPT（14）、SRS（18）、物理試験、力学試験（一軸、圧密）、盛土試験、密度検層、スェーデン式サウンディング
3.7.1	沖積低地（副都心）	超高層建物 S造40/4	直接基礎	時刻歴応答解析のための調査	SPT（12）、物理試験、力学試験（一軸、三軸、圧密、動的変形）、PS検層、常時微動測定、密度検層、現場透水試験
3.7.2	埋立地	免震建物 RC造5/0	杭基礎	時刻歴応答解析のための調査、液状化の検討	SPT（5）、LLT、物理試験、力学試験（一軸、三軸、圧密、動的変形）、PS検層、常時微動測定、密度検層
3.8	埋立地（人工島）	S造2/0	パイルド・ラフト基礎	沈下解析のための調査、液状化の検討	SPT（2）、LLT、物理試験、力学試験（一軸、三軸、圧密、PS検層、現場透水試験

近隣での地盤調査結果による地層構成は，地表からGL-40m付近まではN値の低い粘土層・シルト層，GL-45m～-60mはN値30～50程度の細砂層とN値10～15程度粘性土層の互層，その下位のGL-60m付近よりN値50以上の砂礫層が出現すると想定された．

(3) 調査計画
① 基礎形式の想定

N値50以上の砂礫層を支持層とする杭基礎であれば大きな支持力を得られると考えられるが，杭先端がGL-60m以深となることが想定され，コスト的に大きな負担となることが予想された．

一方，中間層として想定される細砂層に杭を支持できれば，経済的な杭基礎が設計できる可能性がある．このため，この細砂層が支持層となり得るかの検討に必要な調査も同時に行うこととした．なお，この場合には，細砂層の下位にある粘性土層が，杭先端から伝達される荷重に対して十分な強度を有するとともに，圧密沈下も含む沈下量が小さいことが前提になるので，この粘性土層に対する調査も重要になる．

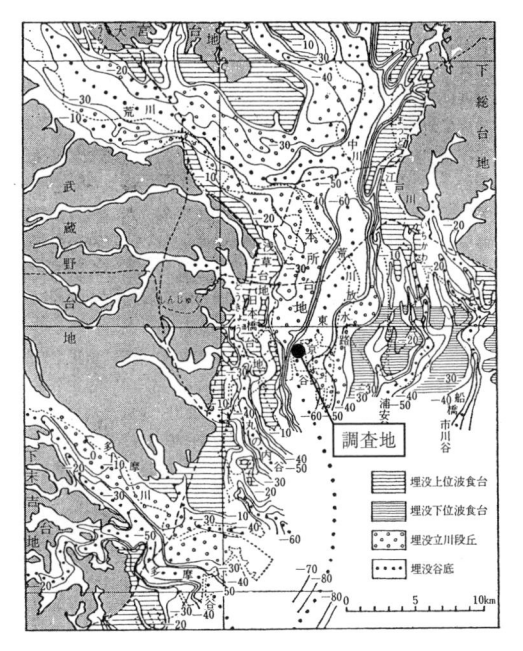

図 3.1.1 東京湾の埋没地形[3.1.1)]

また，いずれの場合においても杭頭部分の地層はN値の小さなシルト層であるので，地盤の水平抵抗により地震時の杭の設計が左右されるため，水平地盤反力係数に関わる調査が必要となる．

② 調査内容・数量の決定

前項の文献調査から想定される地盤構成により，二つの深度の杭基礎を検討対象とした．基礎計画の策定に必要な検討項目として以下のような事項を選定し，これらを明らかにすることを地盤調査の目的とした．

・砂礫層および中間の細砂層を支持層とする杭の鉛直支持力
・中間層の下位にある粘性土層の鉛直支持力および圧密特性
・杭周囲の地盤の水平抵抗力

これらの事項を明らかにするため次のような調査項目を決定した．

<標準貫入試験>

事前調査の結果からはN値50以上の地層はGL-60m以深で出現する．調査深度としては，支持層厚を確認するため70mとし，1mごとに標準貫入試験を行う．調査箇所数は想定される中間細砂層の水平方向への分布を確認する必要があるほか，建物の敷地の平面的な大きさを考慮して4か所とする．

<孔内水平載荷試験>

事前調査に基づいて推定した地盤の変形係数から，想定される杭径での$1/\beta$を算出すると約

10mとなった．そこで，調査深度は基礎梁せいも考慮して，GL-15m までの範囲で4～5mごとに異なる地層で計3か所行うものとする．

<物理試験>

各地層の性状を把握するため，代表的な地層ごとに1か所で行う．試験項目は粒度試験，湿潤密度試験，含水比試験，液性限界，塑性限界試験などとする．文献調査によれば調査地における地層の細粒分含有率は高く液状化の恐れは小さいと考えられたが，詳しい地層構成を確認するためにGL-20mまで1mごとに粒度試験を行うこととする．

<力学試験>

杭の周面摩擦力，中間層を支持層とした場合の下部粘性土層の支持力，および沈下量算定のため，各粘性土層について1か所ずつ，一軸圧縮試験（拘束圧が大きいと考えられる深部では非圧密非排水三軸圧縮試験（UU試験））および圧密試験を行う．

以上より決定した調査数量を表3.1.1に，調査項目を表3.1.2に示す．調査方法は原則地盤工学会基準によった．

(4) 調査結果

<地盤概要>

調査地における調査位置を図3.1.2に，土質柱状図を図3.1.3に，調査地の地盤構成を表3.1.3に各々示す．

調査結果の地盤構成は，事前調査により想定したものとほぼ同じであった．調査により得られた地盤構成を以下に示す．

地表より層厚8m～9mの埋立土層・埋立土層の下部よりGL-41m付近までN値の低いシルトおよび粘土で構成される軟弱な有楽町層からなっている．

有楽町層の下位には7号地層が堆積しているが，GL-45m付近の細砂層を境界にして7号地層上部と下部に分けられる．上部ではN値が10以下のシルトおよび粘土で構成され，下部では粘性土と砂質土が互層状となり，N値は粘性土で10～24，砂質土で39～50以上となるが，N値の大きい砂質土の層厚は4～5m程度となっている．

7号地層下部のGL-68m付近より，N値50以上の中砂～砂礫で構成される江戸川層が現れる．

地下水位（孔内水位）は，無水掘りによる孔内水位測定を指定し，測定水位がGL-1.8～2.2m（AP+2.1m付近）にあることを確認した．

表3.1.1 調査数量

調査孔	孔径 (mm)	深度 (m)	標準貫入試験（か所）	サンプリング（か所）	孔内水平載荷試験	一軸圧縮	三軸圧縮	圧密
No.1	66	70	70	−	−	−	−	−
No.2	66～116	70	63	7	−	3	4	7
No.3	66	70	70	−	−	−	−	−
No.4	66～86	70	70	−	3	−	−	−

表 3.1.2　調査項目一覧表

想定土質柱状図[*1]			ボーリング孔径(mm)	標準貫入試験	孔内水平載荷試験	サンプリング			室内土質試験								
[*2]深さ(m)	土質名	N値 (10, 30, 50)				シンウォール	デニソン	トリプルチューブ	物理試験					力学試験		
									土粒子密度	含水比	[*3]粒度	液性・塑性	湿潤密度	一軸圧縮	三軸圧縮	標準圧密
0–2	埋土		116	○							○					
4	シルト			○		○			○	○	○	○	○	○		○
6–10				○	○						○					
12				○	○						○					
14	シルト質粘土			○		○			○	○	○	○	○	○	○	○
16–22				○							○					
24				○												
26	粘土質シルト			○		○			○	○	○	○	○	○		○
28–34				○												
36	シルト質粘土			○			○		○	○	○	○	○	○	○	○
38–40				○												
42	細砂			○												
44–46	粘土			○												
48	中砂			○					○	○	○	○	○			
50–52				○												
54–56	粘土			○					○	○	○	○	○		○	
58–60				○												
62				○				○	○	○	○	○	○		○	
64	砂礫		66	○												
66–70				○												
合計				63	3	3	1	3	7	7	25	7	7	3	4	7

[注]　※1　想定土質名，深度，N値は近隣ボーリングからの想定であり実際と異なる．
　　　※2　深度を便宜上2mごとに記載しているが，標準貫入試験は1mごととする．孔内水平載荷試験はNo.4で実施．
　　　※3　粒度試験はふるい＋沈降とし，試験深度はGL−20mまでは1mごととする．

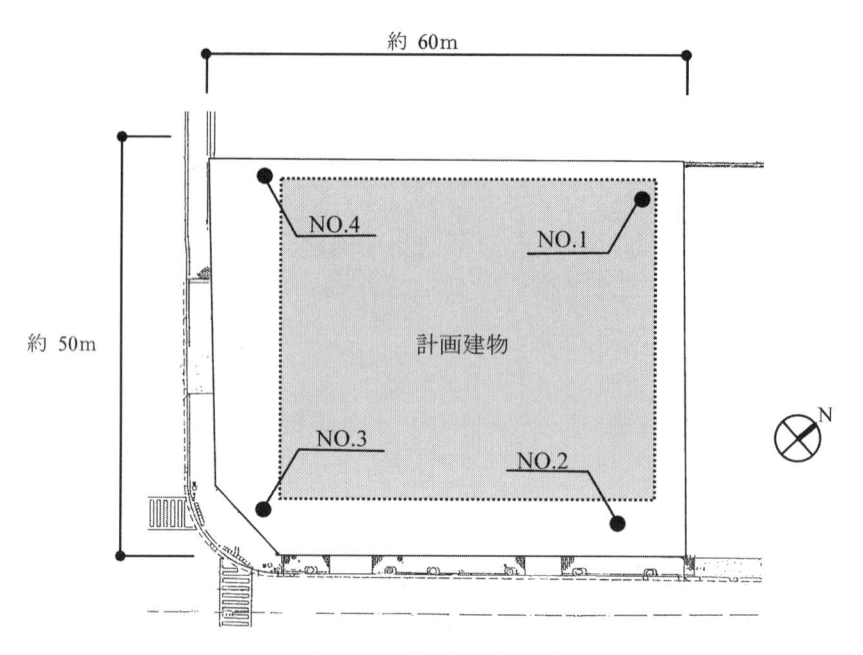

図 3.1.2　調査位置平面図

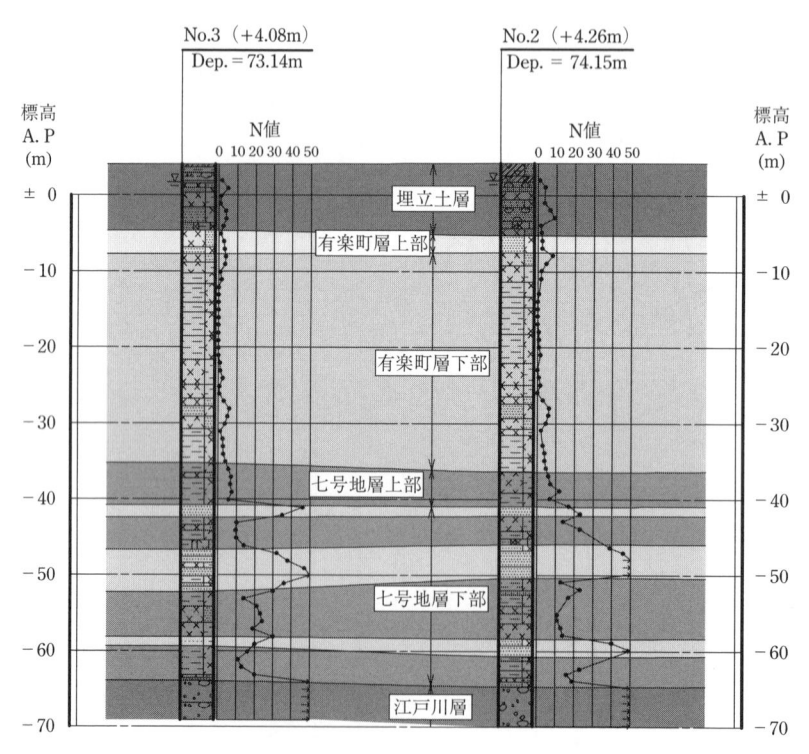

図 3.1.3　調査地の土質柱状図

表3.1.3 調査地の地盤構成

地質時代	土層区分		主な土質	出現深度 (m)				層厚 (m)				N値
				NO.1	NO.2	NO.3	NO.4	NO.1	NO.2	NO.3	NO.4	
現世	埋立土層		ローム・粘土 砂礫・細砂 シルト・瓦礫 木片・木皮 じん芥・礫	+3.63 (0.0) ～ -5.27 (8.90)	+4.26 (0.0) ～ -5.24 (9.50)	+4.08 (0.0) ～ -4.62 (8.70)	+3.97 (0.0) ～ -4.63 (8.60)	8.90	9.50	8.70	8.60	0.8 ～ 14
第四紀・完新世	沖積層	有楽町層 上部	細砂 砂質シルト シルト質細砂	～ -8.17 (11.80)	～ -7.49 (11.15)	～ -7.72 (11.80)	～ -7.73 (11.70)	2.90	1.65	3.10	3.10	1 ～ 21
		有楽町層 下部	砂質シルト 粘土質シルト シルト質粘土	～ -37.37 (41.00)	～ -36.34 (40.60)	～ -35.22 (39.30)	～ -34.53 (38.50)	29.20	29.45	27.50	26.80	0 ～ 8
第四紀・更新世		七号地層 上部	シルト質粘土 粘土質シルト シルト	～ -40.27 (43.90)	～ -40.94 (45.20)	～ -40.77 (44.85)	～ -39.83 (43.80)	2.90	4.60	5.55	5.30	3 ～ 12
		七号地層 下部	細砂 シルト質細砂 砂質シルト シルト質粘土	～ -62.27 (65.90)	～ -64.64 (68.90)	～ -63.87 (67.95)	～ -62.63 (66.60)	22.00	23.70	23.10	22.80	10 ～ 71
	洪積層	江戸川層	砂礫・中砂	～ [71.19]	～ [74.15]	～ [73.14]	～ [73.06]	5.29 以上	5.25 以上	5.19 以上	6.46 以上	65 ～ 375

備考: 出現深度の上段は基準点からの孔口標高（A.P.表示），下段（ ）内は現地表面からの分布深度（G.L.表示）である．また，最下段の［ ］内は最終検尺深度である．
標準貫入試験において，貫入量が30cm以上または30cm未満の場合は，換算N値（例 0.8＝1×30/3771＝50×30/21）で表示してある．基準点の標高は，TBM＝A.P.＋4.454m（調査位置図参照）．

<物理試験結果>

室内土質試験の結果一覧を表3.1.4に示す．粒度試験結果から粘土分・シルト分の構成比率が高い有楽町層・7号地層ではシルト・粘土主体の地層構成であることがわかる．

<力学試験結果>

表3.1.4によれば，有楽町層の圧密降伏応力（165～475kN/m^2）は深さ方向に次第に増加する傾向を示しているが，推定有効上載圧は129～258kN/m^{2}なので過圧密比は1.3～1.8程度でやや過圧密状態にあることがわかる．

一方，7号地層の圧密降伏応力は810～968kN/m^{2}となっており，推定有効上載圧は350～477kN/m^{2}なので過圧密比は2.0～2.3程度となり，過圧密状態にあると推定される．

表 3.1.4 室内土質試験結果一覧表

土質区分		埋立土層	有楽町層			七号地層		
試料番号		2-1	2-2	2-3	2-4	2-5	2-6	2-7
試料採取深度 (GL-m)		4.00〜4.85	16.00〜16.85	26.00〜26.85	36.00〜36.85	49.00〜50.30	58.00〜59.15	65.30〜66.30
一般	湿潤密度 ρ_t (g/cm³)	1.540	1.652	1.604	1.707	1.680	1.817	1.855
	乾燥密度 ρ_d (g/cm³)	0.898	1.021	0.974	1.142	1.216	1.332	1.426
	土粒子の密度 ρ_s (g/cm³)	2.608	2.785	2.620	2.626	2.668	2.612	2.661
	自然含水比 w_n (%)	71.59	61.90	64.72	49.49	38.14	36.37	30.11
	間隙比 e	1.906	1.709	1.690	1.299	1.198	0.961	0.867
	飽和度 S_r (%)	98.0	100.0	100.0	100.0	85.4	98.8	92.5
粒度組成	礫分 2〜75mm (%)	0.0	0.0	0.0	0.0	0.0	0.0	0.0
	砂分 75μm〜2mm (%)	7.6	1.2	9.5	1.9	2.4	3.0	1.5
	シルト分 5〜75μm (%)	51.5	53.9	48.5	53.1	54.8	50.5	64.8
	粘土分 5μm 未満 (%)	40.9	44.9	42.0	45.0	42.8	46.5	33.7
特性 テンシー コンシス	液性限界 w_L (%)	85.89	71.76	62.19	50.48	44.79	35.68	33.86
	塑性限界 w_P (%)	44.25	30.50	36.28	30.46	27.56	25.00	24.06
	塑性指数 I_P	41.64	41.26	25.19	20.02	17.23	10.68	9.80
分類	分類名	粘土	粘土	粘土	粘土	シルト	シルト	シルト
	分類記号	(C'H)	(CH)	(C'H)	(C'H)	(ML)	(ML)	(ML)
一軸圧縮	一軸圧縮強さ q_u (kN/m²)	48.3	102.3	145.7	—	—	—	—
	変形係数 E_m (kN/m²)	2 930	7 210	6 350	—	—	—	—
三軸圧縮	試験条件	—	—	—	UU	UU	UU	UU
	c (kN/m²)	—	—	—	118.3	221.5	156.4	165.9
	ϕ 度	—	—	—	1.7	0.2	4.7	7.0
圧密	圧縮指数 C_c	0.82	0.60	0.77	0.53	0.55	0.37	0.27
	圧密降伏応力 P_c (kN/m²)	89.3	164.6	293.0	475.3	809.5	957.5	968.2

<孔内水平載荷試験結果>

　試験結果を表 3.1.5 に示す．N 値が低い軟弱地盤であり，変形係数としては小さな値となっている．N 値との関係もばらつきが大きく明確な相関は見られない．

(5) 設計への適用

　地盤調査から得られた地盤構成は事前調査から推定されたものとほぼ同様な結果であった．建築物の規模・荷重を考慮すると，N 値の低い表層の埋立土層・有楽町層に直接支持する基礎形式は不可と判断されるため，杭基礎を採用するものとする．

　杭基礎の設計では，地盤調査で得られた諸定数を用いて検討を行うが，本基礎設計では杭の先端

表 3.1.5　孔内水平載荷試験結果

土質区分	土質	N 値	変形係数 E_m (kN/m²)
埋立土層	礫混じりシルト	2	3 760
有楽町層上部	シルト混じり細砂	5	2 190
有楽町層下部	シルト	1.5 (2/40*)	3 170
有楽町層下部	粘土質シルト	0	4 240

＊：貫入回数 2 回で 40cm 貫入

をGL－68m付近より出現するN値50以上の砂礫層に支持させる場合と，GL－45m付近の細砂層に支持させる場合が考えられる．

　深い砂礫層に支持させる場合には支持力，沈下ともに問題ないと判断されるが，中間の細砂層に支持させる場合には細砂層の下位に位置する粘性土層が，杭先端より伝達される荷重に対して支持力上問題ないことを確認するとともに，圧密沈下も含めた過大な沈下が発生しないことを確認する必要がある．

　杭の水平抵抗の検討では，孔内水平載荷試験結果に基づいて水平地盤反力係数を設定する．

　表層に近い有楽町層の粘性土層は正規圧密状態にあるが，建築物近傍における盛土などで荷重が増大する場合は圧密沈下が生じる可能性があるので注意が必要である．

　また，液状化については細粒分含有率・粘土分含有率などから液状化判定の対象層であるかを判断した上で，N値と細粒分含有率により液状化の可能性について判定する．本事例では，表層部からGL－20mまでの地層のうち，GL－6m～－11mでは細粒分含有率が15～30％程度で液状化の検討の結果，液状化の可能性が高いと判定されたため，杭の設計では水平地盤反力係数を低減して水平抵抗の検討を行った．

3.1.2　沖積低地における調査計画例 2（関西地区）

(1)　建築計画

① 敷地の位置・形状

　敷地は，兵庫県西宮市に位置している．敷地の広さは図3.1.4に示すように，およそ900m×

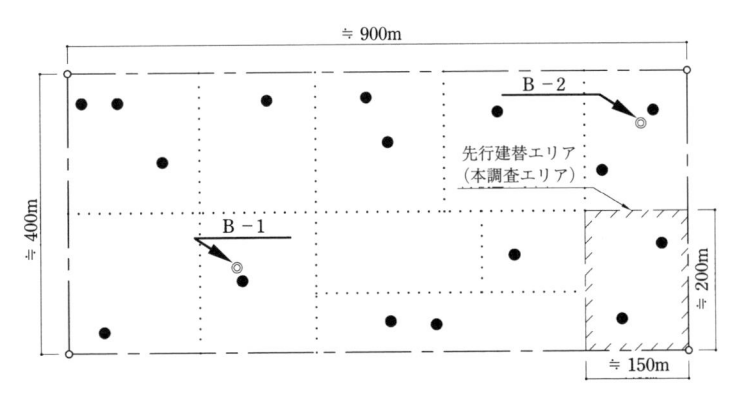

図 3.1.4　予備調査位置図

400mと大規模であるが，今回は敷地全体にわたる予備調査と，敷地の南東部に位置する先行建替エリアの本調査を計画する．

② 建築物概要

建替エリアで計画されている建築物は，複数棟の壁式RC造の集合住宅である．階数は6階から9階であり，一部に14階の高層棟が計画されている．

(2) 事 前 調 査

① 文献調査

当該敷地は図3.1.5に示すように大阪湾岸に形成された沖積低地に位置している．建替計画であることから現存建築物の設計時の地盤データが揃っており，地盤状況は事前に把握できる．図3.1.6に地盤図に示された既存のボーリングデータの主なものを示す．表層の約10mは海浜性の沖積砂層が一様に分布し，直下に沖積粘土層（厚さ約8m）を挟んで洪積砂層，砂礫層からなる地盤構成である．

(3) 調 査 計 画

① 調査計画上の技術的課題

本事例は，昭和30年代後半に建設された5階建て大規模集合住宅団地の建替えに伴う地盤調査である．調査計画を策定する上での技術的課題は，以下の2項目である．

　a．当該地の地盤は海浜性の砂州であり，既存建築物は締固め工法による地盤改良を用いた直接基礎が採用されているが，建替えにあたり，40年前に施工された地盤改良の現在の効果を判定する．

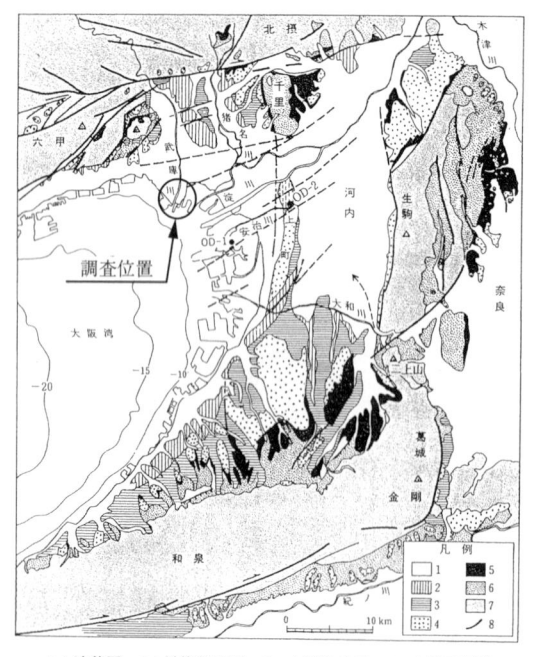

1：沖積層　2：低位段丘層　3：中位段丘層　4：上部亜層群
5：中部亜層群　6：下部亜層群　7：基盤岩類　8：断　層

図 3.1.5　計画地周辺の地質図[3.1.2)] 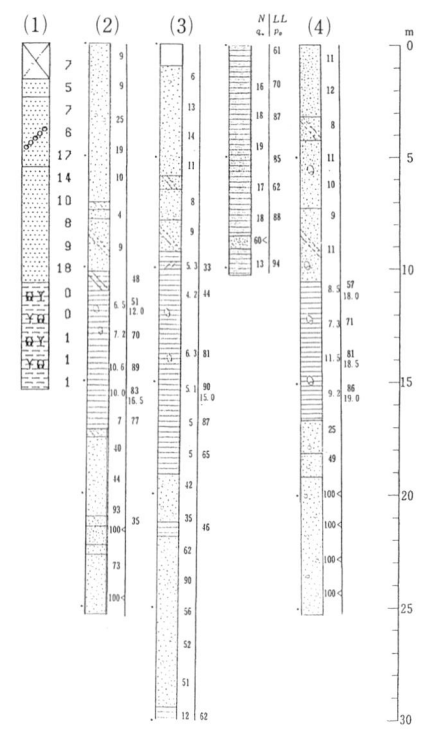　　　　**図 3.1.6　既存のボーリングデータ**[3.1.3)]

ｂ．基礎形式は地盤改良を用いた直接基礎を積極的に採用するものとし，直接基礎が可能な建築
　　物高さ（荷重度）とそのための最適な地盤改良仕様（即時沈下と液状化対策）を選定する．
　本件は対象となる敷地が広大であることから効率的な地盤調査とする必要があり，計画の段階から地盤・基礎の専門技術者が参画していることが特筆される．
　調査計画の立案における特徴は，1）敷地全域について40年前の地盤改良効果を評価することを目的とした予備調査と，先行建替地域の本調査を計画する2段階方式としたこと，2）基礎の設計にあたって沈下と液状化の検討精度を高めるために多くのデータ採取が可能な電気式静的コーン貫入試験（以下 CPT）を採用する調査計画としたこと，の2点である．
② 基礎形式の想定
　先行建替地域で計画されている建築物は，6階から9階および14階建てである．既存の建築物は直接基礎形式の5階建てであり，兵庫県南部地震における被害は軽微であったことから，建替えにおいても直接基礎形式を積極的に採用する設計方針が策定されている．本調査から得られた地盤調査データに基づき，即時沈下，圧密沈下および液状化の検討を行い，直接基礎の採用の可能性を検討する．また，直接基礎として設計が成立するための地盤改良仕様を検討する．
(4) 予 備 調 査
① 予備調査計画
　中層建築物を直接基礎形式とすることも念頭において，当該敷地の地盤工学的課題として，以下の2項目に着目して予備調査計画を策定した．
　1）沖積砂層の液状化抵抗（昭和30年代の地盤改良効果の検証）
　2）沖積粘土層の圧密降伏応力 p_c と有効上載圧の比較（過圧密比の把握）
　図3.1.4に予備調査の位置を示す．ボーリング調査は敷地の東西各1地点で，表層の沖積砂層の標準貫入試験は0.5mピッチで行い，液状化判定の精度を高めることに配慮している．液状化判定のための細粒分含有率については，海浜性の砂層が対象であることから，粘土分は少ないものと判断して細粒分含有率試験（簡易粒度試験）とした．
　さらに，敷地全域にわたって液状化の可能性の判定ができるよう，16地点で1地点あたり地盤改良施工域と非改良域のそれぞれで複数箇所（2～4本/地点）計40本の電気式静的コーン貫入試験（CPT）を計画した．CPTは貫入速度約2cm/秒で連続的にコーンを貫入したときの先端抵抗，周面摩擦抵抗ならびに間隙水圧の三成分を1秒間隔で計測できるので，1mの貫入で50点のデータ計測が可能である（コーンの先端抵抗などから液状化強度が推定でき，液状化安全率 Fl が1m間で50点判定可能）．
　室内土質試験のための沖積粘土のサンプリングは，予備調査であることから層厚約8mに対して圧密度が比較的小さいと考えられる層の中央部を対象とし，試験結果のばらつきを考慮して1地点で2か所からサンプリングする計画とした．当該敷地一帯は過去に地下水の揚水に起因する地盤沈下が発生していることから，沖積粘土層が過圧密状態にあることが予想される．そこで，直接基礎の採用の判定時に圧密降伏応力を精度良く把握するため，標準圧密試験（段階載荷圧密試験）に加え定ひずみ速度載荷による圧密試験も計画した．表3.1.6に調査数量をまとめて示す．

表3.1.6 予備調査数量表

	調査地点No		B-1	B-2	C-1〜C-40
原位置試験	調査深度	(m)	20	20	電気式静的コーン貫入試験（CPT） 調査深度10m 全16地点 (2〜4本/地点　合計40本)
	標準貫入試験*	(回)	28	28	
	乱さない試料採取（シンウォール）	(個)	2	2	
室内土質試験	物理	土粒子の密度 (個)	2	2	
		含水比 (個)	2	2	
		粒度分析（ふるい＋沈降） (個)	2	2	
		液性・塑性限界 (個)	2	2	
		湿潤密度 (個)	2	2	
		細粒分含有率 (個)	20	20	
	力学	一軸圧縮 (個)	2	2	
		標準圧密 (個)	2	2	
		定ひずみ速度圧密 (個)	2	2	

＊ GL－10m 以浅：50cm ピッチ　　GL－10m 以深：100cm ピッチ

② 予備調査結果

　敷地の東西各1地点（いずれも地盤改良未施工エリア）で実施した標準貫入試験のN値と，その直近で行ったCPTの先端抵抗q_cの比較を図3.1.7に示す．CPTは貫入深度2cmピッチでq_cを測定しているため，深度方向にほぼ連続的に地盤状況の変化をトレースしている．また，N値も通常

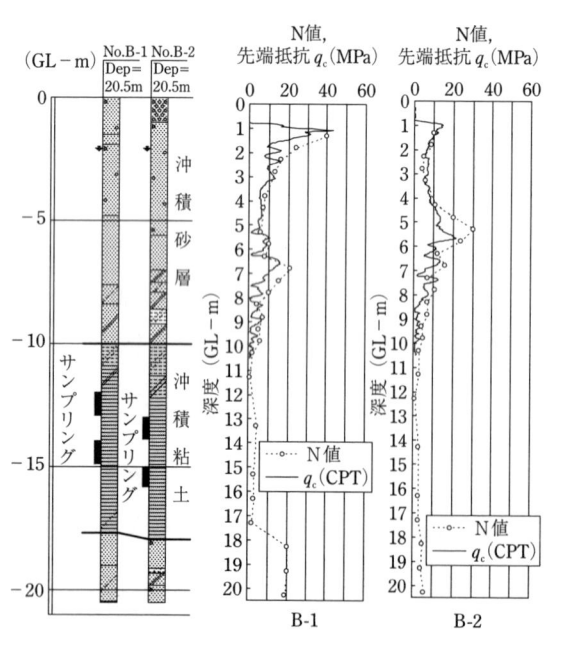

図3.1.7　N値とCPT（先端抵抗）の比較 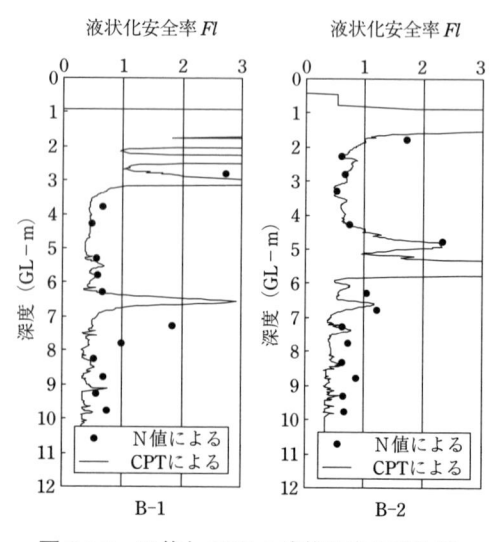　　図3.1.8　N値とCPTの液状化安全率比較

行われている 1m ピッチではなく，50cm ピッチで実施している．N 値と q_c は良く整合している．このデータに基づいた基礎指針[3.1.4]による液状化判定結果を図 3.1.8 に示す．ここでは，地表面水平加速度 α_{max} = 200gal とした場合の液状化安全率 Fl の深度分布を示している．N 値ならびに CPT による両者の判定結果は良く整合している．

CPT を実施した全 40 地点の液状化判定結果の一例として，α_{max} = 200gal の場合における Fl の深度分布を図 3.1.9 に示す．同図には建設時の地盤改良範囲を併記している．深さ約 4.5m（最大改良深さ 6.0m）までの地盤改良を施工した改良エリアでは，この深度までの Fl が 1.0 を下回る頻度が非改良エリアに比べ明らかに少ないことが判る．

以上より，施工から 40 年を経過した現時点でも締固め砂杭の改良効果が発現されている一方で，非改良地盤では液状化の危険性は高いと判断された．

圧密試験から得られた圧密降状応力 p_c を図 3.1.10 にまとめる．ボーリングは既存建築物（直接基礎）から十分離れた公園において実施していることから，建築物重量による影響は少ないものと考えられる．定ひずみ速度圧密試験では下部の粘土層で若干大きな p_c が得られた．いずれも現在の有効上載圧 σ_v' に比べて p_c が 20〜40kpa 程度大きくなっているが，これは以前の地下水汲上げによる圧密効果や縄文海進で形成された海成粘土の特徴（その後の海水準の一時的な低下に伴う圧密効果）と考えられ，過圧密状態にあるものと判断できる．

予備調査の結果，締固め砂杭による地盤改良効果が発現されているエリアと非改良エリアが混在していることから，直接基礎の設計にはこの影響を評価する必要がある．

一方，沖積粘土層は過圧密状態にあることから，直接基礎も採用可能であると判断した．

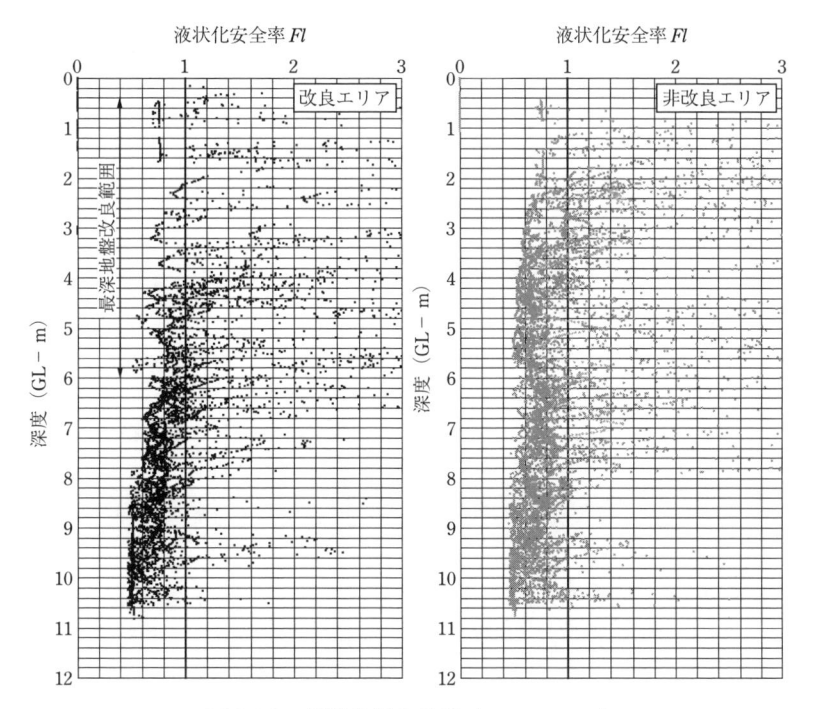

図 3.1.9 液状化判定結果（α_{max} = 200gal）

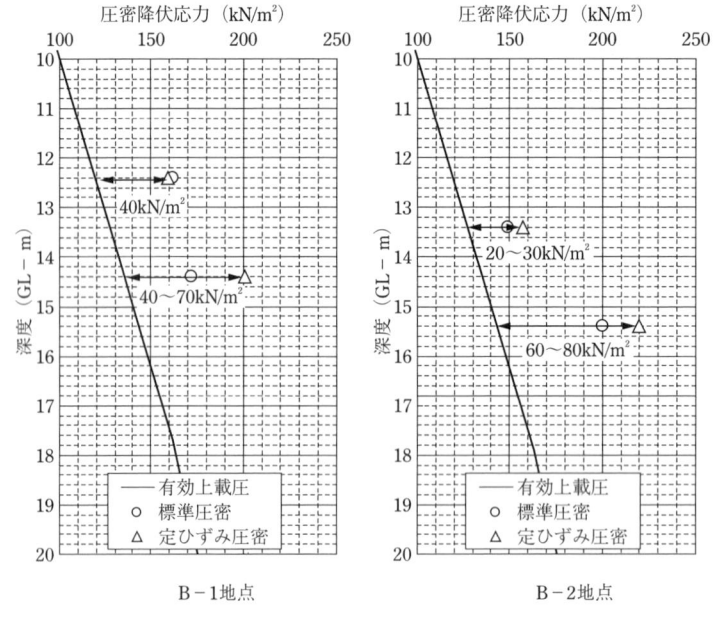

図 3.1.10 圧密試験結果

(5) 本調査計画

調査数量表を表 3.1.7 に，ボーリングの調査仕様（高層棟用）を表 3.1.8 に示す．先行して建替えが計画されている今回のエリアでは，図 3.1.11 に示すように新設住棟は全 16 棟である．これらはいずれも 2 棟が隣接した形状であることから，これを一つの調査エリアとみなし，ボーリングは 2 棟が隣接する場所で 1 エリアあたり 1 地点として合計 8 地点とした．その中で 14 階の高層棟が計画されているエリアは，ボーリング深度を 30m とし，他の 6〜9 階建ては 20m とした．当該地では杭基礎の先端支持層となる砂礫層がおよそ深度 20m 付近から均質に分布していることが判っていることから，6〜9 階建てについてもこの砂礫層を確認できる深度とした．

地層構成があらかじめ判っていることから，上記のようにボーリング本数は極力少ない計画とした一方，補間のため，各エリアに 5 地点ずつの CPT を計画した．また，2 層の立体駐車場 4 棟についても CPT を 1 棟あたり 6 地点で計画した．

CPT の他に，孔内水平載荷試験（杭頭下 ≒ 5

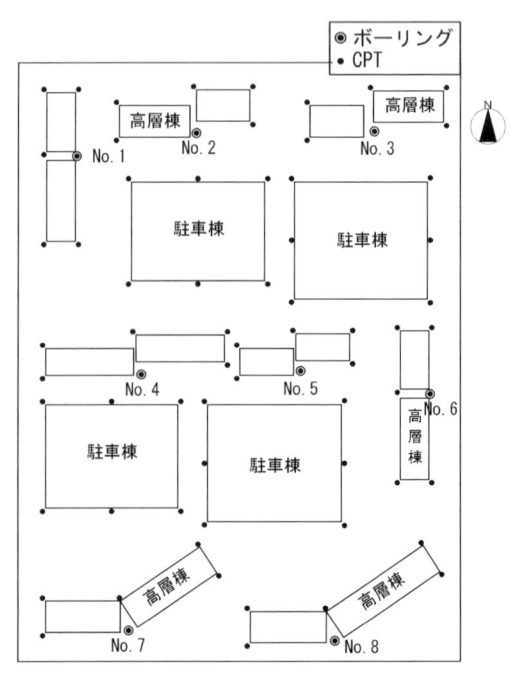

図 3.1.11 本調査位置

表 3.1.7　本調査仕様1－調査数量

	調査地点 No		1	2	3	4	5	6	7	8	合計
原位置試験	調査深度	(m)	20	30	30	20	20	30	30	30	210
	標準貫入試験	(回)	20	25	28	17	17	25	25	25	182
	孔内水平載荷試験	(回)	−	2	2	−	−	2	2	2	10
	地下水位測定	(回)	−	−	−	1	−	−	−	−	1
	乱さない試料採取（シンウォール）	(個)	−	3	3	3	3	3	3	3	18
室内土質試験	物理 土粒子の密度	(個)	−	3	−	3	3	3	3	3	18
	含水比	(個)	−	3	3	3	3	3	3	3	18
	粒度分析（ふるい＋沈降）	(個)	−	3	3	3	3	3	3	3	18
	液性・塑性限界	(個)	−	3	3	3	3	3	3	3	18
	湿潤密度	(個)	−	3	3	3	3	3	3	3	18
	細粒分含有率	(個)	10	8	8	10	10	8	8	8	70
	力学 一軸圧縮	(個)	−	3	3	3	3	3	3	3	18
	標準圧密	(個)	−	3	3	3	3	3	3	3	18
CPT	静的コーン貫入試験：調査深度10m　全64地点　住棟エリア：5地点/エリア　駐車棟：6地点/棟										

〜10m程度の深さで計画），地下水位測定も併せて計画している．室内土質試験は，特に沖積粘土層の圧密降伏応力 p_c 分布を正確に把握するため予備調査より増やし，沖積粘土層の上中下の3か所/地点とした．

さらに予備調査と同様に，沖積砂層の液状化検討用の細粒分含有率試験（簡易粒度）を標準貫入試験と同じ10深度または（孔内水平載荷試験位置以外の）8深度で計画した．

(6) 本調査結果と設計への適用

本調査で行った8地点のボーリング結果を図3.1.12に示す．若干の不陸はあるものの，地層はほぼ水平成層であり，特に表層の沖積砂層ならびに直下の沖積粘土層に大きな層厚の変化はみられない．

本調査から得られた地盤データに基づき，設計者が判断した判定条件を表3.1.9にまとめる．表3.1.9に示す直接基礎の検討項目と判定条件により直接基礎が採用可能な建物高さを決定するとともに，直接基礎を可能とする地盤改良設計を行う．

① 圧密沈下の検討

圧密沈下は，6階建てから8階建ての計画建築物全8棟について，各棟の計画盛土高さも考慮し，建築物荷重（120〜150kN/m²）による地中応力の増分を計算した．この値に対して本調査で得られた地層構成，圧密降状応力 p_c を図3.1.13のようにモデル化して C_c 法により圧密沈下量を計算した．結果の一例を表3.1.10に示す．

表3.1.10はボーリングNo.5地点で計画されている2棟の建築物（6階および8階建て）について，基礎の寸法や根入れ深さ等を基に建物荷重ごとに圧密沈下量を計算したものである．相対沈下量で

表3.1.8 本調査仕様2－調査深さ

8-2 調査計画表（ボーリング・原位置試験・室内土質試験）

深さ(m)	土質名	N値	ボーリング孔径	標準貫入試験	孔内水平載荷試験	現場透水試験	シンウォール	デニソン	土粒子の密度	含水比	粒度 ふるい	粒度 *沈降	液性・塑性	湿潤密度	細粒分含有率	一軸圧縮	三軸圧縮( )	標準圧密
1	砂		↑	○											○			
2	砂			○											○			
3	砂			○											○			
4	砂			○											○			
5	砂				○													
6	砂			○														
7	砂			○											○			
8	砂		φ86		○													
9	砂														○			
10	砂			○														
11	粘土						○		○	○		○	○	○		○	○	
12	粘土			○														
13	粘土						○		○			○	○	○		○	○	
14	粘土																	
15	粘土			○														
16	粘土						○		○					○		○		
17	粘土																	
18	粘土		↓	○														
19	砂		↑	○														
20	砂			○														
21	砂礫			○														
22	砂礫			○														
23	砂礫		φ66	○														
24	砂礫			○														
25	砂礫			○														
26	砂礫			○														
27	砂礫			○														
28	砂礫			○														
29	砂礫			○														
30	砂礫		↓	○														
31																		
32																		
33																		
34																		
35																		
36																		
37																		
38																		
39																		
40																		
合計																		

［注］ 計画深度に○印をつける　　＊：ふるい＋沈降分析であることを示す．

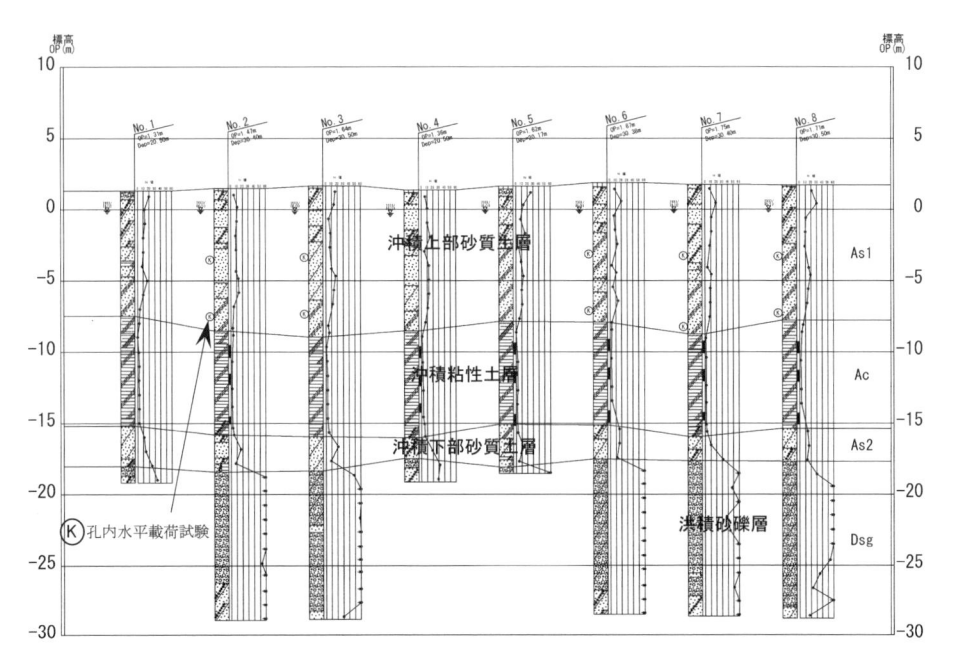

図 3.1.12 本調査結果（地盤断面図）

表 3.1.9 直接基礎の検討項目と判定条件

基礎種別	検討項目		判定条件	備　考
直接基礎	圧密沈下	総沈下量	20cm 以下	べた基礎の場合
		相対沈下量	8cm 以下	建物剛性を考慮したべた基礎の場合
	即時沈下		4cm 以下	べた基礎の場合
	液状化	終局限界用	$Fl \geqq 1$	対象は沖積上部砂質土層の改良部
	支持力	短期許容	300kN/m² 以上	

　斜線を施してあるものは，表3.1.9の設計条件を満たしていないことを表している．他棟の検討結果も併せ，6階建て（接地圧≒120～130kN/m²）の棟は直接基礎とし，7階建て以上は杭基礎を基本とする設計方針が固まった．

　このうち，6階建ての即時沈下ならびに液状化の検討結果を，表3.1.10に示したNo.5地点について②，③項に示す．

② 即時沈下の検討

　直接基礎の荷重により発生する即時沈下の検討は，表層に分布する厚さ10m程度の沖積砂層を対象とした．計算方法は，対象エリア内で実施した1本のボーリングと5か所のCPT結果を基に，N値ならびにCPTの先端抵抗q_cから砂層の変形係数を求めた．この結果を図3.1.14に示す．同図では層厚1mごとに，突出したq_cを省き平均値を丸めて設定した変形係数$E (E = 2 \cdot q_c)$[3.1.5]の地盤モデルを併記している．この地盤モデルにおいて設計荷重（130kN/m²に対して根入れの排土重量を考慮）時の即時沈下量は3.4cmと算出され，この棟では設計条件（即時沈下量で4cm以下）を満

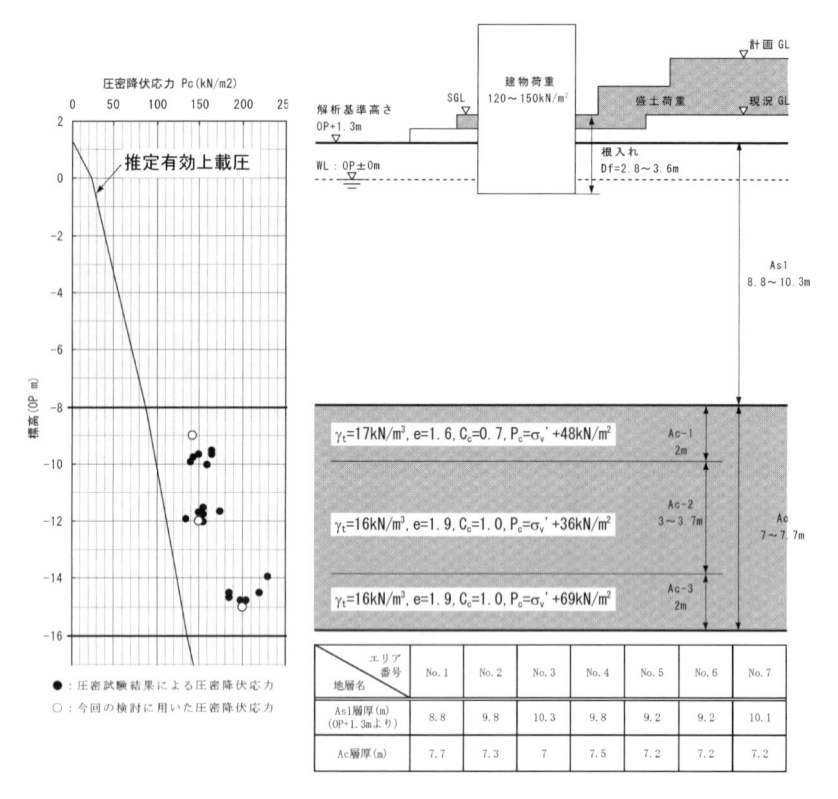

図 3.1.13　検討地盤モデル

表 3.1.10　圧密沈下量の計算結果例

エリア番号	棟番号	階高	建物基礎寸法 L(m)	建物基礎寸法 B(m)	SGL (OP+m)	根入れ (SGL-m)	載荷標高 (OP+m)	沈下種別	圧密沈下量(粘土層：cm) 建物荷重(kN/m²) 150	140	130	120
No.5	北7	8	35.50	13.00	2.20	3.60	-1.40	隅角部最小	0.0	0.0	0.0	0.0
								中央部	12.6	9.7	6.7	3.5
								相対沈下量	12.6	9.7	6.7	3.5
	北8	6	24.50	8.00	2.40	2.80	-0.40	隅角部最小	0.0	0.0	0.0	0.0
								中央部	8.0	6.0	3.9	1.7
								相対沈下量	8.0	6.0	3.9	1.7

足する結果となった．

③　液状化の検討

　本敷地で地震時の液状化が問題となる地層は，表層の沖積上部砂質土層である．本調査では多地点においてCPTを実施していることから，CPTデータを含め液状化の検討を行った．液状化安全率Flの算出に先立ち，CPTから得られる細粒分含有率F_c[3.1.6)]と標準貫入試験で採取された試料の室内試験結果を図3.1.15に対比して示す．CPTによる細粒分含有率は室内試験とほぼ対応している．

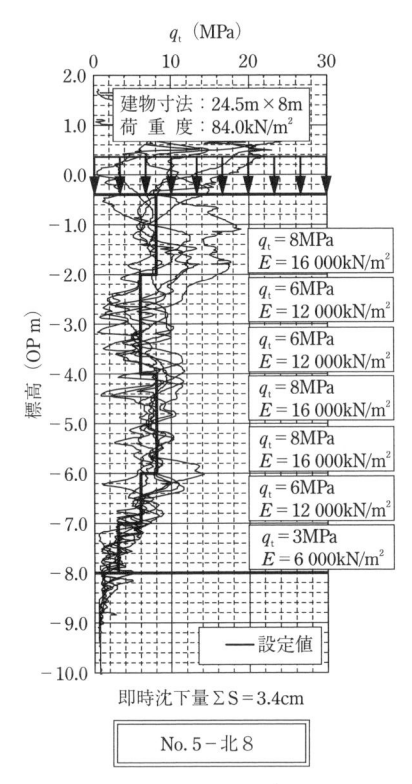

図 3.1.14　即時沈下検討結果

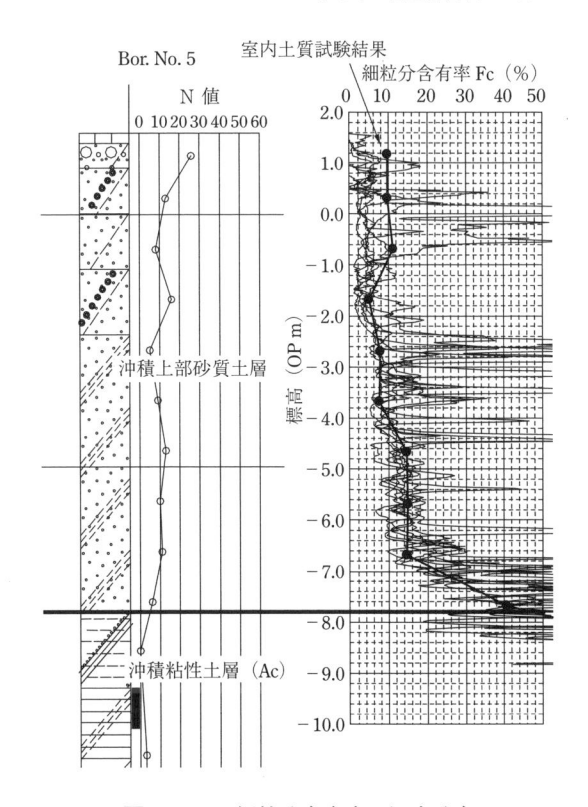

図 3.1.15　細粒分含有率の深度分布

損傷限界（M=7.5, a_{max}=200gal）　　　終局限界（M=8.0, a_{max}=400gal）

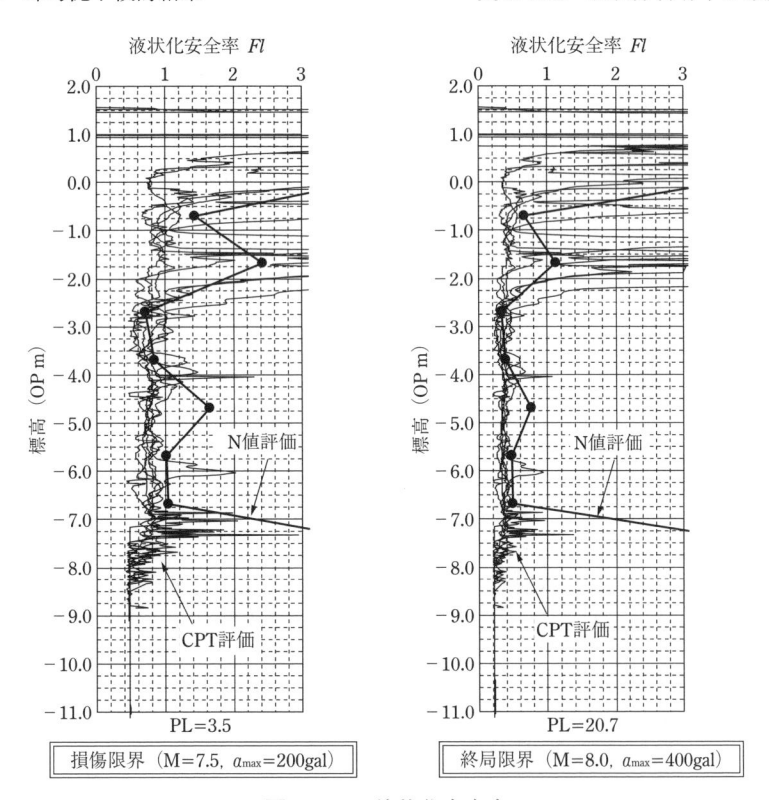

図 3.1.16　液状化安全率

CPT ならびに N 値から基礎指針に基づいて計算した Fl を図 3.1.16 に示す．同図では損傷限界検討用地震動として $\alpha_{max}=200\mathrm{gal}$，終局限界検討用地震動として $\alpha_{max}=400\mathrm{gal}$ を採用している．図 3.1.16 より，損傷限界検討用地震動においても Fl が 1 を下回る部分が多く，直接基礎の判定条件（終局限界検討用地震動で $Fl≧1$）を満足することができない．そこで，判定条件を満足するように地盤改良を行うこととした．

地盤改良工法は，近隣が住宅地であることから騒音・振動の少ない静的締固め砂杭工法とした．当該エリアにおける終局限界検討用地震動に対して全深度で $Fl≧1$ という直接基礎建物の設計条件を満足するための改良仕様は，砂杭直径 700mm，正三角形配置で 1.8m 間隔となった．

当該エリアでは改良前でも即時沈下量は設計条件を満足しているが，地盤改良後の即時沈下量は 2.3cm と，沖積砂層の下部 2m は液状化安全率が 1.0 以上のため砂杭を施工していないこともあり，約 3 割の低減であった．

参考文献

3.1.1) 貝塚爽平：東京の自然史＜増補第二版＞，p.153，紀伊國屋書店，1994
3.1.2) 土質工学会・関西地質調査業協会：新編大阪地盤図　p.9，1987
3.1.3) 日本建築学会近畿支部・土質工学会関西支部：大阪地盤図，1966
3.1.4) 日本建築学会：建築基礎構造設計指針，p.61〜69，2001
3.1.5) 土質工学会：土質力学ハンドブック　1982年度版，p.339，1982
3.1.6) 地盤工学会：コーン貫入試験を用いた地盤の評価法に関するワークショップ資料集，pp.8-11，1998

3.2節　洪積台地

3.2.1　洪積台地における調査計画例1（関東地区）

(1) 建築計画

① 敷地の位置・形状

敷地は東京都小金井市に位置し，図 3.2.1 に示す形状をしている．

② 建築物の概要

建築物は RC 造地上 4 階地下なし，平面規模は 42m×45m の建築物が計画されている．

基礎形式としては，ローム層に支持させる直接基礎を想定しているが，ローム層以深に出現する砂礫層に杭基礎で支持させることも視野に入れる．

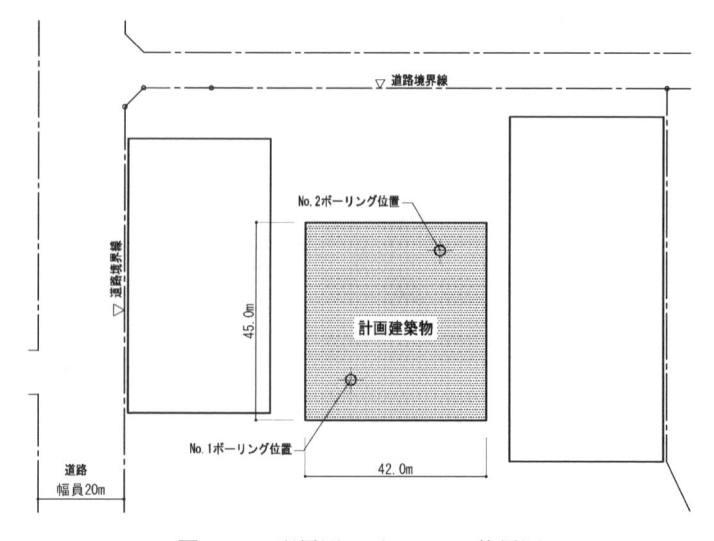

図 3.2.1　配置図・ボーリング位置図

(2) 事前調査

東京都の地質層序は表 3.2.1[3.2.1)]に示すようなものであることが知られており，敷地は図 3.2.2 に示すように東京都中央部の武蔵野台地と呼ばれる洪積台地にあることから，敷地の地層の層序は，上部より盛土層，関東ローム層，武蔵野礫層，舎人層（東京層群），上総層群となっていることが想定される．

また，近隣の既存調査結果における地層構成は図 3.2.3 に示すようなものであった．

(3) 調査計画

① 基礎形式の想定

近隣の地盤調査結果から，敷地の地層は図 3.2.3 に示すように，表層付近から洪積粘性土である比較的硬い関東ローム層・深度 10m 付近から比較的密な砂礫層・その下部にシルトと砂の互層・深度 50m 付近から非常に締まった砂礫層が堆積していることが想定される．地上 4 階程度の RC 造の建築物であれば，関東ローム層を支持層とする設計ができる可能性があるため，基礎形式としては関東ローム層を支持層とす

表 3.2.1 東京都の地下地質層序[3.2.1)]

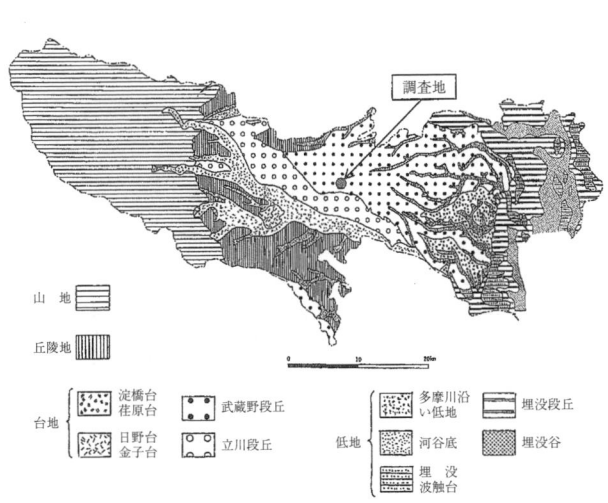

図 3.2.2 東京都の地形分類[3.2.1)]

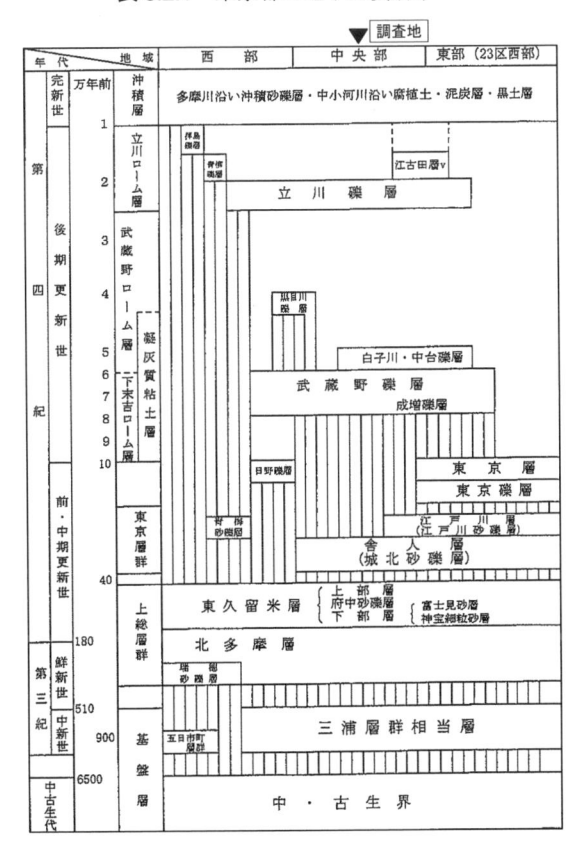

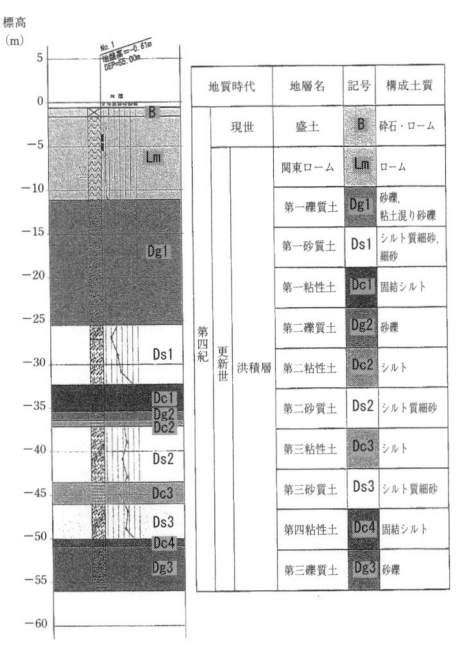

図 3.2.3 近隣の地層構成

る直接基礎あるいは深度10m付近から現れる砂礫層を支持層とする杭基礎のいずれかの選択を考慮して，調査計画を立案する．

② 調査内容・数量の決定

上記の想定に基づいて立案した調査の目的と調査概要を表3.2.2に示す．基礎形式に関わらず，土層構成確認のためのボーリング，各層の強度を推定するための標準貫入試験を行う．ローム層を支持層とする場合に必要な検討事項は，ローム層の支持力および即時沈下量，圧密沈下量である．そのため，ローム層から乱さない試料を採取して一軸圧縮試験，圧密試験を行う．

また，ローム層が本建築物を直接支持するのに十分な強度と剛性を有していない場合は，ローム層以深の砂礫層に杭基礎で支持させることになり，その場合，砂礫層の支持力および砂礫層以深に堆積する地盤の影響も考慮した支持力，沈下量およびの水平抵抗の検討も必要となる．そのため，ボーリング調査では砂礫層の層厚の確認を行うとともに孔内水平載荷試験を行う．

上記の検討項目に対し，調査内容と数量を表3.2.3に示す．

＜ボーリング調査の本数と深度＞

ボーリング調査の本数は，文献調査から地層構成が単純であること，近隣の既存地盤調査資料があり地盤構成がおおよそ推定できることから，図3.2.1に示す2か所とした．また，調査深度は，既往の資料より深度10m付近から比較的密な砂礫層，その下部にシルトと砂の互層が出現する

表3.2.2 調査計画の概要

検討項目	調査項目	基礎形式ごとに必要な調査	
		直接	杭
土層の構成と連続性および地下水位の把握	ボーリング	○	○
支持層の選定と支持力判定	標準貫入試験，一軸圧縮試験，圧密試験	○	○
杭の水平抵抗力算定に必要な土質定数の把握	孔内水平載荷試験	−	○
圧密特性の把握	乱さない試料採取，圧密試験，湿潤密度	○	○

表3.2.3 調査内容数量表

孔番	調査深度(m)	標準貫入試験(回)	乱さない試料採取(試料)	孔内水平載荷試験(点)	土質試験（試料数）						
					土粒子の密度	含水比	粒度	液性・塑性	湿潤密度	一軸圧縮	圧密
No.1	20	20	4	−	4	4	4	2	2	2	2
No.2	20	20	−	1	−	−	−	−	−	−	−
合計	40	40	4	1	4	4	4	2	2	2	2

ものと推定されたが，建物は比較的軽量であるため，N値50以上の砂礫層が5m以上の層厚を有していることを確認できれば，その下は確認しなくても良いこととし，20mと想定した．

＜地下水位測定＞

計画建築物は，地下がなく表層は透水係数の小さなローム層が想定されるため，地下水については試掘による水位の確認および孔内水位の測定を行うこととした．

＜室内土質試験＞

ローム層および砂礫層で2か所ずつ物理試験を行うとともに，ローム層において深さ方向に2か所から乱さない試料を採取し，一軸圧縮試験，圧密試験を実施することとした．

＜孔内水平載荷試験＞

杭基礎となる場合を想定して，GL-5mで孔内水平載荷試験を行うこととした．

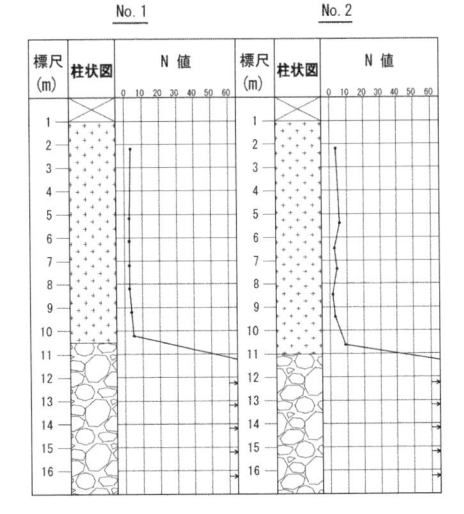

図3.2.4 土質柱状図

(4) 調査結果

＜地盤構成＞

調査地の地盤構成および標準貫入試験結果を図3.2.4に示す．表層には，層厚約1mの盛土層があり，その下位に層厚約10mの関東ローム層がほぼ水平に分布する．さらに，その下部には砂礫層が分布しており，その層厚は5m以上である．ローム層はN値2～6程度，均質で含水は中位であり，有機物および浮石を混入する．砂礫層はϕ2～40mmの亜円礫を主体とする砂礫である．最大礫径はϕ150mmを確認した．マトリックスは砂を主体とし，やや固結している．含水量は少ない．

N値50以上の砂礫層が5m以上分布することを確認してボーリング調査を終了した．

＜地下水位＞

GL-2mまで試掘による水位の確認を行ったが，水位は確認されなかった．

無水掘りにより測定された孔内水位の範囲はGL-7.6～13.2mで，ローム層内に分布している．

＜室内土質試験結果＞

室内土質試験結果を表3.2.4に示す．試験結果は，関東ローム層の一般的な値と概ね一致している．一軸圧縮強度は，試料により多少ばらつきがあるが，平均値は関東ローム層として一般的な値である．圧密降伏応力は過圧密状態にあり，推定有効上載圧よりも40～50kN/m^{2}程度大きい．

＜孔内水平載荷試験結果＞

孔内水平載荷試験結果を表3.2.5に示す．得られた変形係数EはN値との相関の経験式（$E=700N$（kN/m^2））から得られる経験値よりかなり大きな値となっている．

表 3.2.4 土質試験結果一覧表

地質記号		Lm	Lm
試料番号		1−1	1−2
深度（GL-m）		3.00〜3.85	4.00〜4.90
一般	湿潤密度 ρ_t (g/cm³)	1.331	1.357
	乾燥密度 ρ_d (g/cm³)	0.589	0.622
	土粒子の密度 ρ_s (g/cm³)	2.793	2.769
	自然含水比 w_n (%)	125.8	118.2
	間隙比 e	3.742	3.452
	飽和度 S_r (%)	93.9	94.8
コンシステンシー特性	液性限界 w_L (%)	156.2	134.6
	塑性限界 w_P (%)	83.0	78.0
	塑性指数 I_P	73.2	56.6
一軸圧縮	一軸圧縮強さ q_u (kN/m²)	110〜174	84.1〜248
	変形係数 E_{50} (kN/m²)	1 600〜2 150	1 920〜3 040
圧密	圧縮指数 C_C	1.3〜1.5	1.3〜1.6
	圧密降伏応力 P_C (kN/m²)	210〜323	222〜365

表 3.2.5 孔内水平載荷試験結果一覧

地点番号（地盤高）	試験深度 GL(m)	地層	土質	N値	静止土圧 P_0(kN/m²)	降伏圧 P_y(kN/m²)	変形係数 E(kN/m²)
No. 2 (TP+57.66m)	−5.00	Lm	ローム	3	18.7	84.1	9 640

(5) 設計への適用

　直接基礎か杭基礎かの選択については，地盤調査結果に基づき，直接基礎としての支持性能および沈下性能を満足するか否かを確認する．

　ローム層の支持力は，一軸圧縮試験結果に基づいて求めることができる[3.2.2]．

　沈下については，計画建物程度の荷重であれば，圧密降伏応力に対して建物重量が小さいため圧密沈下の可能性はないと判断される．即時沈下については，基礎指針[3.2.3]等を参考に算定する．

3.2.2 洪積台地における調査計画例2（関西地区）

(1) 建築計画

① 敷地の位置・形状

　敷地は，奈良市内の丘陵地に位置している．敷地の広さはおよそ290m×100mである．宅地造成が施工されており，切土と盛土が分布する地盤である．

② 建築物概要

計画されている建築物は，RC造5階建ての集合住宅（全25棟）である．図3.2.5に建築物の配置を示す．

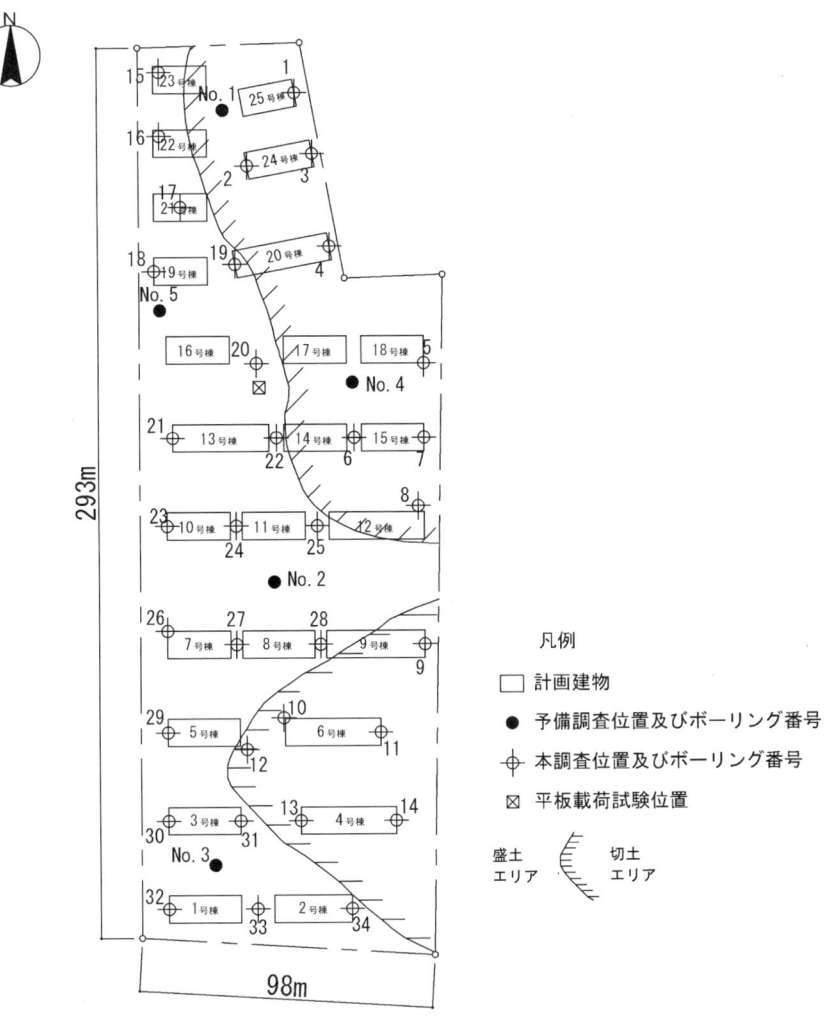

図3.2.5 建築物およびボーリング位置図

(2) 事前調査

当該地では既存のボーリングデータは見あたらない．図3.2.6に計画地周辺の地質図を示すが，文献資料からは，当該地は近畿地方の中央部，特に大阪府下から奈良県下にかけて丘陵・台地を形成して広く分布している洪積地盤（大阪層群）を造成したものであり，粘土層と砂層が互層状態にある地盤構成であることが想定された．

既に宅地造成が施工されており，盛土と切土のおおよその範囲は推定されたが，盛土層の厚さや盛土の物性・締固めの程度などは不明である．

(3) 予備調査

既存のボーリングデータがなかったことに加え，宅地造成後の盛土層の厚さならびに切土エリア

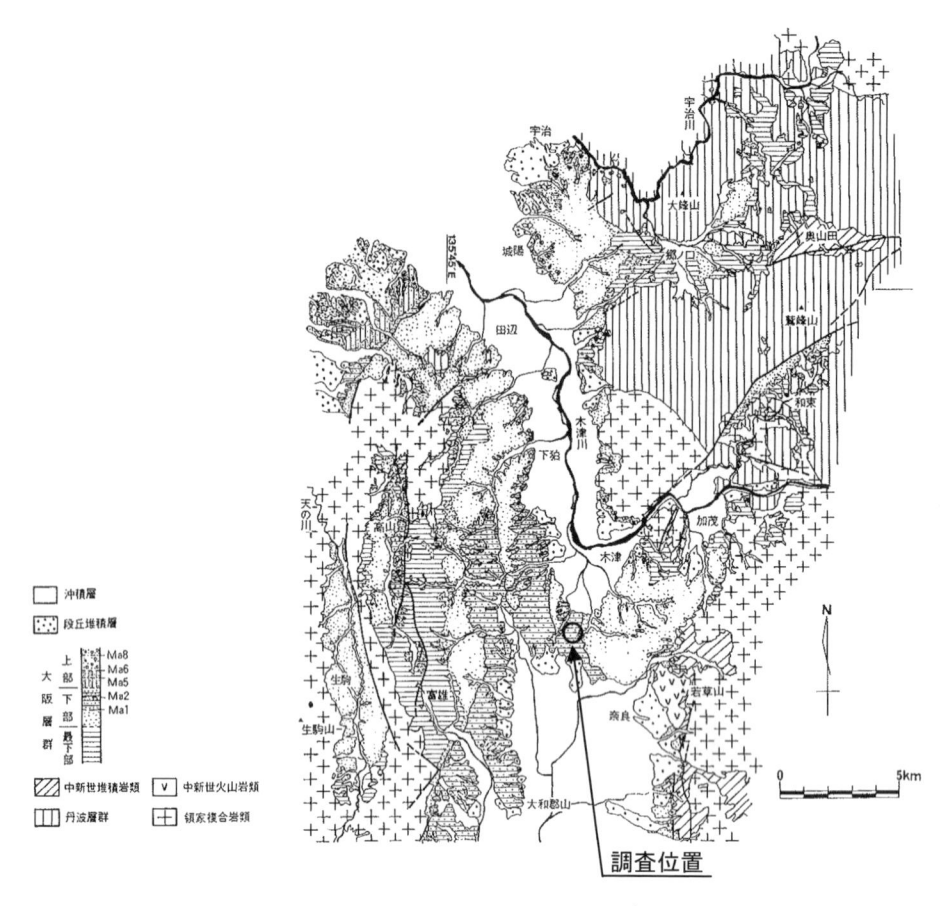

図 3.2.6 計画地周辺の地質図[3.2.4]

においても地山の詳細な地層構成が不明であったことから予備調査を先行して行い，その結果に基づき本調査を行う計画とした．

① 予備調査計画

予備調査計画仕様を表 3.2.6 に示す．

＜ボーリング調査の本数と深度＞

ボーリング位置を図 3.2.5 に示す．予備調査であることから広大な敷地の中から切土と盛土が明らかな場所を選定し，切土部では比較的切土厚さが薄いエリアと厚いエリアで各々1 地点（ボーリング深度は 15m と 10m）を計画した．また，盛土部は造成前の地形（標高）を基に，盛土の厚いエリアから薄いエリアを選定し，3 地点を計画した（ボーリング深度 20m を 2 地点，25m を 1 地点）．

＜乱さない試料の採取＞

予備調査であることから盛土中の粘性土と切土エリアにおける地山（大阪層群）の粘土層に対してそれぞれ 1 試料のサンプリングを計画した．地山が硬質であることから盛土層についても乱さない試料の採取はデニソンサンプリングを指定した．

表 3.2.6　予備調査計画仕様

	調査地点 No		1	2	3	4	5	合計
原位置試験	調査深度	(m)	15	25	20	10	20	90
	標準貫入試験	(回)	15	25	20	9	19	88
	乱さない試料採取（デニソンサンプリング）	(個)	−	−	−	1	1	2
室内土質試験	土粒子の密度	(個)	−	−	−	1	1	2
	含水比	(個)	−	−	−	1	1	2
	粒度分析（ふるい＋沈降）	(個)	−	−	−	1	1	2
	液性・塑性限界	(個)	−	−	−	1	1	2
	湿潤密度	(個)	−	−	−	1	1	2
	細粒分含有率	(個)	3	3	3	3	3	15
	三軸圧縮（UU）	(個)	−	−	−	1	1	2
	定ひずみ速度圧密	(個)	−	−	−	1	1	2

＜室内土質試験＞

　乱さない試料（デニソンサンプリング試料）については通常の物理・力学試験を行うが，対象となる試料が洪積粘土であることから，一軸圧縮試験ではなく，三軸圧縮試験（UU試験）ならびに定ひずみ速度圧密試験を計画した．また，各ボーリング地点とも盛土，地山の土質判別用に細粒分含有率試験（簡易粒度試験）を1地点につき3試料計画した．細粒分含有率試験は代表的なボーリング地点で採取試料の全てについて実施する計画も考えられたが，当該地の地質は砂と粘土が互層を成す大阪層群であることから，各ボーリング地点ごとに盛土，地山を問わず中間土的な試料を選別して行う計画とした．

② 予備調査結果

　切土エリアと盛土エリアの代表的なボーリング結果を地盤断面図として図3.2.7に示す．図3.2.7に示された盛土エリアのボーリングは当初の計画深度でボーリングを終えたが，切土エリアのボーリングは，粘土層と砂層が薄層で互層を成していることから，杭基礎の支持層となり得る地層を把握するために計画深度15mを25mに延長した．

　盛土層と地山の大阪層群粘土層から採取した乱さない試料の三軸圧縮試験（UU試験）の結果から，地山では粘着力（非排水せん断強度）$c_u = 272 \text{kN/m}^2$と大きな強度が得られたのに対し，盛土層の粘性土では$c_u = 51 \text{kN/m}^2$と小さな強度であり，直接基礎とするには地耐力が不足していた．

(4) 基礎形式の想定

　予備調査結果から，盛土のN値が10前後と低いことが明らかとなったので杭基礎形式とした．一方，切土エリアの地山は直接基礎形式を基本とするが，粘土と砂が互層を成し，N値が一定でないことから併用基礎や杭基礎も想定する．

(5) 本調査計画

　本調査計画仕様を表3.2.7に示す．

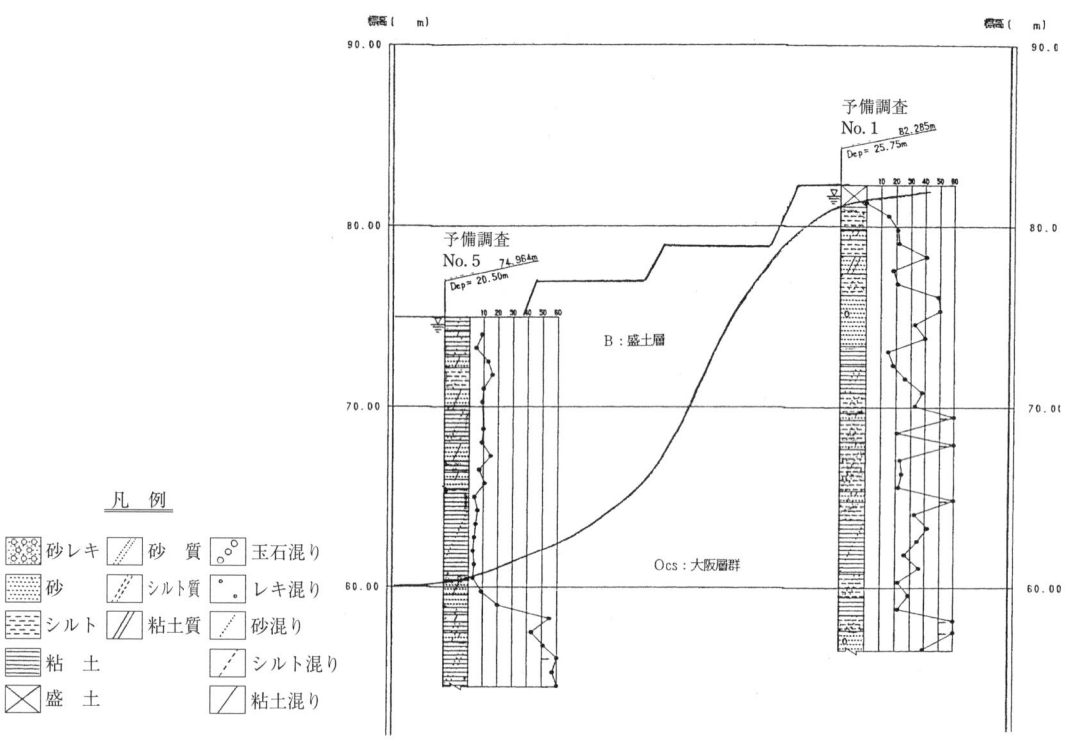

凡 例
- 砂レキ
- 砂質
- 玉石混り
- 砂
- シルト質
- レキ混り
- シルト
- 粘土質
- 砂混り
- 粘土
- シルト混り
- 盛土
- 粘土混り

図 3.2.7 予備調査による地盤断面図

表 3.2.7 本調査計画仕様

	調査地点 No	1〜2 (2地点)	3 (1地点)	4〜6 (3地点)	7〜24 (18地点)	25 (1地点)	26〜27 (2地点)	28〜31 (4地点)	32〜34 (3地点)	合計 (34地点)
原位置試験	調査深度　　　　(m)	10	10	15	20	20	20	20	25	650
	標準貫入試験　　(回)	10	9	15	20	17	17	20	25	640
	乱さない試料採取（デニソンサンプリング）(個)	−	1	−	−	3	−	−	−	4
	孔内水平載荷試験 (回)	−	−	−	−	−	3	−	−	6
室内土質試験	土粒子の密度　　(個)	−	1	−	−	3	−	5	−	24
	含水比　　　　　(個)	−	1	−	−	3	−	5	−	24
	粒度分析（ふるい＋沈降）(個)	−	1	−	−	3	−	5	−	24
	液性・塑性限界　(個)	−	1	−	−	3	−	−	−	4
	湿潤密度　　　　(個)	−	1	−	−	3	−	−	−	4
	三軸圧縮（UU）(個)	−	1	−	−	3	−	−	−	4
	定ひずみ速度圧密 (個)	−	1	−	−	3	−	−	−	4

<ボーリング調査の本数と深度>

　ボーリング位置をp.101の図3.2.5に示す．ボーリング位置は，盛土と切土のエリアを念頭に入れ，特に盛土の厚いエリアでは杭長が長く，また杭長が変化することが想定されるので，支持層の分布が推定可能なようにボーリング配置を決めた．およそ住居棟ごとに1地点ないし2地点のボーリングを計画しており（全34地点），計画地の面積に対しておおむね700m²に1地点のボーリング配置となっている．

　ボーリング深さは切土の厚いエリアでは10〜15mとした．切土量の少ないエリアでは予備調査結果からN値が一定しない互層であることを勘案して20mとしている．一方，盛土エリアは予備調査からボーリング深度を20mとした．特に盛土が厚いことが想定される場所では25mとした．

<乱さない試料の採取>

　予備調査から盛土は支持層に適さないことが判明しているが，杭基礎の支持層となる大阪層群の粘土層については，建築物荷重と盛土荷重が圧密沈下に及ぼす影響を把握する目的でデニソンサンプリングを計画した．大阪層群は層相の変化は激しいが，過圧密比などの粘土の力学的性質のばらつきは少ないことから，代表地点として，盛土エリアで1地点（試料数3），切土エリアで1地点（試料数1）とした．

<孔内水平載荷試験>

　杭基礎が想定される盛土エリアの中から2地点を代表地点として孔内水平載荷試験を計画した．試験深さは3か所/地点として，深度2.5m・5.5m・7.5mとした．

<室内土質試験>

　乱さない試料については通常の物理・力学試験を実施するが，予備調査と同様に一軸圧縮試験ではなく非圧密非排水三軸圧縮試験（UU試験）ならびに定ひずみ速度圧密試験を計画した．また，盛土層の砂質土に対しては液状化検討用として粒度試験を4地点（5試料/地点）で計画した．

<地下水位>

　丘陵地の造成地盤であることを配慮し，地下水位についてはボーリング時の無水掘りにより不圧地下水位（自由地下水位）を確認する仕様（GL−5m程度までの無水掘り）とした．

(6) 本調査結果

　ボーリングから得られた敷地の南北方向（長辺方向）の地盤断面図の一例を図3.2.8に示す．図3.2.8には計画建築物の位置を併記している．地盤断面図の縮尺比は水平方向が鉛直方向の4倍であることから，地層の傾斜が急であるように見受けられるが，建物ごとには基礎型式の選定（杭基礎の要否）が可能である．事前調査（文献調査）時に想定したように砂と粘土が互層となっているが，全体的に粘土層が優勢であることが判る．盛土層の厚さは最大で17mであった．

　地山である大阪層群の粘土層の力学試験結果から，粘着力（非排水せん断強度）c_uはいずれの試料も200kN/m²以上，造成後の有効上載圧（≒300kN/m²）に対して圧密降伏応力p_cは1 700kN/m²以上が得られ，本計画の建物に対して十分な支持力を有することが確認できた．

　また，盛土層で実施した孔内水平載荷試験から得られた変形係数Eは，概ね2 000kN/m²から

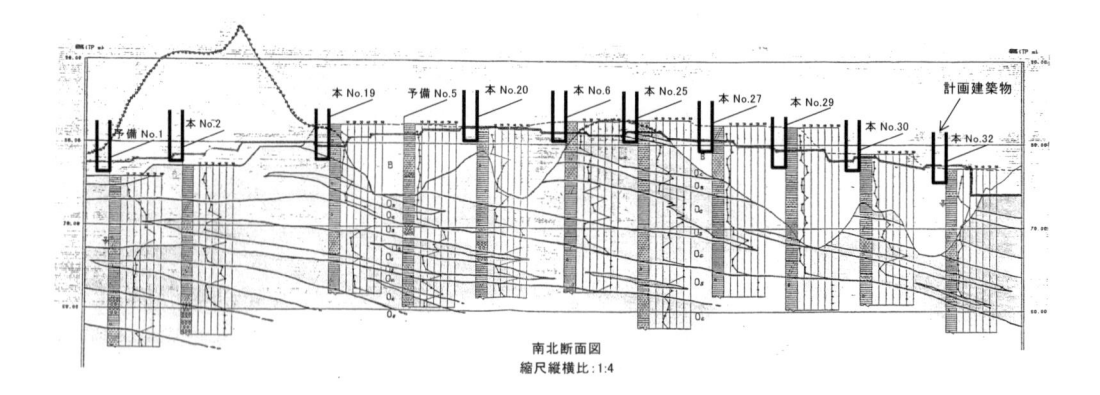

図 3.2.8　本調査による地盤断面図

4 000kN/m² の範囲に分布していた．

(7) 追加調査

　本調査から切土エリアにおける大阪層群の地山は高い支持力が得られ，5 階建ての集合住宅を直接基礎で支持させる方針が決定されたが，切土の薄い一部の地山では砂層の N 値が 5〜14，粘土層で 3 程度の地山が設計で想定される基礎底面深さに分布する地点がみられた．この地点では，N 値に基づき直接基礎ではなく杭基礎とする案も考えられたが，直接基礎の可能性を判断するために平板載荷試験により地耐力を確認することとなった．

　平板載荷試験を実施した地点の地盤断面を図 3.2.9 に示す．追加調査は，問題となった地点において計画基礎底面深さまでピット掘削を行い土質や地層構成を詳細に観察するとともに，根切り底面で平板載荷試験を行う計画とした．載荷試験の計画最大荷重は，建物の長期設計荷重の 3 倍を上

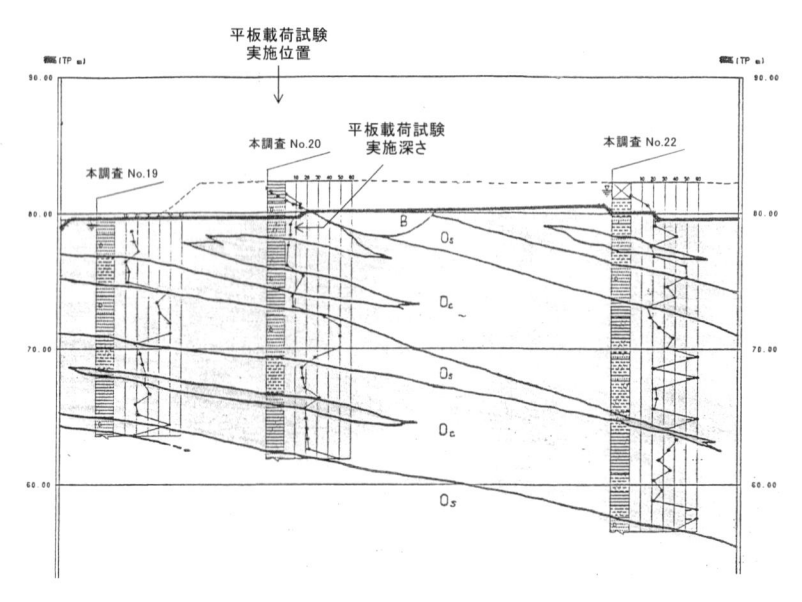

図 3.2.9　平板載荷試験位置

回るものとし，400kN/m²を計画した．ピットの観察結果を図3.2.10に示す．

　平板載荷試験の結果，最大荷重400kN/m²でも極限支持力には達していないこと，ならびに建築基礎構造設計指針[3.2.2)]に示されている平板載荷試験から求める極限支持力が設計荷重を十分に上回っていることが確認され，直接基礎で設計する方針が決定された．

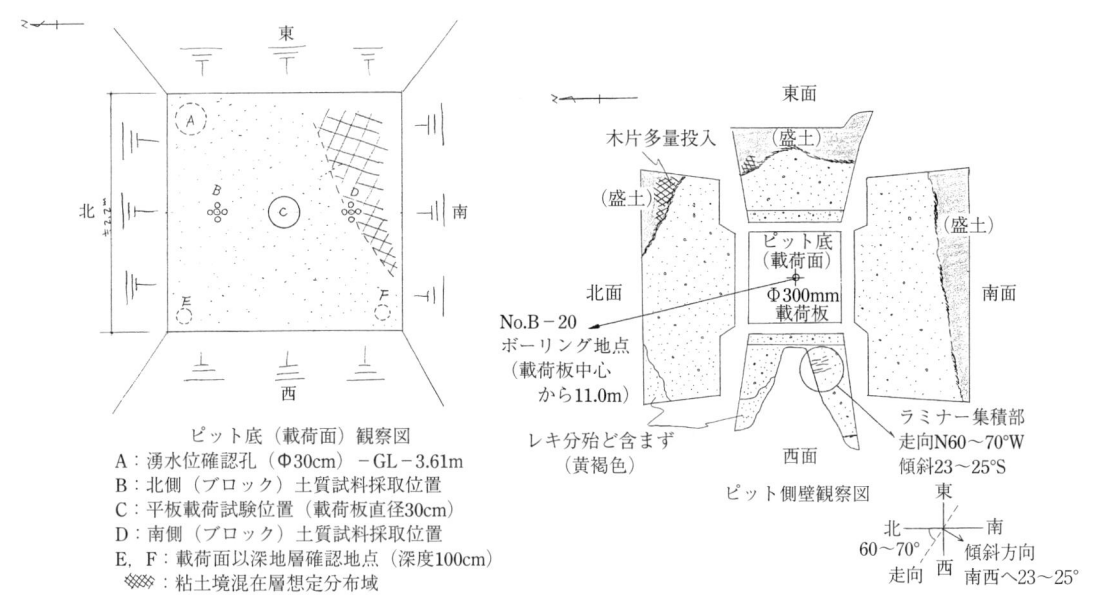

図3.2.10　掘削面目視観察結果

ピット底（載荷面）観察図
A：湧水位確認孔（Φ30cm）－GL－3.61m
B：北側（ブロック）土質試料採取位置
C：平板載荷試験位置（載荷板直径30cm）
D：南側（ブロック）土質試料採取位置
E，F：載荷面以深地層確認地点（深度100cm）
▨：粘土境混在層想定分布域

ピット側壁観察図

参考文献
3.2.1)　東京都土木研究所：東京都の地盤(2)山の手・北多摩地区
3.2.2)　日本建築学会：建築基礎構造設計指針，p.105，2001
3.2.3)　前掲3.2.2)，p.123，2001
3.2.4)　市原　実：大阪層群，創元社，p.88，1993

3.3節　傾斜地

3.3.1　傾斜地における調査計画例

(1)　建築計画

① 敷地の位置・形状

　敷地は，神奈川県東部に位置する傾斜地である．敷地の形状と調査地点位置を図3.3.1(a)に示す．

② 建物概要

　計画されている建物は鉄筋コンクリート造地上3階，地下なしの研究施設である．建物平面形状は140m×30m，基本スパン6m×10m，建築面積4200m²，延べ床面積12600m²である．グラウンド等の敷地の使用性から図3.3.1(b)に示すように斜面中に建設する計画である．

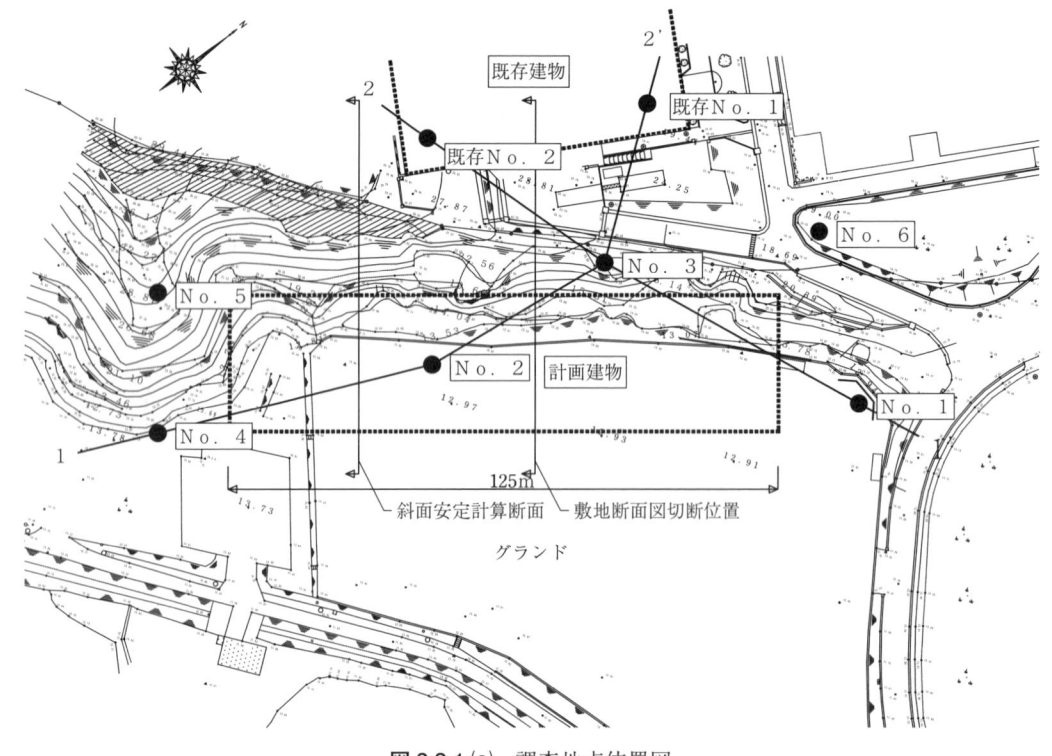

図 3.3.1(a) 調査地点位置図

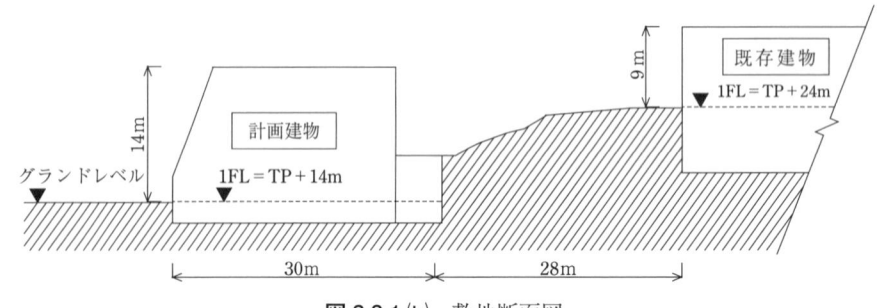

図 3.3.1(b) 敷地断面図

(2) 事前調査

① 文献調査

　調査地は，図3.3.2に示すように神奈川県の東側にあり，この付近は多摩丘陵および三浦丘陵が北から南方向に連なっている．多摩丘陵の東側には下末吉台地があり，西側には相模原台地が分布している．また，丘陵，台地内には沖積低地が分布している．このうち調査地は三浦丘陵の北西端に位置している．

② 既存建物建設時の調査結果

　既存建物（斜面の上）の建設時に実施した2本のボーリング調査より，調査地の地層層序は上部より盛土層，関東ローム層，相模層群，上総層群と確認されている．また，相模層群，上総層群に対する物理試験，力学試験（三軸試験）も実施されている．

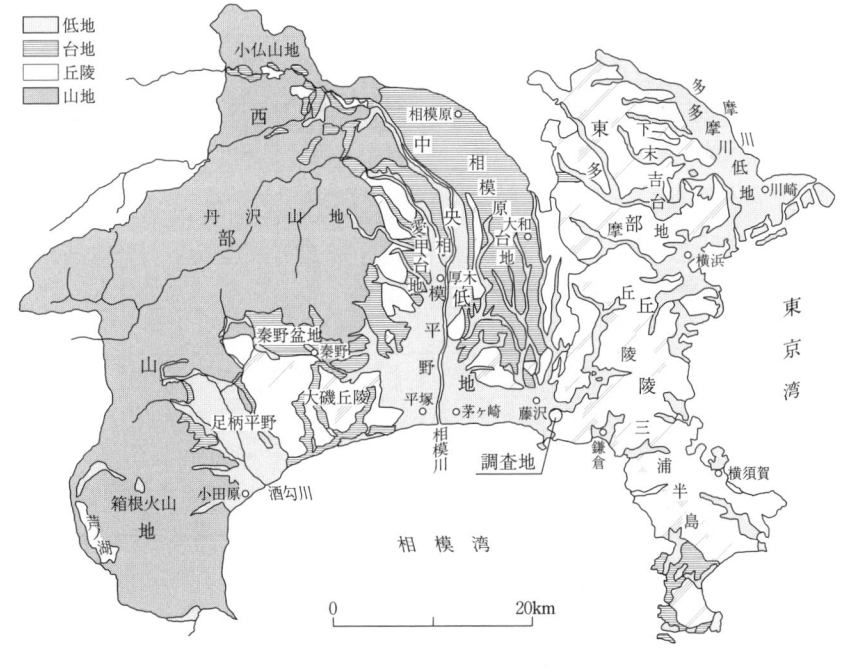

図 3.3.2 地形区分図[3.3.1]

(3) 調査計画

① 基礎形式の想定

本建物は鉄筋コンクリート造3階建てで，建物重量を建築面積で除した平均接地圧は$70kN/m^2$程度である．上総層群（N値50以上の砂層）を支持層とする直接基礎を想定し，斜面中に建設することを考慮して調査計画を立案した．

② 調査内容・数量の決定

調査内容・数量の決定における課題として次のものがあげられる．

・斜面の部分では，支持層の傾斜が考えられる．支持層のレベルを正確に確認するため適正数のボーリング調査が必要となる．

・斜面中に建設する建物であるため，斜面の安定性に対する検討が必要となる．

・斜面の安定性は，建物の建設前，建設中，建設後それぞれについて，常時，降雨時，地震時に対しての検討を行う．

・斜面の安定性の検討には地下水位の算出が必要となる．ここでは，ボーリング孔を利用した地下水位測定により，平衡状態に達する水位を求める．

・関東ローム層が斜面の多くの部分を占めることが想定される．粘着力の算出のため，三軸圧縮試験を行う．調査計画数量を表 3.3.1 に示す．

＜ボーリング調査の本数と深度＞

調査本数は，周囲の調査資料があることから計6か所とした．位置は建物の長手方向に均等に分散させ，斜面上部を3か所・斜面下部を3か所とした．調査深さは，上総層群（細砂層）の層

表 3.3.1 調査項目一覧

項目および規格・基準		No.1	No.2	No.3	No.4	No.5	No.6	合計
削孔・掘進長（m）		11	14	17	15	15	15	87
標準貫入試験（回）		11	14	15	15	15	15	85
地下水位測定				1				1
乱さない試料採取（箇所）				2				2
室内土質試験（試料）	土粒子の密度試験			2				2
	土の含水比試験			2				2
	土の粒度試験（ふるい＋沈降）			2				2
	土の液性限界塑性限界試験			2				2
	土の湿潤密度試験			2				2
	土の三軸圧縮試験（UU）			2				2

厚を5m確認することとし，11m～17mとした．

＜水位測定＞

斜面の安定性に与える影響が大きいため，ボーリング孔を利用した地下水位測定を行い，砂質土層の正確な水位を把握する．

＜乱さない試料の採取深度と試験方法＞

乱さない試料を斜面上部の調査点No.3において2か所（-3m・-5m），デニソンサンプラーにて採取する．No.3より採取した試料に対し，非圧密非排水三軸圧縮試験（UU試験）を行う．

(4) 調査結果

① 地層構成

図3.3.3，図3.3.4に地盤断面図を，図3.3.5にNo.3のボーリング柱状図を，表3.3.2に地層層序を示す．地層構成は以下のとおりである．

1) 埋土層　No.3地点を除いて表層部には盛土が層厚1.0m～3.7m分布している．土質はローム・シルト質粘土・細砂である．N値は1～3を示す．

2) 沖積層　本層は，No.4地点にのみ層厚0.9mで分布している．土質は腐植土であり，上部には腐食物が多量に混入している．N値は0である．

3) 関東ローム層　本層は，No.3地点にのみ層厚5.5mで分布している．土質はロームである．N値は4～8を示す．

4) 相模層群　本層は，関東ローム層下位に層厚3～6m程度で分布している．土質は細砂・粗砂・シルト質細砂である．N値は11～37を示す．

5) 上総層群　本層は，相模層群下位に分布しており，最終調査深度まで層厚6～7m程度確認した．土質は細砂・粗砂・土丹である．N値は44以上を示す．

② 地下水位

ボーリング調査時に，No.1・No.2・No.4では孔内水位をGL-0.6～1.2m（標高+12.3m～

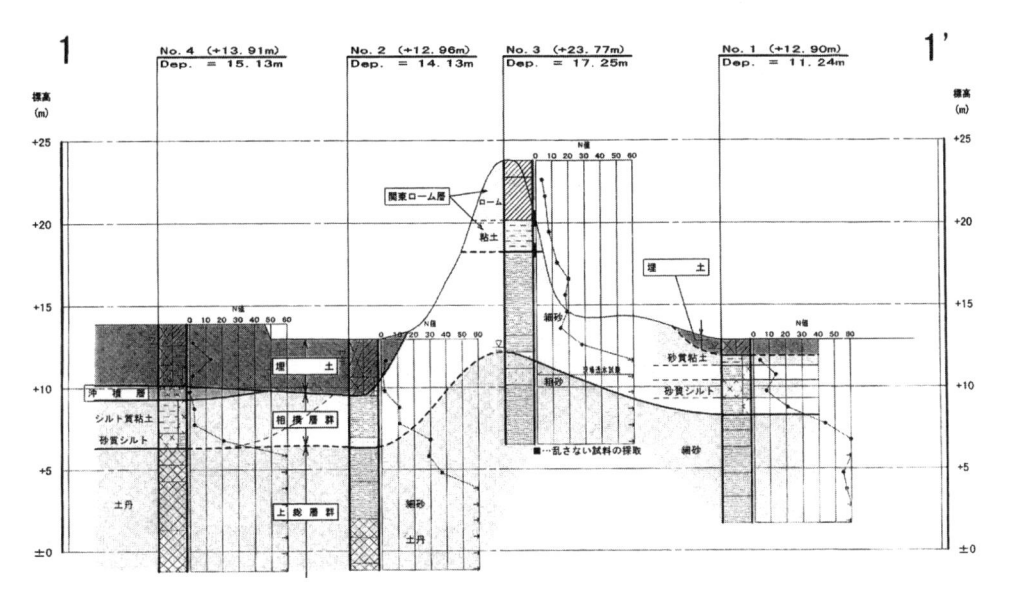

図 3.3.3　地層断面図(1)

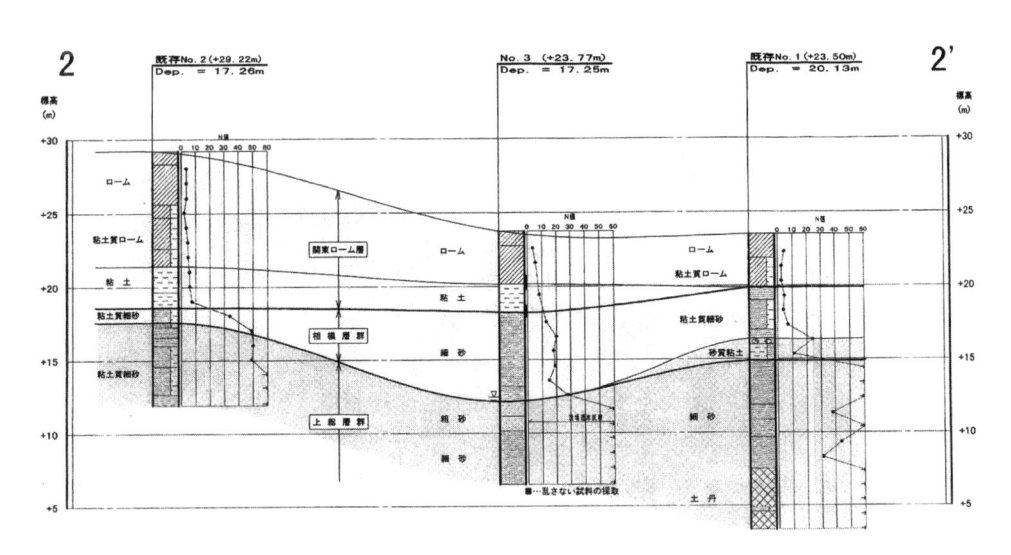

図 3.3.4　地層断面図(2)

表 3.3.2　地層層序

堆積時代	地層名	土質名	地層上端標高【m】	N値
−	埋土	ローム　シルト質粘土　細砂	+13.91〜+12.90	1〜3
第四紀完新世	沖積層	腐植土	+10.21（No.4）	0
第四紀更新世	関東ローム層	ローム	+23.77（No.3）	4〜8
	相模層群	細砂　粗砂　シルト質細砂	+18.27〜+9.31	11〜37
第四紀更新世〜第三紀鮮新世	上総層群	細砂　粗砂　土丹	+12.17〜+4.26	44〜

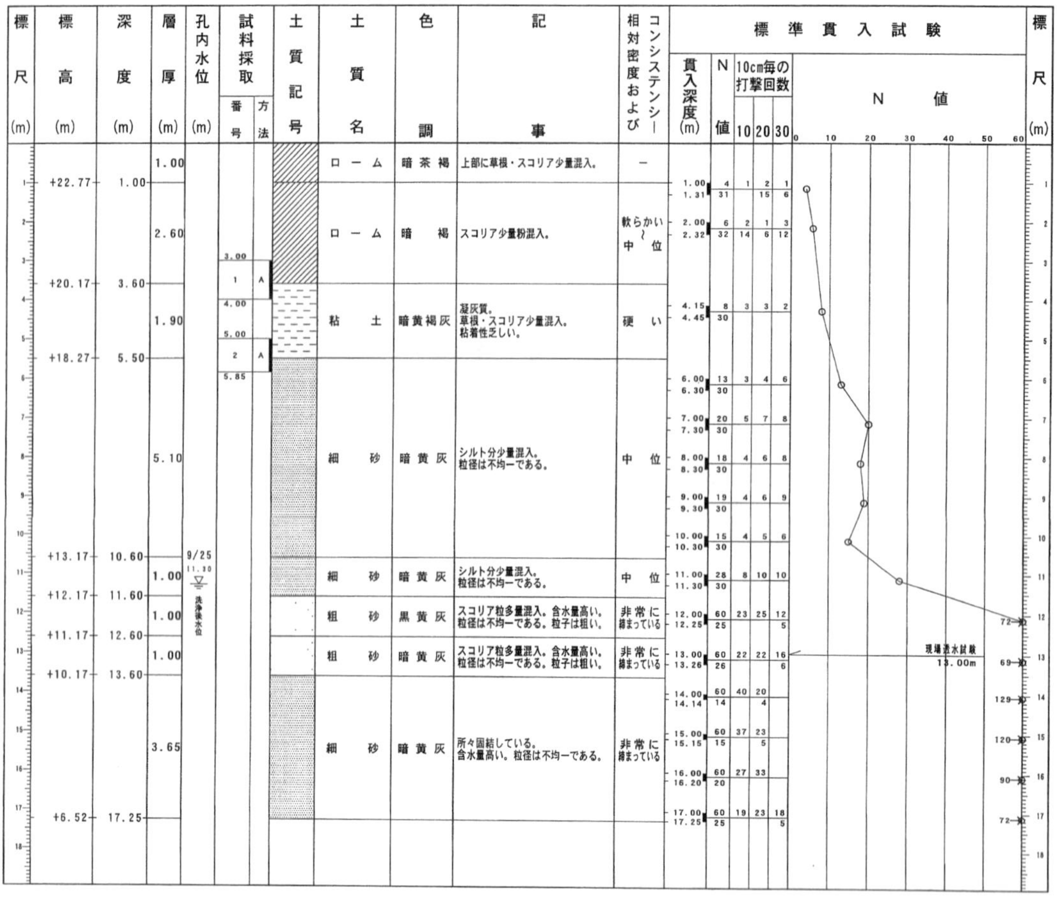

図 3.3.5 No.3 土質柱状図

11.7m) 付近の粘土層中で確認した．ただしこの深度付近は埋土のロームであり，いわゆる溜り水と考えられる．そこで，地下水位を正確に求めることを目的として，No.3 地点の GL－13m（標高＋10.77m）の粗砂層を対象にボーリング孔を利用した地下水位測定を実施し，平衡状態に達する水位として，GL－11.28m（標高＋12.49m）を確認した．

③ 室内土質試験結果

室内土質試験結果を表 3.3.3 に示す．ローム層の粘着力 c は 48 および $52kN/m^2$ の値を示す．

また，得られた内部摩擦角については，設計に用いないこととした．

(5) 設計への適用

ボーリング調査結果から，N 値が 50 以上の細砂層（上総層群）が No.1, 2, 4 の GL－1m～5m（標高＋11.9m～＋7.9m）に分布していることが確認された．そこで基礎構造として細砂層（上総層群）を支持層とする布基礎を採用し，この細砂層が，基礎底より深部に存在する部分には，地盤改良を施す計画とした．なお，基礎の設計においては斜面の影響による支持力の低下・沈下の増大・偏土圧について検討する必要がある．

また，本建築物は斜面中に位置するので，図 3.3.1 に示す斜面の角度が最も急な断面を対象に安

定計算を行った．地層構成は斜面上のNo.3と斜面下のNo.2の調査結果を用いて，地下水位はNo.3の地下水位測定結果を用いて設定した．地盤定数については，粘性土層はNo.3の三軸試験による粘着力 c を採用し，内部摩擦角は0とした．砂質土層は既存建物の建設時に得られている内部摩擦角を用いた．図3.3.6に既存建物のみの状態での常時荷重時の安定計算図を示す．

表 3.3.3 室内土質試験結果一覧表

	試料番号	3-1	3-2
	採取深度	3.00～4.00	5.00～5.85
物理特性	湿潤密度 ρ_1 (g/cm³)	1.43	1.51
	土粒子の密度 ρ_s (g/cm³)	2.84	2.78
	自然含水比 W_n (%)	80	82
	間 隙 比 e	2.58	2.34
	粒度組成 礫 分 (%)	0	0
	砂 分 (%)	4	16
	シルト分 (%)	40	48
	粘土 分 (%)	56	36
	液性限界 W_L (%)	107	76
	塑性限界 W_p (%)	46	38
	塑性指数 I_p	61	38
	分類名	火山灰質粘性土（Ⅱ型）	火山灰質粘性土（Ⅱ型）
	分類記号	(VH₂)	(VH₂)
力学特性	三軸圧縮試験条件	UU	UU
	粘着力 c (kN/m²)	48	52
	内部摩擦角 ϕ (度)	9	5

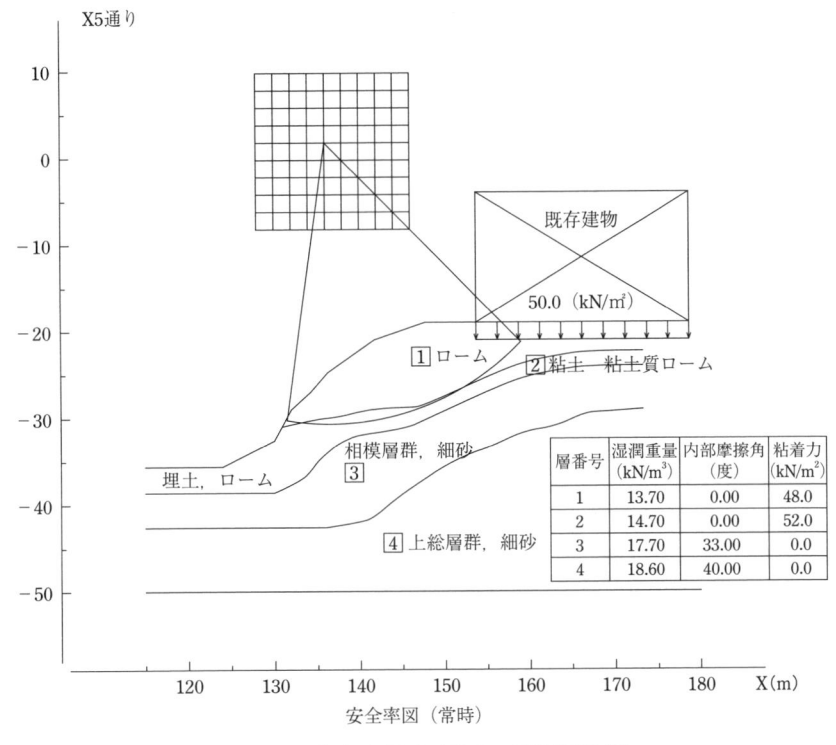

層番号	湿潤重量 (kN/m³)	内部摩擦角 (度)	粘着力 (kN/m²)
1	13.70	0.00	48.0
2	14.70	0.00	52.0
3	17.70	33.00	0.0
4	18.60	40.00	0.0

図 3.3.6 安定計算図（常時，建物建設前）

3.3.2 造成地における調査計画例

(1) 建築計画

① 敷地の位置・形状

静岡県西部に位置し，工業団地として造成後の敷地である．敷地面積は約 67 000m² である．敷地の形状と調査地点位置を図 3.3.7 に示す．

② 建築物概要

計画されている建築物は，S 造地上 2 階地下なしの物流施設である．建築面積は約 30 000m²・延べ床面積約 50 000m²・平面形状建物 230m×150m・基本スパン：16m×50m である．

(2) 事前調査

① 文献調査

調査地は，原野谷川の支流である宇刈川の源頭部にある細かく開析された丘陵地の末端に位置している．図 3.3.8 の地形分類図によると，多くは丘陵地であるが，西側端部は開析谷にまたがっていることがわかる．

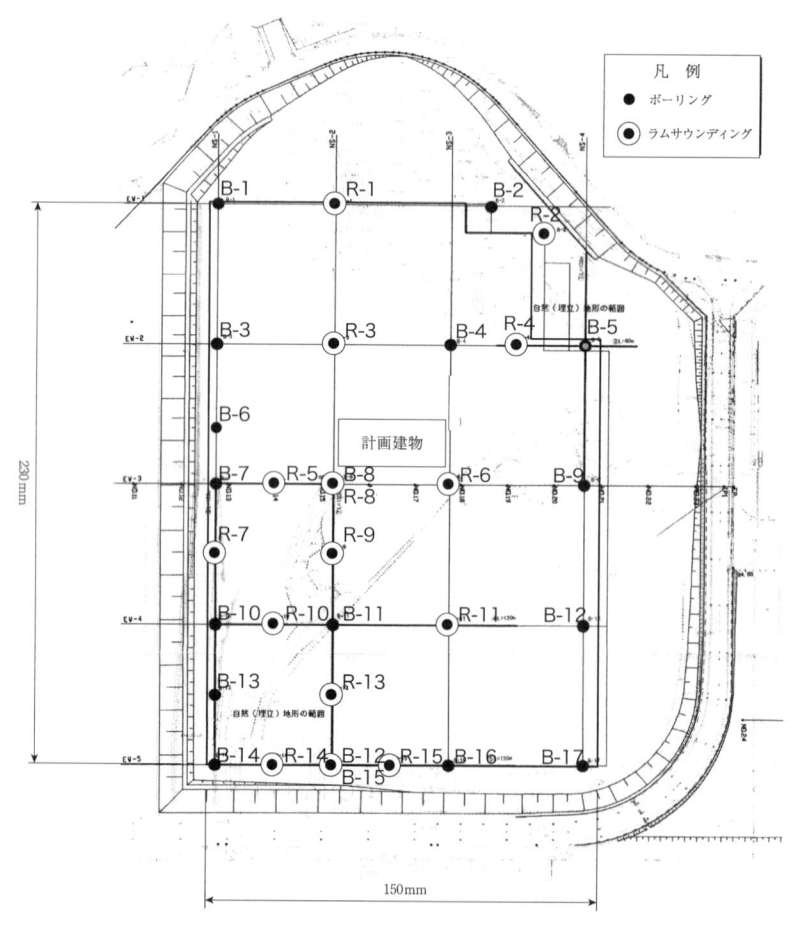

図 3.3.7 調査地点位置図

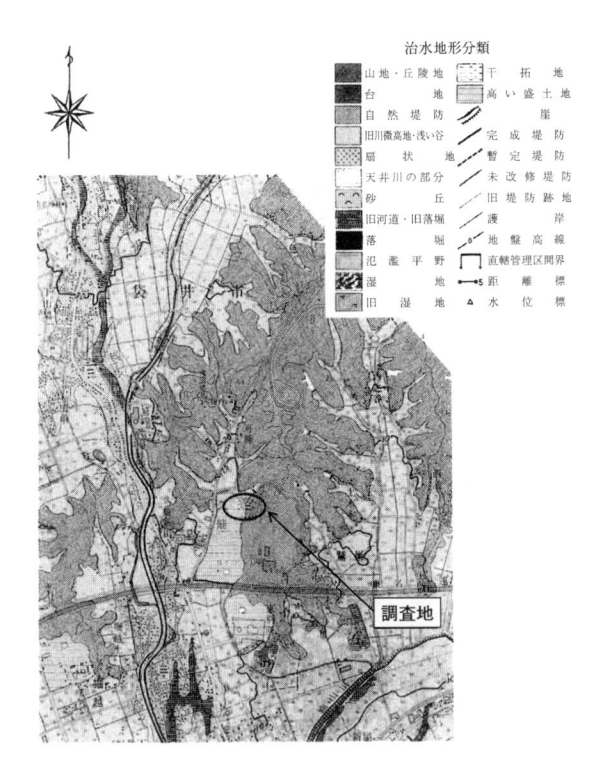

図 3.3.8　地形分類図[3.3.2)]

(3) 調査計画

① 基礎形式の想定

　本建設計画は，鉄骨造2階建てであるため，建築物重量を建築面積で除した平均接地圧は約40kN/m² 程度と考えられるが，基本スパンが 16m×50m と大きいため，300kN/m² 程度の高い支持力を前提とした独立基礎または杭基礎の両者が想定される．

② 調査内容・数量の決定

　調査内容・数量の決定における課題として，次のものが挙げられる．

・敷地面積・建築面積が大きくかつ敷地西側が開析谷にあたるため，地層の起伏が大きいことが想定され，多点での調査が求められる．
・基本スパンが 16m×50m と大きいため，建物階数に比べ基礎にかかる荷重は大きい．
・造成地であるため，旧地形上面より上部は盛土により構成されている．

　調査仕様を表 3.3.4 に示す．事前調査により，地盤剛性の差異が地層ごとに明瞭に現れることが想定されている．このため標準貫入試験に加え，土質分布を補間することを目的に標準貫入試験以外のサウンディングを採用し，経済性に配慮した調査計画とする．そこで，本敷地の表層は盛土により構成されており部分的に玉石，瓦礫等の存在が考えられるが，地層構成は砂地盤が主体であることが想定されるため，オートマチックラムサウンディングを採用することとした．

表3.3.4 調査仕様

<ボーリング調査>

試錐孔 No.	試錐深度 (m)	標準貫入試験 (回)	室内土質試験 箇所数	室内土質試験 深度 (m)
B-1	8	8		
B-2	8	8		
B-3	8	8		
B-4	8	8		
B-5	15	14	1	7
B-6	12	12		
B-7	12	12		
B-8	12	12		
B-9	15	15		
B-10	20	20		
B-11	15	15		
B-12	15	15		
B-13	20	20		
B-14	20	19	1	7
B-15	15	15		
B-16	8	8		
B-17	8	8		
合計	219	217	2	

<オートマチックラムサウンディング>

試錐孔 No.	試錐深度 (m)
R-1	8
R-2	8
R-3	8
R-4	10
R-5	10
R-6	10
R-7	10
R-8	10
R-9	10
R-10	15
R-11	12
R-12	15
R-13	15
R-14	15
R-15	15
合計	171

<調査の本数と深度>

調査本数は,建築面積から32本とし,開析谷にあたる西側に細かく配置した.調査深度は,切り土と想定される部分を8m,開析谷と想定される部分を12～20mとした.

<乱さない試料の採取深度と個数>

乱さない試料として,旧地形表面部に洪積の粘性土が存在することを想定し,2試料の採取を行うこととした.

<室内土質試験>

含水比	2
土粒子の密度	2
粒度(ふるい+沈降)	2
塑性限界	2
液性限界	2
湿潤密度	2
三軸圧縮(UU)	2
圧密(標準)	2

(4) 調査結果

<地層構成>

調査地の地層構成を図3.3.9に示す.また,土質柱状図の例を図3.3.10に,オートマチックラムサウンディング結果を図3.3.11に示す.

第3章 調査計画例　−117−

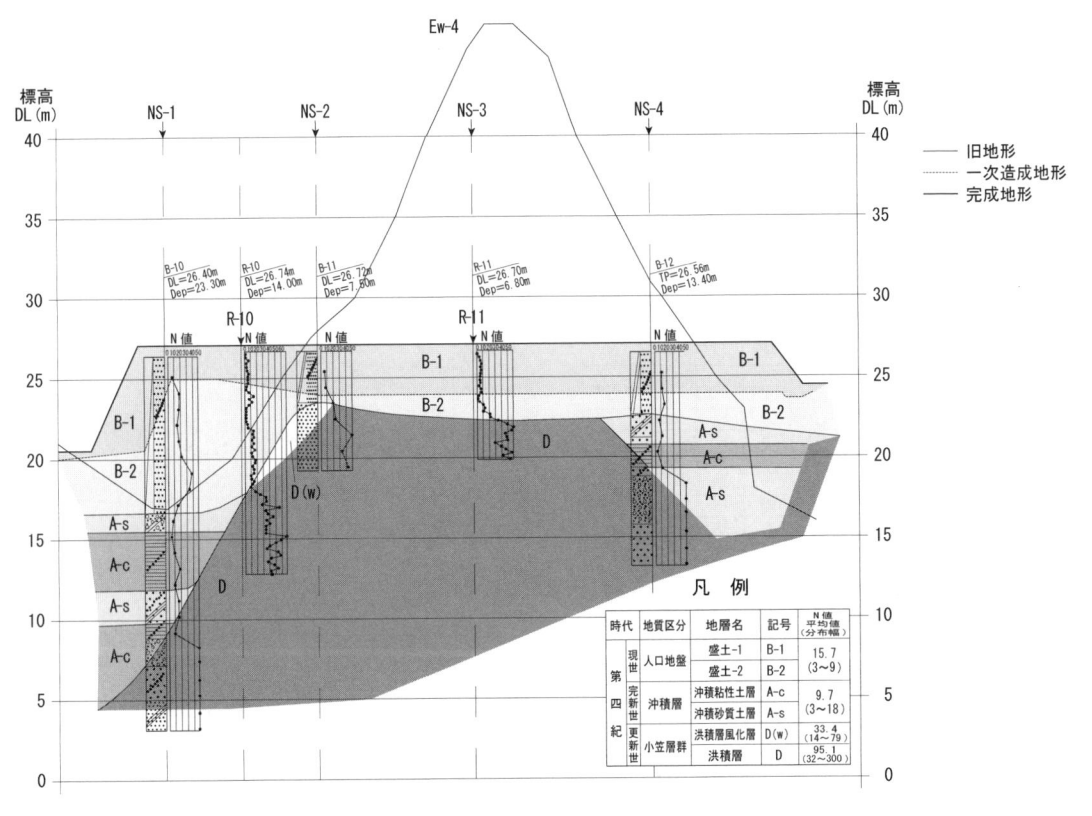

図 3.3.9　地層断面図

図 3.3.10　土質柱状図（B-12）

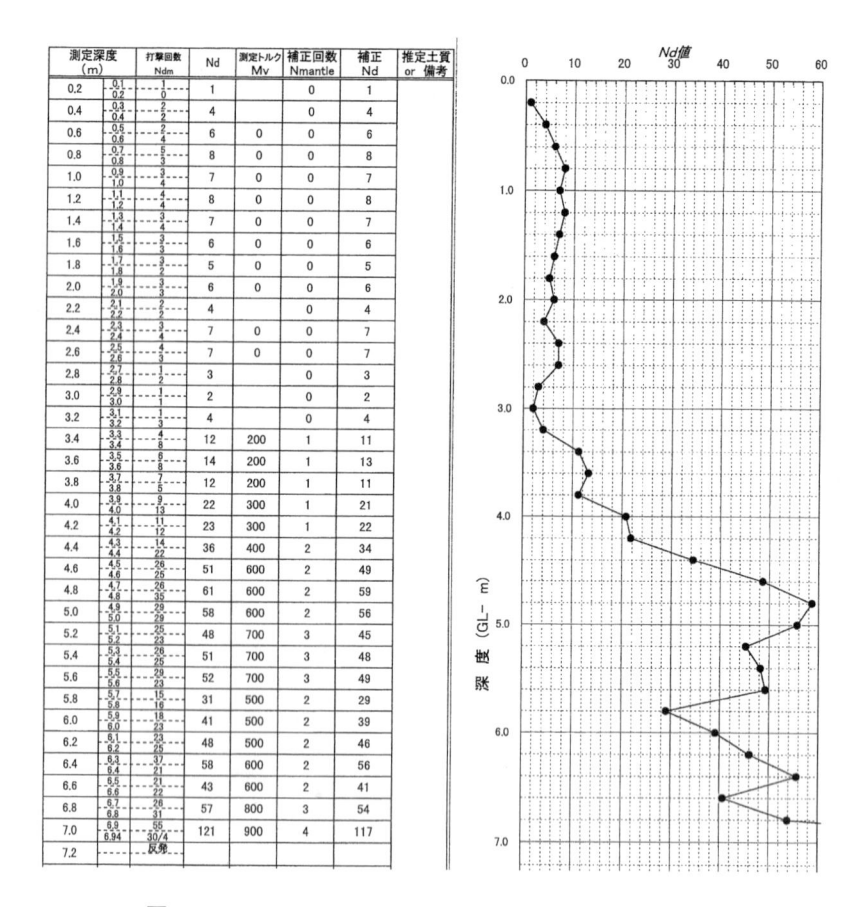

測定深度 (m)	打撃回数 Ndm	Nd	測定トルク Mv	補正回数 Nmantle	補正 Nd	推定土質 or 備考
0.2	0.1/0.2 ----0	1		0	1	
0.4	0.3/0.4 ----2	4		0	4	
0.6	0.5/0.6 ----2/4	6	0	0	6	
0.8	0.7/0.8 ----5/3	8	0	0	8	
1.0	0.9/1.0 ----3/4	7	0	0	7	
1.2	1.1/1.2 ----4/4	8	0	0	8	
1.4	1.3/1.4 ----4/3	7	0	0	7	
1.6	1.5/1.6 ----3/3	6	0	0	6	
1.8	1.7/1.8 ----2/3	5	0	0	5	
2.0	1.9/2.0 ----3/3	6	0	0	6	
2.2	2.1/2.2 ----2/2	4		0	4	
2.4	2.3/2.4 ----3/4	7	0	0	7	
2.6	2.5/2.6 ----4/3	7	0	0	7	
2.8	2.7/2.8 ----1/2	3		0	3	
3.0	2.9/3.0 ----1/1	2		0	2	
3.2	3.1/3.2 ----3/1	4		0	4	
3.4	3.3/3.4 ----4/8	12	200	1	11	
3.6	3.5/3.6 ----6/8	14	200	1	13	
3.8	3.7/3.8 ----7/5	12	200	1	11	
4.0	3.9/4.0 ----9/13	22	300	1	21	
4.2	4.1/4.2 ----11/12	23	300	1	22	
4.4	4.3/4.4 ----14/22	36	400	2	34	
4.6	4.5/4.6 ----25/26	51	600	2	49	
4.8	4.7/4.8 ----26/35	61	600	2	59	
5.0	4.9/5.0 ----29/29	58	600	2	56	
5.2	5.1/5.2 ----25/23	48	700	3	45	
5.4	5.3/5.4 ----26/25	51	700	3	48	
5.6	5.5/5.6 ----29/23	52	700	3	49	
5.8	5.7/5.8 ----15/16	31	500	2	29	
6.0	5.9/6.0 ----18/23	41	500	2	39	
6.2	6.1/6.2 ----23/25	48	500	2	46	
6.4	6.3/6.4 ----37/21	58	600	2	56	
6.6	6.5/6.6 ----21/22	43	600	2	41	
6.8	6.7/6.8 ----26/31	57	800	3	54	
7.0	6.9/6.94 ----55/30/4	121	900	4	117	
7.2					反発	

図 3.3.11 R-11 オートマチックラムサウンディング結果

調査地は，第四更新世の小笠層群を主体とする丘陵とその開析谷に堆積した礫・砂・粘土からなる沖積層および造成盛土から形成されている．

① 盛土層-1

近年の造成に伴う盛土．現地発生土を流用した材料で，細粒分を多く混入した細砂を主体とする．透水性が低く雨水により泥土化しやすい．また，下位の盛土層-2 との境界は同じ土質で構成されていることから層相や密度からは区分できない．

② 盛土層-2

昭和 50 年代の造成に伴う盛土もしくは埋土．現地発生土を流用した材料で，細粒分を多く混入した細砂を主体とする．

③ 沖積粘土層

礫を混入した有機質な粘性土で全体に不均質である．調査地一帯において表層もしくは盛土層の下位に分布する．N 値は 3～20 を示す．

④ 沖積砂質土層

崖錐性の堆積物を主体として細粒分を多く混入した細砂を主体とする．場所によっては礫を多く含み砂礫状を呈する．

⑤ 洪積層風化層

本層は下位の洪積層と同じ層であるが，N値30以下の部分を示す．

⑥ 洪積層

シルト質な細砂を主体として，粘性土・礫層を層状に挟在する．本層は全体に南西方向に6～10度傾斜している．N値は32以上を示す．

＜室内土質試験結果＞

室内土質試験結果を表3.3.5に示す．

試験を行った粘性土層は，過圧密量（圧密降伏応力と現在の土被り圧との差＝$P_c - P_0$）が260kN/m²程度の過圧密状態にあるため，今後の圧密沈下は生じないものと考えられる．

＜オートマチックラムサウンディング試験結果＞

オートマチックラムサウンディングで測定された打撃回数には，ロッド周面摩擦による貫入時の抵抗が含まれていることから，ロッド回転時のトルクの測定値をもとにロッド周面摩擦抵抗を求め次式により貫入抵抗を補正する．このように求められたN_d値と標準貫入試験によるN値は，$N_d = N$の相関があるとされている．

表3.3.5 室内土質試験結果一覧

試料番号		5-1
採取深度		6.5～7.1
物理特性	湿潤密度 ρ_t (g/cm³)	2.01
	土粒子の密度 ρ_s (g/cm³)	2.70
	自然含水比 W_n (%)	24.7
	間隙比 e	0.69
	粒度組成 礫分 (%)	27
	粒度組成 砂分 (%)	21
	粒度組成 シルト分 (%)	28
	粒度組成 粘土分 (%)	24
	液性限界 W_L (%)	34.8
	塑性限界 W_p (%)	21.8
	塑性指数 I_p	13.0
	分類名	礫混じり有機質粘土
	分類記号	(CLSG)
力学特性	三軸圧縮試験条件	UU
	粘着力 c (kN/m²)	123
	内部摩擦角 ϕ (度)	0
	圧密降伏応力 P_c (kN/m²)	392
	圧縮指数 C_c	0.18

$$N_\mathrm{d} = N_\mathrm{dm} - N_\mathrm{mantle} = N_\mathrm{dm} - 0.04 M_\mathrm{v} \tag{3.3.1}$$

ここで，N_d ：補正された貫入抵抗
N_dm ：測定された貫入抵抗
N_mantle ：周面摩擦に基づく打撃回数
M_v ：回転トルク（N・cm）

標準貫入試験では，洪積砂質土層のN値は32以上を示している．ここでは（3.3.1）式の誤差も考慮して，オートマチックラムサウンディングで求めた N_d 値が40以上となる層を洪積砂質土層とする判断を採用した．

(5) 設計への適用

ボーリング調査とオートマチックラムサウンディング試験から地層の形状を推定し，基礎の設計を行った．本試験結果から，洪積砂質土層がGL−0m～GL−20mに分布していることが想定された．

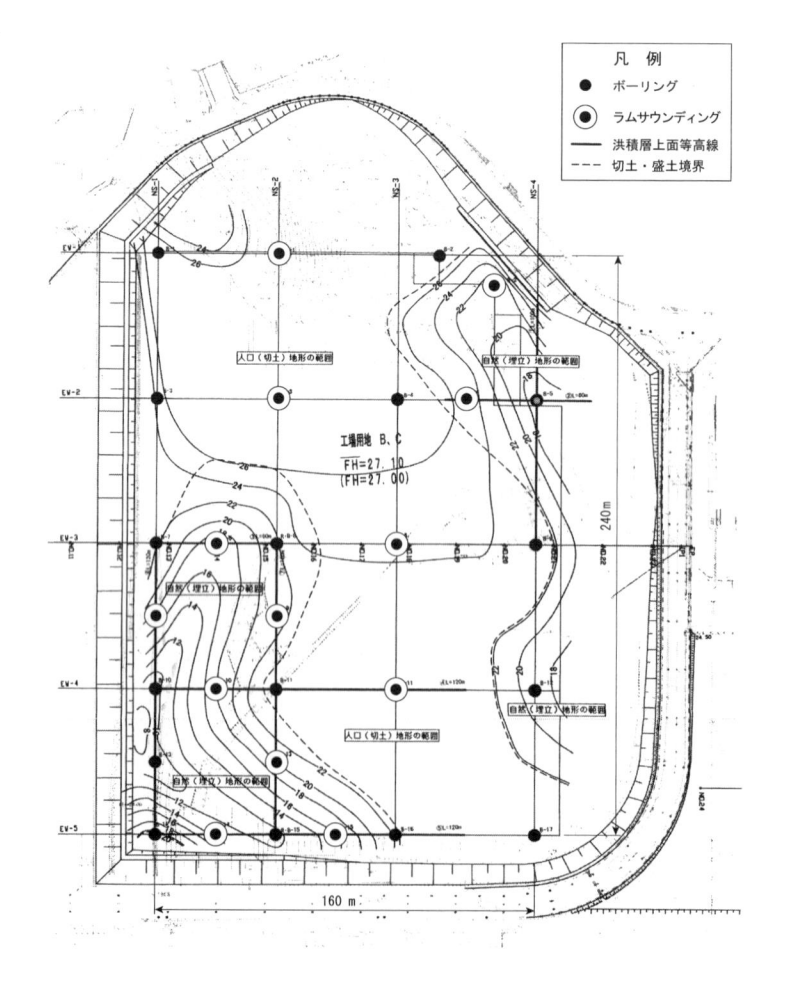

図 3.3.12 想定した洪積層上面等高線図

図 3.3.12 に推定された洪積層上面等高線図を示す.

ここでは，基礎形式を洪積砂質土層を支持層とする独立フーチング基礎とし，支持層の目安を N 値 32 以上, N_d 値 40 以上とした. 基礎底面が支持層に達しない部分には地盤改良を施す計画とした.

3.3.3 山岳地・丘陵地（岩盤）における調査計画例

(1) 建 築 計 画

① 敷地の位置・形状

調査地は北九州の西方となる若松区の南部に位置し，敷地形状は不整形である. 調査位置図を図 3.3.13 に，調査地周辺の地質図を図 3.3.14 に，建築物の配置図を図 3.3.15 に示す.

② 建築物の規模

建築物は造成地に計画される学園都市内に建つ大学であり，敷地内に 4 棟の建築物が計画されている. 構造は RC 造であり，階数は地上 2〜5 階で地下はなく，建物重量を負担面積で除した平均接地圧は 50〜100kN/m² 程度である.

(2) 事 前 調 査

① 文献調査

既往の文献，造成工事の記録，旧地形の等高線図より以下の情報が得られた.

・本調査地付近は新生代−古代三紀の芦屋層群が広く分布し，周辺丘陵のほとんどを占めている. 調査地は，そのうちの陣ノ原層群に相当し，ほとんどが古第三紀層の砂岩である. 塊状の安定した岩盤であるため丘陵斜面は急勾配で残り，地すべりなどの崩壊はまったく見られない.

・建築物の計画地の地形は，公的機関から入手した造成前の旧地形の等高線図によると標高 10m〜50m の丘陵地で，造成工事の記録によると敷地造成後の標高は 20m〜30m であることがわかる. 造成に伴う切土部分と盛土部分が存在し，切土部分の軟岩や土砂を造成土としている.

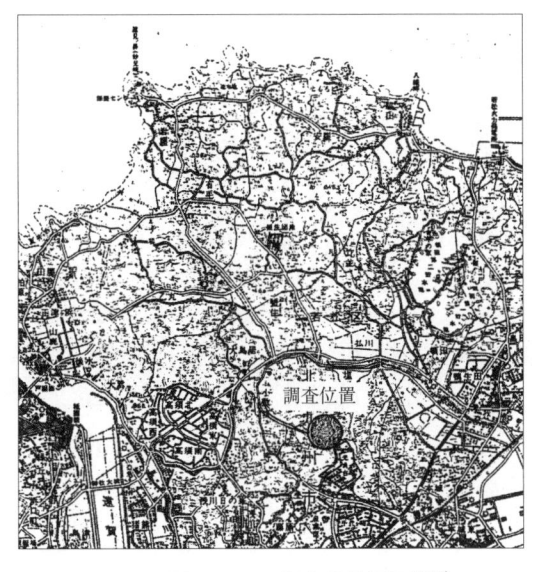

図 3.3.13 調査地位置図 [3.3.3]

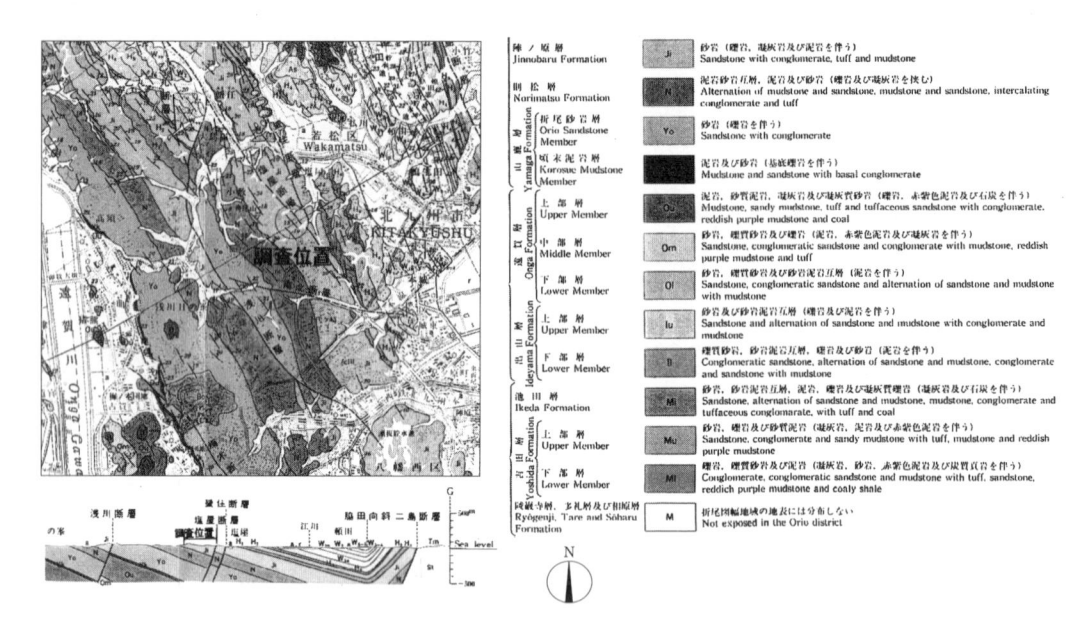

図 3.3.14　調査地周辺の地質図[3.3.4)]

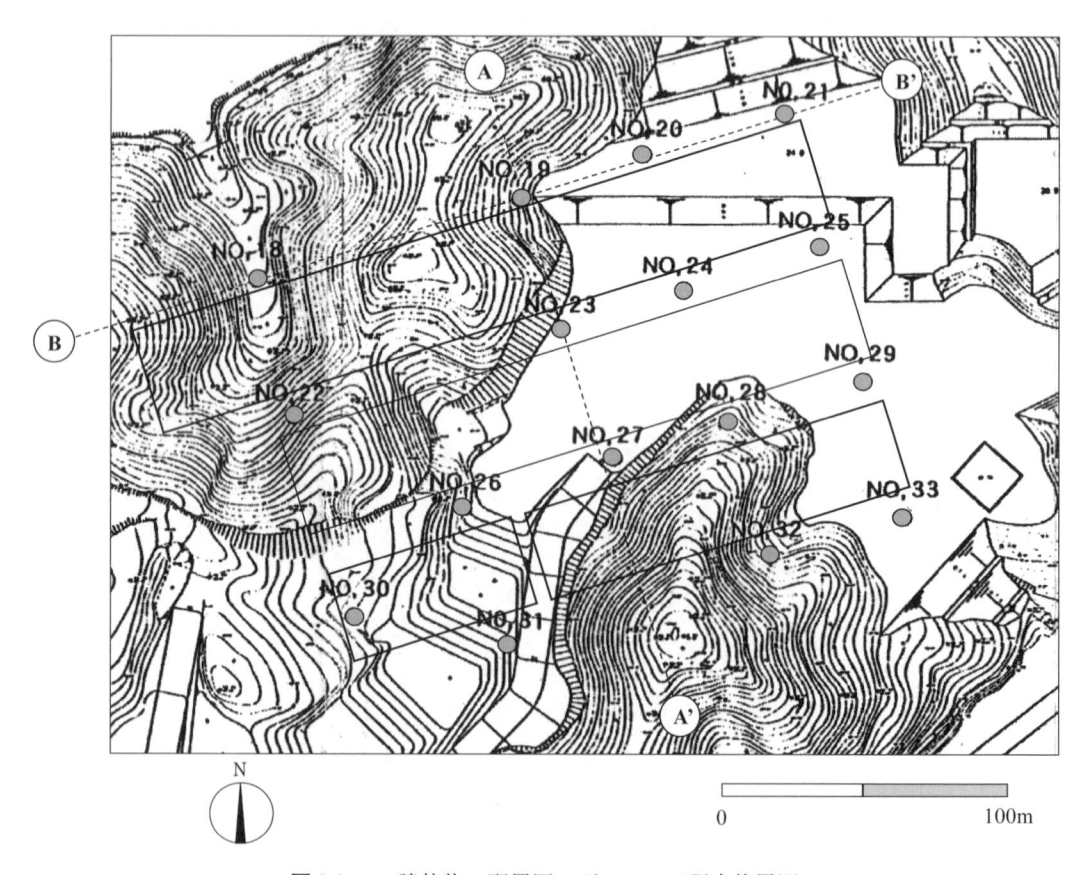

図 3.3.15　建築物の配置図・ボーリング調査位置図

以上より支持層は，旧丘陵地帯の砂岩と考えられ，旧地形の等高線図によると支持層深さはGL－2.0mから深いところで20m前後が想定される．旧地形の谷筋の部分は，腐食土の堆積が予想され，地層構成は，上層より盛土層，堆積層，砂岩が想定される．

② 現地踏査

造成工事による敷地の高低差があり，ボーリング調査位置によっては，敷地への進入路の確保と，仮設架台の検討が必要になる可能性がある．

(3) 調査計画

① 基礎形式の想定

本敷地は，造成に伴う切土，盛土が混在し，さらに支持地盤に傾斜がある複雑な地盤である．建物の基礎形式は，異種基礎（直接基礎，杭基礎）が想定されるため，旧地形の等高線図と調査結果（支持層の等深線図）より設定する．また，支持層と想定される砂岩表層の風化状況，切土部分における岩掘削について施工上の配慮の必要性について確認しておく必要がある．

② 調査内容・数量の決定

本調査地は，旧地形から想定すると平面的に切土と盛土の入り混じった複雑な地形であること，そのために基礎形式が直接基礎と杭基礎の併用となる可能性があることを考慮して，調査仕様を表3.3.6に示すように決定した．ボーリング調査位置は，造成前の旧地形の等高線図に基づき丘陵地の谷筋の部分を中心に，敷地内全体の計画建物配置を考慮し盛土上の建物の隅角部かつ格子状に約50mピッチ・16か所で行うものとした．なお，支持層の確認については，敷地が広大であることからコーン貫入試験やオートマチックラムサウンディングなどを併用して行うことも考えられるが，造成土の中に玉石・転石もあることから適用が難しいと判断し，標準貫入試験のみを実施した．

＜ボーリング調査＞

調査深さは，旧地形の等高線図をもとに想定される支持地盤の深度＋5mとし，岩のサンプリングは，ダブルコアチューブにより採取した．

＜室内土質試験＞（結果は省略）

盛土層・堆積層についての物理的性質，力学的特性を把握するため，深さ方向について盛土層と堆積層の各々1か所で試料を採取し，物理試験，一軸圧縮試験を行った．

＜孔内水平載荷試験＞（結果は省略）

盛土層の水平地盤反力係数を把握するため，2地点，2深度で孔内水平載荷試験を行った．

＜岩石試験＞

風化度が異なると思われる3深度より試料を採取し，物理試験（密度試験，含水比試験），力学試験（岩石の一軸圧縮試験：JIS M 0302）を行う．風化の程度の確認については，スレーキング試験等も考えられたが，本調査地の岩の種類は砂岩であり，露頭の目視とともに，標準貫入試験のN値により判断することとした．

(4) 調査結果

＜地盤構成＞

本敷地の地層構成を表3.3.7に，地層断面図を図3.3.16に示す．

表3.3.6　調査仕様

調査位置	長さ (m)	室内試験 物理試験（個）	孔内水平載荷試験（点）	岩石試験 物理試験（個）	岩石試験 一軸圧縮試験（個）
No. 18	5.0				
No. 19	7.0				
No. 20	12.0				
No. 21	18.0				
No. 22	9.0			1	1
No. 23	8.0				
No. 24	18.0	2	2	1	1
No. 25	7.0				
No. 26	5.0				
No. 27	8.0				
No. 28	5.6				
No. 29	5.0				
No. 30	8.1			1	1
No. 31	12.0				
No. 32	4.0				
No. 33	13.0	2	2		
合計	144.7	4	4	3	3

① 盛　土（B）：現地の整地にともなう掘削発生土である．砂岩礫や砂岩転石を多量に含む砂岩風化土で盛土している．全体的に20〜60mmの砂岩礫を20％程度混入するが，一部で砂岩礫が60〜80％を占めている所もある．転石はφ200〜300mmが確認された．

② 谷床堆積物（As）：旧地盤の谷部に堆積している層厚0.2〜3.3m程度の砂岩風化土の二次堆積物である．主に細粒砂によって構成されている．また，腐食物や植物片の混入も確認された．

③ 谷床堆積物（Ac）：旧地盤の谷部に1m前後の層厚で堆積している粘土およびシルトから成る比較的軟らかい層である．全体的に腐食物・有機植物・木片を混入し，微かな臭気を発する．ほぼ均一な粘性土であるが，場所によっては砂礫・細粒砂が少量混入している地点もみられた．

④ 強風化砂岩（S_{S3}）：本層は調査地の基盤岩である陣ノ原層の表層を覆うように分布する，N値60以下の強風化帯である．色調は，黄褐灰・淡黄褐で，層厚は0.4〜3.7m程度であり，地山の斜面部ではやや厚く，旧谷床低地部分で薄く堆積している．

⑤ 中風化砂岩（S_{S2}）：本層は風化を受けているが固結度は高いN値60以上の風化帯である．色調は，黄褐灰・淡黄褐で，層厚は0.3〜3.2m程度となっている．全体的に礫状〜短棒状にて採取されるが，ハンマー軽打もしくは手で容易に割れる程度の硬さである．支持地盤として十分に利用できる地層である．

表 3.3.7　地層構成

地質時代			地層名		記号	N 値	記事
現　代			盛　　土		B	5〜40 (19)	整地に伴なう盛土．砂岩の風化岩を掘削した現地発生土で礫混じり砂質土状を呈し，岩塊を混入する．
新生代	第四紀	完新世	谷床堆積物		As	5〜25 (14)	旧谷床平地の堆積物で，砂岩の風化土の二次堆積物である．未固結の砂質土で腐食物を混入することもある．
					Ac	5〜18 (6)	腐食物を混入する粘性土である．一部に堆積している．
	古第三紀	漸新世	芦屋層群〜陣ノ原層	強風化砂岩	S_{S3}	10〜50 (19)	N＜60 の固結度の低い風化帯である．岩組織を残すが，砂質土状化する．
				中風化砂岩	S_{S2}	N＞60	N＞60 の風化帯で，固結度しているが脆く，砕くと砂質土化する．支持地盤となる．
				弱〜未風化帯砂岩	S_{S1}	N＞60	一部風化のため変色しているも，概ね，新鮮な亀裂のない塊状岩盤である．安定した支持地盤である．

［注］（ ）内は，礫等の影響を排除した補正 N 値を示す．

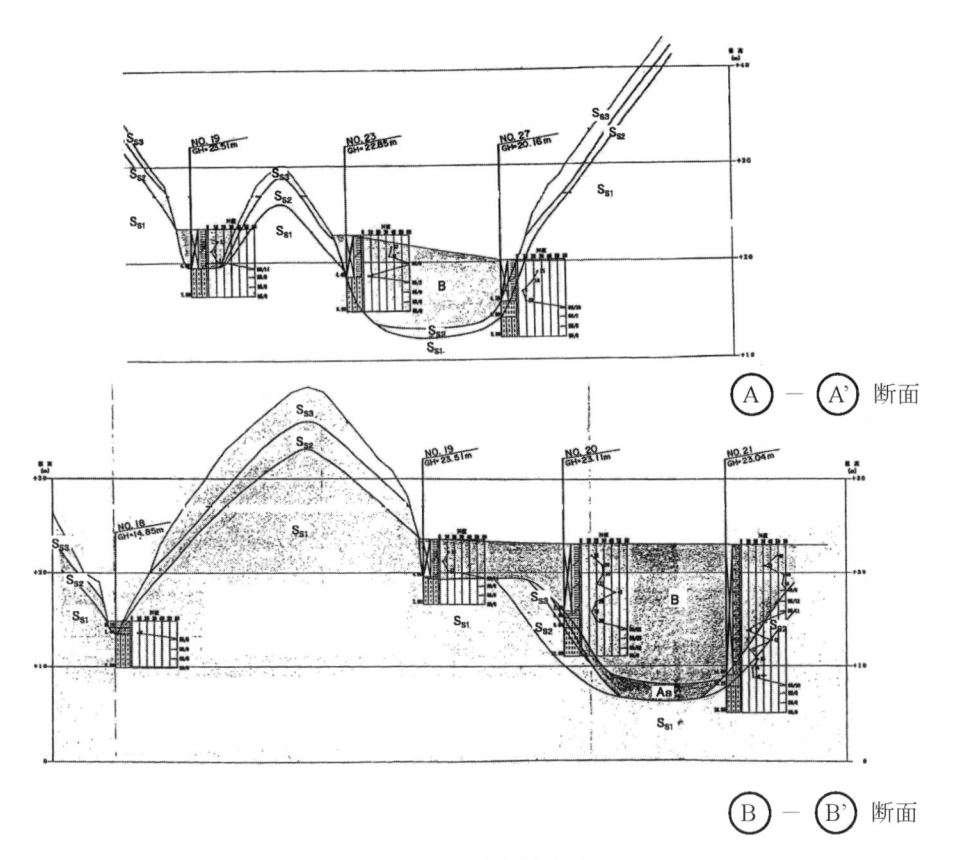

Ⓐ - Ⓐ' 断面

Ⓑ - Ⓑ' 断面

図 3.3.16　地盤断面図

⑥ 弱～未風化砂岩（S_{S1}）：陣ノ原層の弱風化帯と未風化帯である．弱風化帯は風化により黄褐灰・淡黄褐に変色し，多少変質は伴っているが塊状の岩盤となっている．未風化帯は，色調が黄淡青灰・青灰の変色・変質を持たない安定した塊状岩盤である．いずれも柱状コアとなっており，ハンマーの打撃で砕ける程度の岩であるが，掘削性は劣る．

＜地下水位＞

地下水位が確認された場所のほとんどが旧地形の谷部で，造成されて盛土が厚く覆っている場所であり，丘陵地の斜面部では地下水位は確認されなかった．

＜岩の力学的性質＞

岩の一軸圧縮試験結果の結果を表3.3.8に，一般的な岩の地盤定数を表3.3.9に示す．花崗岩についての岩級区分を表3.3.10に示すが，これを本調査地に適用すると，一軸圧縮試験結果および露頭の目視の結果から，中風化砂岩についてはD，弱風化砂岩についてはC_L，未風化岩についてはC_M〜C_Hクラスに相当すると判断する．ここから，岩の風化・亀裂の影響も考慮し，設計用の地盤定数を試験結果と表3.3.9に示す岩級区分と地盤定数の関係から総合的に判断することとした．中風化砂岩以深はN値が60以上であり，内部摩擦角をN値から換算すると49.5°となる．ただし，この値は粘着力も内部摩擦角として考慮した値であり，また，表3.3.9において最大値は45°となっていることから，本調査地における砂岩はいずれの場合もC_Mクラスと判断し，内部摩擦角の値は40°とする．

＜岩の風化＞

岩の風化を調べる方法としてはスレーキング試験等があるが，本調査地に分布する岩盤は古第

表3.3.8 岩石試験結果（一軸圧縮試験結果）

No	試験深度 (m～m)	密度 ρt (g/cm³)	面積 A (cm²)	破壊荷重 Q (N)	圧縮強さ σc (kN/m²)
22	7.0～7.5	2.329	19.32	58 500	30 200
24	16.0～16.5	2.25	19.4	35 300	18 200
30	6.0～6.5	2.219	18.63	44 800	24 000

表3.3.9 一般的な岩の地盤定数 [3.3.5)]

岩級		粘板岩（ダムサイトの例）				花崗岩（本四国連絡橋基礎の例）		
		C (kN/m²)		ϕ (°)		C (kN/m²)		ϕ (°)
		範囲	平均	範囲	平均	範囲	平均	代表値
硬岩	B	22 500～27 500	25 000	40～50	45	15 000～25 000	15 000	45
	C_H	17 500～22 500	20 000	35～45	40	10 000～20 000	10 000	40
	C_M	7 500～17 500	12 500	35～45	40	5 000～10 000	5 000	40
軟岩	C_L	2 500～7 500	5 000	30～40	35	1 000～10 000	1 000	37
	D	1 000以下	0	20～30	25	0～5 000	0	30～35

表 3.3.10　岩級区分（花崗岩の例）[3.3.6]

区分	色調	① 硬軟の程度	② 風化変質の程度（細区分）	③ 割目の状態	④ コアーの状態（細区分）	備考
A	青灰～乳灰	極硬　ハンマーで叩くと金属音．D.Bで2cm/min以下	き裂面ともおおむね新鮮．未風化．(A)	き裂少く，おおむね20～50cmで密着している．	棒状～長柱状でおおむね30cm以上で採取される．(Ⅰ)	
B	乳灰～(淡)褐灰	硬　ハンマーで軽い金属音．D.Bで2～4cm/min	おおむね新鮮なるも，き裂面に沿って若干風化．変質褐色を帯びる．(B)	割目間隔5～15cmを主としている．一部開口している．	短柱～棒状でおおむね20cm以下．(Ⅱ)	③④Aなるも①②がBのもの．①②Aなるも③④Bのもの．
C_H	褐灰～(淡)灰褐	中硬　ハンマーで叩くと濁音．小刀で傷つく硬さ．D.Bで3cm/min以下	割目に沿って風化進行，長石等は一部変色変質している．(C)	割目発達，開口部に一部粘土はさむ．ヘアクラック発達．割れ易い．	大岩片状でおおむね10cm以下で，5cm前後のもの多い．原型復旧可．(Ⅲ)	短柱状なるも風化進行軟質のもの．
C_M	灰褐～淡黄褐	やや軟～硬　ハンマーで叩くと軽く割れる．爪で傷つくことあり．D.Bで掘進適	岩内部の一部を除き風化進行，長石，雲母はおおむね変質している．(D)	割目多く発達5cm以下，開口して粘土はさむ．	岩片～細片（角礫）状で砕け易い，不円形多く原型復旧困難．(Ⅳ)	軟岩で容易に砕け易いもの．
C_L	淡黄褐～黄褐	軟　極く脆弱で指で割れ，つぶれる．M.Cで掘進可	岩内部まで風化進行するも，岩構造残し石英未風化で残る．(E_1)	割目多いが粘土化進行，土砂状で密着している．	細片状で岩片残し，指で砕けて粉状．円形コアなし．(Ⅴ)	破砕帯でコア部のみ細片状で採取のもの．
D	黄褐	軟極　粉体になりやすい．M.Cで無水掘可	おおむね一様に風化進行，マサ土化している．わずかに岩片を残す．(E_2)	粘土化進行のためクラックなし．	土砂状(Ⅵ)	破砕帯・粘土化帯でコア採取不可能なもの．

［備考］　①②または③④が上位で③④または①②が下位ランクのときは，下位ランクとして表示する．
　　　　D, B：ダイヤビット　　M, C：メタルクラウン

三紀の「陣ノ原層」と呼ばれる砂岩であり,比較的亀裂が少ない塊状の安定した岩盤であるため,標準貫入試験のN値・露頭の目視から判断し,岩の風化度合を次のように分類した.

・強風化砂岩(N<60)

平均補正N値は19であり,中位な締まりを呈する土砂状の風化帯.

・中風化砂岩(N>60)

風化のため変質・変色が進んでいるが,固結度は高くツルハシでかろうじて掘削でき,更に砕くと土砂状化する.

・弱～未風化砂岩(N>60)

柱状コアを呈し外見上も塊状の岩石となる岩盤である.塊状で弱い風化のため灰色系の基色から褐色に変色している(弱風化砂岩)か,灰色の塊状で変色もまったくしていない(未風化砂岩).

<支持層の分布>

建築物の支持層については,強風化砂岩は力学的性質のばらつきが大きいと考えられることから,安定した中風化砂岩,弱風化砂岩とすることが望ましい.図3.3.17にボーリング調査結果により中風化,弱風化砂岩の分布等深線図を示す.

(5) 設計・施工への適用

<基礎形式>

基礎形式は,本建築物位置が切土部分と盛土部分にまたがることから,直接基礎と杭基礎,お

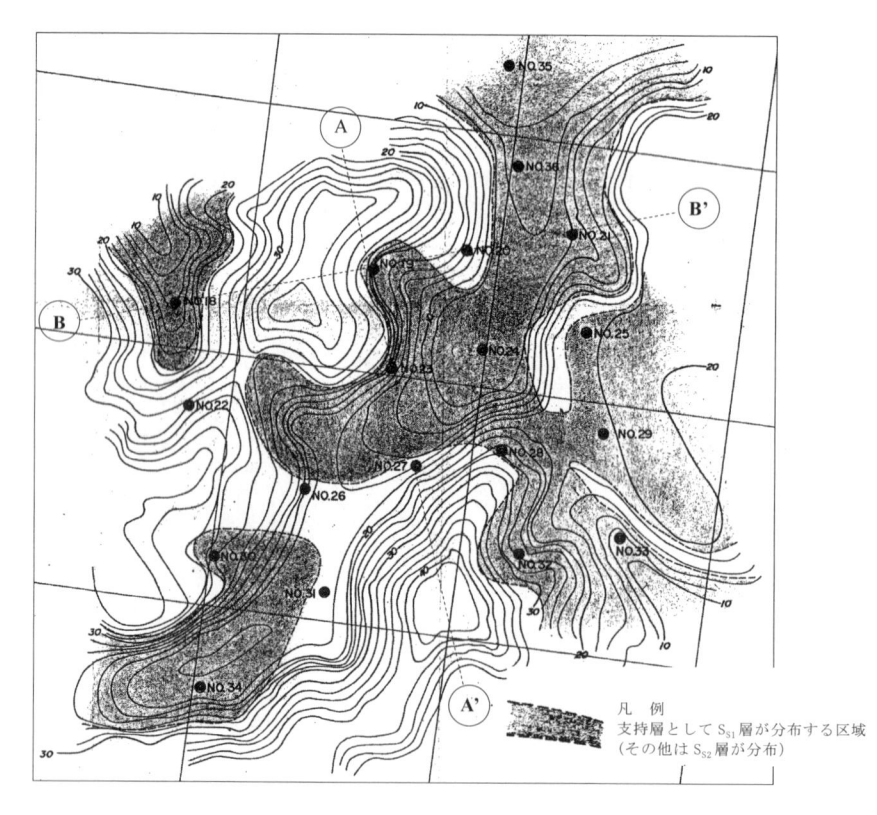

図3.3.17 中風化,弱風化砂岩の分布

よびラップルコンクリートあるいは地盤改良の併用が考えられる．旧地形の等高線図と今回の調査結果により作成した支持層となる中風化，弱風化砂岩の等深線図（図3.3.17）をもとに，直接基礎，杭基礎，ラップルコンクリートまたは地盤改良の範囲を設定するが，非常に複雑な層構成であることから，それぞれの境界部分については，本工事着手前に試掘により支持層深さを再確認することが望ましい．

杭工法については，玉石や人頭大の礫が混入する盛土を掘削しなければならず，また，支持層の傾斜や杭の支持層への十分な根入れなどの施工条件を考慮すると，杭長の調整が可能な場所打ち杭で強固な地盤を掘削できる全周回転オールケーシング工法の採用が考えられる．

<設計上の配慮>

設定した地盤定数を用いて基礎指針[3.3.7]の支持力式から算出した直接基礎の支持力度は，根入れの効果を無視すると，長期許容支持力度は中風化砂岩では約 $1\,000\mathrm{kN/m^2}$，弱～未風化砂岩で約 $5\,000\mathrm{kN/m^2}$ となる．ただし，支持力の評価にあたっては，斜面の影響による支持力の低下や沈下，水平変形の増大について考慮する必要がある．

杭基礎の支持地盤の深さは，等深線図をもとに設定するが，等深線が密になっている傾斜が急な部分については，設計の杭長を長めに設定しておくなどの配慮が必要である．

また，地震時の検討においては，直接基礎部分と杭基礎部分で水平剛性が異なることから，基礎部分についてねじれの影響を考慮した検討が必要となる．

<岩の掘削>

本敷地は，一部で岩盤を掘削し整地しているため，その部分は岩盤が露出する．今回の岩石試験では粘着力 c が $6\,100\sim10\,100\mathrm{kN/m^2}$ と，極めて硬い岩ではないが，亀裂が少なく，岩盤部分の基礎の掘削に大型ブレーカー等が必要になることが考えられる．

<施工時の支持地盤（岩）の風化への対処>

古第三紀層の砂岩であり，風化しにくい岩盤ではあるが，中風化帯についてはもともと風化を受け固結度が低いので，スレーキング防止のため基礎底面の処理として早期の均しコンクリートの打設が望まれる．

参考文献

3.3.1) 青野壽郎，尾留川正平：日本地誌第 8 巻，二宮書店，1967
3.3.2) 建設省中部地方建設局，国土地理院：中部管内治水地形分類図，1979
3.3.3) 建設省国土地理院：1：50 000 地質図 折尾 14-33 NI-52-9-8，10-5
3.3.4) 通商産業省工業技術院 地質調査所
3.3.5) 日本道路公団：日本道路公団設計要領第 2 集，pp.6～12，1990
3.3.6) 建設大臣官房技術調査室 監修：ボーリング柱状図作成要領（案）解説書，㈶日本建設情報総合センター，1999.5
3.3.7) 日本建築学会：建築基礎構造設計指針，2001

3.4節　埋　立　地

3.4.1　臨海埋立地

3.4.1.1　大規模埋立地における調査計画例

(1)　建　築　計　画

①　敷地の位置・形状

　敷地は，図3.4.1に示す東京都大田区羽田空港内の東南に位置している．敷地の面積は約10万m^2で，既往のボーリングが50m間隔に実施されている（図3.4.2参照）．

②　建築物の規模

　大規模埋立地における建築面積56 000m^2（140m×400m）の大型建築物の調査計画例として，以下の2つの建物を想定する（図3.4.2参照）．

　　建物1：地下のない鉄骨造の低層大規模建築物（貨物等の施設）で，軽微な沈下は許容されている．支持層の把握を中心とした一般的な地盤調査を行う．

　　建物2：地下のある鉄骨造の中層大規模建築物（ターミナル等の重要施設）で，沈下に対する制限が厳しい．また，耐震設計は時刻歴応答解析により行うことから，これに対応した地盤調査を行う．

(2)　事　前　調　査

①　文献調査

　東京国際空港は，多摩川河口の左岸に位置し，その周辺は昭和30年代までは多摩川河口部に発達した羽田州と呼ばれる三角州を形成する遠浅な海であった．昭和40年代前半から浚渫が行われ，昭和40年後半から浚渫土砂による埋立てが，その後，昭和60年代から平成4年にかけて大量の建設残土による表層の埋立てが行われた．このように浚渫と埋立てが繰り返された複雑な履歴を持つ

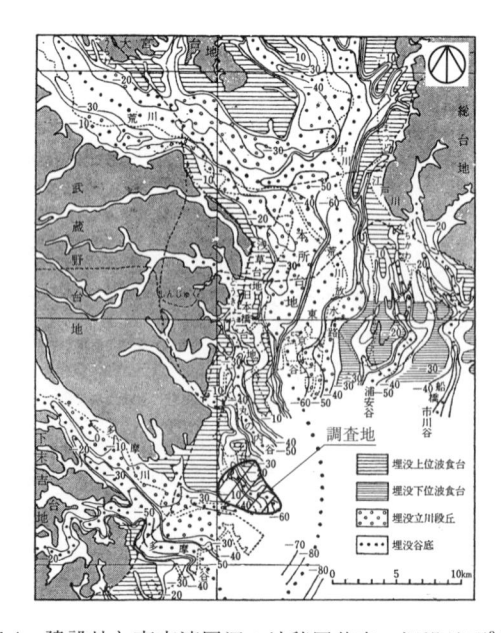

図3.4.1　建設地と東京湾周辺の沖積層基底の埋没地形[3.4.1)]に加筆

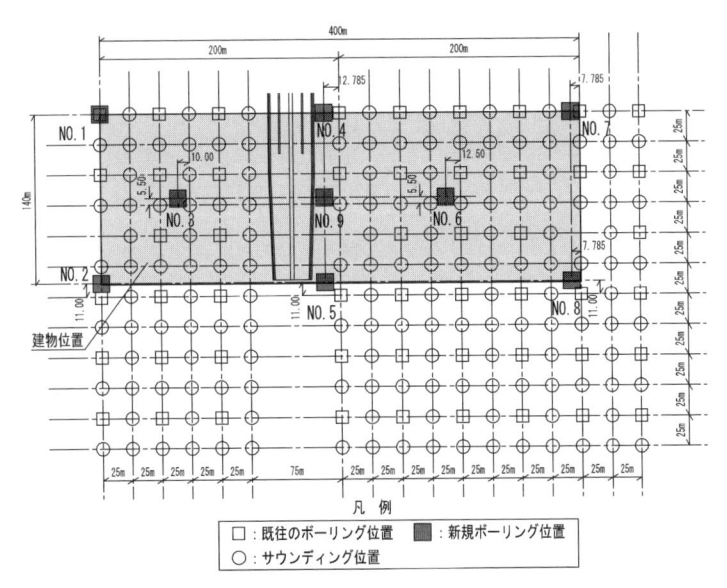

図 3.4.2　調査地点位置図

地盤である．

　既往資料に基づく，東京国際空港の地層構成を図3.4.3に示す．このように空港内の地層構成は事前調査により大まかに把握されており，一般建築物の調査においては支持層の確認が主となる．

② 近隣の地盤調査資料

　敷地内の事前調査より，調査地の地層構成は表3.4.1のように想定される．なお，本例においては過去の文献に倣い，七号地層を洪積層として表記している（図3.4.3参照）．

(3) 調査計画

① 基礎形式の想定

・建物1

　図3.4.3に示す地層断面図より，埋土層および沖積層の有楽町層は非常に軟弱であり，また有楽町層の砂質土においては液状化の可能性も懸念されることから，基礎形式としては杭基礎を想定する．また支持層としては，層厚を考慮するとAP－70m前後の東京層・江戸川層となるが，低層建築物であることから，七号地層や基底礫層での支持も考慮する．

・建物2

　建物1と同様に，基礎形式としては杭基礎を想定する．支持層としては，建築物の重要度を考慮してAP－70m前後の安定した東京層・江戸川層を考える．

② 調査内容と数量

　上記の想定に基づいて計画した調査内容を表3.4.2に，数量表を表3.4.3(a), (b)に示す．

＜ボーリング調査本数と深度＞

　建設地では既存のボーリングが50m間隔に実施されており，建物の設計を行う上でさらに詳細に地層構成を把握するため8か所で新規にボーリングを行う計画とした．なお建物2については地盤の動的な特性を把握する目的でNo.9を追加している．調査深度は，既存データから判断

表 3.4.1 調査地周辺の代表的な地質・土層構成

堆積形態	地質時代	地層区分		土層記号 東京国際空港	土層記号 東京都港湾局	土層区分	主な土質	本調査出現標高 (AP-m)
人工地盤	(現世) 完新世	埋立土層	盛土層	Bs	H	建設残土	礫混り土砂, 土丹塊, 細砂	様々に変化する
			浚渫土層	As0		砂質土層	細砂, シルト質細砂, 砂質シルト	
				Ac1		粘性土層	粘土質シルト, 砂混りシルト	15～19
自然地盤	新生代・第四紀	沖積層	有楽町層 上部	As1	Yu	砂質土層	細砂, シルト質細砂, 砂質シルト	
				Ac2		粘性土層	粘土質シルト, 砂混りシルト	
			有楽町層 下部	As2	Yl	砂質土層	細砂, 礫混り砂	
				Asc		砂質粘性土層	砂質シルト, シルト質細砂	38～39
	更新世	洪積層	七号地層 上部	Dc1	Nau	粘性土層	粘土質シルト, シルト	
				Ds1		砂質土層	細砂, シルト質細砂	
			七号地層 下部	Dc2	Nal	粘性土層	シルト, 砂質シルト, 有機質シルト	49～50
				Ds2		砂質土層	細砂, シルト質細砂	
			基底礫層	Dg	Nal-g	砂礫層	砂礫, 礫混り砂	56～(59) 59～63
			東京層・江戸川層	Dc3	Tc (Ed)	粘性土層	粘土, シルト, 砂質シルト	
				Ds3	Ts Eds	砂質土層	細砂, 礫混り砂	

[注] 本例では Dg 層を洪積層の砂礫層として取り扱っており, 基底礫層・埋没段丘礫層・江戸川層中の砂礫層などを明確に区分していない.
表中には参考に東京都港湾局等で用いられている一般的な土層記号もあわせて示した.

して 80m とし, No.9 では 100m とし支持層以深の層を確認する (表 3.4.3(a), (b)参照).

<水位測定>

　計画地は海沿いで水位が高いため, 自然水位と孔内水位を確認する計画とした. また建物 2 では地下があることから, 単孔を利用した (単孔式) 透水試験を行って透水係数を求めて施工時の排水計画に利用する計画とした.

<室内土質試験>

　建設地には軟弱な埋土層と沖積層が厚く堆積しており, 粘性土層を中心に不撹乱試料を採取し, また圧密沈下が懸念されることから, 一軸圧縮試験と圧密試験を行う計画とした.

<孔内水平載荷試験>

　軟弱層が厚いことから深さ方向に 4 点・2 か所で孔内水平載荷試験を行い, 杭設計用の水平方向地盤反力係数を求める.

第 3 章 調査計画例

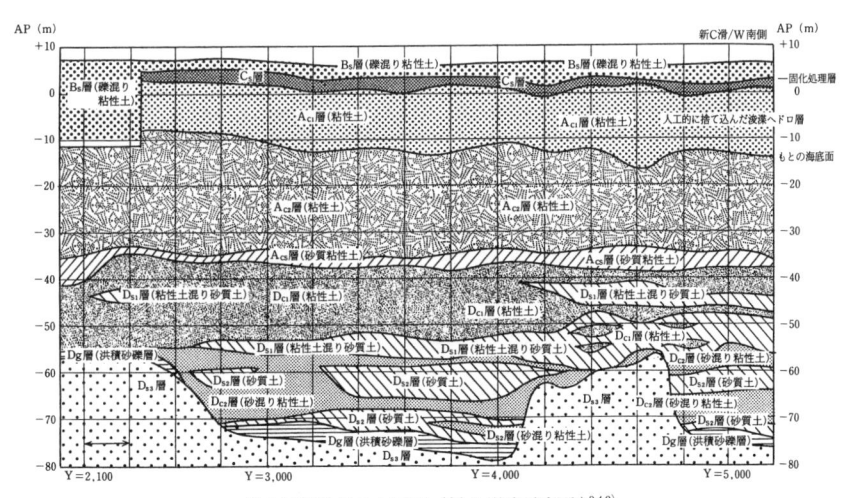

沖合展開地区の土層図（新 C 滑走路部分）3.4.2)

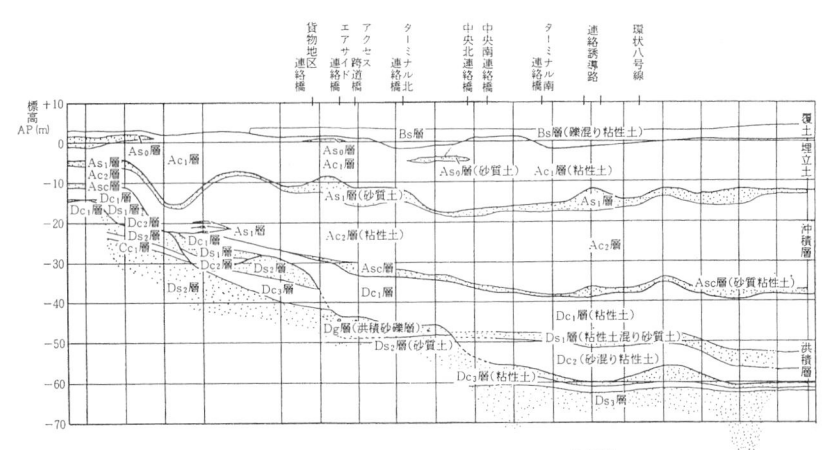

第 2 期地区土層図（西側旅客ターミナル前）3.4.3)

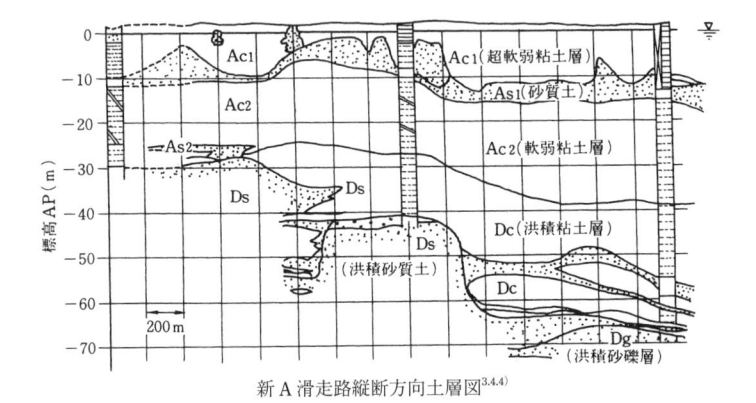

新 A 滑走路縦断方向土層図 3.4.4)

図 3.4.3　東京国際空港の模式地層断面図

表 3.4.2　調査目的と方法

調査目的	調査方法	建物1	建物2
地層構成と分布状況	ボーリング	○	○
支持層の選択と支持力	標準貫入試験，一軸・三軸試験，圧密試験	○	○
杭の水平抵抗	孔内水平載荷試験	○	○
地下施工	水位測定，透水試験	−	○
地盤の振動特性	PS検層，常時微動特性	−	△
液状化の判定	粒度試験，動的変形試験（非線形特性）	△	○
杭への影響	化学試験（pH・水溶性）	△	○

[注]　○：必ず実施，△：参考に実施，−：実施しない

表 3.4.3(a)　調査内容数量表（建物1）

	調査番号	No.1	No.2	No.3	No.4	No.5	No.6	No.7	No.8
原位置試験	調査深度　（m）	80	80	80	80	80	80	80	80
	標準貫入試験　（回）	80	76	74	74	80	74	74	76
	不攪乱試料採取			6	6		6	6	
	孔内水平載荷　（か所）		4						4
	現場透水試験　（か所）			3			3		
室内土質試験	物理試験	土粒子密度　（個）			6	6		6	6	
		含水比　（個）			6	6		6	6	
		粒度分析　（個）			6	6		6	6	
		液性・塑性　（個）			6	6		6	6	
		湿潤密度　（個）			6	6		6	6	
	力学試験	一軸圧密　（個）			3	3		3	3	
		圧密試験　（個）			3	3		3	3	
	化学的性質の試験（pH・水溶性）	2				2			2

＜化学試験＞

建設地は海岸近傍の埋立地であり，土壌による地下躯体や杭基礎（コンクリート・鉄）の腐食性を把握する目的で化学的性質の試験を行う計画とした．この試験は，ボーリング孔にて採取した試料を用いて行い，分析項目はpHと塩素イオン含有量とした．

＜その他の試験＞

建物2は重要施設であり大地震時にも建築物機能を確保する必要があることから，地震応答解析に用いるひずみ依存性の評価に必要な動的変形試験を行う．また液状化の可能性はAs層について，基礎指針2001に基づく簡易判定法により求まる液状化安全率（FL値）により判定することとした．

表 3.4.3(b)　調査内容数量表（建物 2）

	調査番号	No. 1	No. 2	No. 3	No. 4	No. 5	No. 6	No. 7	No. 8	No. 9
原位置試験	調査深度　　　　（m）	80	80	80	80	80	80	80	80	100
	標準貫入試験　　（回）	80	77	74	74	80	74	74	77	92
	不攪乱試料採取			6	6		6	6		8
	孔内水平載荷　（か所）		4						4	
	現場透水試験　（か所）			3			3			
	PS検層　　　　（点）									50回
室内土質試験	物理試験	土粒子密度　（個）			6	6		6	6		8
		含水比　　　（個）			6	6		6	6		8
		粒度分析　　（個）			6	6		6	6		8
		液性・塑性　（個）			6	6		6	6		8
		湿潤密度　　（個）			6	6		6	6		8
	力学試験	一軸圧密　　（個）			3	3		3	3		3
		圧密試験　　（個）			3	3		3	3		3
		動的変形試験（個）（非線形性特性）									3
	化学的性質の試験（pH・水溶性）	2				2			2	

(4) 調査結果と考察

＜地盤構成＞

調査地の地盤構成を表 3.4.4 に，標準貫入試験結果を図 3.4.4 に示す．

・埋土層：表層部の埋土層は，建設残土を主体とした盛土層と浚渫土による浚渫土層からなる．盛土層の層厚は 10〜17m 程度で，礫・砂・粘性土分が不規則に混在し，瓦礫類も多く混入している．浚渫土層の層厚は，0〜15m 程度で，沖積原地盤を掘削した跡に埋立てたもので，軟弱な粘性土と緩い砂質土に分類される．

・沖積層：沖積層はまず層厚の薄い（1〜5m 程度）上部砂層が存在し，その下部に有楽町層が存在する．有楽町層は，その上部 20m 程度の厚さを有する軟弱な粘土層とその下部に 3m 以下の薄い砂質粘土層からなり，N 値はおよそ 5 以下である．

・洪積層：洪積層は七号地層（七号地層の扱いは p.132 参照）・基底礫層・東京層・江戸川層からなっている．七号地層は埋没谷を埋める形で分布する層で，粘性土層と砂質土層の互層である．層厚は全体で 30〜35m 程度で，N 値も大きくばらついている．基底礫層は層厚が 0〜2m と薄く，N 値が 25 以上の砂礫層である．東京層・江戸川層は，粒子が不均一な細砂層で部分的に上部に粘性土を挟む場所もある．N 値は上部層を除き 50 以上で安定しており，層厚も厚い．

表 3.4.4　調査地の土層構成

堆積形態	地質時代	地層区分		土層記号	主な土質	N値（平均値/試料数）	層厚（m）
人工地盤	（現世）	埋立土層	盛土層	Bs	粘性土，改良土 礫・ガレキ混り土砂	0～50 以上 (15.8/162)	9.8～17.05
			浚渫土層	As0	シルト質細砂	3～10 (5.9/10)	0～4.0
				Ac1	粘土 砂質シルト	0.8～9 (4.0/78)	0～15.3
自然地盤	新生代・第四紀	完新世	沖積層 有楽町層 上部	As1	シルト質細砂 細砂	6～22 (12.6/14)	0～3.15
			下部	Ac2	粘土	0.7～9 (2.9/149)	16.05～26.55
				Asc	砂質シルト シルト質細砂	0～3.3 (1.1/10)	0.55～1.45
		更新世	洪積層 七号地層 上部	Dc1	粘土，シルト	0.8～8 (4.0/130)	9.45～11.0
				Ds1	シルト混り細砂 シルト質細砂	8～50 以上 (24.6/12)	0～1.95
			下部	Dc2	シルト 砂質シルト，腐植土質シルト	4.8～25 (10.4/121)	5.6～15.4
				Ds2	シルト混り細砂 礫混り細砂	2.9～50 以上 (27.5/29)	0～7.0
			基底礫層	Dg	礫混り細砂，砂礫	25～50 以上 (/6)	0～2.60
			東京層・江戸川層	Dc3	固結シルト 固結砂質シルト	14～50 以上 (/46)	0～6.7
				Ds3	シルト質細砂 細砂	24～50 以上 (/109)	2～30m 以上

<孔内水平載荷試験>

孔内水平載荷試験より得られた変形係数 E(kN/m^2) と N 値との関係を表 3.4.5 に示す．砂質土では $E \fallingdotseq 800 \sim 1\,200N$，粘性土で $E \fallingdotseq 900 \sim 1\,800N$ 程度の値となった．

<物理試験結果>

物理試験結果及び土質試験結果を表 3.4.6 に示す．埋土層は主に浚渫によるものであり，種々の粒径の粒子は，細粒分含有率の項の標準偏差に示されるように分布のばらつきが大きい地層となっていた．一方自然地盤である沖積層以深の層では，粒度分布のばらつきが小さな値を示している．また自然含水比は，埋土層ではばらつきが大きく，自然地盤では同一深度で同特性となっている．

<力学試験結果>

表3.4.7より浚渫土層Ac1と有楽町層Ac2の一軸圧縮強度の平均値は同等の値を示しており，浚渫土層のばらつきは大きいものの浚渫工事から30～40年が経過し，浚渫土が自然土と平均値ではほぼ同等の強度を示す結果となっている．

敷地中央部での圧密降伏応力を図3.4.5に示す．深度30～40mの有楽町層Ac2の粘性土層では正規圧密～圧密未了状態を示しており，他の地点でも同様の傾向が見られた（図省略）．なお昭和末期当時の羽田地域での圧密試験結果では，ほぼ全ての浚渫土層と有楽町層の粘性土が圧密未了であったとの報告もあることから，圧密強度が徐々に高まってきていると判断される．

<PS検層>

PS検層結果を図3.4.6に示す．せん断波速度V_sは，GL－60m（七号地層）までは100～230m/sと低い値が続き，工学的基盤とみなせる層は，GL－60m以深の東京層・江戸川層以深でV_s＝320～560m/sであった．

表3.4.5　孔内水平載荷試験結果

地点	中心深度(m)	対象土層	推定N値	変形係数 E(kN/m²)
No.2	6.5	Bs 礫混り砂質粘土	5 程度	1.88×10^3
	13.5	Ac1 粘土	4 程度	4.96×10^3
	17.5	Ac1 粘土	4 程度	6.07×10^3
	20.0	As0 シルト質細砂	9 程度	8.36×10^3
	24.0	Ac1 粘土	7 程度	12.9×10^3
	26.5	As1 シルト質細砂	11 程度	12.9×10^3
No.8	6.5	Bs シルト混り砂礫	10 程度	1.95×10^3
	13.5	Ac1 腐植土混り粘土	5 程度	5.53×10^3
	16.5	Ac1 粘土	6 程度	8.06×10^3
	18.0	Ac1 砂質シルト	6 程度	5.36×10^3
	20.5	Ac1 砂混りシルト	6 程度	5.06×10^3
	22.5	As1 シルト混り細砂	6 程度	4.77×10^3

<化学試験結果>

土壌による地下躯体や杭基礎への腐食性を把握する目的で行った化学的性質の試験結果を表3.4.8と表3.4.9に示す．pHは7以上で，アルカリ性となっておりコンクリートに対する腐食性は小さい．また塩化物イオン含有量は，有楽町層の下部層（Ac1，Ac2層）で0.6％以上と高い値を示しており，地盤の比抵抗が低下しやすいことから，鋼材の腐食性が高いと判断できる．従って鋼杭の採用に際しては，腐食代を余分に取るなどの配慮が必要になると考えられる．

<液状化判定>

地盤の液状化の発生の可能性については，基礎指針2001年に示された簡易判定法の液状化安全率（FL値）を用い判断する．地表面加速度が200cm/s²の場合の検討結果から，一部の層でFL＜1となり液状化が発生すると判断されるが，連続して液状化する傾向は見られず，液状化は

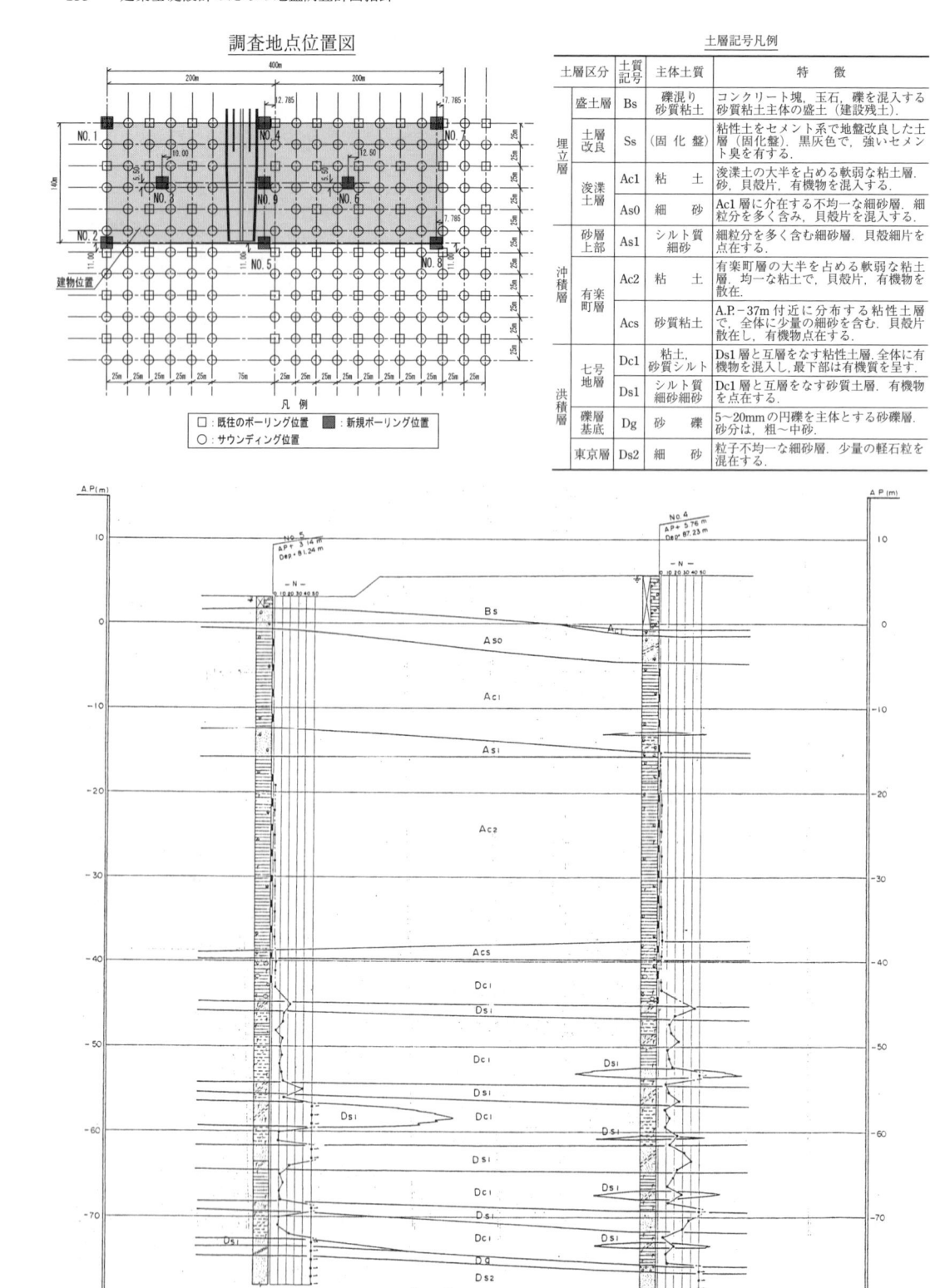

-138- 建築基礎設計のための地盤調査計画指針

調査地点位置図

土層記号凡例

土層区分		土質記号	主体土質	特徴
埋立層	盛土層	Bs	礫混り砂質粘土	コンクリート塊、玉石、礫を混入する砂質粘土主体の盛土（建設残土）．
	土層改良	Ss	(固化盤)	粘性土をセメント系で地盤改良した土層（固化盤）．黒灰色で、強いセメント臭を有する．
	浚渫土層	Ac1	粘土	浚渫土の大半を占める軟弱な粘土層．砂、貝殻片、有機物を混入する．
		As0	細砂	Ac1層に介在する不均一な細砂層．細粒分を多く含み、貝殻片を混入する．
沖積層	砂層上部	As1	シルト質細砂	細粒分を多く含む細砂層．貝殻細片を点在する．
	有楽町層	Ac2	粘土	有楽町層の大半を占める軟弱な粘土層．均一な粘土で、貝殻片、有機物を散在．
		Acs	砂質粘土	A.P.-37m付近に分布する粘性土層で、全体に少量の細砂を含む．貝殻片散在し、有機物点在する．
洪積層	七号地層	Dc1	粘土、砂質シルト	Ds1層と互層をなす粘性土層．全体に有機物を混入し、最下部は有機質を呈す．
		Ds1	シルト質細砂細砂	Dc1層と互層をなす砂質土層．有機物を点在する．
	礫層基底	Dg	砂礫	5～20mmの円礫を主体とする砂礫層．砂分は、粗～中砂．
	東京層	Ds2	細砂	粒子不均一な細砂層．少量の軽石粒を混在する．

図 3.4.4 地層断面図

表 3.4.6 土層別の物理特性

地層	土粒子の密度 ρ_s (g/cm³)	自然含水比 W_n (%)	細粒分含有率 F_c (%)	湿潤密度 ρ_s (g/cm³)	間隙比 e
Bs	2.65～2.80 (2.72/46) 0.0261	17.5～96.4 (43.4/46) 17.3608	8～99 (41.1/45) 26.022	1.45～1.90 (1.71/26) 0.1297	0.89～2.61 (1.43/20) 0.4771
As0	2.70, 2.74 (2.72/11) 0.0102	26.7～45.5 (35.7/10) 6.4941	32～69 (41.4/11) 9.9627	1.76 (1.76/1)	1.27 (1.27/1)
Ac1	2.65～2.76 (2.71/38) 0.0208	31.9～78.1 (55.4/34) 12.5102	45～100 (84.3/28) 15.6977	1.53～1.88 (1.67/29) 0.1001	0.92～2.13 (1.55/29) 0.3460
As1	2.70, 2.72 (2.71/13) 0.0071	24.1～35.0 (29.6/12) 3.7029	17～48 (27.1/13) 10.4918	1.96 (1.96/1)	0.79 (1.79/1)
Ac2	2.63～2.77 (2.68/73) 0.0250	32.1～98.5 (79.1/73) 14.5186	53～99 (96.1/35) 7.9164	1.46～1.82 (1.53/72) 0.0794	1.04～2.68 (2.16/72) 0.3501
Asc	2.70～2.75 (2.72/3) 0.0215	43.2～43.5 (43.3/3) 0.1528	42～48 (45.0/3) 3.0000	1.75～1.77 (1.76/3) 0.0101	1.21～1.23 (1.22/3) 0.0098
Dc1	2.70～2.75 (2.72/7) 0.0163	52.4～59.1 (55.9/7) 2.3594	95～100 (98.0/5) 1.8708	1.66～1.70 (1.67/7) 0.0160	1.44～1.63 (1.54/7) 0.0697
Dc2	2.67～2.71 (2.69/8) 0.0129	36.1～48.3 (40.6/8) 3.5422	84～100 (95.4/7) 5.6821	1.69～1.84 (1.78/7) 0.0500	1.00～1.36 (1.12/7) 0.1141
Ds3	2.71 (2.71/1)	19.8 (19.8/1)	5 (5/1)	—	—

※（ ）内は平均値/データ数・下段は標準偏差

表 3.4.7 一軸圧縮試験結果

地層	一軸圧縮強度 q_u (KN/m²)	破壊ひずみ ε_f (%)	変形係数 E_{50} (×10³MN/m²)
Bs	50.1～147（90.6） 35.6429	2.1～5.4（3.9） 1.2589	2.87～10.5（5.72） 2.6441
Ac	129.1～252（161） 59.1553	1.8～8.6（4.3） 1.8270	1.88～18.3（9.78） 3.9306
Ac	256.7～207（160） 23.3882	2.7～6.5（3.9） 0.8118	2.43～15.7（8.83） 2.3446
Asc	147～152（149） 2.5166	2.6～3.5（3.2） 0.5196	7.10～9.06（7.93） 1.0124
Dc1	111～265（197） 56.7786	2.9～7.8（4.4） 1.6232	3.35～21.8（11.0） 6.5928
Dc2	116～297（245） 75.1465	3.9～6.8（4.8） 1.1802	2.24～12.3（8.46） 3.8950

※（ ）内は平均値・下段は標準偏差

部分的なものになると想定される．

(5) 設計への適用

＜建物1＞

　想定した杭基礎の支持層は，七号地層最下部の基底礫層とすることが可能と判断される．杭の設計に際しては，浚渫土層と沖積層の粘性土部で，圧密未了との結果が得られたことから，負の摩擦力が発生することを考慮する必要がある．また，液状化判定結果より，部分的に液状化発生の可能性がある砂質土層が存在するため，水平地盤反力係数の低減など設計上の配慮が必要である．さらに軟弱地盤であることから地震時の地盤変位が大きくなることも考慮する必要がある．

　杭種別の選定においては，杭長が60m程度と長く中間部にN値の高い層が存在すること，負の摩擦力が作用すること，鋼材の腐食の可能性があることなどに配慮する必要がある．具体的な杭工法としては，大深度での実績が多い場所打ちコンクリート杭（リバース工法）や鋼管杭（腐食しろに関する精査が必要）等が考えられる．

＜建物2＞

　建物2は沈下制限が厳しいことから，先端支持層として

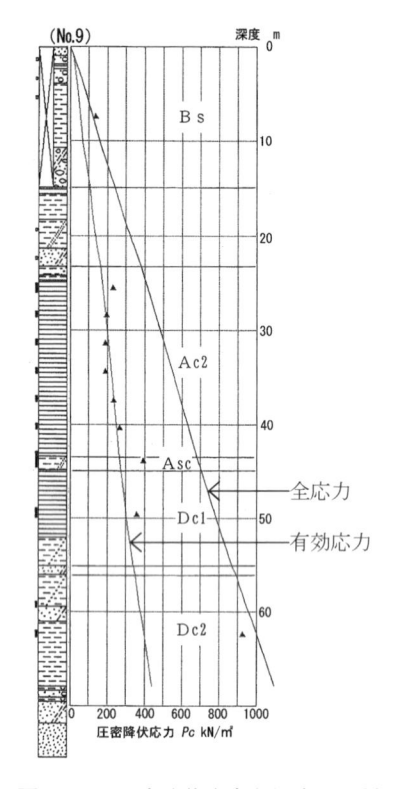

図 3.4.5 圧密降伏応力と深度の関係

表 3.4.8 pH試験結果

地層	No. 4 地点	No. 6 地点	No. 14 地点	平均
Bs	−	−	8.2	8.2
Ac1	8.7	8.5	−	8.6
Ac2	8.8	8.4	8.5	8.6
Dc1	8.1	8.2	7.7	8.0
Dc2	7.9	7.7	8.0	7.9

表 3.4.9 土の水溶性成分試験結果（塩化物イオン含有量％）

地層	No. 4 地点	No. 6 地点	No. 14 地点	平均
Bs	−	−	0.157	0.157
Ac1	0.821	1.041	−	0.931
Ac2	0.840	0.674	0.504	0.673
Dc1	0.399	0.234	0.106	0.246
Dc2	0.033	0.084	0.075	0.064

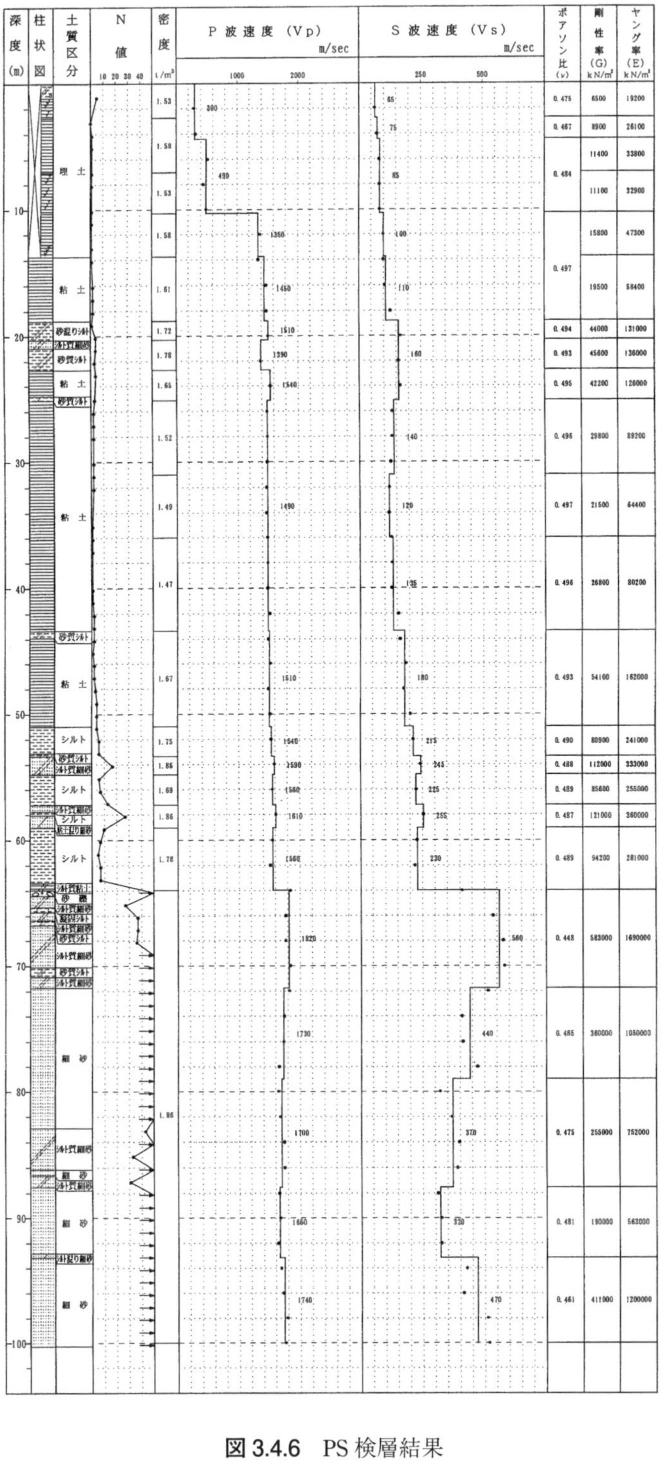

図 3.4.6 PS検層結果

は東京層・江戸川層が適切であると判断される．杭の設計の考え方，杭種別の選定については建物1と同様であるが，杭長が60mを超える場合は，杭の施工可能長さ以内であるかを確認しておく必要がある．

また，耐震設計においてはGL−60m以深の東京層・江戸川層を工学的基盤として，PS検層および動的変形試験結果に基づく地盤増幅特性を考慮した上で，設計用入力地震動を作成し，時刻歴応答解析を行う．

地下工事（根切り底は最大GL−10m程度）の施工計画については，まず地下水位や透水係数を元に湧水量を算定し，排水計画の立案，排水工法の選定を行う．

また，山留め架構は，山留めの断面性能や根入れ長について，地盤の密度・粘着力・内部摩擦角を用いて側圧を算出して設計するとともに，水位が高いことから止水性の高い山留め工法を採用すべきである．具体的な山留め工法としては，止水性を考慮して鋼製矢板壁（シートパイル）やソイルセメント柱列壁等が考えられる．

3.4.1.2 埋立地に建設される大規模建築物の調査計画例
(1) 建築計画
① 敷地の位置・形状

敷地は東京臨海副都心台場地区に位置し，敷地の面積は約13 000m^2（153m×85m）である．臨海副都心の開発は，東京都により進められ，多くの地盤調査が行われおおよその地盤特性が把握されている．

② 建築物の規模

建築物はS造地上24階・地下2階の高層棟とRC造地上4階・地下なしの低層棟からなる計画である．建築面積は高層棟が概ね100m×80m＝8 000m^2，低層棟は概ね30m×50m＝1 500m^{2}である．

(2) 事前調査
① 文献調査結果

図3.4.7に示すように，建設地は東京湾最奥部の荒川河口から隅田川河口一帯に広がる埋立地域の一角に位置し，建設地の位置する台場地区は昭和40年代後半に埋立てや造成された地域である．標高はAP＋6.0m～6.5m（GL±0m～−0.5m）と平坦な地形をなしており過去に多くの調査がなされている．

建設地が位置する臨海副都心計画地域一帯は洪積世の埋没台地上に位置し，ほぼ北から南へと延びており，その東側および西側にはGL−46m～66mに及ぶ埋没谷が発達している．地層構成は表3.4.10に示すように，第三紀鮮新世の堆積物である上総層群を基盤とし，上部には更新世の江戸川層・東京礫層・東京層が順次堆積し，さらにその上部を完新世の有楽町層が覆っている．さらに最上部には現在の地層をなす埋立土層が分布している．

図3.4.8(a)，(b)に既往の文献に示された建設地一帯の地盤状況の概要を示す．

(3) 調査計画
① 基礎形式の想定

表 3.4.10　台場地区の標準的な地質層序

時代		地　層		記号	特　徴
第四紀	完新世	埋土	埋土層	U	上部は建設残土 下部は浚渫土
		有楽町層	粘性土層	Yuc	極軟弱な粘性土
			砂質土層	Yus	非常に緩い砂質土
	更新世	東京層	粘性土層	Toc	比較的硬質で砂との互層状
			砂質土層	Tos	貝化石を含む均質な細砂主体
		東京礫層	礫質土層	Tog	密な細礫層 良好な支持地盤
		江戸川層	粘性土層	Edc	硬質な粘性土
			砂質土層	Eds	密な砂質土層 均質である
			礫質土層	Edg	極密な砂礫層
第三紀	鮮新世	上総層群	固結シルト層	Kac	非常に硬質 基盤層

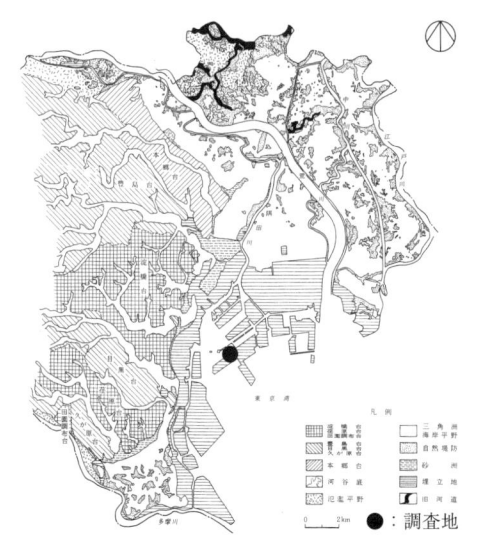

図 3.4.7　建設地と東京地形区分[3.4.5)]

　近隣の地盤調査資料より，本敷地では洪積層の東京礫層・江戸川層まで安定した支持層が見られないことから，杭基礎を想定する．また高層棟では確実な支持層としてGL－40m付近の江戸川層を，低層棟についてはGL－33m付近の東京礫層を支持層と考える．

② 調査内容・数量の決定

　事前調査により推定した地盤特性および想定される基礎形式から設定した調査仕様を表3.4.11に，調査計画の概要を以下に示す．

＜ボーリング調査・標準貫入試験＞

　文献調査結果より，建設地の支持地盤は比較的一定の深さにあるが，埋没谷に一部掛かっていることから，ボーリング調査位置（＝標準貫入試験位置）は図3.4.9に示す12地点とした．

　支持層は東京礫層ではGL－33m付近，江戸川層ではGL－40m付近と想定されることから，調査深度としては，支持層の不陸に対する余裕を見て低層棟部ではGL－43m，高層棟部ではGL－50mとした．なお高層棟中央部では，振動特性を把握するためのPS検層を行うこととしており，調査深度は工学的基盤深さが不明であることから余裕を持たせてGL－120mとした．

＜孔内水平載荷試験＞

　孔内水平載荷試験は，基礎底面レベルが，低層棟ではGL－2m，高層棟はGL－8mまたは15m程度となることから，低層棟部で1か所2深度，高層棟部では2か所4深度の計測を行う計画とした．

＜透水試験＞

　建設地は海に近く，水位が高いことおよび根切り底が高層部でGL－15m程度と深いことから，

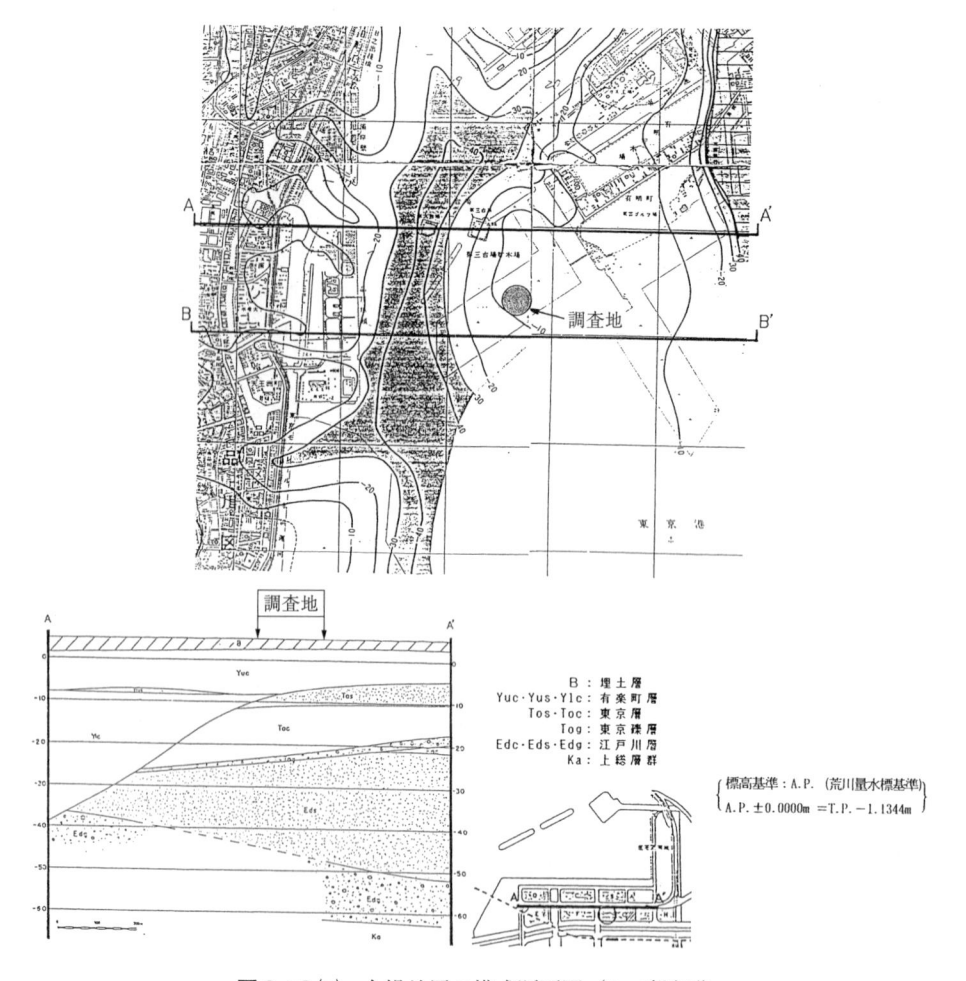

図 3.4.8(a) 台場地区の模式断面図（A-A'断面）

地下掘削時の排水計画を行うための現場透水試験と間隙水圧測定を行う計画とした．箇所数は3地点で，砂質層を中心に2または3深度の測定を行う．

＜サンプリング＞

サンプリングは，粘性土については力学試験に用いるために軟弱な場合にはシンウォール，硬質な場合にはデニソンサンプラーを用いて，砂質土層については液状化試験に用いるためにトリプルチューブサンプラーを用いて行う．採取位置は建築物全域にわたる8地点とし，地層ごとに採取した．

＜室内土質試験＞

物理試験は，すべてのボーリング地点において各地層について粒度・土粒子比重・含水比試験を行うと共に，4地点において液性限界・塑性限界・湿潤密度試験を行う．

一軸圧縮・三軸圧縮・圧密試験は4地点において，一軸圧縮試験は埋土層を含む粘性土全般について，三軸圧縮試験は比較的砂分を多く含む東京層の粘性土について，圧密試験は代表的な粘性土層である有楽町層と東京層について行う．

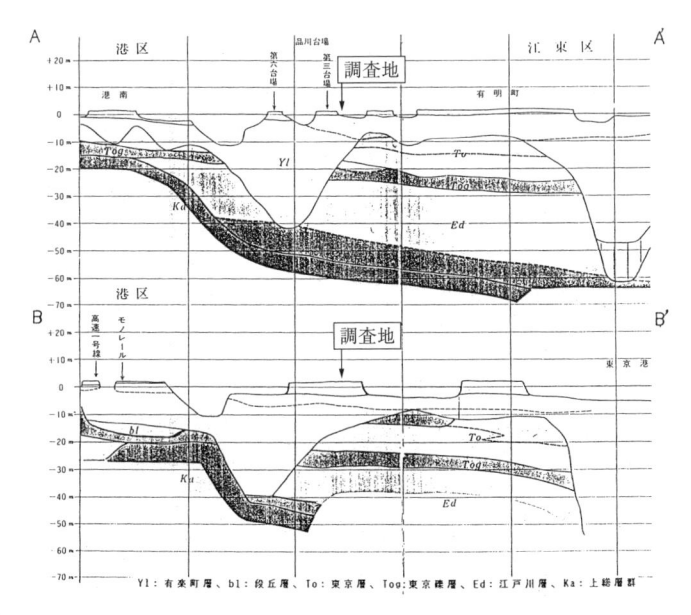

図 3.4.8(b) 台場地区の地層断面図

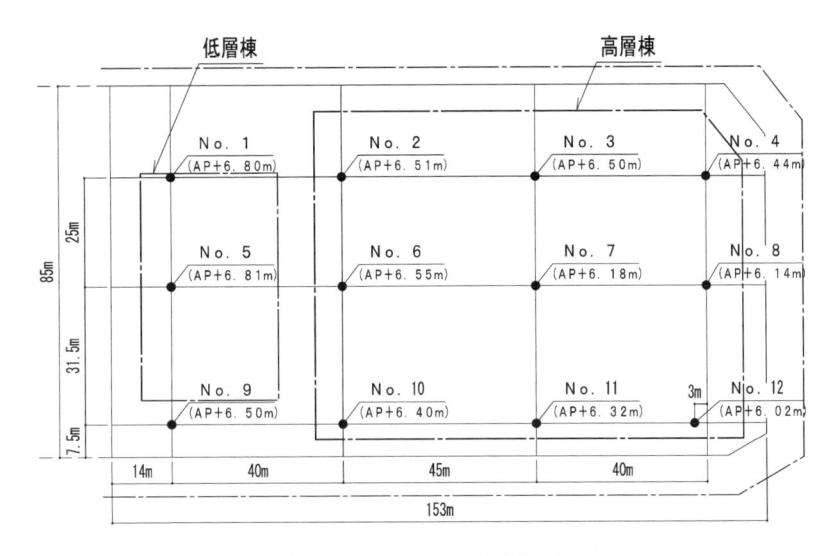

図 3.4.9 ボーリング位置図

　液状化試験は7地点において有楽町層と東京層の砂質土について，動的変形試験は6地点において深い地層である江戸川層を含め各地層について1点ずつ行う．

<化学試験>

　建設地は海岸近傍の埋立地であり，土壌による地下躯体や杭基礎への腐食性（コンクリート・鋼材）を把握する目的で化学試験を行う．この試験は，ボーリング孔（No.5）にて採取した試料を用いて行い，分析項目はpHと塩素イオン含有量とした．

表 3.4.11 調査仕様

ボーリング孔No.	掘進長(m) φ66mm 粘性土	φ66mm 砂質土	φ66mm 礫質土	φ66mm 土丹	φ86mm 粘性土	φ86mm 砂質土	φ86mm 礫質土	φ86mm 土丹	φ116mm 粘性土	φ116mm 砂質土	φ116mm 礫質土	φ116mm 土丹	掘進長合計	標準貫入試験(回) 粘性土	砂質土	礫質土	土丹	合計	不攪乱試料採取(回) シンウォール	デニソン	トリプル チューブ	原位置試験(回) 間隙水圧測定	現場透水試験	横方向K値測定 低圧	高圧	PS検層(m)	常時微動(回) 長周期	短周期	キャリパー検層(m)	密度検層(m)	室内土質試験(試料) 粒度	比重	含水比	液性限界	塑性限界	湿潤密度	一軸圧縮	三軸圧縮(UU)	圧密	透水	動的変形	液状化強度	水質分析
1	23	14	2		5	2							46	24	17	2		43	2												20	20	20			2					1	1	
2	30	1							25	21	3		50	12	8	3		23	8	6	9			4							17	17	17	8	8	15	6	4	3	2	9	2	
3	11	11	2		31	8	3						43	26	9	7		42													18	18	18										
4		8				13			24	23	3		50	18	13	6		37	4	1	2	5	2	4	1						11	11	11	1	1	3	6	4	3	2	9	1	5
5	4				27									8	13	3		24																									
6		7				15			28				50	20	18	1		39	1	1	14	6	3	4	1						20	20	20	10	10	18	6	4	3	2	11	2	
7				32	29	15	4						127	24	20	11	26	81			1					118	1	4	127	127	9	9	9			1							
8	3	3			29	15	3						50	13	11	3		27	6	8	4	6	3	4	1						8	8	6	2	2	3					3	1	
9		8			24	15							50	16	19	2		37			7										17	17	17	9	9	15	6	4	3	3	9	2	
10	26	13	4										43	24	14	4		42													9	9	9										
11		1			29	16	4						50	12	13	4		29	6	8	11	6	3	4							20	20	20	9	9	15	7	4	3	2	10	2	
12	27	13	3		28	12							43	26	16			42													20	20	20										

＜PS検層・密度検層・常時微動測定＞

　入力地震動評価に用いる表層地盤の振動特性に関する調査として，PS検層・密度検層および常時微動測定を行う．測定位置は，敷地の中央部とした．地盤の振動解析に用いるPS検層・密度検層は，当該地の支持層以深の地盤特性が不明であったため約GL－120mまで測定する．地盤の卓越周期や地盤による地盤振動の増幅を把握するための常時微動測定は，1秒計と5秒計を用いて地表と地中3点（有楽町層上部，江戸川層上部，上総層上部）で計測を行う．

(4) 調査結果と考察

＜地盤構成＞

　調査地の地質層序を表3.4.12に想定地層構成を図3.4.10に示す．表層部の埋土層は，建設残土を主体とする上部層と浚渫土砂による下部層からなり，層厚は6～7mである．

　沖積層である有楽町層は，軟弱な粘性土層と緩い砂質土層からなるが，砂質土層は局所的な分布である．有楽町層の層厚は6～8m程度で，N値は粘性土部で0～4と非常に軟弱である．

　この層以深は洪積層で，このうち東京層は砂質土層と粘性土層からなり，砂質土層の層厚は3～6mで，N値はばらつきがあるが概ね20程度である．また粘性土層は層厚13～15m程度で，N値は10前後である．東京層の基底部に当る東京礫層は，GL－30～35m位置に出現し，層厚は2～4mと薄いがN値は50以上で硬質である．

　江戸川層は概ねGL－35m以深から出現し，砂質土層，粘性土層，礫質土層からなり，N値は50以上で傾斜はほとんど見られない．その下部は固結シルトからなる上総層群で，N値50以上の安定した層が続いている．

＜透水係数・地下水位＞

　透水試験による砂質土層の透水係数は，敷地周辺の既往の調査結果と同程度の結果（1×10^{-5}

表3.4.12　調査地の地質層序

時代		地層		記号	N値
第四紀	完新世	埋土	埋土層	U	0～18
		有楽町層	粘性土層	Yuc	0～4
			砂質土層	Yus	3～22
	更新世	段丘層	段丘堆積層	bt	2～13
		東京層	粘性土層	Toc	3～30
			砂質土層	Tos	2～50以上
		東京礫層		Tog	37～50以上
		江戸川層	砂質土層	Eds	22～50以上
			粘性土層	Edc	－
			礫質土層	Edg	50以上
第三紀	鮮新世	上総層群	固結シルト層	Kac	50以上

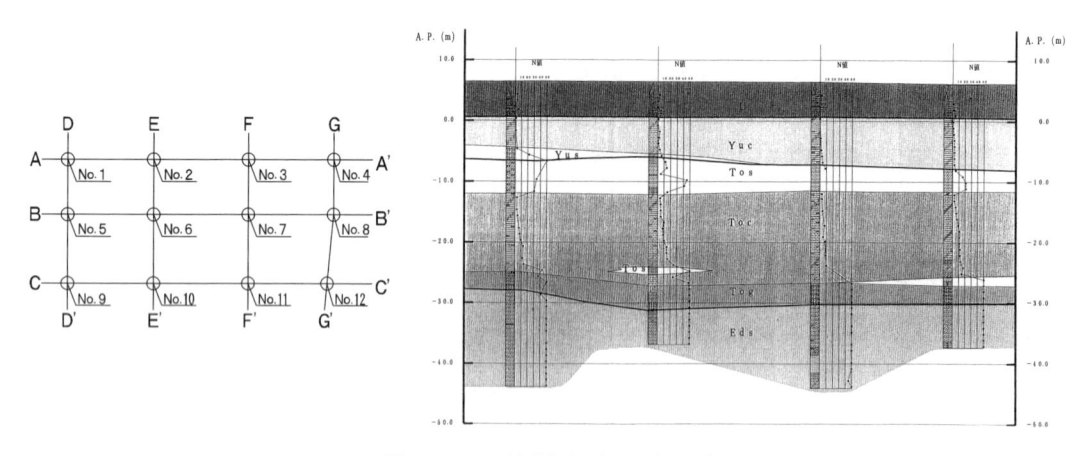

図 3.4.10　地層構成（C-C'断面）

～10^{-3}）となった．また，間隙水圧測定より求めた被圧水頭は GL-10m 程度と，臨海部としては低くなっているが，近隣の工事に伴う水位低下の影響が含まれている可能性もある．

＜室内土質試験結果＞

室内土質試験結果のまとめを表 3.4.13 に示す．

有楽町層粘性土はシルト主体で，東京層粘性土は均質な粘性土であり低液性限界である．東京層砂質土は均等な粒径の砂質土で，間隙比が比較的大きい．東京礫層は礫と砂が主体の礫質土層である．江戸川砂質土はほぼ均一な砂質土層で比較的締まった層である．江戸川粘性土はシルト質主体の均質な粘性土であり低液性限界である．

図 3.4.11 に地盤応力（全上載圧，有効上載圧）と圧密降伏応力の分布を示す．図中には一軸圧縮試験，三軸圧縮試験によるせん断強度も示している．有楽町層は圧密降伏応力が有効応力を超えておりやや過圧密な状態（過圧密比 1.3）で，東京層粘性土層は明らかな過圧密状態（過圧密比 2.6～3.3）を示している．

＜孔内水平載荷試験＞

孔内水平載荷試験より得られた変形係数 E (kN/m^2) と N 値との関係を表 3.4.14 に示す．砂質土では $E=520$～$1440N$，粘性土では $E \fallingdotseq 1140$～$4850N$ と幅を持った値となった．

＜化学試験結果＞

地盤による地下躯体や杭基礎への腐食性を把握する目的で行った化学的性質の試験結果を表 3.4.15 に示す．pH は中性を示す 7 以上でアルカリ性となっており，基礎部材に対する腐食性は小さい．一方，塩化物イオン含有量は，有楽町層や東京層で 0.2％以上と比較的高い値を示したことから，鋼材の腐食の可能性があるものと判断される．

＜液状化判定＞

地盤の液状化については，液状化試験結果および液状化試験結果のない深度では基礎指針（2001）に示された N 値と粒度試験を用いた簡易判定法で液状化安全率 FL を算定して判定する．

判定の結果，ごく稀な地震動レベル（終局限界検討用地震動：地表面最大速度 50cm/s）に対

表 3.4.13 室内土質試験結果の一覧表（平均値）

地層（凡例参照）			U層	Yuc層	Yus層	bt層	Toc層	Tos層	Tog層	Eds層	Ka層
粒度特性	粗粒分含有率	(％)	38.4	27.4	82.5	58.7	15.1	74.2	84.6	78.5	17.5
	細粒分含有率	(％)	62.5	72.9	17.5	41.3	84.8	25.8	17.6	21.5	82.5
	50％粒径		0.202	0.046	0.227	0.426	0.023	0.628	3.474	0.174	0.022
	均等係数		43.6	51.7	16.5	106.5	60.4	34.0	49.3	17.4	20.5
コンシステンシー特性	液性限界	(％)	60.2	55.6	−	87.5	56.9	−	−	−	51.1
	塑性限界	(％)	29.5	27.5	−	40.7	27.7	−	−	−	24.7
	塑性指数		30.7	28.2	−	48.6	29.2	−	−	−	26.4
比重			2.673	2.669	2.691	2.645	2.674	2.688	2.703	2.691	2.674
含水比		(％)	49.4	50.6	26.6	53.3	50.6	30.0	11.7	27.9	32.9
湿潤密度		(g/cm^3)	1.650	1.718	−	1.515	1.735	1.846	−	1.856	1.902
間隙比 e			1.602	1.412	−	1.922	1.294	0.902	−	0.870	0.869
一軸圧縮強度		(kN/m^2)	55.8	85.8	−	159.7	377.3	−	−	−	−
三軸圧縮 UU	粘着力	(kN/m^2)	−	41.8	−	−	205.8	−	−	−	−
	せん断抵抗角	(°)	−	0	−	−	0	−	−	−	−
圧密降伏力		(kN/m^2)	−	128.7	−	−	644.4	−	−	−	−
透水試験		(cm/sec)	−	−	−	−	1.9E^{-6}	−	−	−	−

◎：凡例：U層　：埋土層　・Yuc層：有楽町層粘性土層　・Yus層：有楽町層砂質土層
　　　　bt層　：段丘堆積物層　・Toc層：東京層粘性土層　・Tos層：東京層砂質土層
　　　　Tog層：東京礫層　　　・Eds層：江戸川層砂質土層　・Ka層：上総層群粘性土層

する液状化安全率 FL が表層の埋土層および有楽町層と東京層砂質土層の境界部で FL<1 となった以外は，FL>1 となった．したがって液状化層は限定的であり，連続して液状化する地盤ではないと判断される．

＜PS検層・常時微動測定＞

PS検層の結果を図 3.4.12 に示す．GL−33m の東京礫層でせん断波速度 V_s は 500m/s となり，その直下の砂層で 380m/s と 400m/s をやや下回るが，以深は $V_s≧400$m/s の安定した層が連続しており，東京礫層を工学的基盤と考えることができると判断した．

常時微動測定より，地表面から GL−33m までの伝達関数における応答倍率から判断して，地盤の卓越周期は 0.15 秒・0.25 秒・0.6 秒付近と推定される．

(5) 設計・施工への適用

想定した杭基礎の支持層としては，低層棟が GL−30〜35m 以深の東京礫層，高層棟が GL−35m 以深の江戸川層とすることができると判断した．ただし，東京礫層は多少不陸があるので低層棟の杭長設定には留意を要する．また，限定的ではあるが液状化の可能性があり，かつ軟弱な有楽町層部分については大地震時に大きな水平変形が生じる可能性があり，地盤変形を考慮した杭の設計を行うのか適切である．なお，粘性土層はすべて過圧密状態であり，負の摩擦力を考慮する必要はな

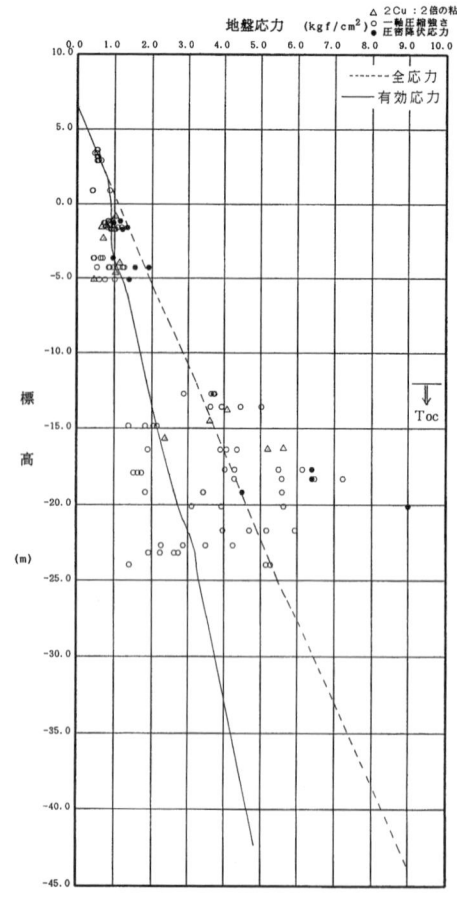

図 3.4.11 地盤応力と圧密降伏応力の比較

表 3.4.14 孔内水平載荷試験結果

地層名	試験深度 AP－m	N値 (回)	変形係数 E (kN/m²)	E/N 値
有楽町粘性土層（Yuc）	3.56	2	2.29×10^3	1.14×10^3
	4.00	1	2.88×10^3	2.88×10^3
東京層砂質土層（Tos）	6.95	10	5.24×10^3	0.52×10^3
	10.50	34	29.87×10^3	0.88×10^3
東京層粘性土層（Toc）	14.56	5	13.41×10^3	2.68×10^3
	13.50	3	14.54×10^3	4.85×10^3
江戸川層砂質土層（Eds）	31.16	42	37.50×10^3	0.89×10^3
	31.50	50	72.04×10^3	1.44×10^3

表 3.4.15 化学的性質の試験結果

試料 No.	5－5	5－9	5－11	5－13	5－15
採取深度 (AP－m)	2.19〜3.04	9.19〜10.79	17.19〜21.19	24.19〜25.19	36.19〜37.19
地層名（記号）	Yuc	Tos	Toc	Tos	Eds
pH	8.2	8.6	7.8	8.2	8.9
塩素イオン含有量（%）	0.50	0.24	0.29	0.096	0.076

地層名凡例： Yuc：有楽町層粘性土層
　　　　　　Tos：東京層砂質土層
　　　　　　Toc：東京層粘性土層
　　　　　　Eds：江戸川層砂質土層

い．

　時刻歴応答解析のための設計用入力地震動は，PS検層結果から算定される $V_s \cdot G \cdot \rho$ などの振動特性定数と，動的変形試験結果に基づく G-γ, h-γ 関係を用いて工学的基盤より浅部地盤の伝播特性を考慮して作成する．

　化学試験より地盤の pH はアルカリ性を示しており基礎部材の腐食性（耐久性）への影響は少ないと考えられるが，塩化物イオン含有量がやや高いことからコンクリート系の基礎部材とすることが望ましい．

　高層棟における地下掘削工事では，地下水位が高いことから，止水性の高いシートパイルまたはソイルセメント柱列壁の採用が適切である．また排水計画においては，有楽町層の粘性土層が止水層となり得るが，地下水位については周辺工事の影響による一時的水位低下の可能性についても留意する必要があると考えられる．

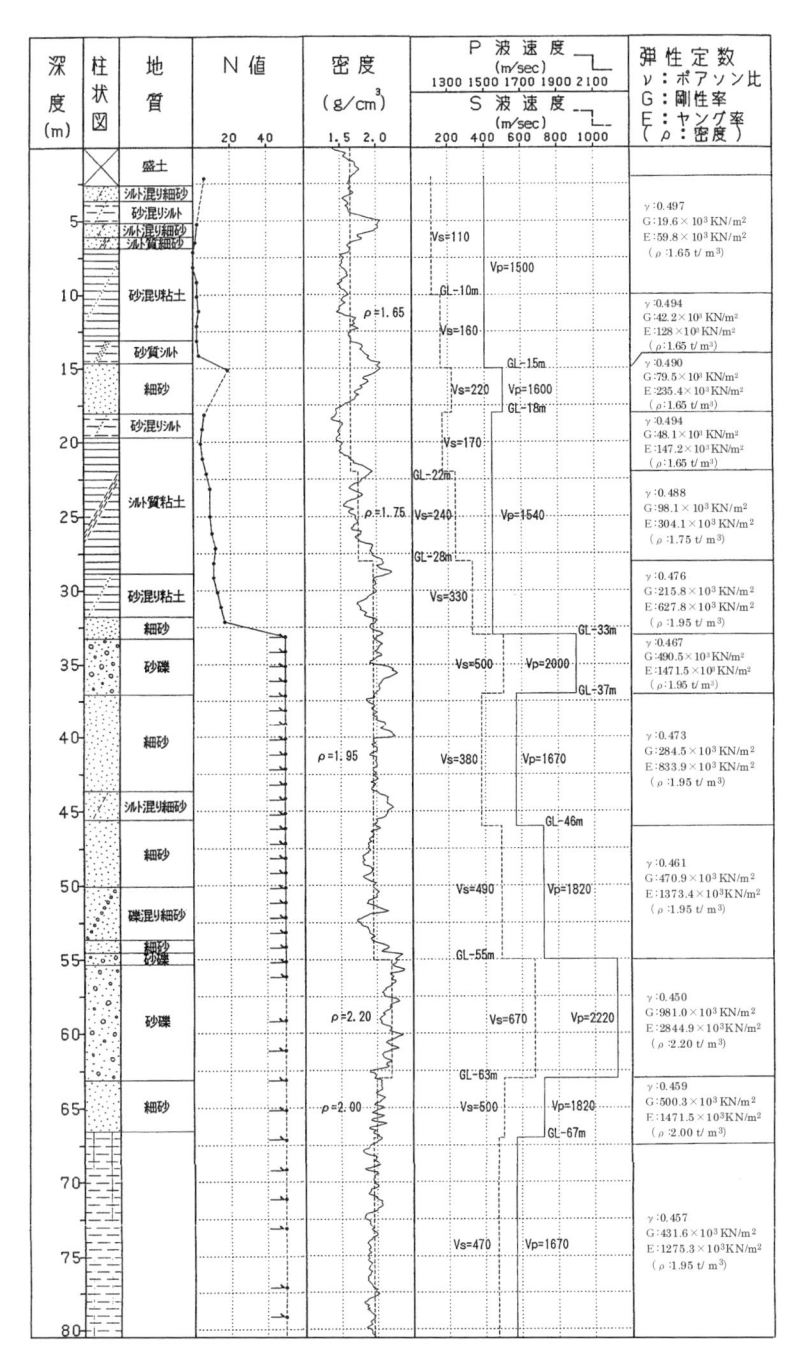

図 3.4.12 PS検層結果（GL-80m以深のデータは省略）

3.4.2 ため池などの埋立地における調査計画例

(1) 建築計画

① 敷地の位置・形状

　敷地は図 3.4.13 に示すように大阪府貝塚市の臨海部に位置している．敷地の形状は，およそ 500m×370m とほぼ長方形を成し，総面積は約 18 万 m^2 である．

　本事例は埋立地に位置しているが，埋土の一部が浚渫粘土で埋め立てられており，この分布と土質特性の把握について特に配慮した調査計画とした．

② 建築物の規模

　計画されている建築物は鉄骨造 3 階建て（地下なし）の工場であり，ほぼ 150m 角の整形な建物である．

(2) 事前調査

　当該地は，大阪湾岸部の埋立地に立地しており，埋土層ならびに海底面下の地盤層序は周辺の既往ボーリングから概ね推定することが可能であった．しかしながら，埋立造成履歴から，当該地一帯はポンプ浚渫により埋立てられた粘性土がポンド（池）状に溜っていることが予想された．この浚渫粘土層が分布する範囲，深さ（厚さ），ならびに圧密度の評価が重要な技術課題であることが調査計画時に判明した．

　既往のボーリングデータの一例を図 3.4.14 に示す．埋立地盤には表層の砂質土層の下に厚い埋立粘土層（浚渫粘土）が分布していることが判る．これ以深は薄い沖積粘土層が出現し，その下位に

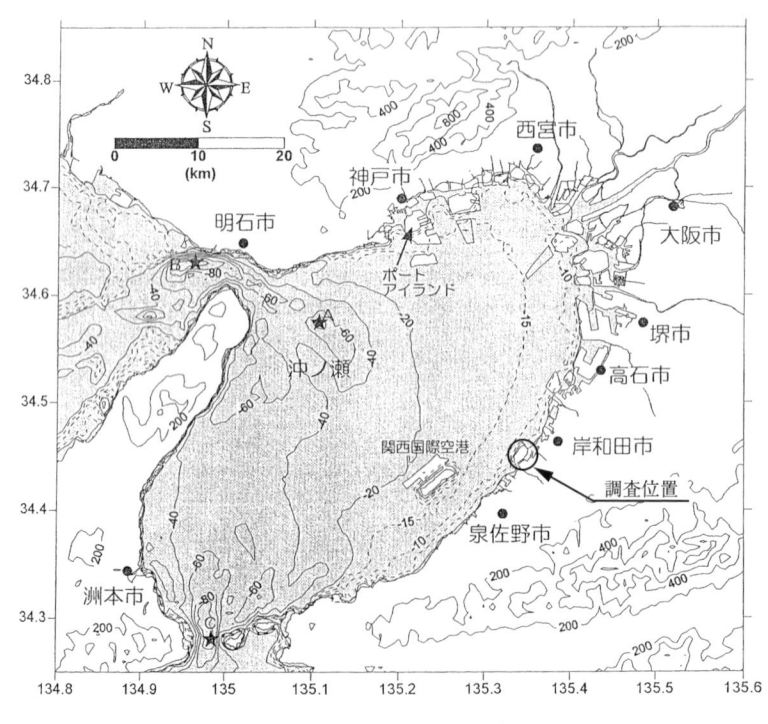

図 3.4.13　調査位置[3.4.6)]

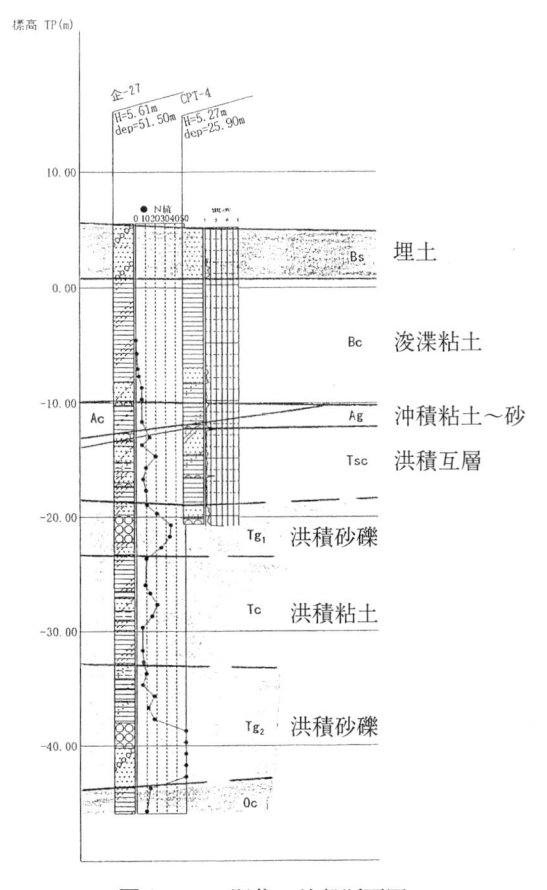

図 3.4.14 既往の地盤断面図

は洪積層である粘性土層と砂層の互層がみられ，およそ深度25m付近から洪積砂礫層が分布している．その下部には厚い粘土層が堆積しており，さらに下位は再び洪積砂礫層が現れる地盤層序となっている．

(3) 調査計画
① 基礎形式の想定

既往のボーリングデータから工場建屋の基礎形式は GL-25m 付近に分布する洪積砂礫層を支持層とする杭基礎が想定される．既往データではこの砂礫層は N 値がやや小さく層厚も 5m を下回ることに加え，浚渫粘土が圧密未了の場合には負の摩擦力が懸念されることから，GL-45m 付近に分布する洪積砂礫層も支持層の対象として調査計画を立案する．

また，工場であることから多くの付帯施設があり，これらの基礎形式の選定は埋立土の液状化とその下位の浚渫粘土の分布と圧密度に大きく影響されることを考慮して調査計画を立案する．

② 調査内容・数量の決定

調査位置を図 3.4.15 に示す．また，調査仕様を表 3.4.16（調査数量），表 3.4.17（調査深さ）に示す．

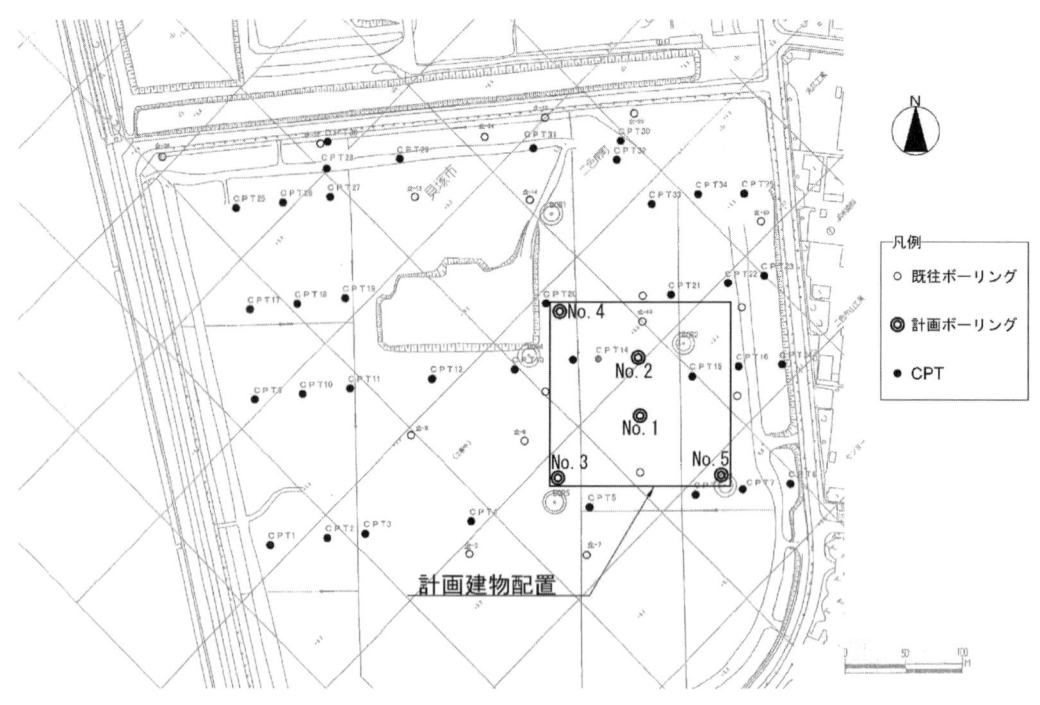

図 3.4.15　調査配置図

表 3.4.16　調査仕様1－調査数量

	調査地点 No		1	2	3	4	5	合計
原位置試験	調査深度	(m)	70	50	50	50	50	270
	標準貫入試験	(回)	70	44	50	48	44	256
	乱さない試料採取（シンウォール）	(個)	－	2	－	－	2	4
	乱さない試料採取（デニソン）	(個)	－	4	－	－	4	8
	孔内水平載荷試験	(回)	－	－	－	2	－	2
室内土質試験	物理　土粒子の密度	(個)	－	6	－	－	6	12
	含水比	(個)	－	6	－	－	6	12
	粒度分析（沈降まで）	(個)	5	11	5	5	11	37
	液性・塑性限界	(個)	2	6	2	2	6	18
	湿潤密度	(個)	－	6	－	－	6	12
	細粒分含有率	(個)	2	－	2	2	－	6
	力学　一軸圧縮	(個)	－	2	－	－	2	4
	三軸UU	(個)	－	4	－	－	4	8
	標準圧密	(個)	－	2	－	－	2	4
	定ひずみ速度圧密	(個)	－	4	－	－	4	8
CPT	電気式静的コーン貫入試験（CPT）：調査深度 20 m 全 36 地点							

表 3.4.17 調査仕様2-調査深さ

8-2 調査計画表（ボーリング・原位置試験・室内土質試験）

深さ(m)	想定土質柱状図 土質名	N値	ボーリング孔径	標準貫入試験	孔内水平載荷試験	現場透水試験	サンプリング シンウォール	デニソン	室内土質試験 物理試験 土粒子の密度	含水比	粒度 ふるい	粒度 *沈降	液性・塑性	湿潤密度	細粒分含有率	力学試験 一軸圧縮	三軸圧縮(UU)	標準圧密	定ひずみ圧密
1	埋土		↑	○								○							
2				○								○							
3				○								○							
4				○								○							
5	浚渫粘土			○															
6				○															
7				○			○		○	○		○				○	○		
8				○															
9				○															
10				○															
11				○															
12				○			○		○	○		○				○	○		
13				○															
14				○															
15	互層			○															
16				○															
17				○															
18			φ116	○															
19				○															
20				○				○	○	○		○	○	○		○	○	○	○
21				○															
22				○															
23				○															
24				○															
25	砂礫			○															
26				○															
27				○															
28				○															
29				○															
30				○															
31	粘土			○			○	○	○	○		○	○	○		○	○	○	○
32				○															
33				○															
34				○															
35				○															
36				○			○		○	○		○				○	○		
37				○															
38				○															
39				○															
40				○															
41	砂礫			○															
42				○															
43				○															
44				○															
45				○															
46				○															
47				○															
48	粘土			○			○		○	○		○				○	○		
49				○															
50			↓ φ66	○															
合計				44			2	4	6	6		11	6	6		2	4	2	4

[注] 計画深度に○印をつける　※ふるい＋沈降分析であることを示す．

＜ボーリング調査の本数と深度＞

　ボーリング調査は調査可能範囲で，しかも既調査部を避け，工場の計画平面の隅部と中央部付近の5地点とした．建物の計画位置内および周辺では既にボーリングが5か所実施されていることから，工場建物計画地内（約22 000m^2）でのボーリング本数は10か所となる．ボーリング深度はGL-45m付近に分布するN値の高い洪積砂礫層の厚さを確認する目的で50mとしているが，既往データではこの下位にN値が10程度の粘土が認められることから，1地点は深度70mまで計画した．

＜サンプリング＞

　粘性土については，敷地内の既往ボーリングデータでは沖積粘土層は薄く局所的であることから，浚渫粘土を対象としてシンウォールサンプリングにより2地点で2個ずつ乱さない試料を採取する．また，GL-25m付近の砂礫層を支持層とした場合に，この直下の洪積粘土層の地盤情報も重要であることから，デニソンサンプリングにより2地点で3個ずつ，さらに深部に影響が及ぶことも考慮してGL-45m付近の砂礫層の直下の粘性土層からも同様に2地点で1個ずつ採取する計画とした．

＜孔内水平載荷試験＞

　杭基礎形式を想定していることから，埋立土層（砂質土）と浚渫粘土層を対象として，それぞれGL-4.5mならびにGL-8.5mで孔内水平載荷試験を計画した．地層が水平方向に成層であることが想定できたので試験は1地点とした．

＜室内土質試験＞

　乱さない試料（シンウォールおよびデニソンサンプル）に対しては，細粒分含有率試験を除く物理・力学試験を一式行うものとする．さらに浚渫粘土の土質判別・分類用として乱さない試料採取を行わない地点では，標準貫入試験で採取した試料を用いて細粒分含有率試験と液性限界・塑性限界試験を行う計画としている．加えて，表層の埋立土の液状化判定用としてボーリング全地点で標準貫入試験試料により5深度ずつ沈降分析を含む粒度試験を行う．

　乱さない試料に対する力学試験としては，浚渫粘土については一軸圧縮試験と標準圧密試験，洪積粘土については非圧密非排水三軸圧縮試験（UU）と定ひずみ速度圧密試験を計画した．

＜電気式静的コーン貫入試験＞

　電気式静的コーン貫入試験（CPT）は，電気式の三成分（先端抵抗・周面摩擦抵抗・間隙水圧）コーンにより，①浚渫粘土の分布（平面的な広がりと厚さ），②浚渫粘土の圧密度，③埋立土の液状化判定，の三つを目的として，標準貫入試験の補間および敷地全体の地盤情報の把握のために計画する．

　埋立て時の造成資料から浚渫粘土が投棄されたポンドの概略的な位置が判明していたことから，ポンドの外縁を密に調査することとして中央部は約100m間隔，外縁部で30m間隔の配置とした．

(4) 調査結果

　ボーリングならびに静的コーン貫入試験によって把握された敷地中央部の東西方向の想定地盤断

面を図 3.4.16 に示す．浚渫粘土層が広範囲に分布していることが確認できる．深度 25m 付近（TP −20m 付近）に分布する洪積砂礫層の N 値は既往データに比べると全体的に小さくなっていることが判る．この洪積砂礫層の下位にある洪積粘土層は若干西側に傾斜しており，さらに下位の洪積砂礫層は既往データに比べると層厚が薄く，N 値がばらつくことが判明した．No.1 地点（調査深度 70m）のボーリングデータから，洪積砂礫層以深には厚さが 20m を超える洪積粘土層が連続しており，その下位は再び砂層（大阪層群相当層）が分布する地盤構成であることが確認された．

室内土質試験結果のうち，一軸圧縮強度 q_u と圧密降伏応力 p_c の深度分布を図 3.4.17 に示す．粘土層の一部で p_c が有効土被り圧に近接しているデータがみられるが，浚渫粘土を含め，全深度で p_c は有効上載圧よりも大きく過圧密状態である．浚渫粘土が過圧密状態であるのは，埋立工事において載荷盛土が施工されていたことによるものと考えられる．

静的コーン貫入試験では先端抵抗，周面摩擦抵抗および間隙水圧を用いて土質判別が可能である（2.3.7 項参照）．調査結果から浚渫粘土の分布範囲を特定した結果を図 3.4.18 に示す．これより工場建物位置を含め敷地のほぼ全域に浚渫粘土が分布していることが判明した．

この浚渫粘土は，圧密試験結果から過圧密状態であるが，敷地全域の圧密状況を推定するために CPT データにより圧密度の評価を試みた[3.4.7),3.4.8)]．ただし，CPT による圧密度の判定法は，圧密試験に代わる試験法として確立されるまでには至っていないので，圧密試験を補完する参考資料として位置付けた．CPT では，コーンの貫入により発生する間隙水圧 ΔU_s の評価が重要であることから，今回の調査では，CPT の試験中に一部で粘土層において貫入を一旦停止させて，24 時間放置する間隙水圧消散試験を行い ΔU_s を実測した．これを用いて CPT で得られた間隙水圧値 U から ΔU_s を

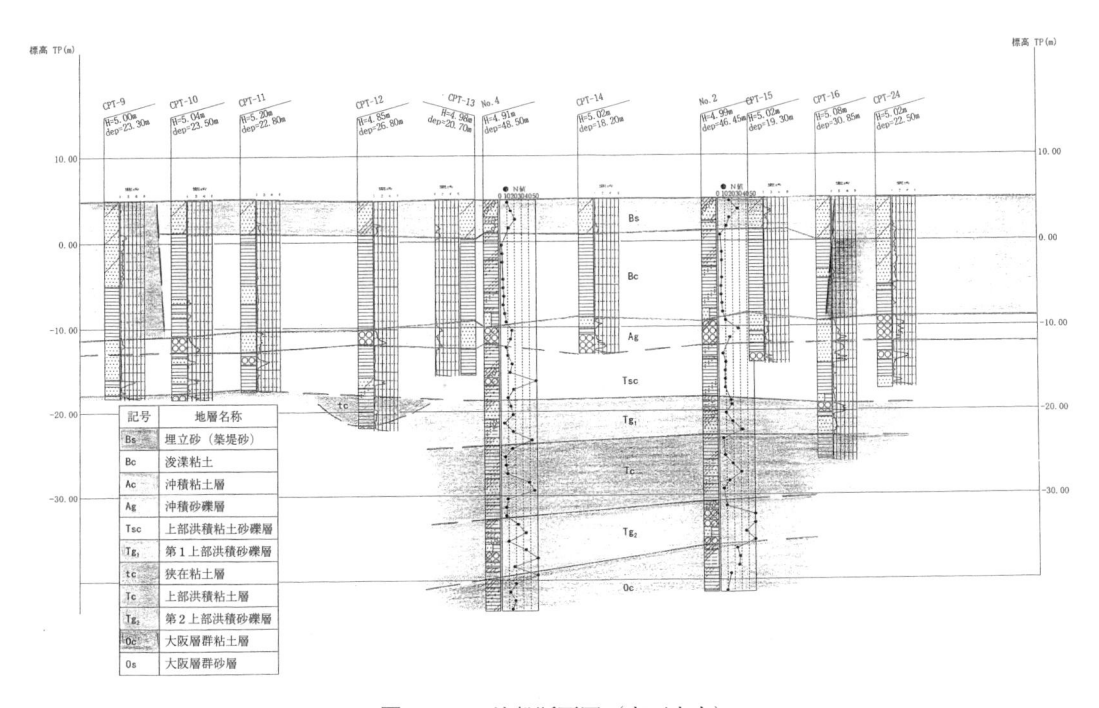

図 3.4.16　地盤断面図（東西方向）

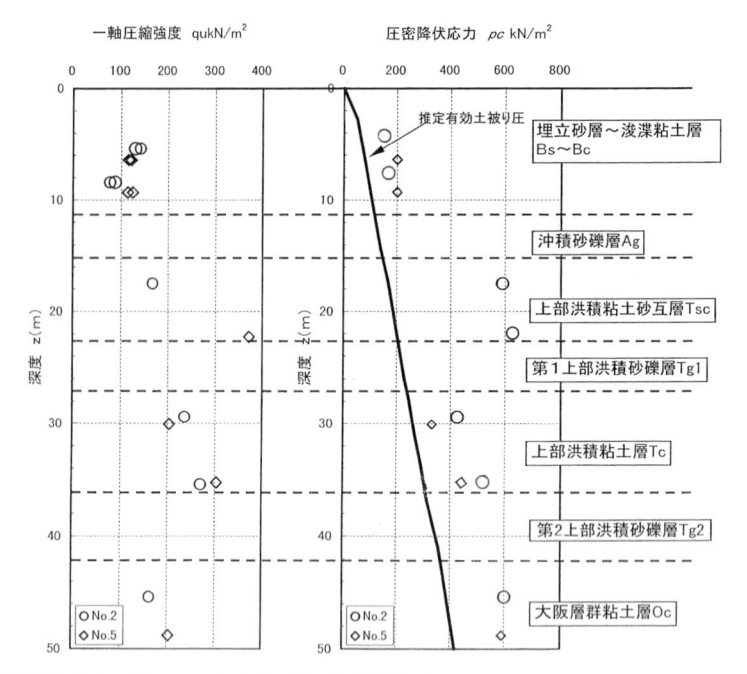

[注] 三軸UU試験結果のcは，$q_u = 2c$としてq_uに換算した．

図 3.4.17　力学試験結果

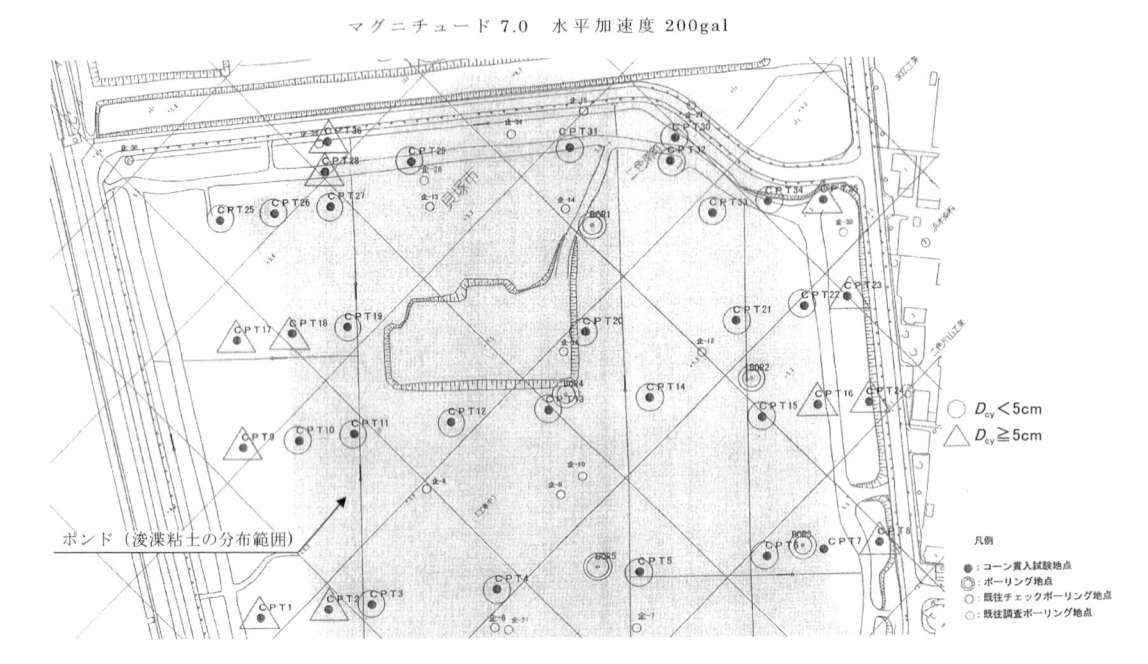

図 3.4.18　CPTにより推定した浚渫粘土の分布範囲

差し引いた値と静水圧 U_o を比較することにより，$U_o < U - \Delta U_s$ の場合は，過剰間隙水圧が残っており，圧密未了と判断した．この結果と圧密試験結果の比較により間隙水圧データから求められる圧密度の比較検証を行っている．

分析結果の一例を図 3.4.19 に示す．敷地の北西部に位置する一か所で圧密未了という判定がなされた以外は圧密が終了しているという結果となった．図 3.4.19 左図が敷地内の 1 か所で得られた圧密未了地点と判定されたデータであり，右図が圧密終了地点と判定された例である．

電気式静的コーン貫入試験の貫入抵抗値から基礎指針[3.4.9)] に示された方法により算定した液状化安全率 Fl の深度分布の一例を図 3.4.20 に示す．図 3.4.20 は地表面水平加速度 $\alpha_{max} = 200 \text{gal}$ の場合である．これらから，液状化の程度を示す D_{cy} 値を算定した結果を図 3.4.18 に併記した．埋立土は，敷地の外周を除いて損傷限界検討用地震動に対して液状化発生の危険性はあるが，その程度は軽微であると判断される．

以上より，工場建設位置では液状化は軽微であり圧密沈下のおそれはないものとして構造計画を進めることができると判断した．

杭工法は，TP-20m 付近から分布する洪積砂礫層（Tg1）に支持させるものとした．

なお，静的コーン貫入試験は，埋立土ならびに浚渫粘土を調査対象として計画したが，当初支持層と想定した深度 25m 付近の砂礫層の N 値が一部で小さかったことから，工場建物位置ではこの砂礫層まで延長して支持層の分布，貫入抵抗値を調査したことを付記する．

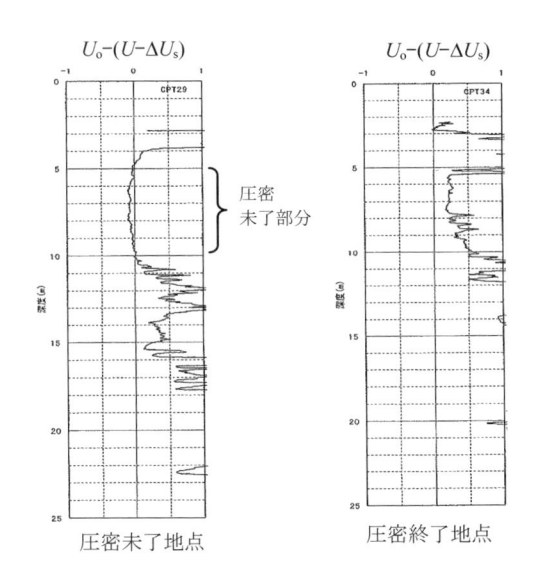

図 3.4.19 CPT による圧密判定結果例

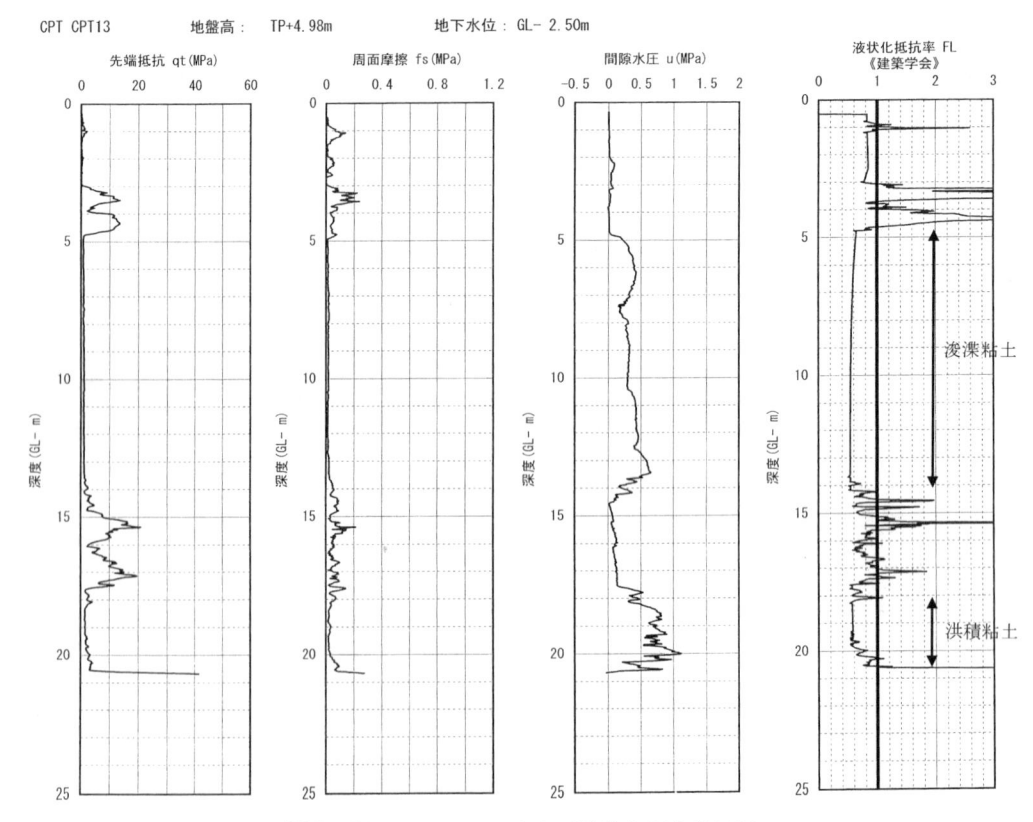

図 3.4.20 CPT データおよび液状化判定結果例

参考文献

3.4.1) 貝塚爽平：東京の自然史＜増補第二版＞, p.153, 1994
3.4.2) 秋元惠一, 今井泰男, 青島豊一, 川越　淳：羽田空港沖合展開Ⅲ期における地盤改良設計と施工, 基礎工, 276 号, p.50, 1996
3.4.3) 赤間辰一郎：＜特集＞羽田沖合展開事業の現状・地盤改良, エアポートレビュー, 75 号, p.18, 1990
3.4.4) 足立二雄, 吉永清人：東京国際空港沖合展開事業, 基礎工, 174 号, p.39, 1988
3.4.5) 東京都土木技術研究所：東京都総合地盤図
3.4.6) 大阪湾地盤情報の研究協議会大阪湾地盤研究委員会：ベイエリアの地盤と建設－大阪湾を例として－, 大阪湾地盤情報研究協議会, p.148, 2002
3.4.7) 斉藤邦夫：コーン貫入試験（CPT）を用いた設計手法について　コーン貫入試験を用いた地盤の評価法に関するワークショップ, 地盤工学会, pp.39～66, 1998
3.4.8) 重野輝貴, 本田周二, 幸繁宜弘：CPT による軟弱粘土の圧密評価, 第 37 回地盤工学研究発表会講演集, pp.113～114, 2002
3.4.9) 日本建築学会：建築基礎構造設計指針, p.65, 2001

3.5節 広大な敷地における調査計画例

(1) 建築計画

① 敷地の位置・形状

敷地は神奈川県の図 3.5.1 に示す位置にある．形状は図 3.5.2 のような形状で面積は約 100 000m^3 である．

② 建築物の規模

図 3.5.2 の敷地に地上 5F 地下なしの鉄骨造の施設が計画されている．

(2) 事前調査

① 文献調査

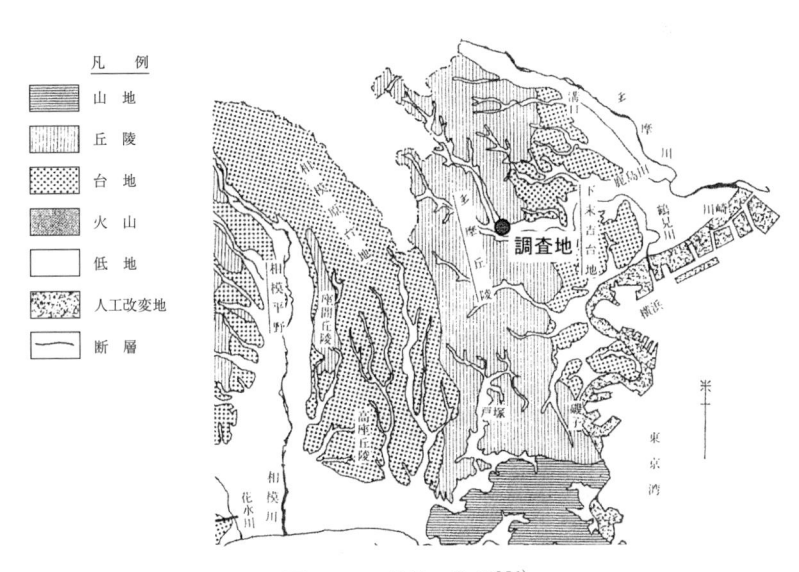

図 3.5.1 敷地の位置[3.5.1)]

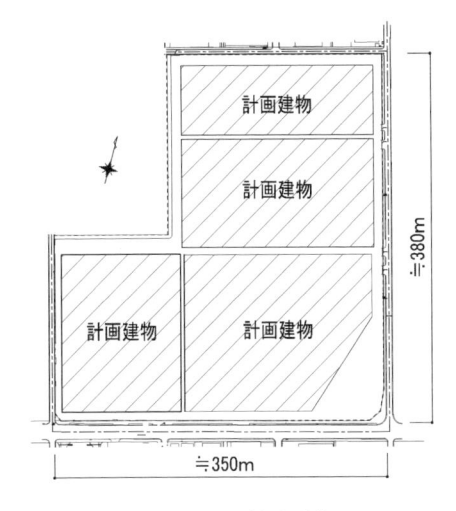

図 3.5.2 敷地形状

敷地付近の地形は図 3.5.1 に示すように,「多摩丘陵」とその丘陵内を流れる鶴見川・早渕川水系の開析より形成された低地に位置する．明治の初期には水田として利用されていた．地層構成は上位より沖積層が厚く分布し，その下位には基盤層と考えられる上総層群が堆積する．

② 近隣の地盤調査結果

隣地調査結果および既存の調査結果から，支持層の出現深度が敷地内で大きく傾斜していることが想定される．

③ 現地踏査

調査段階では既存建築物が存在しており，ボーリング位置の選定に影響することが予想される．敷地はほぼ平坦であり，周辺との間には特に標高差はない．

(3) 調査計画の立案および調査結果

① 基礎形式の想定

近隣の地盤調査結果によれば，敷地の地層は地表面から埋土層，3m 付近から 8～15m 程沖積層が続き，その下位に強固な状態の上総層群（土丹）が出現するが，その出現深度は大きく変化している．この上総層群に杭基礎で支持させる計画を立案した．

② 調査内容・数量の決定

上記の想定に基づいて立案した調査仕様を表 3.5.1 に示す．広大な敷地に対して，支持層の出現深度が大きく変化している．このため，設計の進捗に合わせ，敷地全体を把握する本調査と支持層の出現深度をより詳細に把握する追加調査の 2 段階とした．

＜ボーリング調査の本数と深度＞

地層構成確認のためのボーリングおよび各地層の強度を推定するための標準貫入試験は，既存調査結果の 19 地点を考慮し，既存調査結果を確認するための箇所と，既存調査結果のない箇所を中心に行うこととし，図 3.5.3 に示す No.8～19 の 12 地点とした．調査深度は原則 20m であるが，想定される支持層レベルが浅い箇所については調査深度を浅くした．

＜サンプリング＞

サンプリングは 6 地点とし，試料は沖積層の 2 種類の層から採取するものとした．

＜地下水位測定＞

調査地は地下水位の浅い沖積低地に位置している．すべてのボーリングで無水掘りを実施して水位を確認する．

＜孔内水平載荷試験＞

4 地点とし，沖積層上位の腐植土層（Ap 層）で 1 か所，その下位の粘性土層（Ac 層）で 1 か所実施することとした．

＜室内土質試験＞

6 地点から採取した試料に対し，一軸圧縮試験および圧密試験を行った．

(4) 調査結果と考察

＜地盤構成＞

調査地の地盤構成を表 3.5.2，地盤断面図を図 3.5.4 に示す．表層は埋土層，3m 付近から層厚

表 3.5.1 　調査仕様

項目および規格・基準		ボーリング番号													合計
		No. 8	別孔	No. 9	No. 10	No. 11	No. 12	No. 13	No. 14	No. 15	No. 16	No. 17	No. 18	No. 19	
削孔径 φ66mm	粘土・砂層	20.30	−	17.85	12.20	14.50	17.70	10.85	6.30	18.30	7.05	2.10	5.30	7.75	140.2
	砂礫層	−	−	−	−	0.70	−	−	−	−	0.45	−	0.45	1.90	3.50
削孔土質 掘進長 (m)	土丹層	1.70	−	5.15	2.80	0.80	3.30	4.15	5.70	2.70	5.50	4.90	3.75	1.35	41.80
φ86mm	粘土・砂層	−	8.00	−	8.00	8.00	−	8.00	8.00	−	8.00	7.00	7.50	8.00	70.50
合計		22.00	8.00	23.00	23.00	24.00	21.00	23.00	20.00	21.00	21.00	14.00	17.00	19.00	256.00
標準貫入試験 (回) JIS A 1219	粘土・砂層	20	−	18	18	20	17	18	14	18	12	7	9	13	184
	砂礫層	−	−	−	−	1	−	−	−	−	1	−	−	2	4
	土丹層	2	−	5	3	1	4	5	6	3	6	5	4	2	46
合計		−	−	23	21	22	21	23	20	21	19	12	13	17	234
孔内水平載荷試験 (点)	L.L.T. 法	−	2	−	−	−	−	2	2	−	−	−	2	−	8
乱さない試料の採取 (試料)	固定ピストン式	−	−	−	2	2	−	−	−	−	3	2	3	2	14
室内土質試験 (試料)	土粒子の密度試験	JIS A 1202	−	−	−	2	2	−	−	−	−	3	2	3	2	14
	土の含水比試験	JIS A 1203	−	−	−	2	2	−	−	−	−	3	2	3	2	14
	土の粒度試験	JIS A 1204	−	−	−	2	2	−	−	−	−	3	2	3	2	14
	土の液性限界・塑性限界試験	JIS A 1205	−	−	−	2	2	−	−	−	−	3	2	3	2	14
	土の湿潤密度試験	JIS A 1225	−	−	−	2	2	−	−	−	−	3	2	3	2	14
	土の一軸圧縮試験	JIS A 1216	−	−	−	2	2	−	−	−	−	3	2	3	2	14
	土の圧密試験	JIS A 1217	−	−	−	2	2	−	−	−	−	3	2	3	2	14

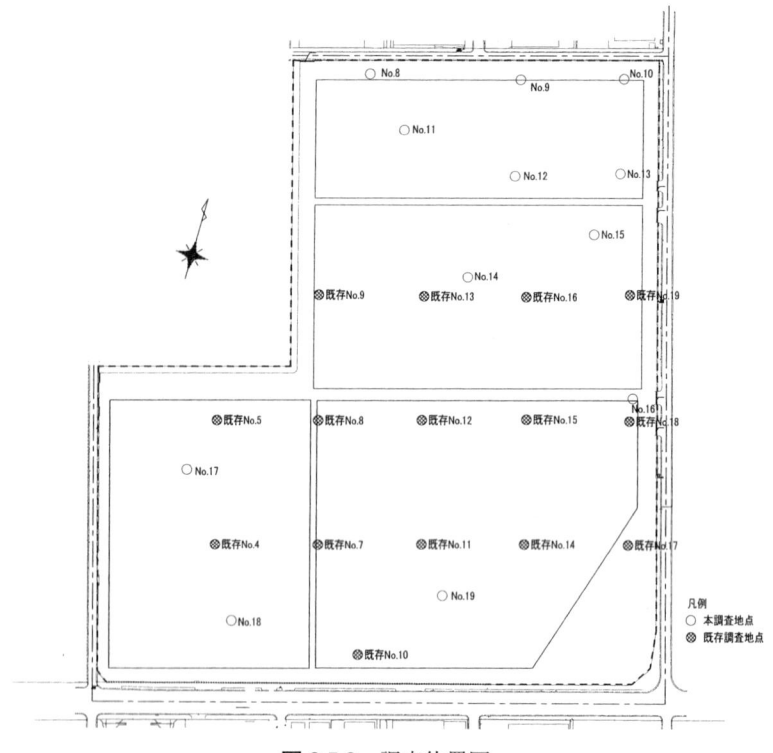

図 3.5.3　調査位置図

8～15m の沖積層が続き，その下位に強固な状態の上総層群（土丹）が出現するが，その出現深度は大きく変化している．図 3.5.5 に支持層の推定深度を示す．

　埋土層は，砕石やガラが混入する粘土質細砂・ローム・砂質粘土と調査地点によってさまざまである．

　沖積層は土質や N 値によって上位から腐植土層，粘性土層，砂層，砂礫層に区分される．砂層までは腐植物の混入がみられる．砂層に混入する礫は $\phi 2$～20 程度，砂礫層の礫径は $\phi 2$～60 程度である．

＜地下水位＞

　すべてのボーリングを無水掘りで実施して地下水位の確認を行った．埋土層内で水位が確認されたが，これはたまり水の可能性がある．ただし，下位には含水量の高い腐植土層が分布していることを考慮し，無水掘りによる地下水位付近に常水面が存在するものと判断した．

＜物理試験・室内土質試験結果＞

　物理試験結果および土質試験結果を表 3.5.3 に示す．腐植土層（Ap 層）・粘性土層（Ac 層）とも過圧密状態にあり圧密降伏応力は推定有効上載圧よりも Ap 層で 20～50kN/m^2 程度，Ac 層で 40～120kN/m^2 程度大きい．過圧密比は Ap 層で 1.4～2.6 程度，Ac 層は 1.3～5.3 程度である．

＜孔内水平載荷試験結果＞

　孔内水平載荷試験結果を表 3.5.4 に示す．

表 3.5.2　地層構成概要

埋土層 Bs	埋土層 Bs Bs 層は現地表面より層厚 2.10 ないし 3.70m まで分布している．砕石やコンクリートガラなどの瓦礫および土丹塊などを混入する．また，N 値は 1～11（平均 4.3）で土質構成や混入物などによってばらつきがみられる．
沖積層	①　腐植土層＜Ap＞ Ap 層は，Bs 層下位の T.P.＋6.75～＋5.13m から層厚 1.85 ないし 3.00m で分布している．N 値は 0～3（平均 1.0）を示し，コンシステンシーとしては"非常に軟らかい"状態にある． ②　粘性土層＜Ac＞ Ac 層は，Ap 層下位の T.P.＋4.10～＋2.96m から分布し，粘土質シルト・砂質シルト・シルト質粘土・シルトからなる地層である．層厚は 2.80～13.30m で変化している．N 値は 0～4（平均 0.4）を示し，コンシステンシーとしては大半が"非常に軟らかい"状態にある． ③　砂層＜As＞ As 層は，Ac 層下位の T.P.＋0.20～－6.75m から分布するが，その出現標高に変化があり，調査地点によっては欠如している．シルト質細砂・細砂からなる地層で，層厚は 0.50 ないし 2.20m と薄い．N 値は 2～35（平均 11.0）を示し，相対密度は調査地点によってばらつきがみられる． ④　砂礫層＜Ag＞ Ag 層は，沖積層の基底層で As 層ないし Ac 層下位の T.P.－1.20～－9.89m から層厚 0.45～1.90m で分布する．砂礫・礫混じり細砂からなる地層で，礫の形状はさまざまであり，礫径は φ2～60mm 程度である．N 値は 13～100（平均 34.2）を示し，相対密度は調査地点によってばらつきがみられる．
上総層群 BR	上総層群 BR BR 層は，T.P.－0.56～－10.59m から出現してその出現標高は大きく変化している．敷地の西側中央部から扇状に深くなる傾向が想定される．土質は，土丹を主体とするが，調査地点によっては粒径均一で粒子が細かい細砂を互層状に挟在する．N 値は 42～60 以上（平均 95.9）を示し，相対密度として"非常に締まっている（細砂）"状態にある．

(5)　設計への適用

　必要な地盤の情報は得られたことから，杭基礎の基本的な設計を行うことができる．ただし，敷地が広大で，支持層出現深度が敷地内で異なることから，杭長の決定のためには支持層の出現深度の詳細なデータが必要となる．そこで，追加調査として，標準貫入試験の結果を補間する目的で，計測ボーリングの一つである MWD 検層によって支持層の出現深度を追加調査することとした．

(6)　追 加 調 査

①　調査計画

　地層構成そのものについては大きな変化がないと判断し，MWD 検層は，すでに標準貫入試験が行われた位置を補間するように，図 3.5.5 の支持層の傾斜が大きい箇所を中心に 43 地点とした．

　追加調査では，本敷地の地盤のように特に層構成に変化がなく支持層が明瞭に判断される地盤において広範囲に効率的に支持層深度を調査できる方法として，MWD 検層を採用した．

　MWD 検層は，削孔ビット付の回転打撃式ドリルを用いて静的な押込み力，回転トルクおよび打撃力を与えて地盤を掘削する際に投入するエネルギーと掘削速度を測定し，地盤の硬さ N_p 値（換算 N 値）を連続的に評価する調査方法で，比較的短時間に多くの地点の試験が行うことができる．

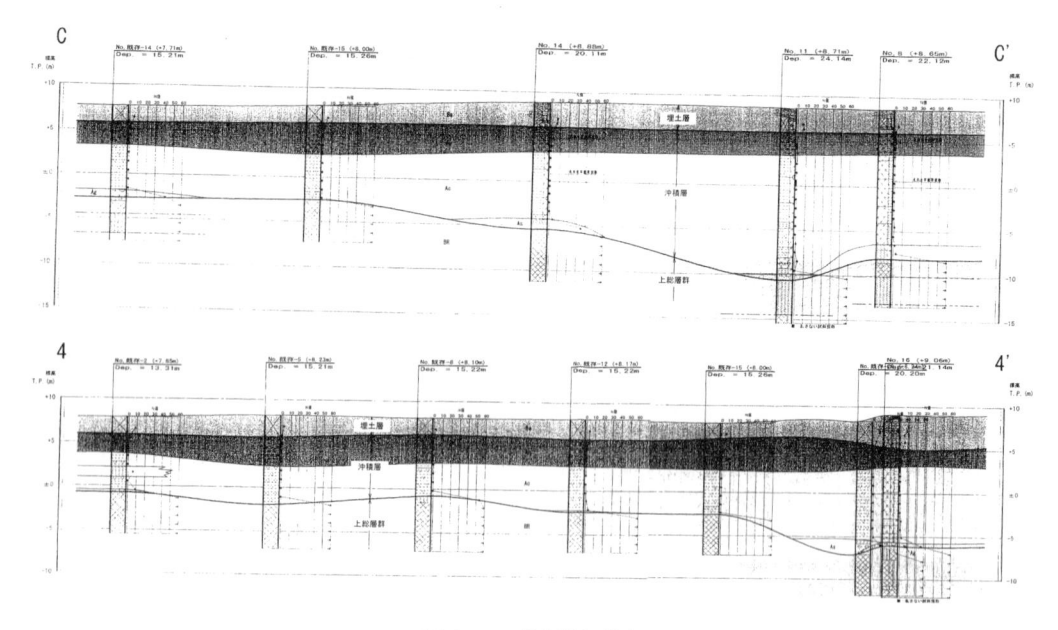

図 3.5.4　地層断面図

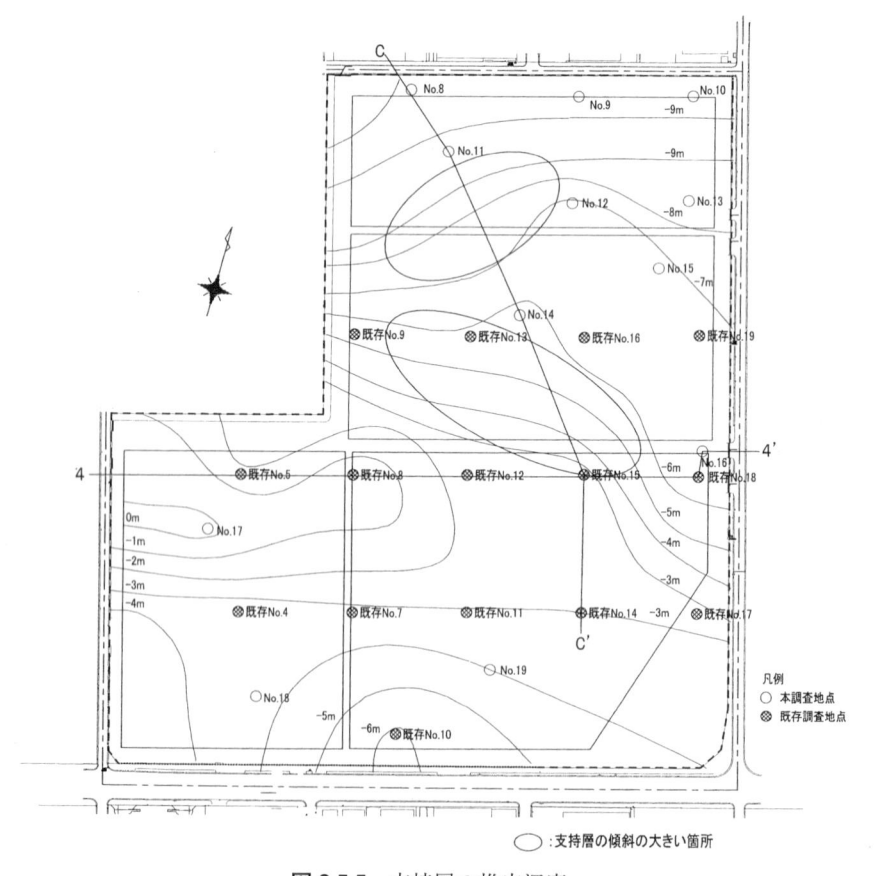

図 3.5.5　支持層の推定深度

表 3.5.3 室内土質試験結果一覧表

		地層記号	Ap	Ac
		地盤材料の工学的分類	(Pt)	(CH)〜(MH)〜(CH-S)〜(CHS)
物理特性		土粒子の密度 ρ_s (g/cm³)	2.108〜1.624 1.937	2.672〜2.606 2.627
		自然含水比 W_n (%)	395.0〜187.1 301.1	103.6〜55.5 72.3
		湿潤密度 ρ_t (g/cm³)	1.218〜1.076 1.115	1.677〜1.439 1.561
		間隙比 e	7.446〜3.893 5.936	2.701〜1.477 1.916
		飽和度 S_r (%)	99.8〜93.7 96.9	100.0〜95.6 98.8
	コンシステンシー特性	液性限界 W_L (%)	347.2〜207.8 277.8	91.6〜51.9 72.3
		塑性限界 W_P (%)	108.6〜58.3 88.7	39.0〜24.6 30.9
		塑性指数 I_P	250.3〜149.5 189.1	52.6〜27.3 41.4
	粒度組成 粗粒分	礫 分 2〜75mm (%)	0.0〜0.0 0.0	0.0〜0.0 0.0
		砂 分 75μm〜2mm (%)	3.5〜0.0 1.5	41.9〜0.3 13.5
	細粒分	シルト分 5〜75μm (%)	71.5〜63.9 67.5	54.7〜38.4 48.1
		粘土分 5μm未満 (%)	36.1〜28.5 31.1	58.2〜19.7 38.4
		細粒分含有率 F_c (%)	100.0〜96.5 98.5	99.7〜58.1 86.5
力学特性	一軸	一軸圧縮強さ q_u (kN/m²)	119〜63 {1.22}　{0.64} 91 {0.93}	90〜50 {0.91}　{0.51} 68 {0.69}
		変形係数 E_{50} (kN/m²)	2 530〜890 {26}　{9} 1 607 {16}	6 450〜3 020 {66}　{31} 4 520 {46}
	圧密	圧密降伏応力 P_c (kN/m²)	135〜41 {1.38}　{0.42} 73 {0.74}	226〜73 {2.31}　{0.74} 134 {1.37}
		圧縮指数 C_c	5.04〜2.55 4.01	1.59〜0.60 0.93
試料数		物理試験	6	8
		力学試験	6	8

［注］ 1. それぞれの数値の上段は，最大値〜最小値を示し，下段は平均値.
　　　 2. { }内の数値は kgf/cm² 表示.

表 3.5.4　孔内水平載荷試験結果一覧表

Bor No.	測定位置 (m) GL−	測定位置 (m) T.P.	対象層 地層区分	対象層 試験土質	対象層 近傍N値	変形係数 E (kN/m²)
8（別孔）	3.50	+5.15	Ap	腐植土	1/45	850
13	4.00	+4.88	Ap	腐植土	1/40	1 300
14	4.00	+4.88	Ap	腐植土	1/54	930
18	3.50	+5.50	Ap	腐植土	1/45	1 400
8（別孔）	8.00	+0.65	Ac	粘土質シルト	1/37	1 200
13	8.00	+0.88	Ac	粘土質シルト	0/45	1 300
14	8.00	+0.88	Ac	シルト質粘土	0/45	1 300
18	7.00	+2.00	Ac	砂混じり粘土質シルト	1/35	1 400

［注］　近傍N値は，打撃回数/貫入量，を示す

② 調査結果

図3.5.6にMWD検層結果を，図3.5.7にN_p値とN値の対比を示す．N_p値とN値は相似の傾向を示しており，支持層の深度の把握が可能であることが確認できる．

③ 設計への適用

最終的に得られた支持層の推定深度分布を図3.5.8に示す．推定深度であることに留意し，この図にもとづいて杭長の設定を行うこととした．

参考文献

3.5.1)　神奈川の自然をたずねて編集委員会：日曜の地学20　神奈川の自然をたずねて，築地書館，1992

[C1 地点]

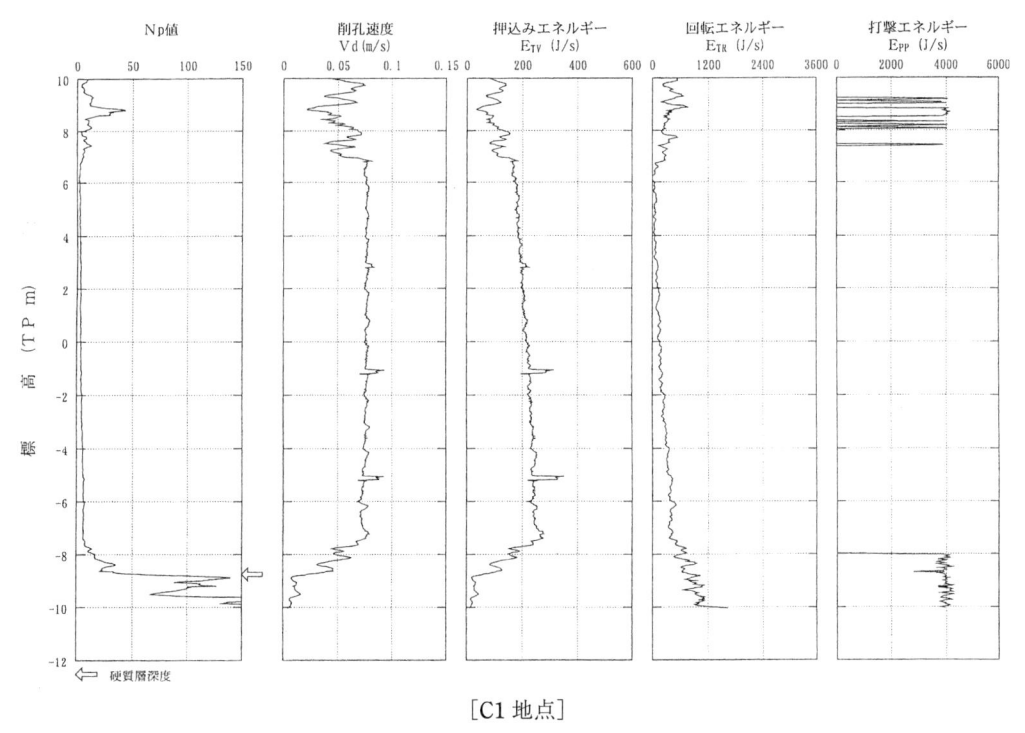

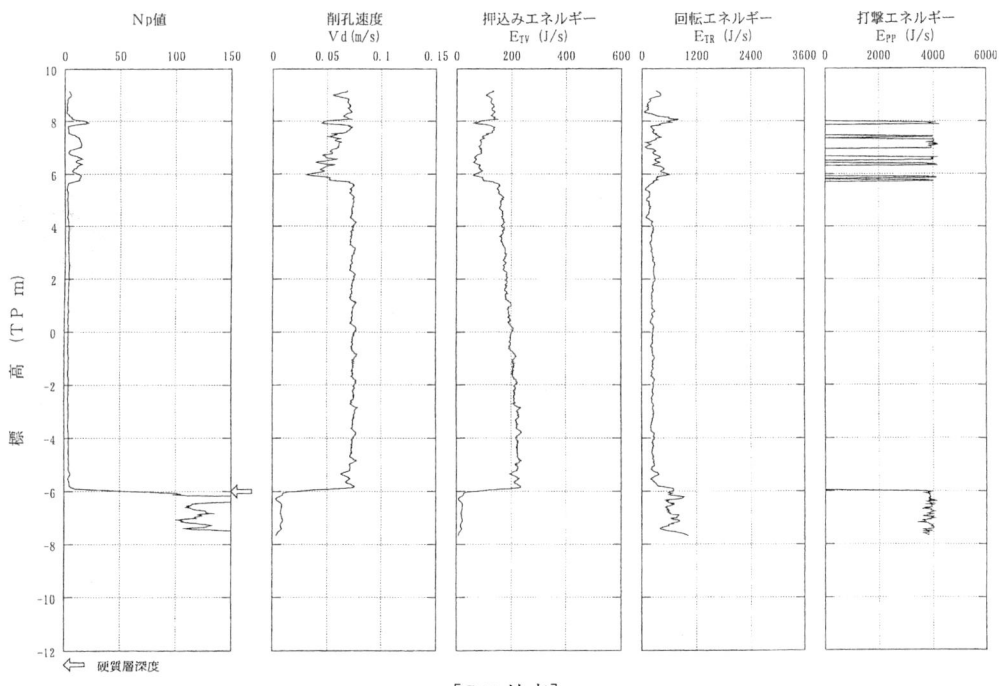

[C41 地点]

図 3.5.6　MWD 検層結果

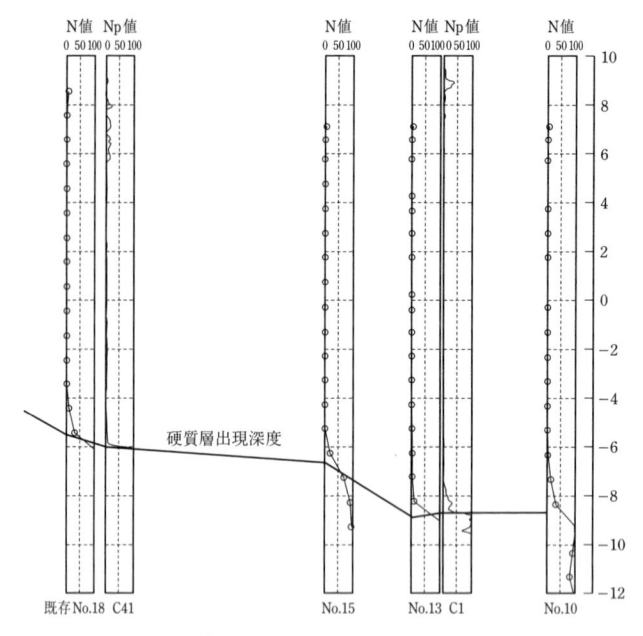

図 3.5.7 N_p 値と隣接ボーリングによる N 値の比較

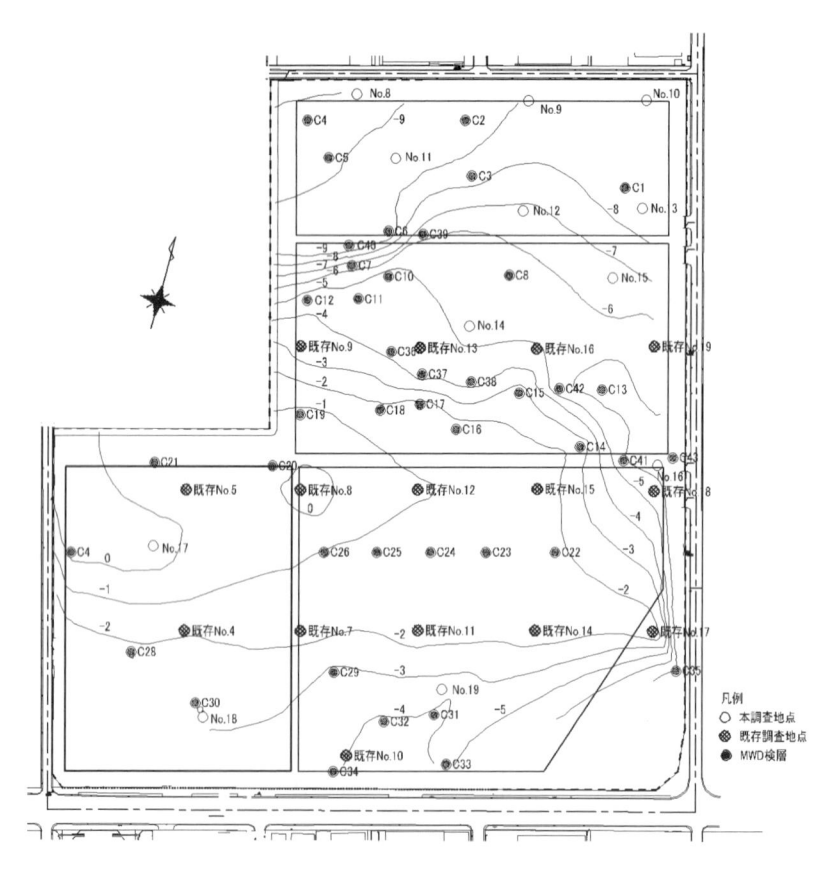

図 3.5.8 硬質層の推定深度分布

3.6節　宅地造成における調査計画例

(1) 建築計画

① 敷地の位置・形状

　宅地造成予定の敷地は大阪府の図3.6.1に示す位置にあり，敷地形状は図3.6.2に示すとおりである．

② 造成・建物規模

　宅地造成予定の総敷地面積は約120 000m^2，一区画あたりの平均敷地面積は約180m^{2}である．計画建物は2〜3階建ての戸建住宅約300戸で，1戸あたりの平均建築面積は約80m^{2}である．

(2) 事前調査

　いわゆる第一次スクリーニング[3.6.1)]としての既往文献，既存調査の結果より以下の情報を得た．

・計画地はゴルフ場（現地形）として利用されており，それ以前は山林（旧地形）である．

・計画地は旧地形で標高60〜90m，現地形で66〜88m，造成後の計画では71〜80mである．

・旧谷筋の地盤は上層からゴルフ場造成時に施工された旧盛土層，および沖積層，大阪層群により構成されている．

・旧盛土層（層厚は3〜10m）は粘性土が主体でN値が5以下，沖積層も粘性土が主体でN値は2〜15である．

・旧盛土層および沖積層の一軸圧縮強度は50kN/m^{2}程度である．

(3) 調査計画

① 基礎形式の想定

　住宅基礎は根入れGL−0.3m，平均接地圧30〜50kN/m^{2}の直接基礎を想定する．なお，直接基礎

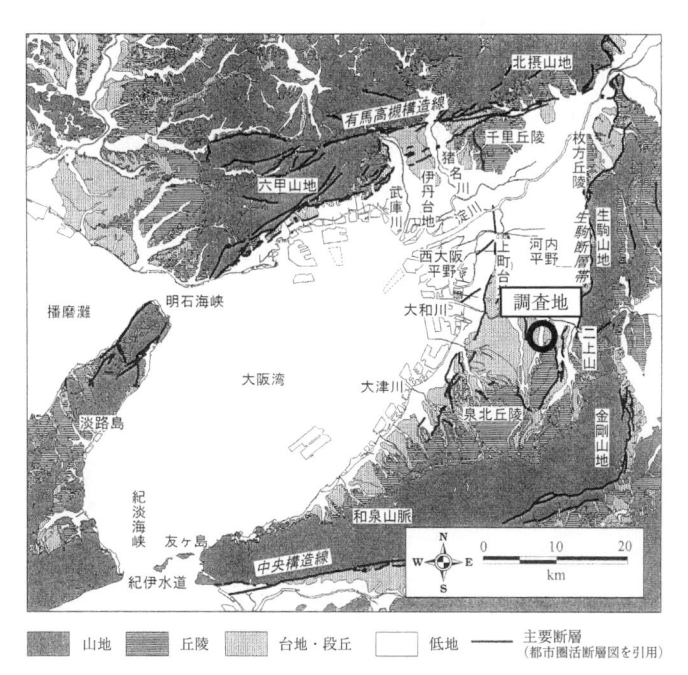

図3.6.1　大阪府の地形分類図[3.6.1)]

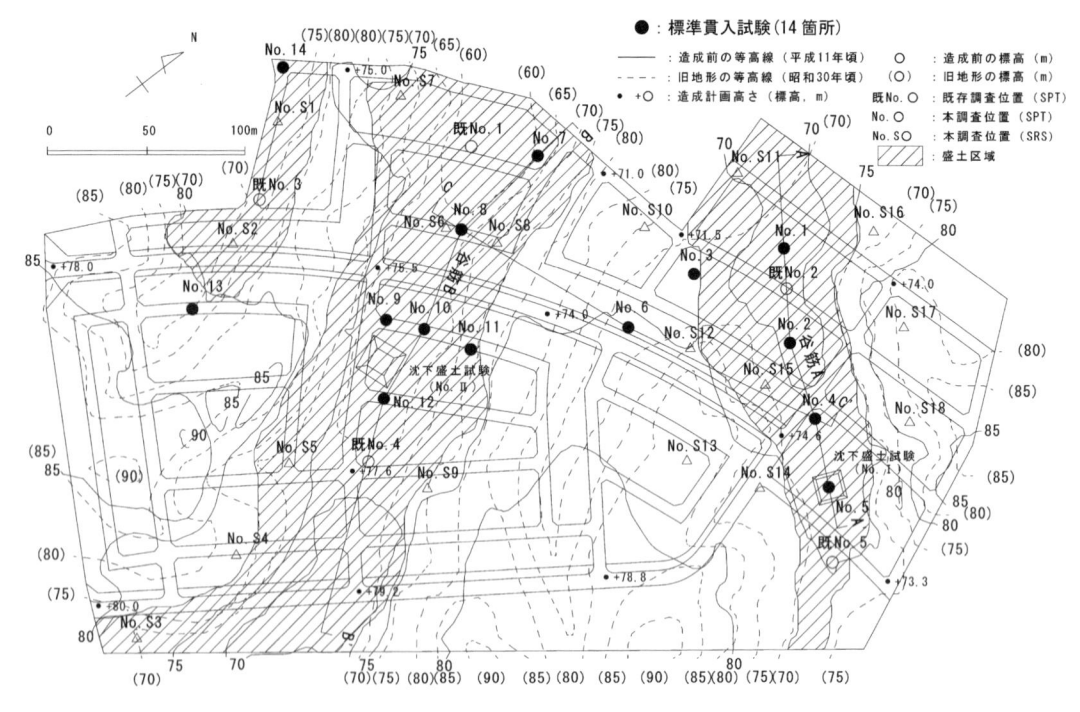

図 3.6.2　敷地形状図・造成前地形図・調査位置図

が採用できない場合には，N値10以上の地層を支持層する支持杭を想定する．

② 調査内容・数量の決定

地盤調査は良好な地耐力および耐震性（盛土部の滑動崩落に関する安定）を有する宅地造成を行なうこと，および住宅の基礎設計の際に有益となる地盤情報（直接基礎の支持力・沈下量，杭基礎の支持層）を提供することを目的に実施する．宅地造成は地耐力 $30kN/m^2$ 以上，造成完了時の残留沈下量2cm以下を目標とする．

宅地造成工事に際して，地層構成の把握・耐震性の検討など造成計画に必要な情報を得るため，以下の調査を立案する．主な調査の数量は以下のとおりである．

＜標準貫入試験（SPT）＞

既存調査のない旧谷筋の調査を中心に行うこととし，調査位置は図 3.6.2 に示す14地点で，調査深度は最大17mとした．

＜オートマチックラムサウンディング（SRS）＞

SPTにより造成地の地盤構成を把握した後，データの補間を目的に図3.6.2に示す18地点で実施，調査深度は最大12mとした．

＜室内土質試験＞

力学試験として，一軸圧縮試験を2か所，圧密試験を22か所について実施する．

これらの調査数量一覧を表3.6.1に示す．

表 3.6.1 調査項目

(a) SPT および室内土質試験

地点番号	調査深度(m)	SPT(回)	乱さない試料採取(試料)	土粒子の密度	含水比	粒度 ふるい	粒度 沈降	液性塑性	湿潤密度	締固試験	一軸	圧密
No. 1	5	7	2	3	3	3	3	2	0	0	0	1
No. 2	8	15	4	6	6	6	6	4	0	0	0	3
No. 3	11	22	3	8	8	8	8	3	1	1	0	2
No. 4	8	16	2	8	8	8	8	3	0	0	0	2
No. 5	5	10	1	3	3	3	3	3	0	0	0	1
No. 6	14	27	2	10	10	10	10	3	2	2	0	0
No. 7	13	26	2	10	10	10	10	2	0	0	0	2
No. 8	12	24	2	8	8	8	8	3	0	0	0	2
No. 9	11	21	2	8	8	8	8	3	0	0	0	2
No. 10	10	20	0	8	8	8	8	1	0	0	0	0
No. 11	6	12	2	3	3	3	3	2	0	0	0	0
No. 12	9	18	3	8	8	8	8	4	0	0	0	3
No. 13	17	33	2	14	14	14	14	3	2	2	0	0
No. 14	7	14	3	4	4	4	4	3	2	0	1	0
計	136	265	30	101	101	101	101	39	7	5	1	20

(b) SRS

地点番号	調査深度(m)
No. S1	7.00
No. S2	9.80
No. S3	8.20
No. S4	4.00
No. S5	9.00
No. S6	12.00
No. S7	1.80
No. S8	3.00
No. S9	2.20
No. S10	0.80
No. S11	2.00
No. S12	1.80
No. S13	1.00
No. S14	4.00
No. S15	2.80
No. S16	3.60
No. S17	1.80
No. S18	2.00
計	76.80

上記の他に造成工事中および工事後に以下の調査を行う.

・造成工事に際して盛土の沈下予測の妥当性を検証するために盛土試験を実施する.

・盛土の締固め管理には密度検層（RI）による密度管理に加えて，スウェーデン式サウンディング試験（SWS）を実施する.

・圧密沈下の収束を確認するため，盛土後に地表面部において沈下観測を実施する.

(4) 本調査結果

本調査結果を以下に示す.

・大阪層群は細粒分の混入が少ない砂質土で盛土材料としては良好，旧盛土は細粒分が40％前後混入する礫混じり粘土質砂であり，比較的良好な盛土材料である.

・自然含水比は大阪層群では最適含水比に近いが，旧盛土層ではやや湿潤側にある.

・図3.6.3に示すように，谷底堆積物の粒度組成はばらつきが大きいが全体的に粘土分が多く，旧盛土層は砂質土と粘性土が均等に混在している.

・同一地点（No. 8 と No. S6）で実施した SPT と SRS の結果（図3.6.4）から，両者の相関は高いことが確認できる．そこで，SPT と SRS の両方の結果を用いて作成した地層断面図の一例を図3.6.5に示す．

－174－　建築基礎設計のための地盤調査計画指針

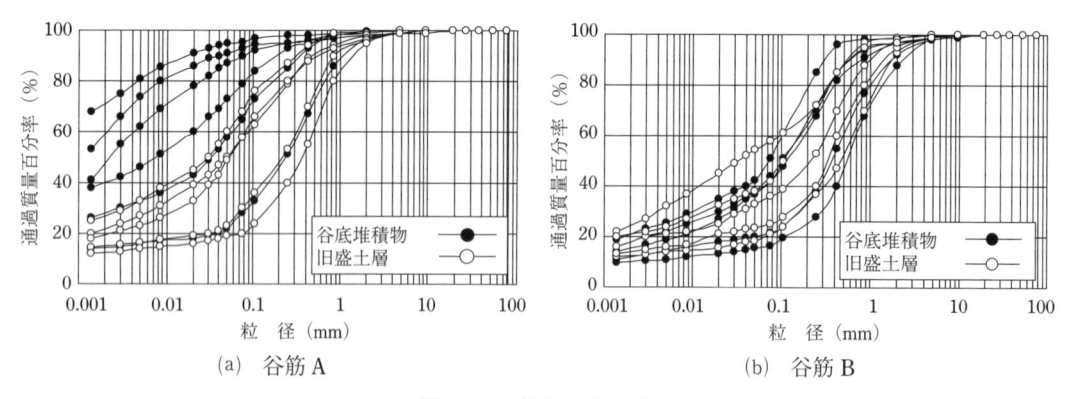

(a) 谷筋 A

(b) 谷筋 B

図 3.6.3　粒径加積曲線

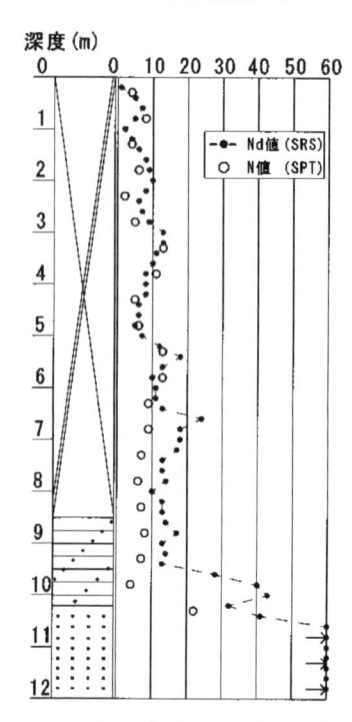

図 3.6.4　SPT（No. 8）と SRS（No. S6）の比較

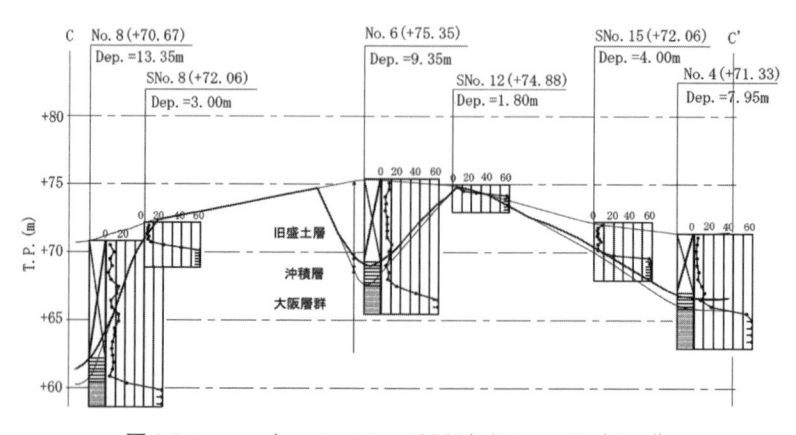

図 3.6.5　SPT と SRS による地層断面図の一例（C-C'）

・図 3.6.6 に示すように，圧密特性としてはほとんどの試料で初期間隙比が小さく，また圧縮性が小さいことが認められる．ただし谷筋Aの粘土分の多い箇所で圧縮性の高い試料が認められた．
・表 3.6.2 に示すように，圧密試験結果を用いて，宅地造成による新規盛土を実施した場合の旧盛

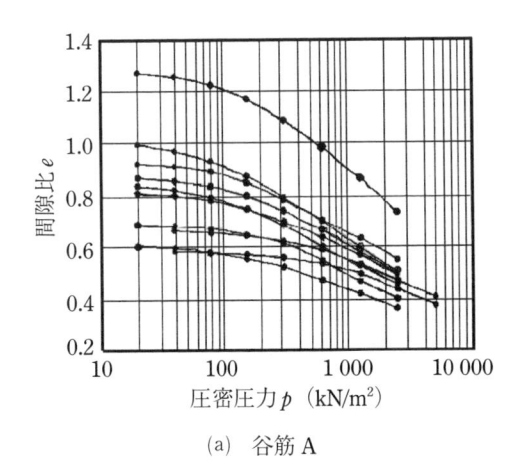

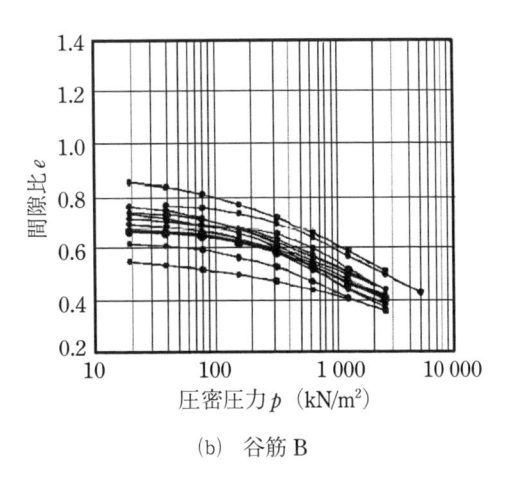

(a) 谷筋 A　　　　　　　　　　　　　(b) 谷筋 B

図 3.6.6　e - log P 曲線

表 3.6.2　圧密沈下量解析結果一覧

地点	谷筋名称	地盤条件			新規盛土および建物荷重による沈下（建物中心部）	
		新規盛土厚さ(m)	旧盛土厚さ(m)	谷底堆積物厚さ(m)	最終沈下量(cm)	残留沈下量2cm未満に要する日数（日）
No. 1	A	8.8	0.0	3.0	18.4	103
既 No. 2		6.3	3.5	2.0	17.3	42
No. 2		6.3	4.5	1.4	27.1	36
No. 4		4.2	5.0	1.3	10.1	28
No. 5		1.0	2.5	1.0	8.0	9
No. 3		0.6	7.0	2.5	5.4	61
No. 6		1m 切土	10.4	6.7	0.6	1
No. 7	B	0.6	11.6	1.0	5.4	76
既 No. 1		0.8	8.9	1.1	7.6	70
No. 8		3.6	9.0	1.0	16.3	82
No. 9		5.6	7.5	1.7	18.8	79
No. 10		5.8	6.3	1.2	13.3	49
No. 11		3.6	1.6	0.0	5.1	2
No. 12		7.1	5.6	1.5	16.3	49
既 No. 4		7.8	5.5	1.4	13.1	48

土層の沈下量を解析した結果，最終沈下量は5cm～27cmとばらつくが，残留沈下量2cm未満に要する日数は1～3か月と比較的早期に沈下が収束すると判断できた．

(5) 盛土施工中および施工後の試験

① 盛土試験

圧密沈下量の解析結果を検証するため，盛土試験を2か所で実施した．盛土試験の概要を表3.6.3に示す．

試験結果から以下のことが確認できた．

・初期沈下量が非常に大きく沈下測定開始後約1日で急激に沈下し，その後は緩やかな沈下傾向を示していることから，実測値は即時沈下と圧密沈下の複合的な沈下挙動を示していると考えられ

表3.6.3 盛土試験の概要

盛土試験	盛土天端の寸法（m）	盛土高さ（m）	沈下計測期間
No. Ⅰ	11.0×11.0	1.8	93日間
No. Ⅱ	10.0×10.0	3.5	33日間

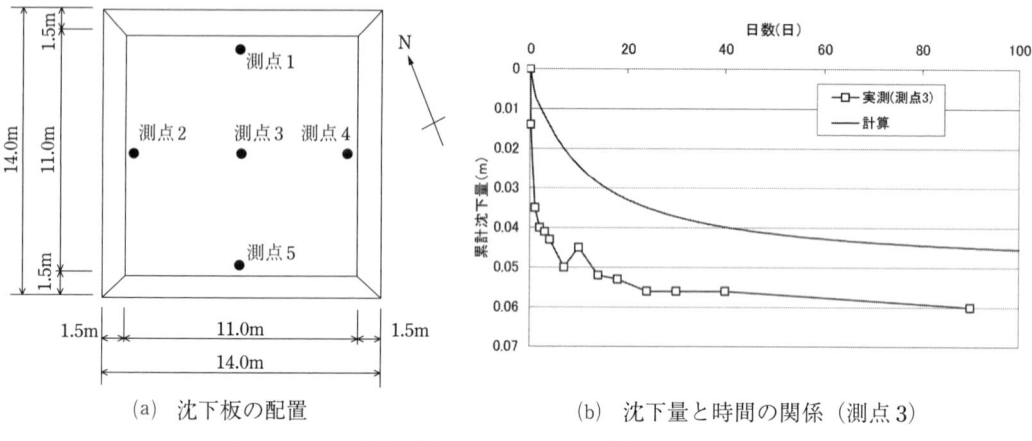

(a) 沈下板の配置　　(b) 沈下量と時間の関係（測点3）

図3.6.7 実測沈下量の経日変化と計算値の比較（No. Ⅰ）

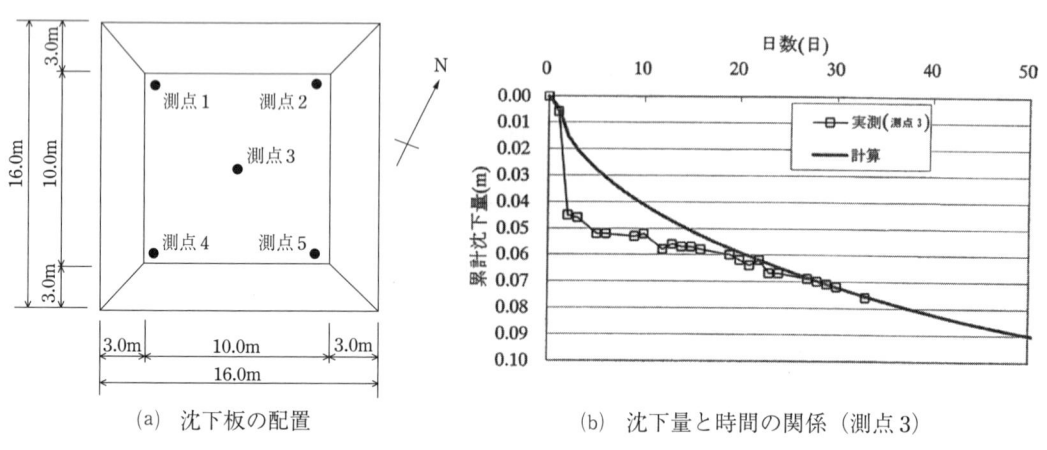

(a) 沈下板の配置　　(b) 沈下量と時間の関係（測点3）

図3.6.8 実測値の経日変化と計算値の比較（No. Ⅱ）

る（図 3.6.7，図 3.6.8）.
・解析結果と盛土試験結果から，旧盛土の新規盛土による沈下は早期（100 日程度）に収束したことから，特別な沈下促進工事は必要ないと判断した.
② スウェーデン式サウンディング試験（SWS）および密度検層（RI）による盛土管理

施工前に原位置土を用いて実施した室内締固め試験（「突き固めによる土の締固め試験［JIS A 1210］[3.6.2)]」）により得られた大阪層群の最大乾燥密度は $\rho_{dmax}=1.78\sim1.85\mathrm{g/cm}^3$（w＝11〜15％），旧盛土層の最大乾燥密度は $\rho_{dmax}=1.70\sim1.72\mathrm{g/cm}^3$（w＝16〜17％）となった．これらの値と，盛土施

表 3.6.4 SWS および RI による盛土管理結果の例

測定日	地点番号	調査深度（標高：m）	SWS 1m あたりの半回転数（回）	SWS 支持力（kN/m²）	RI 含水比（％）	RI 締固め度（％）
12月2日	SRa	71.32〜71.82	36	51.6	19.3	94.6
	SRb	71.71〜72.21	32	49.2	16.8	106.6
	SRc	72.84〜73.34	27	56.2	16.8	104.0
	SRd	73.22〜73.72	29	47.4	17.4	95.7
12月4日	SRa	71.68〜72.18	46	57.6	19.4	100.3
	SRb	72.51〜73.01	42	55.2	20.2	101.2
	SRc	73.19〜73.69	46	57.6	21.1	98.6
	SRd	73.67〜74.17	18	40.8	19.6	101.6
12月6日	SRa	72.33〜72.83	32	49.4	18.7	103.2
	SRb	72.99〜73.49	42	55.2	18.1	106.3
	SRc	73.56〜74.06	47	58.2	19.2	97.3
	SRd	74.09〜74.59	46	57.6	20.0	96.5
12月8日	SRa	72.61〜73.11	48	58.8	19.7	97.3
	SRb	72.99〜73.49	37	52.2	19.8	101.7
	SRc	73.59〜74.09	48	58.8	19.8	102.8
	SRd	74.19〜74.69	50	60.0	19.3	102.8
12月9日	SRa	72.95〜73.45	38	52.8	17.9	102.5
	SRb	73.28〜73.78	36	51.6	18.8	96.7
	SRc	73.69〜74.19	34	50.4	17.2	107.0
	SRd	74.27〜74.77	39	53.4	18.6	96.3
12月11日	SRa	73.44〜73.94	36	51.6	18.7	105.4
	SRb	73.73〜74.23	34	50.4	18.6	99.3
	SRc	74.08〜74.58	37	52.2	17.9	96.7
	SRd	74.53〜75.03	39	53.4	19.0	96.1

工後の密度検層（RI）結果から得られた密度を用いて算定した密度比（締固め度）は，表3.6.4に示すように95〜107%となり，良好な施工がなされていることを確認した．

さらに，住宅基礎設計時には国土交通省告示1113号[3.6.3)]に示されたスウェーデン式サウンディング試験による地盤の許容支持力度算定式を用いるので，SWSによって$q_a \geq 30kN/m^2$となるように管理することとした．SWSおよびRIによる測定位置を図3.6.9に，調査結果の例を表3.6.4に示す．

③ 盛土後の沈下観測

盛土が施工される区画(全10測点)に沈下板を設置し，図3.6.9に示す位置で沈下観測を行った．沈下観測は，地盤工学会基準「沈下板を用いた地表面沈下量測定方法」［JGS 1712-2003][3.6.4)]に準じて行なった．沈下板の設置の概要を図3.6.10に示す．

観測の結果，図3.6.11に示すように，盛土試験結果と同様に盛土直後に急激に沈下が進行し，それ以降は沈下が緩やかになり，早期に沈下が収束したことが確認された．

(6) 設計への適用

盛土試験および盛土後の沈下観測の結果より，圧密沈下の可能性は低いと考えられることから建物配置が決定した後，1宅地ごとに5か所以上のSWSを実施し，国土交通省告示1113号に準じて地盤の許容支持力度を決定する方針とした．

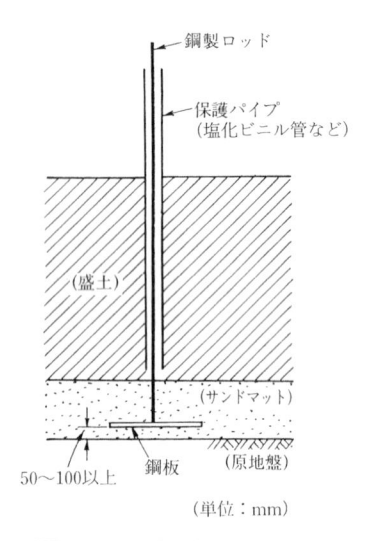

図3.6.10 沈下板設置の概要

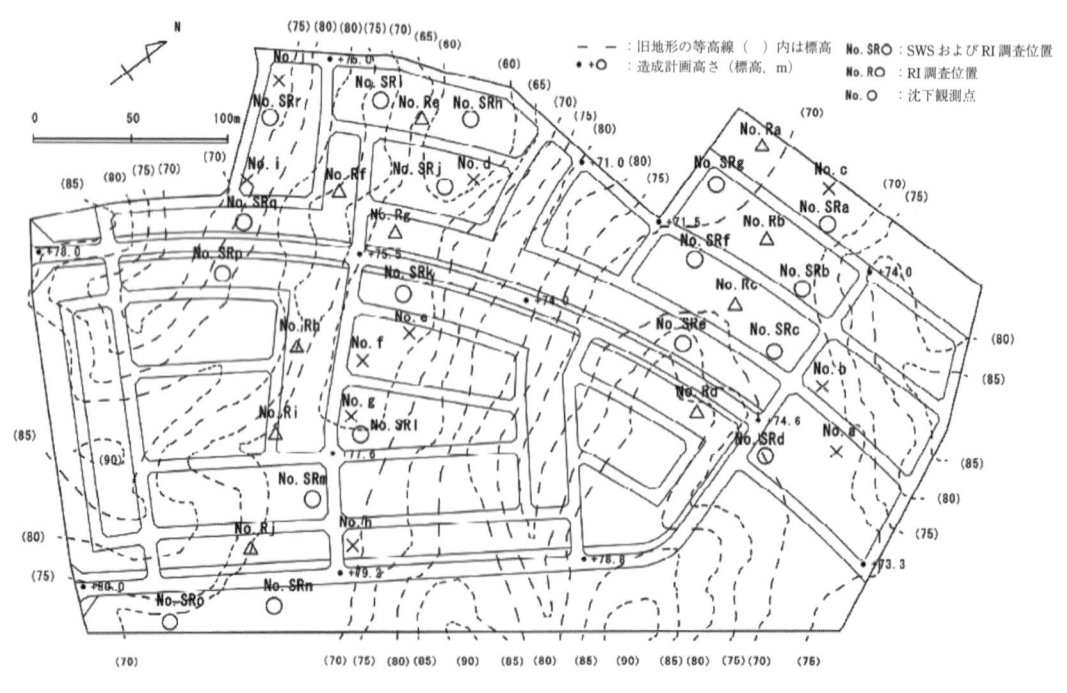

図3.6.9 盛土管理調査位置図

第3章 調査計画例　−179−

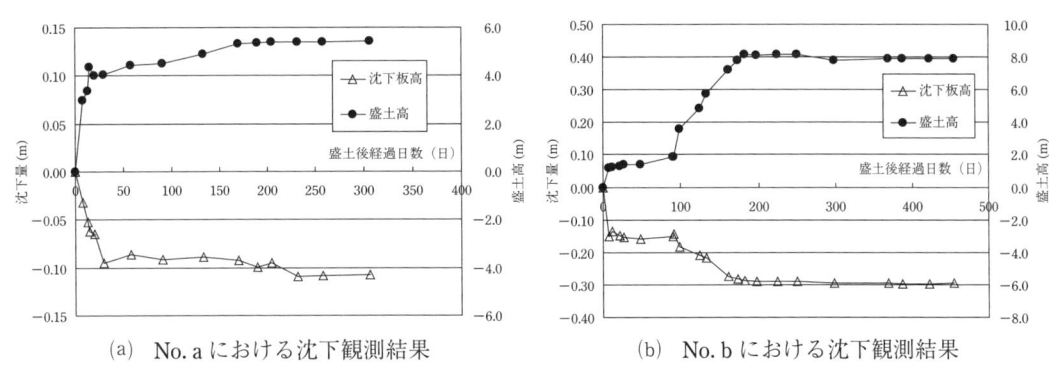

(a) No.a における沈下観測結果　　　(b) No.b における沈下観測結果

図 3.6.11　沈下観測結果の例

参 考 文 献

3.6.1)　KG-NET・関西圏地盤研究会：新関西地盤−大阪平野から大阪湾，p.17，2007
3.6.2)　国土交通省：大規模盛土造成地の変動予測調査ガイドライン，http://www.mlit.go.jp/crd/web/topic/pdf/070406daikibomoridoguideline.pdf
3.6.3)　地盤工学会：土質試験の方法と解説−第1回改訂版，pp.252〜265，2000
3.6.4)　平成13年国土交通省告示第1113号第2
3.6.5)　地盤工学会：地盤調査の方法と解説，pp.609〜616，2001

3.7 節　超高層建築物および免震構造建築物

3.7.1　超高層建築物の調査計画例

(1)　建 築 計 画

① 敷地の位置・形状

　敷地は東京都千代田区に位置し，敷地は図 3.7.1 に示す形状をしている．

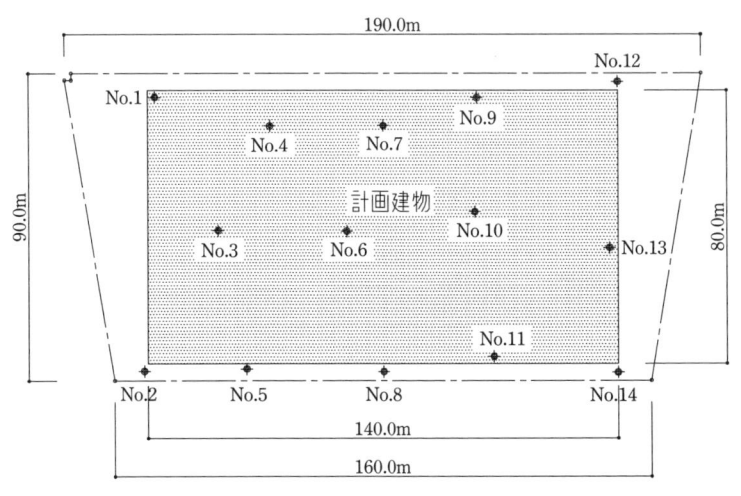

図 3.7.1　調査位置図

② 建築物の規模

建築物は，地上 40 階地下 4 階，地上 S 造・地下 SRC 造の事務所ビルで，平面形状は約 140m×80m，建築物重量を基礎底面で除した値は概ね 500kN/m² と想定される．

(2) 事 前 調 査
① 文献調査

敷地は，図 3.7.2 に示すように，淀橋台と本郷台を分けている神田川流域に発達した沖積低地に位置する．調査地近傍の地質断面図によると，深度 100m 以浅の地質は代々木砂層や城北砂礫層からなる上総層群を基盤とし，東京礫層・東京層・有楽町層の分布が確認されており，東京礫層は深度 20～25m 付近に分布し，沖積層の基底深度は 10～20m 付近にあるものと推定される．

(3) 調 査 計 画
① 基礎形式の想定

文献調査結果から，超高層建築物の支持地盤として十分な支持力を有していると想定される東京礫層は深度 20～25m 付近から分布すると考えられる．そのため，地下 4 階で基礎底深さ 25m を想定している本建築物の基礎は，東京礫層を支持層とする直接基礎が想定される．

② 調査内容・数量の決定

上記の想定に基づいて立案した調査計画の概要と調査の目的を表 3.7.1 に示す．土層構成確認のためのボーリング，各層の強度を推定するための標準貫入試験を行う．支持層としては，東京礫層

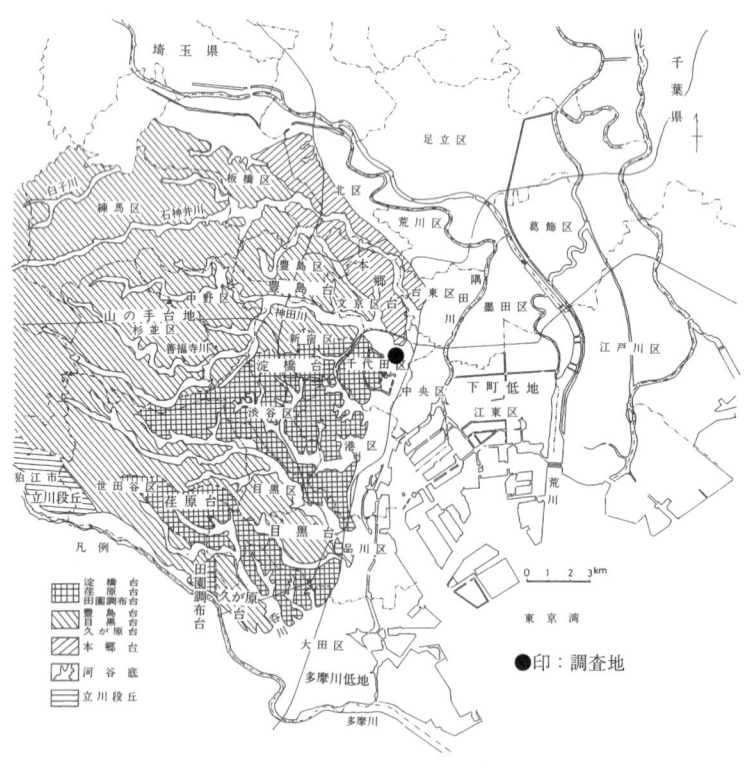

図 3.7.2　地形分類図[3.7.1)]

表 3.7.1　調査目的と方法

調査目的	調査方法
地層構成と分布状況	ボーリング
支持層の選択と支持層	標準貫入試験，一軸・三軸試験，圧密試験
地盤の振動特性	PS検層，常時微動測定，微動アレイ探査，動的変形試験
地下工事の施工計画	単孔式透水試験

以外は想定できないため，その出現深度をできるだけ正確に捉えることを主とする．周辺に有楽町層または東京層の粘性土を支持層とする低層建築物を計画する可能性を考慮し，支持力および即時沈下・圧密沈下を含めた沈下量の検討のため，粘性土の一軸圧縮試験，三軸圧縮試験および圧密試験を行う．

　本建築物が超高層建築物であることから，建築物の設計においては地盤の振動特性を把握した上で，設計用入力地震動を作成して時刻歴応答解析による安全性の確認が必要になる．本計画では，建築物の重要性を鑑み，工学的基盤から上部の地盤増幅のみを考慮した告示波による検討だけでなく，特定の断層のずれによる当敷地での揺れを想定したサイト波による検討をも行うこととした．そのため，地盤の振動特性の把握としては，表層より工学的基盤深さ程度までの比較的浅い層の振動特性を把握するためにPS検層を，地震基盤深さまでの深層の地盤の振動特性を把握するため，微動アレイ探査を計画する．上記検討項目に対する調査仕様を表 3.7.2 に示す．

＜ボーリング調査の本数と深度＞

　ボーリング調査の本数は，事前調査から地層構成が単純で大きな変化がないと想定されたこと，および，近隣の地盤調査資料から地盤構成が推定できたことなどから，図 3.7.1 に示す 14 か所とした．また，調査深度は深さ 40~45m を基本とし，砂礫層が十分な層厚であることを確認するため上総層群の砂層を確認することとした．

＜地下水位測定＞

　計画建築物は，地下が深く常時および施工時に地下水の影響を大きく受けることが予想されるため，各ボーリングで自然水位を測定するとともに，有楽町層の砂礫層および東京礫層で透水試験を行い，平衡水位を測定することとした．

＜室内土質試験＞

　有楽町層と東京層の粘性土において強度試験を行う．比較的浅い層である有楽町層については一軸圧縮試験を，東京層の粘性土については砂分を多く含み試料の乱れの影響で一軸圧縮試験では強度を小さく評価する可能性があるため，非圧密非排水条件で三軸圧縮試験（UU試験）を実施することとした．

＜PS検層・微動アレイ観測＞

　本敷地における比較的浅い層の振動特性把握と工学的基盤の深さを確認するため，深さ 70m 程度までを対象にPS検層を行う．また，建築物の重要性を鑑み，当敷地において想定されるサイト波を作成して時刻歴応答解析により検討することとしており，サイト波作成にあたって必要

表 3.7.2　調査仕様

調査孔	ボーリング 孔径（mm）	ボーリング 深度（m）	標準貫入試験（回）	サンプリング（本）	現場透水試験（回）	PS検層 密度検層	常時微動測定	地盤高（Hm）
No. 1	66	40	36	－	－	－	－	H＝＋4.60m
No. 2	86～66	42	41	－	2	－	－	H＝＋3.99m
No. 3	66	37	37	－	－	－	－	H＝＋4.55m
No. 4	66	45	38	－	－	－	－	H＝＋4.57m
No. 5	66	41	40	－	－	－	－	H＝＋4.28m
No. 6	66	40	40	－	－	－	－	H＝＋4.53m
No. 7	116～86	75	51	7	－	70m	地表：1 地中：1	H＝＋4.58m
No. 8	66	44	44	－	－	－	－	H＝＋4.01m
No. 9	66	45	41	－	－	－	－	H＝＋4.50m
No. 10	66	43	38	－	－	－	－	H＝＋4.51m
No. 11	86～66	40	39	－	1	－	－	H＝＋3.85m
No. 12	86～66	45	44	－	2	－	－	H＝＋4.48m
No. 13	66	44	44	－	－	－	－	H＝＋4.67m
No. 14	66	43	43	－	－	－	－	H＝＋4.06m
合計	－	624	576	7	5	70m	地表：1 地中：1	－

な地震基盤（S波速度3 000m/s以上）までの深層の地盤の振動特性を把握するため，微動アレイ探査を計画した．

(4) 調査結果と考察

＜地盤構成＞

調査地の地層層序を表3.7.3に，地盤断面図を図3.7.3に示す．表層に既存建築物および埋め土層があり，埋め土層の直下に10m程度の層厚で有楽町層の粘性土層，その下部に有楽町層砂礫層・東京層粘性土層・東京層砂質土層が続き，本建築物の支持層と想定される東京礫層が標高17m～20m付近から現れる．さらにその下部に，上総層群砂層・上総層群砂泥層が分布している．

＜地下水位，透水係数＞

No. 13を除く13地点のボーリングで泥水を用いずに掘削し地下水位を測定したが，地点ごとのばらつきが大きかった．そこで，有楽町層の砂礫層（Yg層）および東京礫層（Tog層）において透水試験を行って平衡水位（被圧水位）を計測した結果，図3.7.4に示すようにYg層では標高－7m付近（圧力約34.3kN/m^2）に，Tog層では標高－9.5m付近（圧力約73.5～105.4kN/m^2）に求まった．

同時に測定されたYg層およびTog層の透水係数を表3.7.4に示す．

表 3.7.3 地層層序表

地質時代	地層区分			土層記号	上端分布 (H=m)
−	−	−	埋土	B	+4.60～+3.85
第四紀	完新世	沖積層	有楽町層 粘性土層	Yc	−0.52～−10.31
			有楽町層 砂礫層	Yg	−9.81～−11.85
	更新世	洪積層	東京層群 粘性土層	Toc	−13.30～−15.10
			東京層群 砂質土層	Tos	−16.95～−19.00
			東京層群 砂礫層（東京礫層）	Tog	−17.04～−20.05
			上総層群 砂質土層	Ks	−22.46～−27.09
			上総層群 砂泥層	Ksc	−32.91～−39.32

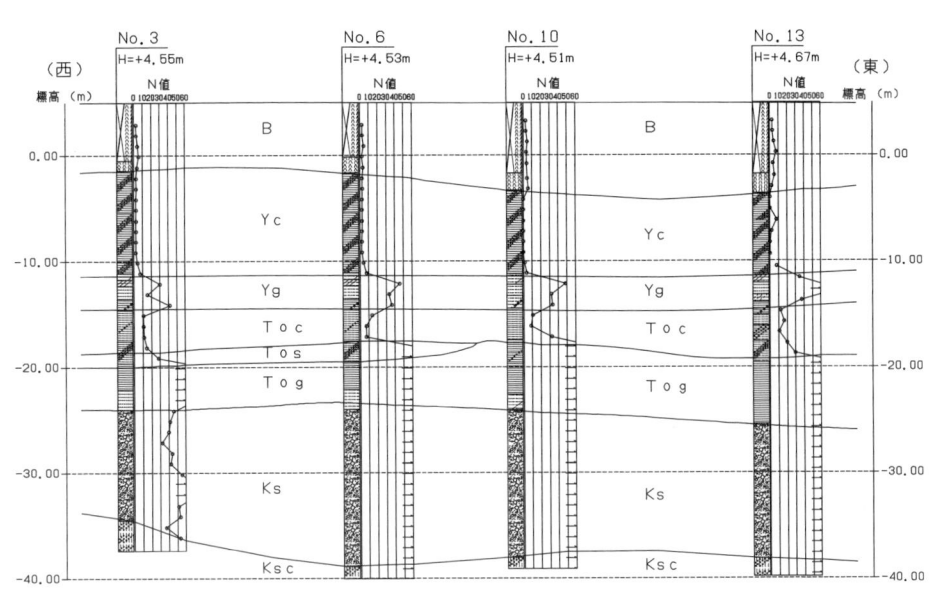

図 3.7.3 代表的な地層断面図

＜物理試験・室内土質試験結果＞

物理試験結果および土質試験結果を表 3.7.5 に示す．

また，Yc 層・Yg 層の砂質土および Toc 層からサンプリングした試料に対して行った動的変形試験結果の一例（GL−19.6～−20.7m の Toc 層）を図 3.7.5 に示す．

＜物理検層・常時微動測定結果＞

PS 検層・密度検層結果を表 3.7.6 に示す．東京礫層以深では，S 波速度は 370～520m/s となり，工学的基盤と判断する目安である S 波速度 400m/s 以上を概ね満たしている．

常時微動測定から求められる地盤の卓越周期を表 3.7.7 に示す．基礎底付近の地中 GL−23.5m の水平動は，0.29～0.55 秒付近および 3.56～3.72 秒付近にピークが認められる．

<微動アレイ探査結果>

アレイ形状は10点の観測点から構成される3重同心回転正三角形とし、Lアレイ・Mアレイ・Sアレイの3つの異なるアレイ半径を設計した．

微動アレイ探査結果から解析により求められた地下構造モデルを表 3.7.8 に示す．地震基盤と考えられる Vs≧3 000m/s の地層は GL-3 000m 付近から現れる．

(5) 設計および施工への適用

支持力の確認方法など一般的な検討項目については，他の調査計画例に詳述されているため本項では省略する．ここでは，主として超高層建築物に特有な地盤の振動特性調査の設計への適用について述べる．

PS検層結果は，通常は工学的基盤の深さの確認とともに，得られたせん断波速度から算定されるせん断剛性 G と，動的変形試験

表 3.7.4 得られた各層の透水係数

試験対象土層	試験孔	試験深度 （GL-m）	透水係数 （m/sec）
Yg 層	No. 2	13.80～14.30	5.10×10^{-6}
	No. 12	14.90～15.60	2.27×10^{-5}
Tog 層	No. 2	21.80～22.30	1.76×10^{-5}
	No. 11	20.80～22.00	4.78×10^{-3}
	No. 12	25.40～26.00	7.54×10^{-5}

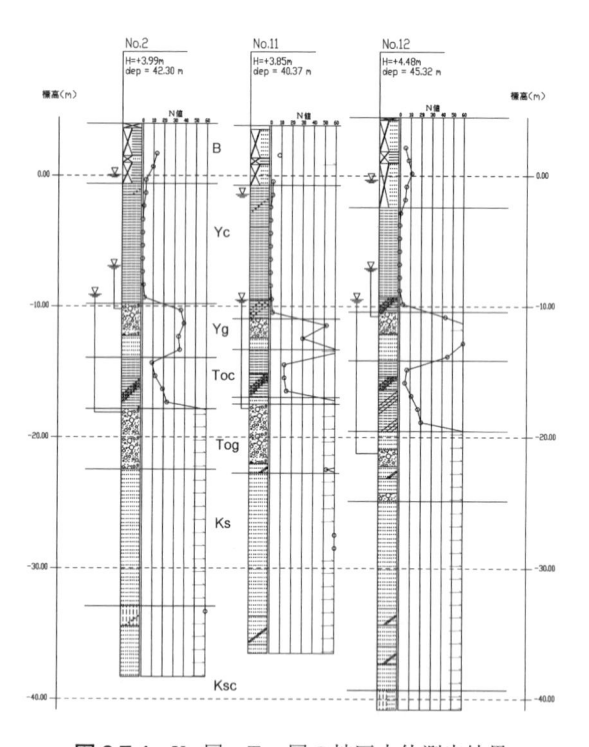

図 3.7.4 Yg 層，Tog 層の被圧水位測定結果

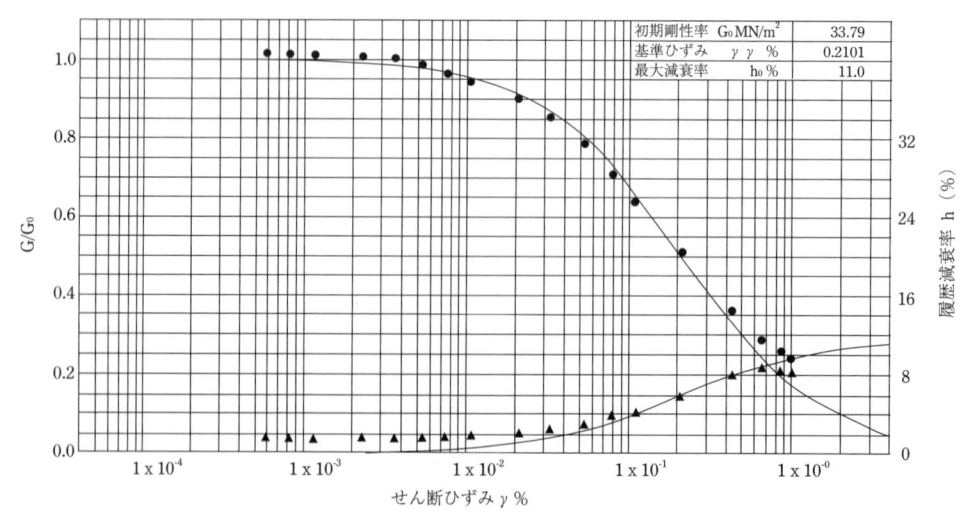

図 3.7.5 動的変形試験結果の一例

表 3.7.5　室内土質試験結果一覧

地層記号			Yc			Yg	Toc	
試料番号			7-8T	7-11T	7-14T	7-18S	7-21D	7-23D
採取深度 (m)			7.00-7.80m	10.00-10.80m	13.00-13.80m	17.5-18.40m	19.60-20.7m	22.50-22.85m
一般	湿潤密度 ρ_t (g/cm³)		1.554	1.441	1.398	1.827	1.678	1.933
	乾燥密度 ρ_d (g/cm³)		0.877	0.701	0.645	1.32	1.084	1.504
	土粒子の密度 ρ_s		2.679	2.654	2.63	2.694	2.676	2.706
	自然含水比 w_n (%)		77.6	105.6	116.9	38.4	54.8	28.6
	間隙比 e		2.066	2.787	3.081	1.041	1.469	0.804
	飽和度 S_r (%)		100.6	100.5	99.8	99.4	99.8	96.7
粒度	礫分 (%)		0	0	0	6	0	0
	砂分 (%)		16	5	2	78	13	40
	シルト分 (%)		44	39	29	5	61	39
	粘土分 (%)		40	56	69	11	26	21
	最大粒径 (mm)		4.75	4.8	4.75	9.5	4.75	2
	均等係数 U_c		－	－	－	73.6	－	－
	曲率係数 U_c'		－	－	－	34.7	－	－
	50%粒径 D_{50} (mm)		0.0107	0.00309	0.00161	0.17	0.0167	0.0515
	20%粒径 D_{20} (mm)		－	－	－	0.112	0.0024	0.00372
コンシステンシー特性	液性限界 w_L (%)		73.6	71.6	83.4		67.6	29.9
	塑性限界 w_P (%)		34.9	40.5	47		29.5	19.9
	塑性指数 I_P		38.7	31.1	36.4		38.1	10.8
	コンシステンシー指数 I_c		－0.114	－1.003	－0.841		0.472	0.296
分類	分類名		砂質シルト	シルト	シルト	礫混じり細粒分質砂	砂混じり粘土	砂質粘土
	分類記号		(MHS)	(MH)	(MH)	(SF-G)	(CH-S)	(CLS)
圧密	圧縮指数 C_c		0.95	1.37	1.59		0.81	0.3
	圧密降伏応力 p_c (kN/m²)		166.5	146.5	239.2		1092	1082
一軸圧縮	一軸圧縮強さ q_u (kN/m²)	①	76	73.5	93.2			
		②	66.2	65	91.7			
		③	86.9	63.7	112.5			
		平均値	76.4	67.4	99.1			
	変形係数 E_{50} (MN/m²)	①	4.62	7.67	6.69			
		②	9.16	7.41	6			
		③	5.88	4.54	7.84			
		平均値	6.6	6.5	6.8			
三軸圧縮	試験条件						非圧密非排水(UU)	非圧密非排水(UU)
	C_u (kN/m²)						137	110.4
動的変形試験	初期剛性率 G_0 (MN/m²)			9.3		53.6	33.8	
	基準ひずみ γ_r (%)			0.4501		0.0821	0.2101	
	最大減衰定数 h_0 (%)			10.2		23.1	11.6	

表 3.7.6 PS 検層・密度検層結果一覧

地層記号	土質名（N値）		深度	速度値 V_p (km/s)	速度値 V_s (km/s)	ポアソン比 θ	密度値 ρ (g/cm³)	剛性率 G (MPa)	ヤング率 E (MPa)	体積弾性率 K (MPa)
—	礫混りシルト質砂 コンクリート，空洞		5	—	—	—	—	—	—	—
Yc	礫混り粘土質砂 砂質シルト，粘土質シルト 礫混り粘土質砂と砂質シルトの互層	N=0〜8	15.85	1.51	0.1	0.498	1.58	15.8	47.3	3 580
Yg	シルト混り砂礫	N>60	17	1.67	0.34	0.478	1.89	219	646	4 980
Yg〜Toc	シルト質砂 砂質シルト，シルト	N=7〜19	21.7	1.52	0.23	0.488	1.68	88.9	265	3 760
Toc	砂質シルト，シルト質砂	N=18	23	1.64	0.26	0.487	1.75	118	352	4 550
Tog	シルト混り砂礫	N>60	28.5	1.87	0.5	0.462	1.9	475	1 390	6 010
Ks	シルト質砂 礫混りシルト質砂 シルト混り砂	N>60	43.8	1.65	0.37	0.474	1.75	240	706	4 440
Ksc	シルト 砂質シルト 砂とシルトの互層 固結シルト 砂質シルトと礫混り砂の互層	N>60	52	1.75	0.46	0.463	1.73	366	1 070	4 810
	シルト混り砂礫	N>60	53.2	1.92	0.49	0.465	1.89	454	1 330	6 360
	シルト質砂 シルトと砂の互層	N>60	70.5	1.72	0.41	0.47	1.76	296	870	4 810

表 3.7.7 水平動と上下動の卓越周期

		卓越周期（秒）
地表	NS	0.20 0.23 0.32 3.72
	EW	0.21 0.23 0.29 0.32 3.72
	UD	0.20 0.23 0.28 0.30 0.55 3.72
GL−23.50m	NS	0.29 0.35 3.72
	EW	0.19 0.32 3.56
	UD	0.23 0.29 0.32 0.55 3.72

表 3.7.8　微動アレイ探査で得られた地下構造モデル

<table>
<tr><th rowspan="3">番号</th><th colspan="5">本調査地点</th><th colspan="5">文献による情報[3.7.2]</th></tr>
<tr><td colspan="5"></td><td rowspan="2">地質</td><td colspan="2">千代田区
北の丸公園</td><td colspan="2">中野区
松ヶ丘哲学堂公園</td></tr>
<tr><td>V_s
(km/s)</td><td>V_p
(km/s)</td><td>密度
(g/cm^3)</td><td>層厚
(m)</td><td>上面
深度
(m)</td><td>V_s (V_p)
(km/sec)</td><td>上面
深度
(m)</td><td>V_s (V_p)
(km/sec)</td><td>上面
深度
(m)</td></tr>
<tr><td>1</td><td>0.141</td><td>1.564</td><td>1.69</td><td>11</td><td>……</td><td rowspan="2">下総層群</td><td>0.11〜0.52</td><td rowspan="2"></td><td>0.11〜0.53</td><td rowspan="2"></td></tr>
<tr><td>2</td><td>0.468</td><td>1.855</td><td>1.8</td><td>133</td><td>11</td><td>(1.06〜1.67)</td><td>(1.07〜1.68)</td></tr>
<tr><td>3</td><td>0.679</td><td>2.059</td><td>1.9</td><td>426</td><td>144</td><td rowspan="2">上総層群</td><td>0.69（1.91）</td><td>137</td><td>0.72（1.96）</td><td>250</td></tr>
<tr><td>4</td><td>0.905</td><td>2.294</td><td>1.99</td><td>976</td><td>570</td><td>0.94（2.28）</td><td>397</td><td>1.01（2.39）</td><td>560</td></tr>
<tr><td>5</td><td>1.473</td><td>2.956</td><td>2.22</td><td>1488</td><td>1 546</td><td>三浦層群</td><td>1.50（3.11）</td><td>1 567</td><td>1.58（3.21）</td><td>1 540</td></tr>
<tr><td>6</td><td>3.131</td><td>5.473</td><td>2.61</td><td>……</td><td>3 034</td><td>先新第三
系基盤</td><td>3.11（5.45）</td><td>2 577</td><td>3.22（5.62）</td><td>3 150</td></tr>
</table>

＊本調査地点のV_p・密度は，V_s・V_p・密度の関係を示す既存の統計資料によりV_sから求めた換算値

により得られる等価せん断剛性率，履歴減衰率とせん断ひずみの関係から1次元重複反射理論に基づく等価線形化地盤応答解析により，工学的基盤より浅部地盤の影響を考慮した設計用入力地震動を作成するために用いる．ただし，本計画建築物は直接工学的基盤に支持させており，工学的基盤より浅部地盤の影響は考慮する必要がないため上記検討は行わない．

　微動アレイ観測の結果は，工学的基盤より深い地層の振動特性を考慮したサイト波などの作成に利用する．サイト波の作成については1.5節および2.3.11項に示している．

　また，建築物基礎底付近の東京礫層は被圧されており，施工計画にあたっては，山留壁は不透水層まで根入れする必要があると考えられ，山留め壁の先端地盤は上総層群の粘性土層（Ksc）が想定される．

3.7.2　免震構造建築物の調査計画例

(1)　建　築　計　画

① 敷地の位置・形状

　敷地は図3.7.6に示すように千葉県西部に位置し，敷地は図3.7.7に示す形状をしている．

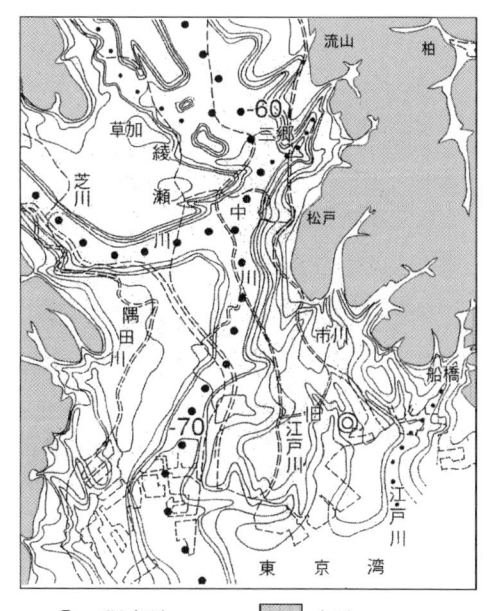

図 3.7.6　調査地付近の沖積基底の地形[3.7.3]

② 建築物の規模

計画建築物はRC造地上5階建地下なしで，床面積約5 000m^2，およそ25m×65mの平面を有する免震構造の事務所ビルである．

(2) 事前調査

① 文献調査

調査地は，敷地の北方に分布する洪積層の下総台地と東京湾の間の海岸線に沿う沖積低地内に位置する．東京湾は明治以降に埋立てが進み，昭和30年代以降は大規模な埋立てが行なわれており，調査地は埋立て後30年以上経過した場所に位置している．

文献調査によれば，調査地周辺の沖積低地では洪積層の上部層が侵食を受け流失し，かわって一般に軟弱層と認識されている沖積層が堆積している．この沖積層は主に極めて軟弱な粘土層と相対密度の緩い砂質土層から構成され，ところによって基底部に礫層を伴う場合がある．調査位置は古くは東京湾内にあたり，調査地点の沖積基底は概ね深度－30～－40m付近に存在する．

(3) 調査計画

① 基礎形式の想定

計画建築物が，RC造5階建ての免震構造で地表には軟弱な粘土層や緩い砂層が堆積していると想定されることから，基礎形式としては杭基礎が想定される．杭基礎の支持層は近隣の調査の結果からGL－30m～－40m以深の細砂層と想定される．

② 調査内容・数量の決定

計画建築物は免震構造物として時刻歴応答解析により耐震設計を行う方針とした．そのため，一般的な地盤調査項目に加えて以下のような項目に配慮して調査仕様を決定した．

＜ボーリング調査本数と深度＞

支持層の出現深度は文献調査によればGL－30m以深にある細砂層で，地盤の水平方向への連続性は概ね良好であるとされるが，細砂層の出現深度には若干の不陸が予想されたため，ボーリング深度は45mを基本とし，PS検層を行なう地点は70mとした．調査箇所数は敷地長辺が約70mとやや長く，また杭基礎の支持層にも若干の不陸があることが予想されたため敷地の四隅と敷地ほぼ中央の5か所とした．地盤調査位置を図3.7.7に示す．

＜室内土質試験＞

地震応答解析を行う場合，工学的基盤から計画建築物基礎底までの地盤の増幅特性を考慮して

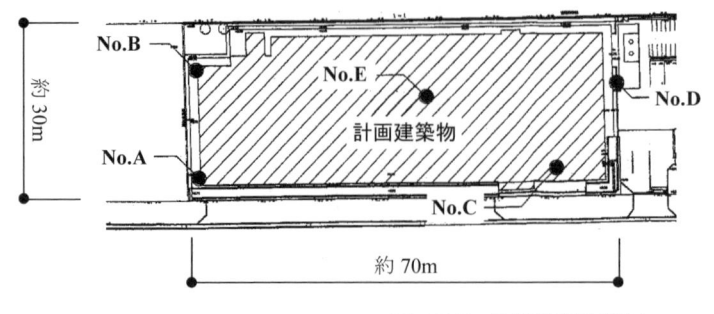

図3.7.7 地盤調査位置図

地震波を作成する必要があるため基礎底以深の砂質土・粘性土から乱さない試料を採取し動的変形試験を実施した．

また，表層部の自由地下水位以深にはN値が低い砂質土層が存在し液状化の可能性があるため，砂質土層を中心に地盤の液状化判定に用いる粒度試験を行うほか，GL−7m・−10m付近の細砂より試料を採取し液状化試験（繰返し非排水三軸試験）を行い，その結果を有効応力解析に基く液状化地盤応答解析のパラメータ設定に用いた．

<PS検層，常時微動測定>

既述のとおり，計画建築物では時刻歴応答解析を行うため，せん断波速度V_sが400m/s程度以上となる工学的基盤の確認と地盤の動的特性を知る必要がある．

文献調査によれば調査地付近でせん断波速度V_sが400m/sとなるのはGL−50〜−60m程度であり，PS検層はGL−70mまで実施することとした．なお，文献調査で工学的基盤に大きな傾斜がないことが確認されている．

常時微動測定は，地表とせん断波速度V_sが大きくなると推定されるGL−36m付近の2測点における短周期計による計測と，長周期域での振動特性を把握するための地表測点での長周期計による計測とした．

このような条件と調査地で予想される地盤構成から立案した地盤調査計画の概要を表3.7.9および表3.7.10に示す．

(4) 調査結果

<地盤構成>

調査の結果得られた地盤断面図を図3.7.8に示す．表層は埋土で，その下位にはN値が20程度以下の沖積砂層，N値が1程度の沖積粘性土層が存在する．杭基礎の支持層となるN値50以上の細砂層はGL−30m付近より出現するが，出現深度は調査位置により3〜5m程度の差異が生じている．地下水位はGL−2m付近に観測された．

<室内土質試験結果>

物理試験，室内土質試験の結果の概要を表3.7.11に示す．試験結果は試料の平均値を示し，若干のばらつきがあるものの概ね一般的な値が得られている．

表3.7.9 調査計画概要

調査孔	孔径 (mm)	深度 (m)	標準貫入試験 (か所)	孔内水平載荷試験	サンプリング (か所)	PS検層	常時微動	液状化試験	動的変形試験
No. A	86〜116	70	64	−	6	70m	3	2	3
No. B	66	45	20*	−	−	−	−	−	−
No. C	66	45	20*	−	−	−	−	−	−
No. D	66	45	45	−	−	−	−	−	−
No. E	66〜86	45	45	3	−	−	−	−	−

＊支持層確認用としてGL−25m以深とした．

表 3.7.10　地盤調査仕様

深さ(m)	土質名	N値 (10 30 50)	ボーリング孔径(mm)	標準貫入試験	*4 孔内水平載荷試験	現場透水試験	弾性波速度検層	*3 常時微動測定	シンウォール	デニソン	トリプルチューブ	土粒子密度	含水比	*5 粒度	液性・塑性	湿潤密度	一軸圧縮	三軸圧縮	標準圧密	液状化試験	動的変形特性
0–3	埋土		116	○			○	○					○	○							
4–5	シルト			○	○		○		○			○	○	○			○				
6–10	細砂			○			○				○		○							○	○
11–24	シルト			○	○		○		○			○	○	○	○	○	○		○		○
25–28	中砂			○			○				○	○	○	○	○	○			○	○	○
29–35	シルト		86	○			○					○	○	○	○	○	○		○		
36–45	細砂		↓ *2	○			○	○													
合計				64	3		70	4	3		3	5	5	12	4	4	2	1	4	2	3

[注]
* 1　想定土質名, 深度, N値は近隣ボーリングよりの想定であり実際と異なる.
* 2　以下70mまで, 標準貫入試験, 弾性波速度検層を行う.
* 3　短周期計による. 地表は短周期, 長周期各1とする.
* 4　孔内水平載荷試験はNo.Eで実施するものを記載してある.
* 5　粒度試験はふるい+沈降とする.

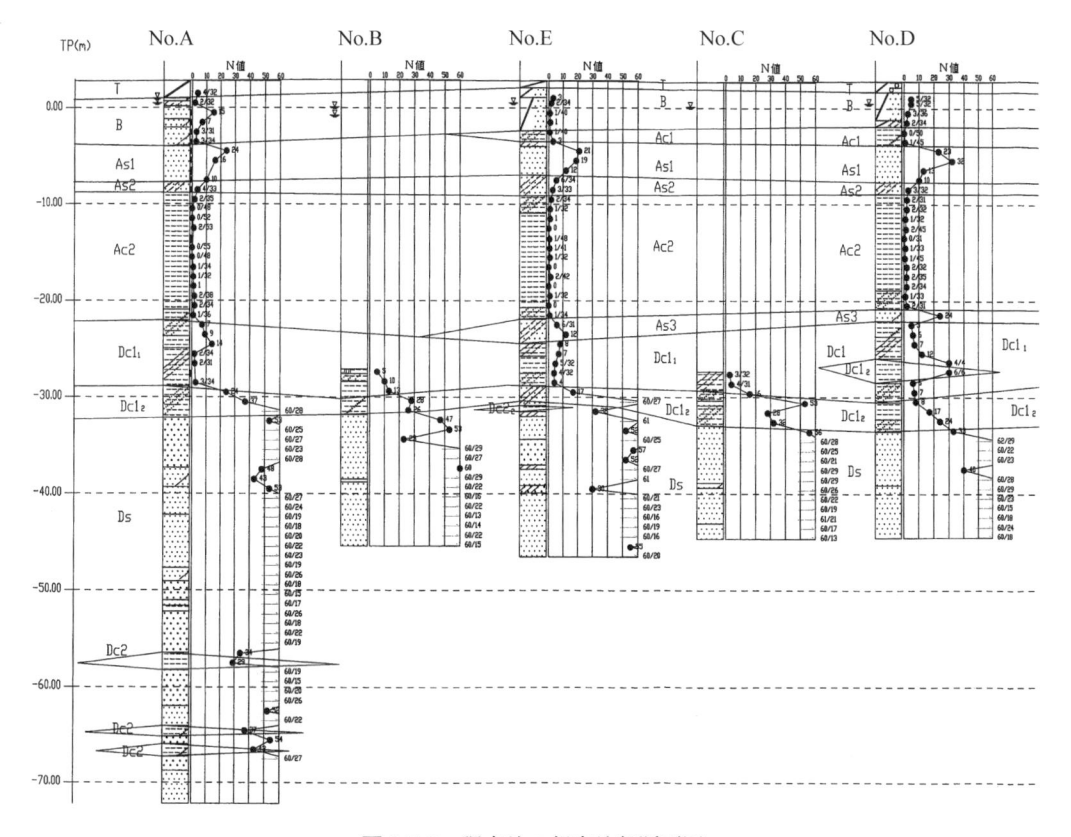

図 3.7.8 調査地の想定地盤断面図

<PS検層結果>

PS検層結果を表3.7.12に示す．GL-30m付近およびGL-61m付近でせん断波速度V_sは約400m/s程度となっている．

<常時微動観測結果>

常時微動測定結果を図3.7.9に示す．地中部の計測は，当初の計画ではGL-36m付近を計画していたが，N値の分布からGL-32m付近よりVsが大きくなると予想されたため測定深度をGL-32mに変更して行った．

フーリエスペクトルでは0.8秒付近にピークが見られるが，スペクトル比に示されるように地表/GL-32mの水平方向で見られる0.66秒が周期として最も長く増幅率が大きく，より深部の卓越周期を示していると判断し，0.66秒を本調査地の地盤の卓越周期とした．長周期成分の考察は次項による．

(5) 設計への適用

① PS検層結果および動的変形試験結果

調査結果によればGL-30m付近でせん断波速度V_sは約400m/s程度となるが，その後400m/s以下となり，GL-61m付近で再び400m/s以上となる．文献調査によれば調査地付近の工学的基盤はGL-50〜-60m程度であるとされているため，今回の設計ではGL-61mを工学的基盤とする．

表 3.7.11 室内土質試験結果一覧表

試料採取深度 (G.L.-m)		1.65~1.97	2.15~2.47	3.15~3.51	4.15~4.49	5.15~5.56	5.70~6.40	7.00~7.85	8.15~8.45	9.15~9.45	9.50~10.40	11.15~11.47	14.00~14.85	20.00~20.85	27.0~27.85
土質区分		B	B	B	B	Ac1	Ac1	As1	As1	As1	As1	As2	Ac2	Ac2	Dc1
一般	湿潤密度 ρ_t (g/cm³)	-	-	-	-	-	1.799	1.945	-	-	1.785	-	1.564	1.491	1.683
	乾燥密度 ρ_d (g/cm³)	-	-	-	-	-	1.299	1.511	-	-	1.320	-	0.950	0.821	1.041
	土粒子の密度 ρ_s (g/cm³)	2.690	2.693	2.702	2.668	2.642	2.675	2.713	2.715	2.724	2.711	2.656	2.639	2.639	2.634
	自然含水比 w_n (%)	33.3	30.2	36.5	36.5	47.3	37.5	25.7	22.8	25.9	27.2	41.7	60.9	80.7	57.5
	間隙比 e	-	-	-	-	-	1.061	0.796	-	-	1.067	-	1.777	2.217	2.211
	飽和度 S_r (%)	-	-	-	-	-	97.2	97.9	-	-	90.4	-	95.8	97.3	97.4
粒度特性	礫分 2~75mm (%)	0	0	0	0	0	0	1	0	1	1	0	0	0	0
	砂分 75μm~2mm (%)	66	84	85	67	25	46	96	91	91	89	42	4	1	4
	シルト分 5~75μm (%)	22	16	15	18	50	36	3	9	9	10	35	43	44	60
	粘土分 5μm 未満 (%)	12			15	25	18								
コンシステンシー	液性限界 w_L (%)	-	-	-	-	44.0	36.2	-	-	-	-	-	71.6	79.7	80.2
	塑性限界 w_P (%)	-	-	-	-	30.0	27.1	-	-	-	-	-	39.0	44.4	33.4
	塑性指数 I_P	-	-	-	-	14.0	9.1	-	-	-	-	-	32.0	35.3	46.8
分類	分類名	細粒分質砂	細粒分質砂	細粒分質砂	細粒分質砂	砂質シルト	砂質シルト	細粒分混り砂	細粒分混り砂	細粒分混り砂	細粒分混り砂	砂質シルト	シルト	シルト	シルト
	分類記号	(SF)	(SF)	(SF)	(SF)	(MLS)	(MLS)	(S-F)	(S-F)	(S-F)	(S-F)	(MLS)	(MH)	(MH)	(MH)
一軸	一軸圧縮強さ q_u (kN/m²)	-	-	-	-	-	40.7	-	-	-	-	-	91.8	136.5	266.4
	変形係数 E_m (kN/m²)	-	-	-	-	-	1700	-	-	-	-	-	3 850	4 620	34 800
三軸	試験条件	-	-	-	-	-	-	-	-	-	-	-	-	-	-
	c (kN/m²)	-	-	-	-	-	-	-	-	-	-	-	-	-	-
	ϕ (度)	-	-	-	-	-	-	-	-	-	-	-	-	-	-
液状化試験	繰返し応力振幅比 $\sigma_d/2\sigma'_0$	-	-	-	-	-	-	0.442	-	-	0.257	-	-	-	-
圧密	圧縮指数 C_c	-	-	-	-	-	0.29	-	-	-	-	-	0.62	1.06	0.93
	圧密降伏応力 P_c (kN/m²)	-	-	-	-	-	107.8	-	-	-	-	-	162.7	247.0	863.7

表 3.7.12 PS 検層試験結果

深度 (m)	土質名	地層記号	N値	層厚 (m)	単位体積重量 (kN/m³)	Vs (m/s)	Vp (m/s)	ポアソン比	剛性率 G (kN/m²)	変形係数 E (kN/m²)
0	埋土	T		1.80	16.70	115	637	0.483	22 000	66 000
	盛土（細砂）	B		5.00	16.70	126	1 156	0.493	26 000	86 000
-5										
	細砂	As1		4.80	19.30	154	1 501	0.495	46 000	139 000
-10	シルト	Ac2		9.90	16.60	136	1 340	0.495	31 000	93 000
-15										
-20										
-25	シルト	Ac2		3.30	16.60	182	1 591	0.493	56 000	168 000
	砂質土,粘土	Dc11		2.90	16.00	290	1 575	0.482	137 000	407 000
-30	シルト質粘土	Dc11		1.80	16.00	183	1 528	0.493	54 000	162 000
	シルト質粘土	Dc11		2.15	16.00	414	1 695	0.468	279 000	819 000
-35	砂質粘土	Dc12		3.30	16.00	443	1 720	0.464	320 000	938 000
	中砂	Ds		4.55	18.60	423	1 731	0.468	339 000	997 000
-40	中砂	Ds		3.00	18.60	298	1 609	0.482	168 000	498 000
-45	細砂	Ds		4.00	18.60	388	1 692	0.469	285 000	839 000
	細砂・中砂	Ds		8.00	18.60	325	1 608	0.479	200 000	593 000
-50										
-55	細砂・中砂	Dc2		4.70	18.60	342	1 701	0.479	221 000	655 000
-60	シルト	Dc2		1.80	17.20	349	1 709	0.477	213 000	631 000
	中砂, 細砂	Ds		5.80	18.60	406	1 770	0.480	312 000	923 000
-65						396	1 680			
	砂混じり粘土	Dc2		1.90	17.20	404	1 733	0.479	274 000	812 000
	中砂	Ds		0.80	18.60	406	1 764	0.479	310 000	918 000
	砂混じり粘土	Dc2		1.30	17.20	428	1 774	0.478	289 000	856 000
-70	中砂	Ds		0.50	18.60			0.476	346 000	1 230 000

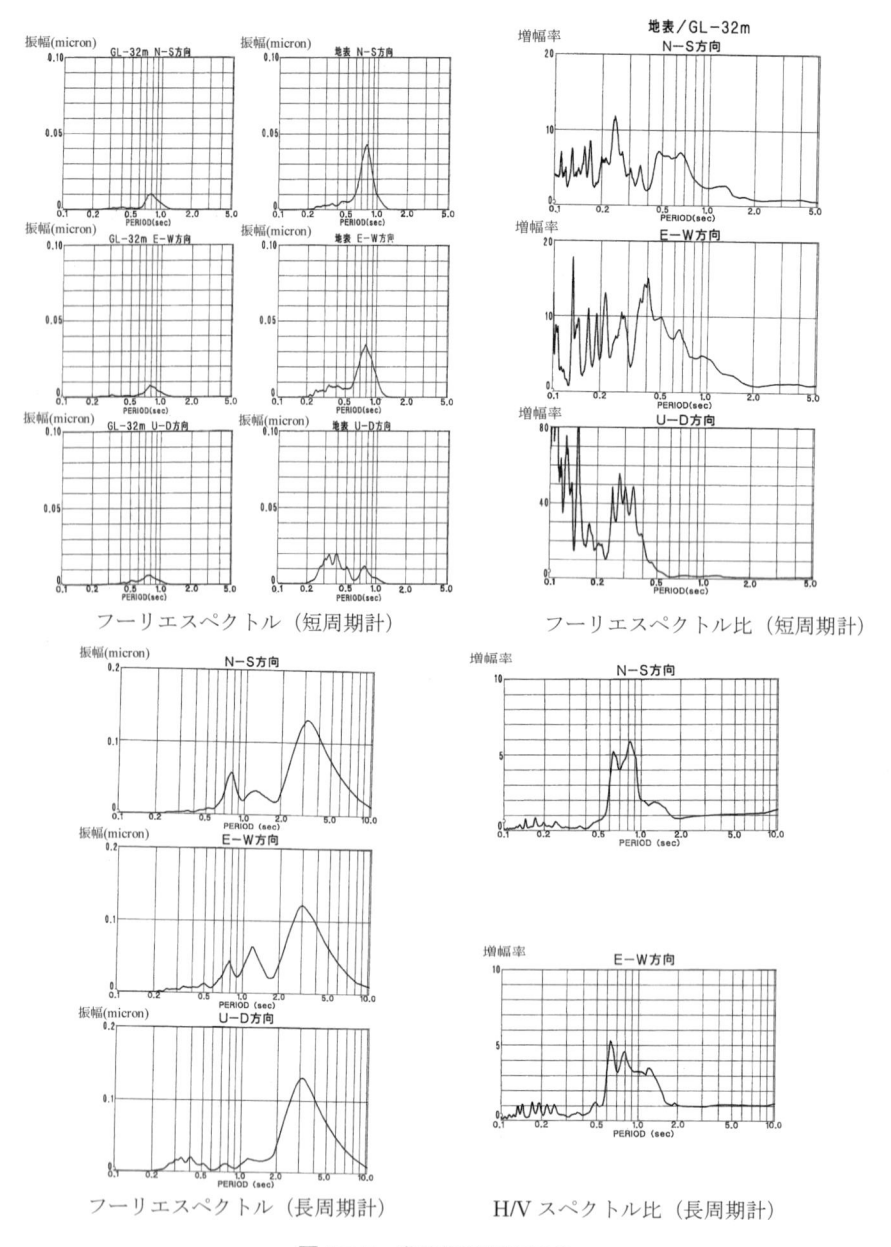

フーリエスペクトル（短周期計）　　　　　　フーリエスペクトル比（短周期計）

フーリエスペクトル（長周期計）　　　　　　H/V スペクトル比（長周期計）

図 3.7.9　常時微動測定結果

　設計用入力地震動作成では，PS 検層結果とともに，図 3.7.10 に示す室内土質試験により得られた動的変形試験結果を用いて工学的基盤より浅部地盤の増幅特性を考慮する．
② 常時微動測定結果
　短周期計の測定結果から地盤の卓越周期は 0.66 秒と判断される．また地表から GL－31m までの地盤をモデル化し，重複反射理論により得られた地盤の増幅特性を図 3.7.11 に示す．計算により得られた増幅特性の卓越周期は 0.69 秒となり，常時微動測定結果と概ね一致するため地盤の卓越周期 0.66 秒は妥当であると判断した．また，設定した地盤モデルについても適切なモデルであると

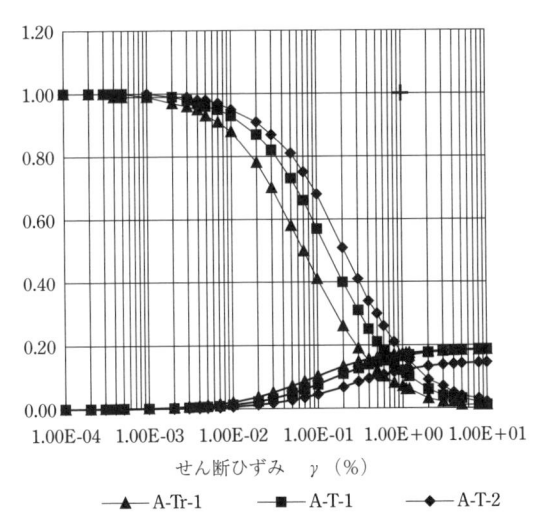

図 3.7.10 動的変形試験結果

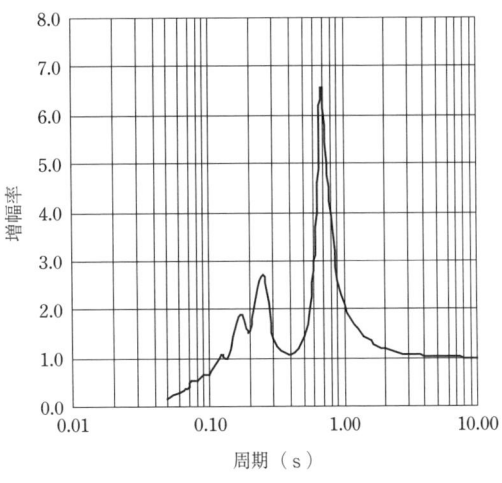

図 3.7.11 地盤の増幅特性

判断した.

また,長周期計により得られたスペクトルにある3秒付近のピークがH/Vスペクトル比には見られないことから,長周期の増幅は大きくないと判断した.

③ 液状化の判定

地下水位がGL-2m程度と浅いことから,N値と粒度試験による液状化判定を行った.その結果,地表面加速度 α =200gal 場合はGL-11m以浅でN値が大きいGL-7m〜-9mを除きFL値が0.78〜0.91となり,また α =350galの場合はGL-7m〜-9mを除きFL値が0.44〜0.71となり液状化の可能性があると判定された.

また杭の設計クライテリアは極めて稀な地震時において許容応力度設計とする方針としたため,有効応力解析を極めて稀な地震波に対して行った.解析結果ではGL-11m以浅はほぼ全層液状化する結果が得られた.

以上のような結果から,杭の設計においては,液状化する部分の地盤の剛性を適切に低減して杭の設計応力を算定する方針とした.また,液状化だけでなく,当敷地では軟弱な沖積層が主体であるため,地盤の変位が杭におよぼす影響を応答変位法などで考慮して,杭設計を行うことした.

④ 設計用入力地震動の作成

設計用入力地震動作成に際し,工学的基盤から基礎底までの増幅を考慮するために広く用いられる等価線形化法では液状化の影響を直接考慮できないため,液状化の影響を直接的に考慮する地盤応答解析法として有効応力解析などを用いる場合がある.

そこで,本例では有効応力解析により液状化を考慮した設計用入力地震動を作成して時刻歴応答解析を行ったが,同時に等価線形化法を用いた解析も行い,いずれか大きいほうの応答値で各部の設計を行い,液状化の可能性や範囲が変動しても安全側となるよう配慮した.

なお,液状化時の解析の概要については参考文献3.7.4),3.7.5)等を参照されたい.

参考文献

3.7.1) 東京都土木研究所：東京都（区部）大深度地下の地盤
3.7.2) 地震調査研究推進本部：地下構造調査成果報告書，http://www.jishin.go.jp/main/p_koho03.htm
3.7.3) 千葉県：千葉県の自然史，1997
3.7.4) 日本建築学会：入門・建物と地盤との動的相互作用，p.281〜288，1996
3.7.5) 日本建築学会：建物と地盤の動的相互作用を考慮した応答解析と耐震設計，p.77〜82，2006

3.8節　パイルド・ラフト基礎建築物の調査計画例

(1)　建築計画

①　敷地の位置・形状

　敷地は兵庫県神戸市中央区の神戸ポートアイランドⅡ期埋立地に位置し，その形状は図3.8.1に示すとおりである．

②　建築物概要

　計画建築物は鉄骨造地上4階建て・地下なし，建築面積2 308m^2，延床面積7 329m^{2}の研究施設である．基礎を含む建築物の平均接地圧は約70kN/m^{2}程度と想定されている．

(2)　事前調査

①　文献調査

　敷地は神戸市の沖合い3kmの海上を埋立造成した神戸ポートアイランドⅡ期埋立地に位置している．ポートアイランドⅡ期は，昭和62年ごろから造成が開始されており，敷地付近では平成3年ごろに計画高さまでの埋立てが完了している．

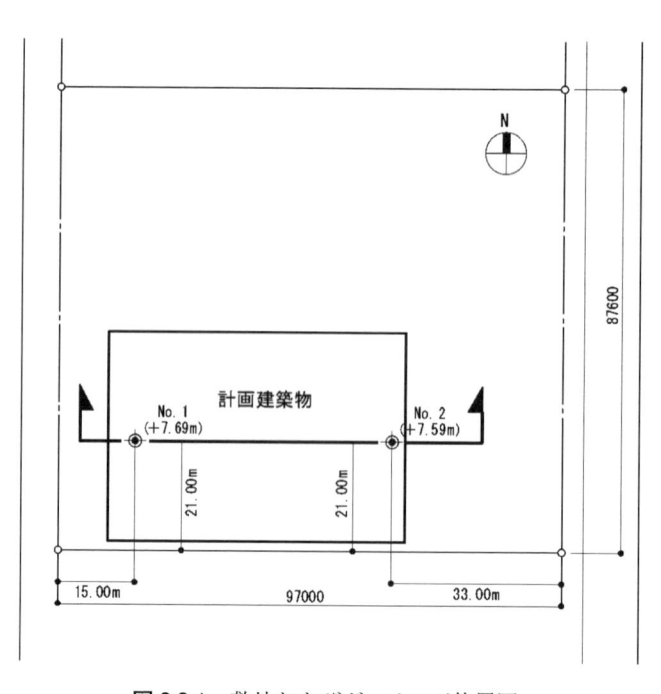

図3.8.1　敷地およびボーリング位置図

② 近隣の地盤調査資料

周辺の既存調査資料より，地層構成は図3.8.2に示すようにK.P.−32m〜−42m付近を境にして上位に沖積層が，下位に洪積層が分布する．沖積層は軟弱な粘性土と一部浚渫粘性土を含む埋立土が主体となっている．洪積層はK.P.−65m付近まで砂と粘土の互層状態をなし，その下位には貝殻片を混入する洪積粘性土（Ma12層）が分布する．

旧海底面より分布する沖積粘性土や浚渫粘性土を含む埋立土に対しては，サンドドレーンとプレロード工法による地盤改良が行われている．当該地域で想定されている沖積粘性土の沈下量は約8.3mであり，埋立工事中にすでに7.55m沈下し，圧密度97％，調査計画時点での残留沈下量は約0.23mと試算されている．調査計画時において，正規圧密か地層位置によってやや過圧密状態であると想定される．

神戸市の地盤沈下計測資料によると，現状の地盤沈下速度は15cm/年となっていて，この沈下は主にGL−60m以深に存在する洪積層の沈下であり，ポートアイランドⅡ期埋立地全体の広域的な地盤沈下であると考えられる．

埋立土層はサンドドレーンとプレロードによる地盤改良の効果もあって，大地震でも液状化は発生しないと考えられる（1995兵庫県南部地震においても当該地盤では噴砂現象は生じていない）．

(3) 調査計画の立案および調査結果

① 基礎形式の想定

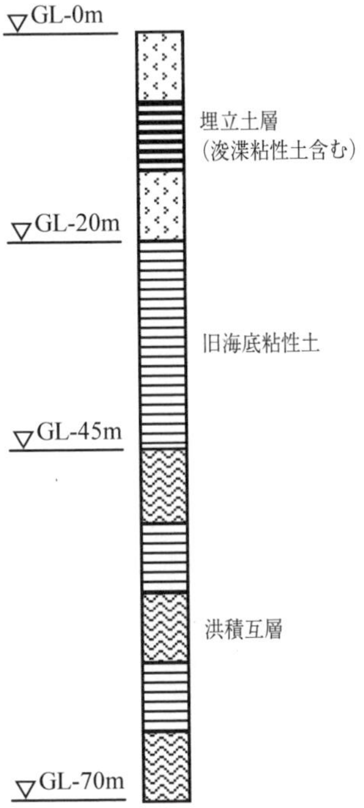

	地層	記号	上面深度(K.P.m)	層厚(m)	N値	記事
埋立土	埋立土層	B	+4〜+7	16〜22	概ね10前後	埋立地は山土を主体に，一部，浚渫土と建設残土を使用．
沖積層	沖積粘土層(Ma13層)	Ac	−12〜−15	16〜29	1〜5	南側に向かい層厚は厚くなる．東西方向には層厚・底面はほぼ水平．Ma13層に相当．
沖積層	粘土互層砂質土	Asc	−28〜−41	6以下	30以下	砂質土と粘性土の互層．砂が若干優勢．南側に向かい層厚は薄くなる．層相変化著しい．
洪積層	粘土互層砂質土	Dsc	−32〜−42	18〜33	10以下〜60以上	上部粘性土優勢でN値10以下．下部砂〜礫優勢でN値60以上を示し，良く締まっている．
洪積層	洪積粘土層(Ma12層)	Dc1	−50〜−65	20〜40	10〜20	南側に向かい層厚は厚くなる．東側〜西側に向かい若干傾斜しているMa12層に相当．
洪積層	砂質土層	Ds1	−70〜−93	2〜10	60以上	北側〜南側に向かい傾斜している．少量の礫を混入．
洪積層	洪積粘土層(Ma11層)	Dc2〜Dc4	−80〜−100	−	20〜30	北側〜南側に向かい傾斜している．2つの砂層を夾み層に分けられる．Ma11層に相当．

柱状図：GL-0m 埋立土層（浚渫粘性土含む），GL-20m 旧海底粘性土，GL-45m 洪積互層，GL-70m

図3.8.2 ポートアイランドⅡ期の地盤構成

事前調査の結果より，当敷地（埋立地盤）で支持杭基礎を採用する場合，GL－40m 程度の洪積互層に支持させることになり，旧海底の沖積粘性土の地盤沈下に伴う支持杭基礎建物の相対的な浮き上り（杭の抜け上がり）現象や負の摩擦力の発生などが懸念されること，また，杭長が長くなることによる施工性や経済性，工期などを総合的に検討した結果，最も合理的な基礎として，図3.8.3に示すフローティング基礎に沈下抑止杭を併用したパイルド・ラフト基礎を想定して調査計画を立案する．とくに，沈下解析に必要となる地盤の剛性評価を適切に行えるように留意する．

パイルド・ラフト基礎を想定した場合，基礎底位置および杭先端以深の地盤の支持力特性，地盤の弾性係数，粘性土の圧密特性，液状化の可能性などの詳細な検討が必要となる．主な検討項目を表3.8.1に示す．

② 調査内容・数量の決定

表3.8.1の検討項目に対し，計画した調査内容と数量を表3.8.2に示す．

＜ボーリング調査の本数と深度＞

ボーリング調査の本数は，地層構成に変化が少ないと想定されるため，図3.8.1に示す2か所とした．深度は洪積互層のN値と地層構成を確認することを目的として55mとしたが，支持杭基礎を検討する可能性も考慮し，他の1本は65mまで行うこととした．

表 3.8.1　検討項目

地層	検討項目
埋立土	支持力，弾性係数，液状化の有無，水平抵抗，地下水位，透水係数
沖積粘性土	圧密特性，強度，層厚および分布状況
洪積互層	圧密特性，強度

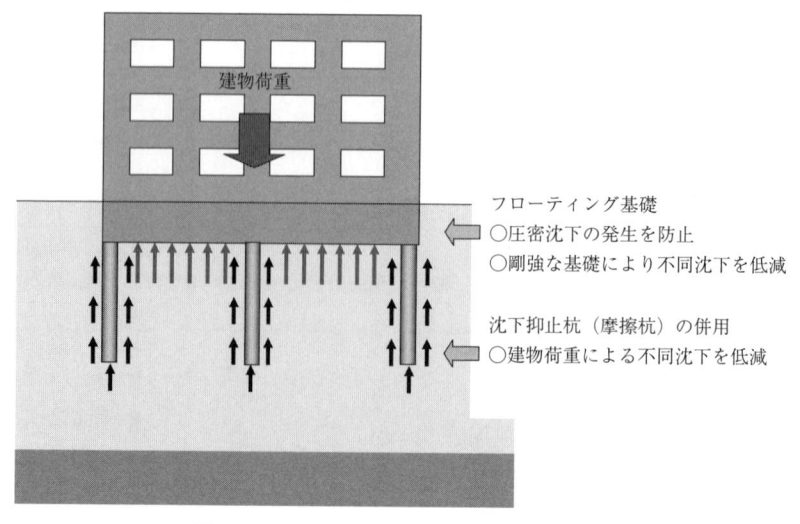

図 3.8.3　パイルド・ラフト基礎の概念図

表 3.8.2 調査数量表

調査地点番号		No.1 孔	No.2 孔	合計
種別		本孔	本孔	
孔口標高（K.P.m）		+7.69	+7.59	
ボーリング長（m）	ϕ 116（mm）	0	40	40
	ϕ 86（mm）	0	0	0
	ϕ 66（mm）	65	15	80
	合計	65	55	120
標準貫入試験（回）		65	47	112
孔内水平載荷試験（回）		0	1	1
現場透水試験（回）		0	1	1
乱さない試料採取(試料数)	シンウォールサンプラー	0	5	5
	トリプルチューブサンプラー	0	3	3
室内土質試験（試料数）	土粒子の密度試験	10	6	16
	含水比試験	10	6	16
	粒度試験	10	6	16
	細粒分含有率試験	10	0	10
	液性・塑性限界試験	0	6	6
	湿潤密度試験	0	6	6
	一軸圧縮試験	0	6	6
	三軸圧縮試験（UU）	0	1	1
	段階載荷による圧密試験	0	5	5
	定ひずみ速度載荷による圧密試験（Asc 層に適用）	0	1	1
PS 検層		0	1	1

<粒度試験の深度と個数>

埋立土の液状化の検討を目的として，粒度試験を 16 か所で行うこととした．

<試料採取>

No.2 ボーリングにおいて，粘性土層の圧密特性および強度を精度よく把握する目的で埋立層の浚渫土層 3 か所，旧海底以深の粘性土 5 か所（ほぼ 3.0m ピッチ）で乱さない試料を採取することとした．ただし，浚渫土層は建設残土やがれきを含んでおり，結果として試験可能な試料は 1 か所のみであったため，以下の試験結果ではその結果のみを示す．

<水位測定および透水試験>

地下水位は液状化や圧密沈下の検討に必要であるため，各ボーリング孔において無水掘りで確認する．また，杭の施工性（孔壁崩壊を防ぐ）を確認するために，礫の多い埋立土層において現場単孔式透水試験を行うこととした．

<孔内水平載荷試験>

杭の水平抵抗計算に用いる水平地盤反力係数と地盤の変形係数を求めるために，埋立土層において孔内水平載荷試験を1か所行うこととした．

<土質試験>

沖積粘性土層の圧密特性を把握するために，試料採取を6か所行う．このうち1か所では荷重段階を細かくして圧密降伏応力を確実に把握するため，定ひずみ速度載荷による圧密試験を行うこととした．

<PS検層>

想定するパイルド・ラフト基礎の沈下計算を精度よく行うには地盤の変形係数の設定が重要である．微少ひずみレベルにおける変形係数を求め，ひずみレベルに応じた変形係数の設定が可能となるようにPS検層を行うこととした．

(4) 調査結果と考察

<地盤構成>

図3.8.4に想定地盤断面図を表3.8.3に地盤構成を示す．調査地の地盤構成は，GL-21.4m～21.5mを境にして，上位を埋立土層と沖積層に，下位を洪積層に大別できる．埋立土は細粒土分

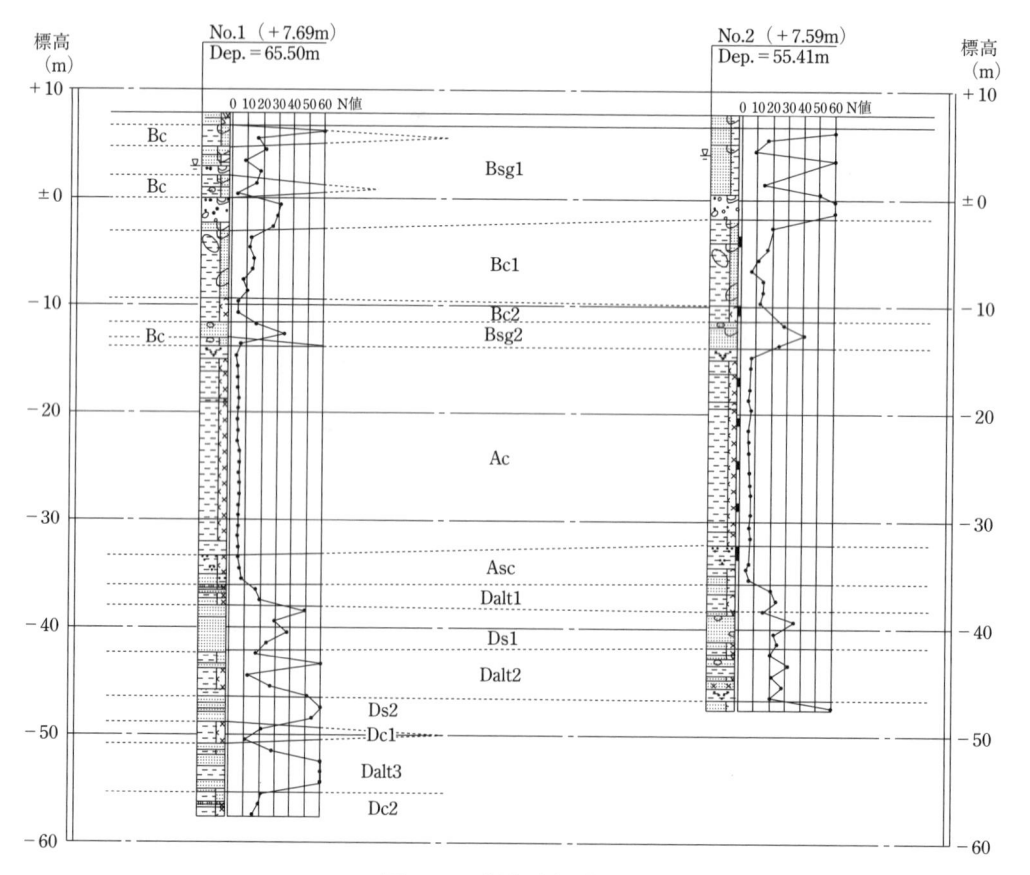

図3.8.4 想定地盤断面図

表 3.8.3　地盤構成

土層区分	記号	主な土質	分布深度 (GL-m)	分布層厚 (m)	N値
埋土	Bsg1	砂・礫質土	0.00〜10.70	9.50〜10.70	3〜60<
埋土	Bc1	粘性土	9.50〜17.50	6.25〜8.00	6〜20
埋土	Bc2	粘性土	16.95〜19.20	1.50〜2.25	4〜5
埋土	Bsg2	砂・礫質土	19.00〜21.50	2.20〜2.50	16〜41
沖積層	Ac	粘性土	21.40〜41.05	18.50〜19.65	4〜7
沖積層	Asc	砂・粘性土	40.00〜43.65	1.85〜3.65	4〜7
洪積層	Dalt1	互層	42.90〜46.25	2.60〜2.85	8〜23
洪積層	Ds1	砂質土	45.75〜50.25	3.40〜4.50	22〜49
洪積層	Dalt2	互層	49.65〜54.55	4.05〜4.90	12〜60<
洪積層	Ds2	砂質土	54.30〜56.60	2.30	51〜60<
洪積層	Dc1	粘性土	56.60〜58.60	2.00	11〜21
洪積層	Dalt3	互層	58.60〜63.20	4.60	28〜60<
洪積層	Dc2	粘性土	63.20〜	4.60 以上	15〜19

の含有状況により砂・礫質層と粘性土層に，沖積層は粘性土層と砂・粘性土層に区分される．洪積層は全体的には砂質土と粘性土の互層であるが，表3.8.3に示すように見かけ上7層に細分した．

　パイルド・ラフト基礎の支持地盤となる埋立土上部のBsg1層は，玉石混じり粘土質細砂や砂礫を主体とする構成である．全体的に，コア長7〜25cm程度の花崗岩の玉石を多く混入している．また，礫間は細砂や中砂を主体に細粒土分の含有も不規則に見られる．N値は，玉石の影響を受け大きな値を示すものを除いて，砂・礫質土が8〜31，粘性土が3〜16程度の値を示す．杭基礎の場合の支持層と想定される洪積層のDalt1〜Dalt3層は，砂質土と粘性土の互層である．

　砂質土は細砂を主体とするが，全体的に細粒土分の混入があり，シルト質細砂や粘土質細砂となる部分が多く見られる．粘性土はシルト質粘土を主体とするが，砂の混入が多く見られる．N値は8〜60以上の値を示すが，概ね10〜30程度である．

<地下水調査結果>

　ボーリング時に無水掘りで孔内水位を確認した結果を表3.8.4に示す．

　No.2ボーリング孔においてG.L-19.00m付近に分布するBsg2層を対象に実施した現場透水試験の結果を表3.8.5に示す．Bsg2層の透水係数は$(6.28〜7.19)\times 10^{-3}$（cm/sec）であり，透水性が高い．杭の施工にあたっては，泥水管理に十分な注意が必要である．

<孔内水平載荷試験結果>

　測定結果を表3.8.6に示す．一般に，孔内水平載荷試験による変形係数EとN値は，$E=700N$（kN/m^2）の経験式があるが，今回の測定値はN値からすると低い値となっている．

表 3.8.4　無水掘りによる水位

調査地点	無水掘り水位	
No. 1	GL－5.05m	KP＋2.64m
No. 2	GL－3.65m	KP＋3.94m

表 3.8.5　現場透水試験結果

地点	土層	平衡水位		測定区間	透水係数
No. 2	Bsg2	GL－5.41m	KP＋2.18m	GL－19.00～－19.50m	$(6.28～7.19) \times 10^{-3}$cm/sec

表 3.8.6　孔内水平載荷試験結果

調査地点	測定深度	対象土層	土層区分	初期圧力 P_0	降伏圧力 P_y	極限圧力 P_L	変形係数 E
No. 2	GL－5.30m	玉石混じり粘土質砂礫	Bsg1	65.0kN/m²	116.2kN/m²	234.1kN/m²	1 200kN/m²

<PS検層結果>

　PS検層から求められたP波・S波速度および地盤の微小ひずみ時における地盤の弾性係数（剛性率・変形係数）を表3.8.7に示す．

　敷地地盤の基盤岩は六甲山地を構成する花崗岩よりなっていると考えられる．その深度は六甲山地よりいくつもの断層によって急激に落ち込みGL－1 000m以深と推定される．表層はこの基盤岩を覆う完新世と更新世の砂・礫および粘土の互層からなっている．GL－19.2mまでの埋立土のP波速度は約550～1 000m/s，S波速度は約65～100m/s程度となっている．沖積粘性土のS波速度は58m/sである．

<室内土質試験結果>

　主な結果を表3.8.8に示す．

・埋立土の物理特性

　粒度構成は，礫分の含有率が70％程度以上で，細粒土分の含有率が10％程度のものと，礫分，

表 3.8.7　PS検層結果

地層番号	深度 (m)	湿潤密度 (kN/m³)	P波速度 (m/sec)	S波速度 (m/sec)	ポアソン比	剛性率 G (kN/m²)	変形係数 E (kN/m²)
1	GL－0～3.05	16.8	547	100	0.125	171 000	384 000
2	～16.95	16.8	919	100	0.411	171 000	483 000
3	～21.40	17.0	919	64	0.482	71 000	210 000
4	～42.90	16.8	544	58	0.491	57 600	172 000
5	～50.25	17.1	1 450	353	0.471	218 000	643 000
6	～60.41	17.1	1 840	403	0.469	284 000	835 000

表 3.8.8　沖積粘性土の物理試験・力学試験結果

Boring No.			2					
土層区分			Bc2	Ac				Asc
試料番号 (深さ)			2-2 17.55m～ 18.55m	2-3 24.20m～ 25.00m	2-4 28.00m～ 28.85m	2-5 32.00m～ 32.85m	2-6 36.00m～ 36.80m	2-7-1 40.00m～ 40.60m
一般	湿潤密度 ρ_t (g/cm³)		1.682	1.700	1.683	1.692	1.689	1.707
	乾燥密度 ρ_d (g/cm³)		1.095	1.132	1.104	1.116	1.115	1.136
	土粒子の密度 ρ_s (g/cm³)		2.682	2.668	2.667	2.675	2.672	2.695
	自然含水比 W_n (%)		53.6	50.1	52.5	51.7	51.5	50.3
	間隙比 e		1.451	1.356	1.417	1.397	1.397	1.373
	飽和度 S_r (%)		99.2	98.7	98.9	98.9	98.5	98.8
粒度	礫分 2～75mm (%)		0.0	0.0	0.0	0.0	0.0	0.0
	砂分 75μm～2mm (%)		1.3	0.9	0.9	0.8	0.4	1.5
	シルト分 5～75μm (%)		37.7	45.2	47.0	45.7	44.4	38.3
	粘土分 5μm 未満 (%)		61.0	53.9	52.1	53.2	55.2	60.2
特性 コンシステンシー	液性限界 W_L (%)		82.4	81.7	88.9	89.1	88.3	84.0
	塑性限界 W_P (%)		28.5	31.2	31.9	32.6	32.4	28.3
	塑性指数 I_P		53.9	50.5	57.0	56.5	55.9	55.7
	液性指数 I_L (%)		0.47	0.37	0.36	0.34	0.34	0.39
分類	分類名		粘土 (高液性限界)	粘土 (高液性限界)	粘土 (高液性限界)	粘土 (高液性限界)	粘土 (高液性限界)	粘土 (高液性限界)
	分類記号		(CH)	(CH)	(CH)	(CH)	(CH)	(CH)
一軸圧縮	一軸圧縮強さ q_u (kN/m²)		204.2	208.6	257.6	299.1	266.0	238.8
	変形係数 E_{50} (MN/m²)		15.06	13.25	27.91	29.92	24.61	18.48
三軸圧縮	三軸圧縮試験条件		UU					
	粘着力 c (kN/m²)		97.4					
	せん断抵抗角 ϕ (°)		0.0					
圧密	圧縮指数 C_c		0.69	0.57	0.63	0.64	0.67	0.68
	圧密降伏応力 P_c (kN/m²)		438.6	537.3	545.4	611.1	616.0	404.0

砂分，細粒土分が同程度を占めるものに大きく区分できる．土の分類では前者が細粒分混じり砂質礫（GS-F）と砂混じり礫（GFS）に分類され，後者は細粒分質礫質砂（SFG）や細粒分質砂質礫（GFS）に分類される．

・沖積粘性土の力学特性

　一軸圧縮強さ q_u は 204.2～299.1kN/m² の値を示し，圧密降伏応力 P_c は 404.0～616.0kN/m² の値

を示した．これらの強度は深さ方向に増加する傾向にある．

　圧密降伏応力P_cと有効上載圧の関係を表3.8.9に示す．最下層を除いて過圧密比2.0前後の過圧密状態であることを示している．サンドドレーンとプレロード工法により地盤改良が行われているため，圧密が深さ方向に均等に進んでいるものと考えられるが，最下部のGL-40.0mは，他の深度に比較して圧密の進行が遅れている．

　これらの結果より旧海底面の沖積粘性土の圧密沈下はほぼ終了しており，建築物建設による大きな増加応力が作用しない限り，圧密沈下は発生しないと考えられる．

(5) 設計への適用

　基礎形式として想定したパイルド・ラフト基礎の支持力・沈下量の検討は，地盤調査結果を基に行う．埋土層の支持力は，標準貫入試験のN値を用いて，直接基礎の支持力を基礎指針（5.2.1）式より求める．パイルド・ラフト基礎の沈下量の検討では，原則として基礎底版と杭および地盤の相互作用を考慮した沈下解析を行う必要がある．

　沈下解析に用いる地盤の変形係数Eは，①孔内水平載荷試験結果の値・②粘性土層から採取し

表3.8.9　圧密降伏応力と有効上載圧との関係

土層区分	試料番号	採取深度 (GL-m)	圧密降伏応力 P_c (kN/m^2)	推定有効土被り圧 γ'_z (kN/m^2)	$P_c - \gamma'_z$ (kN/m^2)	過圧密比 OCR (P_c/γ'_z)
埋土	2-2	17.55~18.55	438.6	194.0	244.6	2.26
沖積層	2-3	24.20~25.00	537.3	243.9	293.4	2.20
	2-4	28.00~28.85	545.4	270.2	275.2	2.02
	2-5	32.00~32.85	611.1	297.6	313.5	2.05
	2-6	36.00~36.80	616.0	324.9	291.1	1.90
	2-7-1	40.00~40.60	404.0	351.7	52.3	1.15

表3.8.10　変形係数Eの比較　　　　　　　　　　　　　　（Eの単位：MN/m^2）

層 No.	深度 G.L.-m	①孔内水平載荷試験E	②一軸圧縮試験E_{50}	③$E=1.4N$または$2.8N$ 平均N値	E	④PS検層によるE 測定値	測定値×0.5	測定値×0.2
1	0~3.05	-	-	30	42.0 (1.4N)	384	192.0	76.8
2	~16.95	1.2	-	14	19.6 (1.4N)	483	241.5	96.6
3	~21.40	-	15.1	7	-	210	105.0	42.0
4	~42.90	-	22.8	7	-	172	86.0	34.4
5	~50.25	-	-	38	106.4 (2.8N)	643	321.5	128.6
6	~60.41	-	-	50	140.0 (2.8N)	835	417.5	167.0

（PS検層によるEの測定値は表3.8.7による）

た試料の一軸圧縮試験結果のE_{50}値・③砂質土層のN値から$E = 1.4N$（正規圧密）または$2.8N$（過圧密）（MN/m^2）で求めた[3.8.1)]値・④PS検層から求めた変形係数をひずみレベルを考慮して低減した値，を総合的に比較して適切に設定する．参考に，各種の試験結果から求められる地盤の変形係数の計算値を表3.8.10に示す．PS検層から求まる変形係数を，沈下量から算定したひずみレベルを考慮して低減して設定する方法は，N値や孔内水平載荷試験，一軸圧縮試験結果から推定する方法に比べ，ひずみレベルに応じたより実現象に即した値が得られ，パイルド・ラフト基礎などの沈下を考慮する必要がある基礎の設計に有効であると考えられる．

粘性土の圧密沈下の計算は，試験結果のe-log$P$関係を用いて求める．

参考文献

3.8.1) 日本建築学会：建築基礎構造設計指針，p.146，2001

付　　録

付録Ⅰ　地盤調査計画のための資料
　付録Ⅰ．1　地形と地質・地層……………………………………………………………207
　付録Ⅰ．2　地盤データのばらつきと限界状態設計法の適用例………………………213
　付録Ⅰ．3　標準貫入試験結果の利用……………………………………………………220
　付録Ⅰ．4　地盤調査発注仕様書…………………………………………………………225
　付録Ⅰ．5　地盤調査方法の国際化および海外基準における地盤調査の現状………232

付録Ⅱ　地盤環境調査に関する資料
　付録Ⅱ．1　地盤環境振動調査……………………………………………………………237
　付録Ⅱ．2　地盤環境振動調査例…………………………………………………………245
　付録Ⅱ．3　環境振動問題に関わる法律および諸基準…………………………………252
　付録Ⅱ．4　環境振動の予測と対策………………………………………………………260
　付録Ⅱ．5　土壌汚染調査…………………………………………………………………267
　付録Ⅱ．6　土壌汚染調査例………………………………………………………………278
　付録Ⅱ．7　土壌・地下水汚染に関わる法律および諸基準……………………………282
　付録Ⅱ．8　土壌・地下水汚染対策………………………………………………………289

付録 I　地盤調査計画のための資料

付録 I．1　地形と地質・地層

　わが国の地盤は非常に複雑で，特に，建築物の建設されることの多い平野部・都市部は，地質年代的に新しい沖積層で構成され，概して不均質で軟弱な粘土や砂で覆われており，付表1.1.1に示すように，沈下や液状化など地盤・基礎に関する多くの問題事項がある．そのため，1.4節や2.1節に示したように，地盤調査計画にあたっては，事前調査で対象地点の地形，地質を推定することにより，地盤に関する問題事項を把握しておくことが重要である．地形と地質の関係については，たとえば付表1.1.2に示すような資料が参考になる．また，地形を把握しておくことは，調査結果を理解，評価するためにも有用である．

　しかしながら，同じ沖積平野であっても地域ごとに地層構成は異なっており，それぞれ特有の地層名がつけられ，整備されている資料も地域ごとにさまざまである．そのため，各地域の地形，地質の特長について理解した上で資料調査，分析を行うことが必要となる．そこで，本付録では，これらの理解の一助として，都市部の代表例である東京，愛知，大阪（平野）の地形，地質，地層構成・断面の例を示す．付表1.1.3には各地域の地形，地質の特徴を，付図1.1.1～1.1.8にそれぞれの地域の地形分類や代表的な地層断面について示す．

付表 1.1.1　沖積低地における地形・地質と地盤・基礎に関する問題事項[付1.1.1]

地形・地質条件		地形特徴	地質概要	問題事項
沖積低地	扇状地	扁平な半円錐状，網状流，伏流	粗大な分級不良な厚い砂礫層	流路不安定，被圧地下水，洗掘
	自然堤防	微高地の帯状配列	砂質土	地震時液状化の可能性
	背後湿地	自然堤防背後の低湿地（一般に水田化）	軟弱な粘土，シルト，細砂，ピート	軟弱地盤，洪水帯水
	三角州	静かな内湾の河口部	軟弱な細砂，粘土層の厚い堆積	深い軟弱地盤，表層砂質土の地震時液状化
	小おぼれ谷	丘陵，台地間などの狭長低平な谷地	極く軟弱なピート，粘土，シルト	極く軟弱地盤
	潟湖跡	海岸砂州，背後の低湿地（水田化）	軟弱なピート，シルト，粘土	極く軟弱地盤
	海岸砂州	海岸に平行した帯状の微高地	砂，砂礫	地下水の高い箇所は地震時液状化
	海岸砂丘	海岸砂州上の風成砂丘	均等粒径の砂	均等粒径の砂，地形不安定

付表 1.1.2　軟弱地盤の地形的分布と土質[付1.1.2]

地形的分布地域	地盤区分		土層・土質　区分		記号	土質 w_n(%)	e_n	q_u(kg/cm²)	N
枝谷	泥炭質 粘土質/砂質	泥炭質地盤	高有機質土	ピート {Pt}		繊維質の高有機質土	300以上	7.5以上	0.4以下	1以下
後背湿地				黒泥 {Mk}		分解の進んだ高有機質土	300～200	7.5～5		
小おぼれ谷	粘土質 粘土質/砂質	粘土質地盤	細粒土 [F]	有機質土 {O}		塑性図A線の下 有機質	200～100	5～2.5	1.5以下	4以下
三角州低地				火山灰質粘性土 {V}		塑性図A線の下，火山灰質二次たい積粘性土				
臨海埋立地				シルト {M}		塑性図A線の下 ダイレタンシー大	100～50	2.5～1.25		
自然堤防 海岸砂州	砂質 粘土質/砂質	砂質地盤	砂粒土 [S]	粘性土 {C}		塑性図A線の上またはその付近．ダイレタンシー小				
				砂質土 {SF}		74μ以下15～50%	50～30	1.25～0.8	0	10以下
				砂 {S}		74μ以下15%未満	30以下	0.8以下		

付表 1.1.3　各地域の地形，地質の特徴

地域	特徴
東京	西部の武蔵野台地（洪積台地，段丘）と東部の東京低地（沖積低地）に区分される．武蔵野台地では礫層あるいは砂礫の上を関東ローム層が覆っているが，侵食による谷底低地が複雑に入り組んでいる．東京低地は，約2万年以降に堆積した三角州地形であるが，中央部には基底の深度が70mに達するような埋没谷（おぼれ谷）が存在する．湾外部は古くから埋立てが行われている．
名古屋	名古屋市は濃尾平野の東縁に位置し，名古屋市の東部は台地・丘陵地，西部は沖積低地が広がる．濃尾平野は西縁の養老断層に向かって傾動しているため，各地層の基底面は西ほど深く，また層厚も厚い．名古屋市南部の名古屋港周辺は古くから干拓・埋立てにより造成された地域である．
大阪（平野）	山地に囲まれた大阪平野のほぼ中央部に洪積段丘層の露出した上町台地が南側から突出し，その東西の両側は沖積低地（いわゆる難波累層：Ma13層）が広がっている．その下の洪積段丘層は天満層（Ma12層）とよばれ，比較的締まっており支持層とされることが多い．その下に厚く堆積した大阪層群は砂礫層や粘性土層が交互に重なっており，特に重量構造物については粘性土層の変形特性に配慮が必要である．

参考文献

付 1.1.1）　地盤工学会：地盤調査の方法と解説，p.35，2004
付 1.1.2）　稲田倍穂：軟弱地盤における基礎構造物，基礎工，vol.3，No.7，p.3，1978
付 1.1.3）　貝塚爽平：東京の自然史（増補第二版），紀伊國屋書店，p.41，1979
付 1.1.4）　貝塚爽平他：日本の地形 [4] 関東・伊豆小笠原，東京大学出版会，pp.209～210，2000
付 1.1.5）　前掲付 1.1.3），p.35
付 1.1.6）　日本の地質「中部地方Ⅱ」編集委員会：日本の地質5 中部地方Ⅱ，pp163～165，1988
付 1.1.7）　市原　実：大阪層群，創元社，pp14～15，1993
付 1.1.8）　KG-NET・関西圏地盤研究会：新関西地盤－大阪平野から大阪湾，p.20，2007

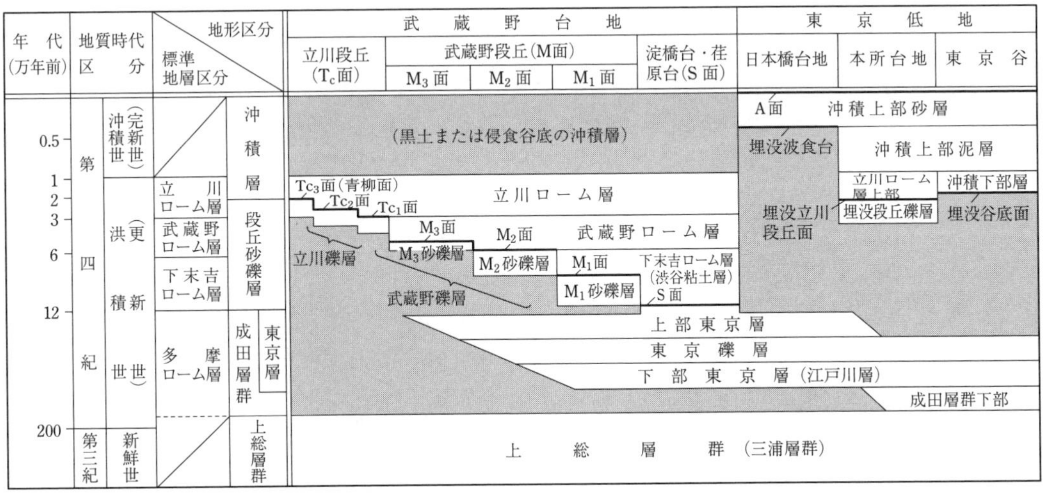

付録Ⅰ　地盤調査計画のための資料　－209－

注① うすずみは標準地層区分欄の地層（左側は火山灰，右側は水成層）を欠くところ．ここには堆積しなかったところと，堆積したが後に侵食されたところがある．
② 太線は地形面を示す．
③ M_1砂礫層（M_1面）・M_2砂礫層（M_2面）・M_3砂礫層（M_3面）をはっきり区別したが，これらの中間の時代の段丘堆積物や段丘面の存在が考えられる．Tc_1・Tc_2・Tc_3 についても同じ．
④ 沖積下部層は七号地層，沖積上部層は有楽町層とも呼ばれる．東京での成田層群に相当するものは東京層群とも呼ばれる．

付図 1.1.1　東京の地層[付1.1.3]

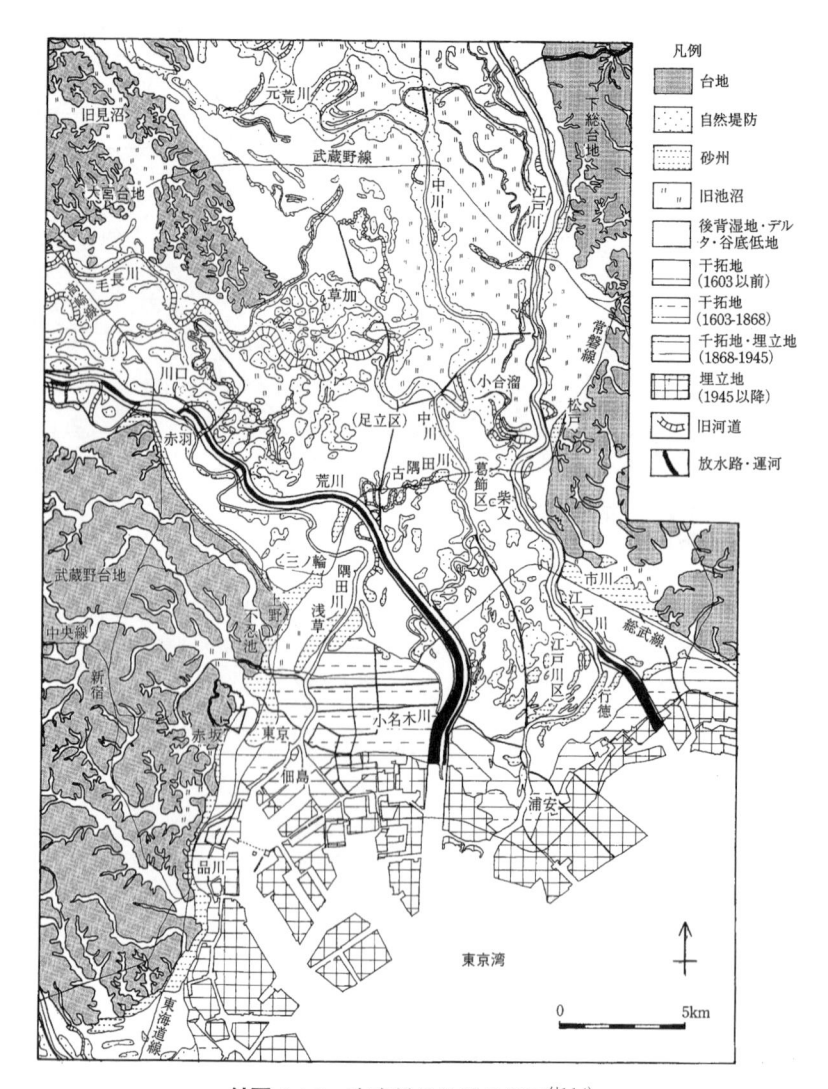

付図 1.1.2 東京低地地形分類図[付1.1.4]

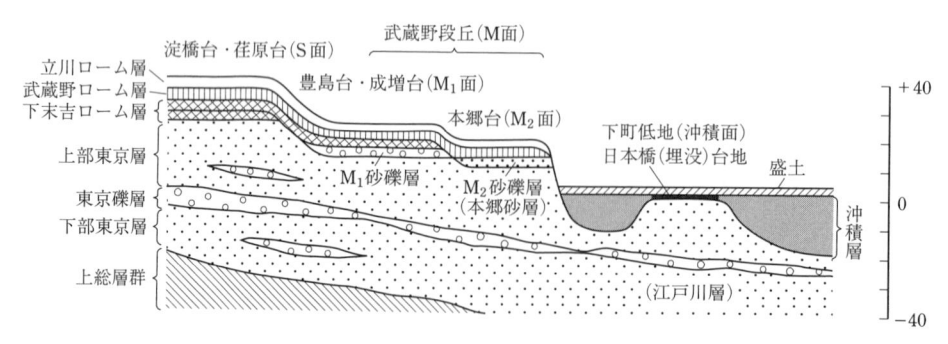

付図 1.1.3 模式的断面図（山の手台地〜下町低地）[付1.1.5]

付表 1.1.4　東海地域の第四紀系の層序区分と対比[付1.1.6)]

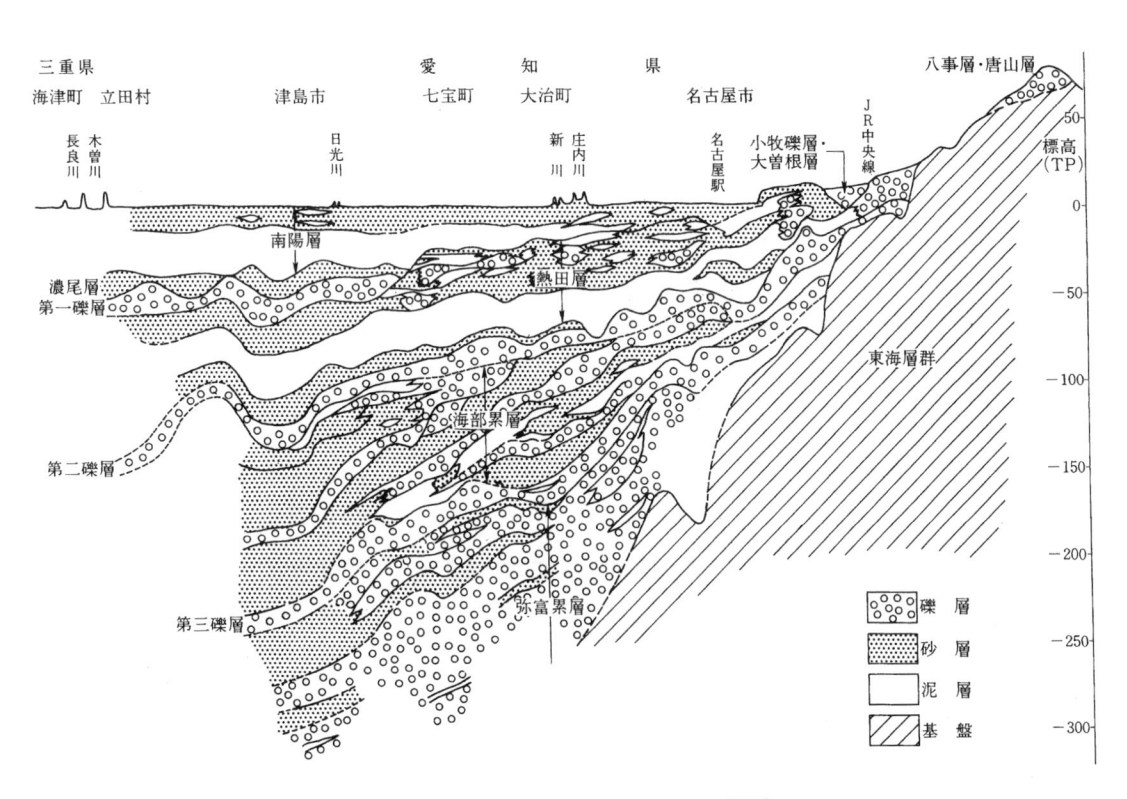

地質年代		渥美半島	豊橋平野	岡崎平野	知多半島		濃尾平野		伊勢平野			熊野灘沿岸
完新世		沖積層	沖積層（上部砂礫層）（上部粘土層）	沖積層（中・上部層）（吉田層）	沖積層		南陽層		沖積層（四日市港層）（富田浜層）			沖積層
							濃尾層					
更新世	後期	野田泥層層		第一礫層			第一礫層 鳥居松礫層 小牧礫層・大曽根層		低位段丘堆積物			
			豊橋礫層	小坂井礫層	越戸層							
				小坂井泥層		上部多屋層	半田段丘堆積物	熱田層	上部	中位段丘堆積物	坂部累層		
		福江礫層	高師原礫層	碧海層	矢梨層	新田層		下部		御館累層	久居累層	熊野浦層
	中期							第二礫層	高位段丘堆積物	諸戸山礫層		新宮礫層
			天伯原礫層	美合層	時志層	亀崎段丘堆積物	海部累層	Am₃		羽野礫層	千里段丘堆積物	先志摩層 東高森層
		渥美層群	豊橋累層	仁木層	細川層	挙母層	浦戸層	野間層	富貴層	武豊層	加木屋層	Am₂		見当山累層（最高位段丘堆積物）	西高森層
			田原累層						Am₁				
			二川累層										
								第三礫層				
	前期			明大寺層	三好層			弥富累層	八事層 唐山層(1.9)			

付図 1.1.5　東海地域の第四系の分布[付1.1.6)]

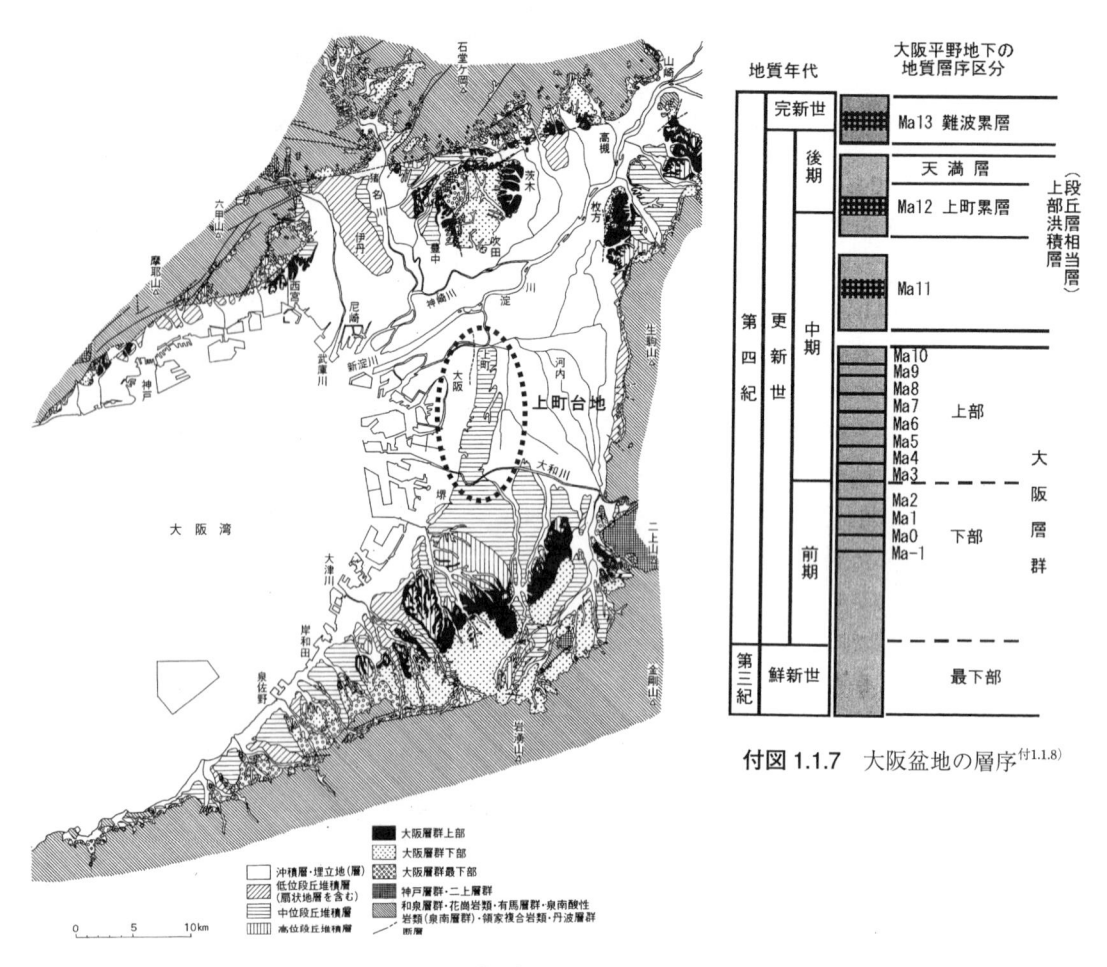

付図 1.1.6　大阪盆地の地質断面図[付1.1.7)に一部加筆]

付図 1.1.7　大阪盆地の層序[付1.1.8)]

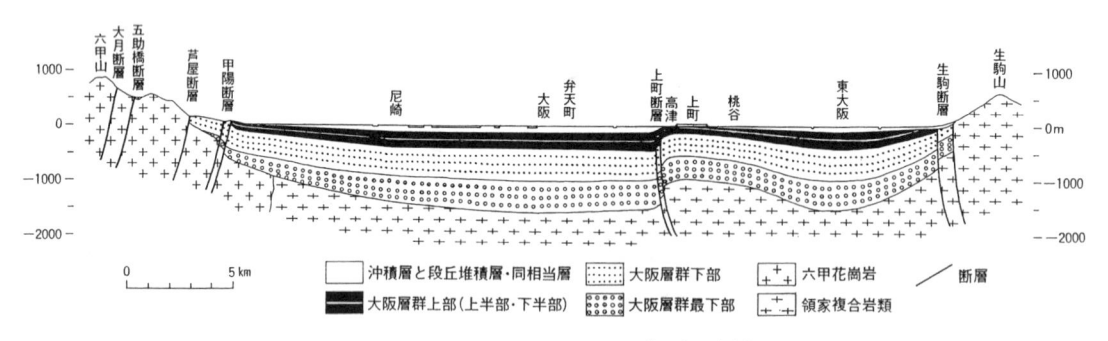

付図 1.1.8　大阪盆地の地質図[付1.1.7)に一部加筆]

付録Ⅰ．2　地盤データのばらつきと限界状態設計法の適用例

(1) はじめに

　建築基礎の設計に用いる各種地盤定数のばらつきの要因としては①地盤自体のばらつき・②調査方法の持つばらつき・③調査結果から地盤定数を導く手法の持つばらつき等が考えられるが，これらの要因やその度合いを検討した研究例[付1.2.1]〜[付1.2.3]は少ない．将来は定量的な根拠を提示して限界状態設計法のための評価方針が示せる可能性もあるが，現状では調査数として建築面積に応じて複数以上のボーリング数を確保した上で調査結果を精査することを推奨している．

　本付録では地盤調査により得られるデータのばらつきの実態とその要因を示すと共に，限界状態設計法の考え方に基づいて地盤のばらつきを考慮した杭の鉛直支持力の試設計例を紹介し，信頼できる地盤調査を数多く実施することの意義について示す．

(2) 地盤のばらつきの実態

　文献付1.2.1）では，東京23区の地盤を代表する12か所（台地部7か所・低地部5か所）で行われた標準貫入試験結果を統計的に整理し，Ｎ値のばらつきを調べている．Ｎ値の頻度分布を地層によって分類した例を付図1.2.1に示す．Ｎ値の変動係数（標準偏差／平均値）は100％を越えるものもあり，単に地層名からＮ値のばらつき度合いを評価しようとすると変動係数で50〜100％程度になる．

　付図1.2.2(a)，(b)に，平面的に狭い範囲の7か所で行われたコーン貫入試験（CPT）結果から換算したＮ値と細粒分含有率F_Cの深度分布を調べた結果を示す[付1.2.4]．ここで，深度8〜18m付近の中砂層の換算Ｎ値は10〜20程度の範囲でばらついているが，それぞれの深度分布形状は類似している．そこで，代表的な1か所の深度分布を正解値とし，他箇所のＮ値の山と谷が正解値と合うように深度補正（0〜±0.5m程度）を試みた．その結果，付図1.2.2(c)に示すようにほぼ重なったことから，深度8〜18m付近の中砂層内に見られるばらつきは深度のずれによるものが大きいと解釈できる．また，同じ深度補正により細粒分含有率の分布も重なる．深度8〜18mの中砂層における換算Ｎ値の全ての測定データと層全体の平均値（区間平均）の相対頻度分布を付図1.2.3に示す．全データの平均値は15程度で正規分布に近い形状となっているが，変動係数は17.4％と決して小さくない．これに対し，区間平均は全て同じ範囲（14〜16）に含まれ，変動係数は1.9％である．

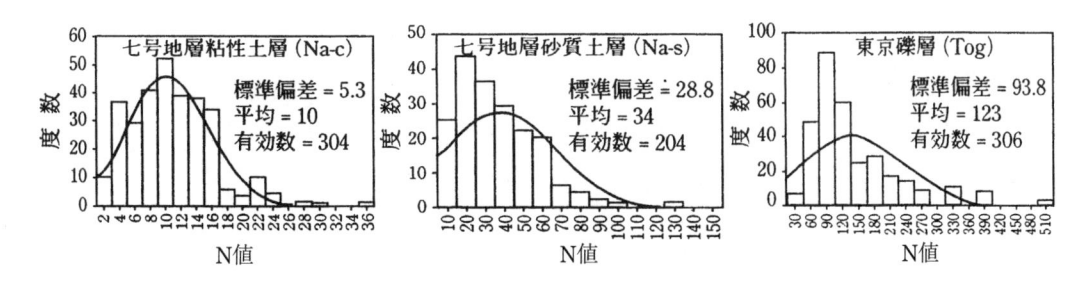

付図 1.2.1　東京地盤各層のＮ値のヒストグラムの例[付1.2.1]

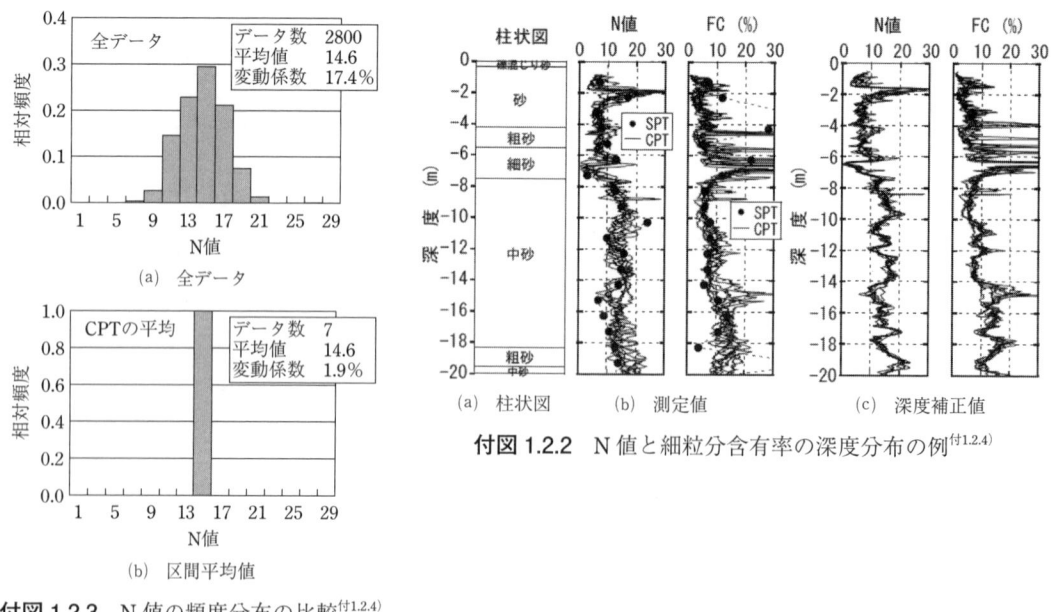

付図 1.2.3　N値の頻度分布の比較[付1.2.4]

(a) 全データ
(b) 区間平均値

付図 1.2.2　N値と細粒分含有率の深度分布の例[付1.2.4]

(a) 柱状図　(b) 測定値　(c) 深度補正値

付表 1.2.1　変動係数の比較[付1.2.4]

地点名	主な地層	対象項目	深度(m)	測定値 データ数	測定値 変動係数	測定値の区間平均 データ数	測定値の区間平均 変動係数
A	砂質土	N値	8〜18	2 800	0.174	7	0.019
B	砂質土	q_t	10〜20	3 148	0.141	7	0.047
C	砂質土	q_t	8〜18	1 600	0.205	4	0.017
D	砂質土	q_t	10〜20	3 196	0.424	7	0.050
E	粘性土	N値	10〜32	4 366	0.273	5	0.046

　同様の整理を行った5地点での変動係数の比較を付表1.2.1に示す．全データを用いた場合の変動係数は17.4〜42.4%であるが，区間平均では1.9〜5.0%となり，いずれの変動係数もかなり小さくなることが分かる．したがって平面的に狭い範囲で，かつ地層構成がほぼ均一と仮定できる地盤であれば，層全体としてはあまりばらつかないと判断される．

　付図1.2.4に同一敷地内で実施された9本の標準貫入試験結果[付1.2.5]を示す．付図1.2.4の破線の範囲のN値の全データと相対頻度分布を付図1.2.5に示す．N値が深度方向に一定でないので相対頻度は広い範囲に分布し最大相対頻度はデータの中心からはずれ，変動係数は84.0%と非常に大きいが，区間平均はあまりばらつかず，変動係数も7.1%と比較的小さい．

　限界状態設計法では，地盤定数の平均値のみでなくばらつき度合いを表す変動係数を用いて耐力係数を求め，設計用支持度を算定する．平均値がいくら大きくても変動係数も大きければ設計用支持力度は小さくなるため，合理的な設計は望めない．付図1.2.1に示したような地層全体の変動係数は非常に大きいが，実際の限界状態設計にこの大きな変動係数を用いる必要はないと判断され

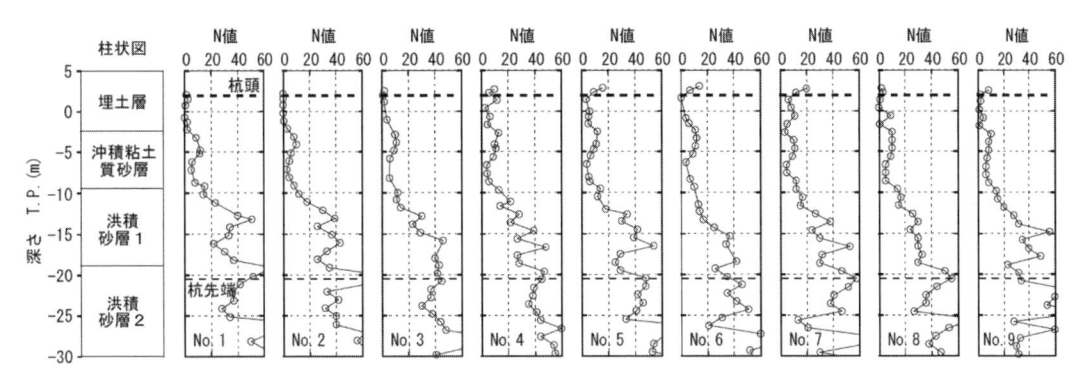

付図 1.2.4 杭の鉛直支持力検討の対象とした9本の標準貫入試験結果[付1.2.5]

る．例えば，杭の周面摩擦抵抗は深度方向に積分されることから，限界状態設計法に用いる耐力係数算定用の変動係数評価としては，個々のN値のデータからではなく層全体の区間平均で評価する方が，実際の地盤のばらつきに対応した適切な評価となることが示唆される．

(3) 地盤のばらつきが杭の鉛直支持力に与える影響

付図 1.2.4 に示した地盤において，限界状態設計法を用いて地盤定数（N値）の変動係数が0～50％の範囲で変動した場合の設計用先端支持力度の試算結果を付図 1.2.6 に，設計用周面摩擦力度の試算結果を付図 1.2.7 に示す．なお，付図 1.2.4 の地盤調査結果から算定した設計用変動係数は先端22.4％・周面7.1％（区間平均）で図中に●で示した．また，許容応力度設計による値も併せて示した．

先端支持力度は，積載荷重時には設計用変動係数より小さい変動係数16％程度で限界状態設計と許容応力度設計の値が一致し，変動係数がそれより小さい場合は限界状態設計の値は許容応力度設計の値より大きく，変動係数が大きくなれば小さくなる．これに対し地震荷重時は，許容応力度設計の安全率F_sを1.0とすれば変動係数の値に関わらず限界状態設計の値は常に小さくなり，短期相当の$F_s=1.5$とすれば，積載荷重時とほぼ同じ傾向となる．一方，周面摩擦力度は積載荷重時には設計用変動係数より小さい変動係数35％程度で，地震荷重時には23％程度（$F_s=1.0$）・35％程度（$F_s=1.5$）で限界状態設計と許容応力度設計の値が一致する．ここから，先端支持力については，限界状態設計法を用いると杭先端付近の狭い範囲で変動係数を評価するために許容応力度設計よりも小さな値となり，周面摩擦については深度方向全体のばらつきを評価するので変動係数が小さくなって許容応力度設計よりも大きな値となる傾向があることがわかる．

そこで，杭の負担重量を仮定して，限界状態設計と許容応力度設計を行って得られた杭断面のコンクリート量を算定した結

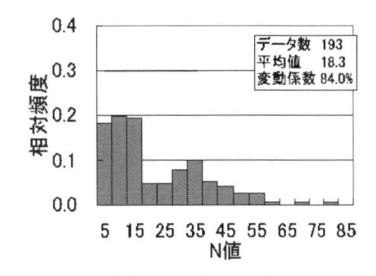

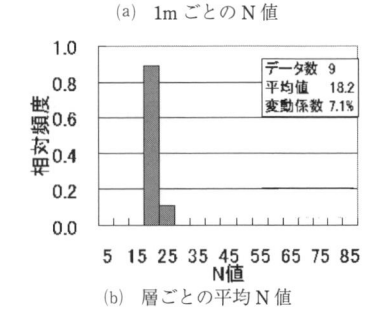

(a) 1mごとのN値

(b) 層ごとの平均N値

付図 1.2.5 N値相対頻度分布[付1.2.5]

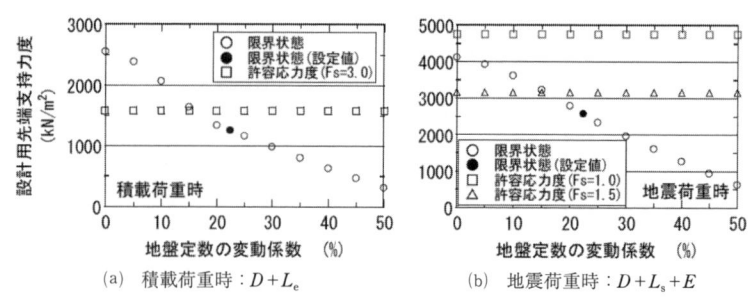

付図 1.2.6 設計用先端支持力度とN値の変動係数の関係[付1.2.5]

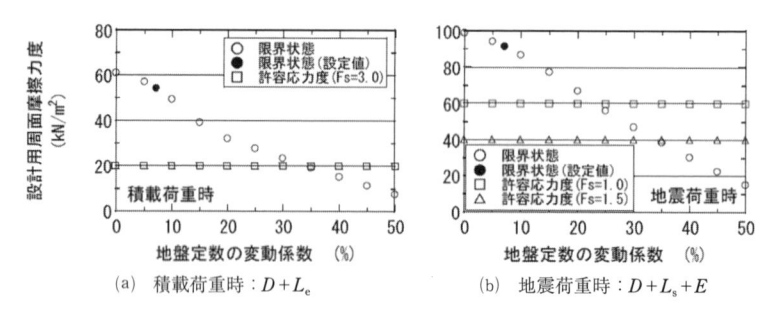

付図 1.2.7 設計用周面摩擦力度とN値の変動係数の関係[付1.2.5]

果を付図1.2.8に示す．限界状態設計法は調査数を変えたケースを示すが，許容応力度設計法に比べてコンクリート量を減らすことができることがわかる．

(4) 調査数の影響

耐力係数は調査数にも影響されることから，上に示した検討において調査数が6本あるいは3本とした場合の杭の設計用鉛直支持力度の算定結果を付表1.2.2に示す．9本の標準貫入試験結果から6本あるいは3本の結果を選ぶ組み合わせ84通り全ての計算を行い，その平均値を支持力度としている．ただし，付表1.2.2にはそれぞれの一例と平均値のみを示している．詳細は文献付1.2.5）を参照されたい．

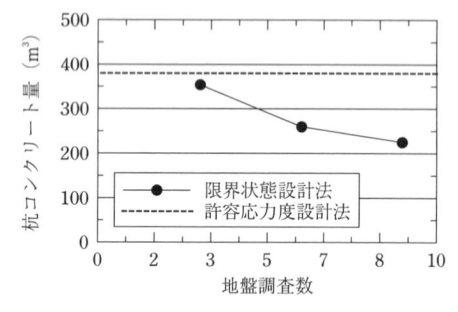

付図 1.2.8 コンクリート量の比較[付1.2.5]

付表1.2.2の設計用支持力値から算出した限界状態設計（標準貫入試験結果を9・6・3本使用の3ケース）と許容応力度設計により求めた設計用鉛直支持力の比を計算した結果を付図1.2.9に杭径ごとに示す．調査数3本では明らかに比が小さいが，6本と9本ではあまり差が生じていない．これは，限界状態設計法における耐力係数に対する調査数による変動係数の補正係数の違いの影響によるもので，調査数を過大にすることなく適切な数を実施することで，大きな支持力が得られることを示唆している．また，杭径が大きくなると両設計法による比が小さくなっているが，これはこの比が周面の影響が大きいほど大きくなるが，先端は断面積（杭径の二乗），周面は周長（杭径の一乗）に比例するために周面の影響が小さくなることによる．

付表 1.2.2 限界状態設計法による杭の鉛直支持力算定結果[付1.2.5]

No.	内容	9本 杭周面摩擦力	9本 杭先端支持力	6本の一例 杭周面摩擦力	6本の一例 杭先端支持力	3本の一例 杭周面摩擦力	3本の一例 杭先端支持力
	B - No. 1　平均N値	20.6	47.0	20.6	47.0	20.6	47.0
	B - No. 2　平均N値	18.5	70.8	18.5	70.8	−	−
	B - No. 3　平均N値	17.8	43.5	−	−	−	−
	B - No. 4　平均N値	18.3	46.0	18.3	46.0	18.3	46.0
	B - No. 5　平均N値	18.3	41.7	−	−	−	−
	B - No. 6　平均N値	16.0	40.5	16.0	40.5	16.0	40.5
	B - No. 7　平均N値	19.1	52.5	19.1	52.5	−	−
	B - No. 8　平均N値	16.9	52.5	−	−	−	−
	B - No. 9　平均N値	18.3	33.0	18.3	33.0	−	−
①	サンプル個数　n	9	9	6	6	3	3
②	平均N値	18.2	47.5	18.5	48.3	18.3	44.5
③	標準偏差	1.3	10.6	1.5	12.9	2.3	3.5
④	地盤データの変動係数（③/②）	0.071	0.224	0.081	0.266	0.126	0.079
⑤	平均値に関する補正係数（①と④）	0.96	0.87	0.95	0.83	0.86	0.91
⑥	推定平均N値（②×⑤）	17.4	41.1	17.5	39.9	15.8	40.7
⑦	変動係数に関する補正係数（①と④）	1.55	1.55	1.80	1.80	3.10	3.10
⑧	地盤定数の推定変動係数　V_{R1}（④×⑦）	0.110	0.347	0.145	0.479	0.391	0.244
⑨	設計式の変動係数　V_{R2}	0.300	0.300	0.300	0.300	0.300	0.300
⑩	支持力の変動係数　V_R（⑧と⑨）	0.320	0.459	0.333	0.565	0.492	0.387
⑪	積載荷重時：耐力係数　ϕ（⑩：$D+L_e$）	0.44	0.27	0.42	0.22	0.25	0.32
⑪'	地震荷重時：耐力係数　ϕ（⑩：$D+L_s+E$）	0.74	0.55	0.72	0.43	0.51	0.65

No.	内容	9本	9本	6本平均	6本平均	3本平均	3本平均
⑫	積載荷重時：耐力係数 ϕ（⑩：$D+L_e$） （6本と3本は84ケースの平均値）	0.44	0.27	0.43	0.26	0.37	0.19
⑬	設計用周面摩擦力度 （7.07×⑥×⑫）（kN/m²）	54.3	−	52.9	−	44.7	−
⑭	設計用先端支持力度 （113.3×⑥×⑫）（kN/m²）	−	1 260	−	1 202	−	805
⑫'	地震荷重時：耐力係数 ϕ（⑩：$D+L_s+E$） （6本と3本は84ケースの平均値）	0.74	0.55	0.73	0.52	0.68	0.37
⑬'	設計用周面摩擦力度 （7.07×⑥×⑫'）（kN/m²）	91.3	−	90.0	−	81.3	−
⑭'	設計用先端支持力度 （113.3×⑥×⑫'）（kN/m²）	−	2 584	−	2 410	−	1 581

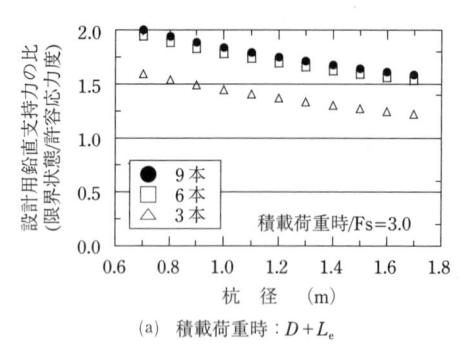

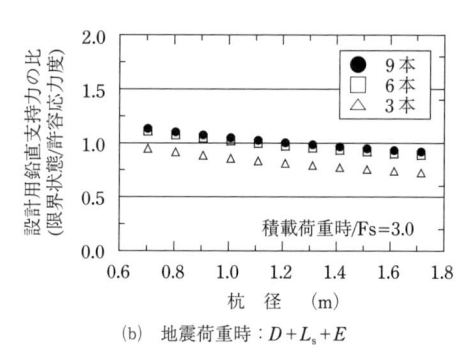

付図 1.2.9 設計用鉛直支持力の比と杭径の関係[付1.2.5]

(a) 積載荷重時：$D+L_e$

(b) 地震荷重時：$D+L_s+E$

(5) ばらつきの評価

　地盤にはデータのばらつきをもたらす多くの要因があり，かつ工場や現場における施工管理により材料定数のばらつきを小さく抑えることが可能な鋼材やコンクリートと異なり，自然に堆積した地盤のばらつきを人工的に制御することはできない．そのため，調査結果から得られた地盤のばらつきを鋼材やコンクリートと同じに扱うと著しく小さな耐力とせざるを得なくなる．既に限界状態設計法を実用化している諸外国においても，地盤・基礎の設計では採用されないケースもあるようである[付1.2.4]．また，少ない地盤調査の文献等を参考にして補完しようとしても，N 値の変動係数は付図 1.2.1[付1.2.1]や付表 1.2.3[付1.2.6]に示すように最大で 100％程度となっている例がほとんどで，このような大きな変動係数を持つ材料に対して限界状態設計法の適用は適切ではない．

付表 1.2.3　主な調査方法の変動係数[付1.2.6]

試験法	装置	操作	ランダム	全体[a]	範囲[b]
標準貫入試験（SPT）	5[c] - 74[d]	5[c] - 75[d]	12 - 15	14[c] - 100[d]	15 - 45
機械式静的コーン貫入試験（MCPT）	5	10[e] - 15[f]	10[e] - 15[f]	15[e] - 22[f]	15 - 25
電気式静的コーン貫入試験（ECPT）	3	5	5[e] - 10[f]	8[e] - 12[f]	5 - 15
ベーンせん断試験（VST）	5	8	19	14	10 - 20
ダイラトメーター試験（DMT）	5	5	8	11	1 - 15
プレッシャーメーター（PMT）	5	12	10	16	10 - 20[g]
セルフボーリング・プレッシャーメーター（SBPMT）	8	15	8	19	15 - 25[g]

a　COV（全体）＝ [COV（装置）^{2} ＋ COV（操作）^{2} ＋ COV（ランダム）^{2}]$^{1/2}$
b　限定されたデータと COV の推定における工学的判断により，原位置試験測定エラーの考えられる範囲を示す
c, d　SPT に関して最善と最悪のケースを示す
e, f　CPT の先端および周面抵抗を示す
g　p_0, p_f, p_1 に関しては異なる可能性があるが，データ不足によりこの点に関しては区別できない

(6) ま　と　め

　本付録において，一例として杭の鉛直支持力について限界状態設計法の適用方法について示した．少ない地盤調査結果に基づき文献などを参考にして変動係数を設定しても，とても設計できる耐力係数にはならないが，精度の高い地盤調査をある程度の数量で行えば，設計用支持力度などを合理的に評価でき，経済設計も可能である．今後，基礎設計に合致したばらつきの評価方法や耐力係数の設定方法等を検討して行く必要があるが，建築基礎の設計一般に用いるにはさらに地盤調査データの蓄積が必要である．当面は精度の高い地盤調査を行うのはもちろんであるが，ある程度の調査数量を実施して，限界状態設計法の適用性について検討できる地盤調査をすることが重要であろう．

参 考 文 献

付 1.2.1) 牧原依夫，田部井哲夫，山口英俊，笹尾　光：東京付近に分布する地層のN値－ばらつきの実態と地域性－，基礎構造物の限界状態設計法に関するシンポジウム，地盤工学会，pp.210-206，1994

付 1.2.2) 鈴木康嗣：地盤調査の信頼性，パネルディスカッション資料，性能設計と地盤調査，日本建築学会，pp.15-34，2006.9

付 1.2.3) 日下部治：限界状態設計への動きに思うこと，土と基礎，Vol. 42，No. 9，pp.3-8，1994.9

付 1.2.4) 鈴木康嗣，小林勝巳，田中久丸，西山高士，小林治男：高密度地盤調査結果に基づく地盤定数のばらつき評価，日本建築学会技術報告集，第13巻，第26号，pp.495-498，2007.12

付 1.2.5) 鈴木康嗣，小林勝巳，西山高士，小林治男，田中久丸：地盤定数のばらつきを考慮した杭の鉛直支持力に関する試設計，日本建築学会技術報告集，第14巻，第27号，pp.61-66，2008.6

付 1.2.6) 地盤工学会：N値と$c \cdot \phi$の活用法，p.26，1998

付録Ⅰ.3 標準貫入試験結果の利用

標準貫入試験は，建築基礎の設計に用いる地盤情報を得るための試験として，最も幅広く用いられている調査方法であり，極言すれば，N値（と土質）のみでも設計可能である．以下に建築基礎の設計におけるN値の利用方法の例を示すが，2.3.6項に記述されるように，N値は地盤の硬さの程度を表す相対的な指標であり，本質的にばらつきを含んでいる．さらに，統計的手法により導かれたこれらの関係式もそれ自体のばらつきを含む．調査計画にあたっては，これらの関係式の意味やばらつきについて理解し，調査数量や深さの設定に反映させるとともに，特に粘性土に対してはばらつきが大きいことから，室内試験等の併用を考慮，検討する．

(1) 杭支持力の評価

N値は，貫入機構の類似性から打込み杭の先端支持力度評価に元来から利用されてきたが，付図1.3.1に示すような統計上の相関関係を利用して埋込み杭や場所打ち杭等の砂地盤の先端支持力度および周面摩擦力度の評価にも広く利用されている．基礎指針[付1.3.1]に示されたN値による支持力評価式を付表1.3.1に示す．

(2) 地盤定数の評価

地盤定数の評価については，多くのN値との相関関係が提案されているが，全て経験的なものであり，評価の信頼性は限られ，適切な原位置調査や室内土質試験によるべきである．しかしながら，室内土質試験用のサンプリング時の乱れが大きくなりやすい砂質土の場合，ばらつきや適用限界に十分注意を払った上であれば，N値の活用は有用である．最近では，乱れの少ない凍結サンプリング試料に基づく相関が提案され，精度の向上がはかられている．

① 砂質土の強度特性

砂質土の強度特性は，砂が持つ固有の物理的性質と，堆積環境を反映した特性に依存し，とりわけ密度と拘束圧の影響が重要になる．これま

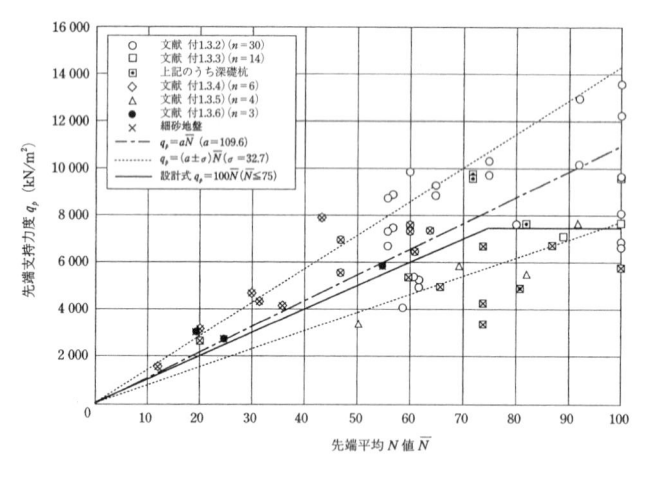

付図 1.3.1　先端支持力度と先端平均N値の関係[付1.3.1]

付表 1.3.1　砂質土の杭支持力の評価式

杭種	極限先端抵抗 q_p (kN)	N値の範囲	q_p の上限値	極限周面抵抗 τ (kN/m²)	N値の上限値
打込み杭	$300N$	下 $1d$ 上 $4d$	18 000	$2.0N$	50
場所打ち杭	$100N$	下 $1d$ 上 $1d$	7 500	$3.3N$	50
埋込み杭	$200N$	下 $1d$ 上 $1d$	12 000	$2.5N$	50

d：杭径

で，建築基礎設計においては，一般に N 値と内部摩擦角 ϕ の相関に関して，拘束圧の影響を考慮していない（付1.3.1）式が用いられてきたが，2001年度版の基礎指針[付1.3.7]では，細粒分含有率が20%以下の比較的（粒径のそろった）きれいな砂を対象に，付図1.3.2に示すような凍結サンプリング等の高品質な不撹乱試料を用いた三軸試験結果から導いた，有効上載圧 σ'_{v0} を考慮した（付1.3.2）式が示されている．

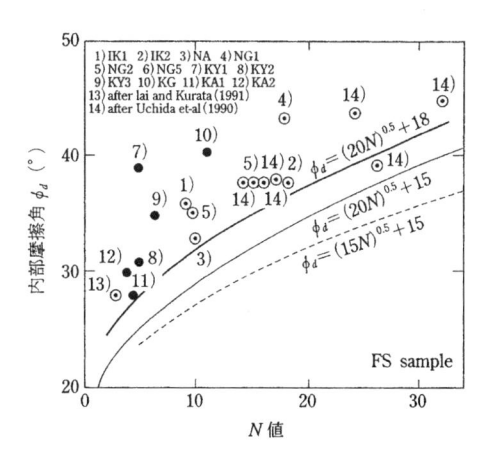

$$\phi = \sqrt{20N} + 15 \ (°) \quad\quad (付1.3.1)$$

$$\left.\begin{array}{l}\phi = \sqrt{20N_1} + 20 \ (°) \ (3.5 \leq N_1 \leq 20) \\ \phi = 40 \quad\quad (°) \ (N_1 \geq 20) \\ \text{ここで，} N_1 = N\sqrt{98/\sigma'_{v0}}\end{array}\right\} \quad (付1.3.2)$$

付図1.3.2 N 値と内部摩擦角 ϕ の関係[付1.3.7]

② 粘性土の強度特性

粘性土の強度に関しては，特に一軸圧縮強度 q_u との間に，いくつかの関係式[付1.3.7]が提案されているが，ばらつきは大きい．標準貫入試験の特性に鑑みても N 値から粘土の強度を評価することの有効性について広く合意が得られているわけではなく，設計への適用は避けることが望ましい．粘土の強度特性は乱れの少ない試料を採取し，適切な室内力学試験を実施して評価すべきである．

③ 変形特性

地盤は小さなひずみレベルから非線形性を示す材料であり，変形特性は拘束圧とひずみレベルに依存し，設計条件と対応した値を採用しなければならない．変形係数 E_s は，室内土質試験や平板載荷試験，孔内水平載荷試験，PS 検層などで評価できるが，各々で拘束条件やひずみレベルの違う変形係数を求めており，N 値との相関もそれぞれ異なる．基礎指針[付1.3.8]では砂地盤の即時沈下を評価する場合は平板載荷試験結果を基本として $E_s = 2.8N$ (MN/m², 過圧密砂)，$1.4N$ (MN/m², 正規圧密砂)，杭の水平抵抗の評価にあたっ

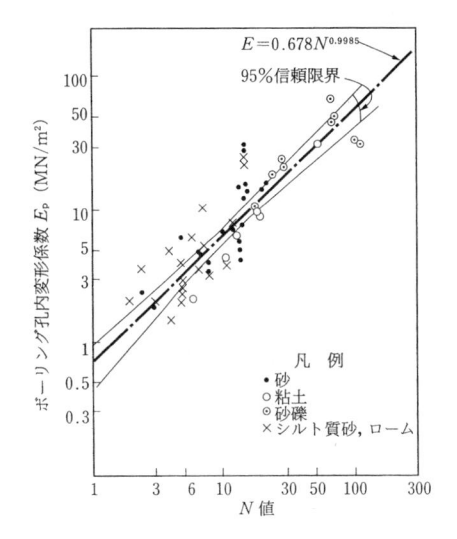

付表1.3.2 変形係数の補正係数[付1.3.9], [付1.3.10]

測定方法	長期	地震時
平板載荷試験	1	2
孔内水平載荷試験	4	8
一軸または三軸圧縮試験	4	8
標準貫入試験 $E_0 = 2\,800N$	1	2
PS 検層（付1.3.4 のみ）	1/2	1

付図1.3.3 N 値と孔内水平載荷試験による変形係数との関係[付1.3.11], [付1.3.12]

ては孔内水平載荷試験を基本に $E_s = 700N$ （kN/m²，砂）と，使い分けられている．

土木構造物[付1.3.9),付1.3.10)]では平板載荷試験結果（繰返し曲線の 1/2）を基本に，N 値および各種試験による変形係数を付表 1.3.2 に示す係数で補正するよう規定されている．また，孔内水平載荷試験による変形係数と N 値の関係は，付図 1.3.3 のような多くのデータの蓄積がなされており，試験値のチェック用として用いられることもある．

④ せん断波速度

せん断波速度（S 波速度）V_s を測定する方法は，微小ひずみレベルの土の変形係数を求める方法として比較的精度が高く，各地層の平均的な剛性を評価する効果的な方法で，せん断弾性係数 G_s（$=\gamma/g \cdot V_s^2$）や変形係数 E_s を導くことができる．

以下に，N 値と S 波速度の関係式のうち，従来多く用いられてきた今井の提案式[付1.3.13]（付 1.3.3）式・付図 3.4(a)），限界耐力計算で表層地盤増幅率の算定に使われる太田・後藤による提案式[付1.3.14]（（付 1.3.4）式・付図 1.3.4(b)），土木構造物の基準[付1.3.15]に示された式（付 1.3.5）を以下に示す．

$$V_s = 97.0 N^{0.314} \tag{付 1.3.3}$$

$$V_s = 68.79 \cdot N^{0.171} \cdot H^{0.199} \cdot Y_g \cdot S_t \tag{付 1.3.4}$$

ここに，V_s：せん断波速度 = S 波速度（m/s）
N：層の平均 N 値
H：地表面から層の中心までの深度（m）
Y_g：地質年代係数（沖積層 1.000, 洪積層 1.303）
S_t：土質に応じた係数（粘土 1.000, 細砂 1.086, 中砂 1.066, 粗砂 1.135, 砂礫 1.153, 礫 1.448）

$$\left. \begin{array}{ll} V_s = 80 N^{1/3} & （砂質土 1 \leq N \leq 50） \\ V_s = 100 N^{1/3} & （粘性土 2 \leq N \leq 25） \\ V_s = 120 (q_u/100)^{0.36} & （粘性土 N < 2） \end{array} \right\} \tag{付 1.3.5}$$

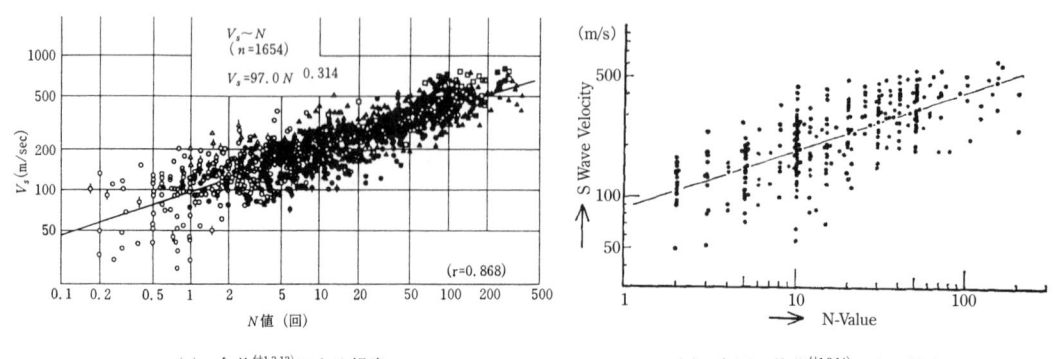

(a) 今井[付1.3.13]による提案　　　(b) 太田・後藤[付1.3.14]による提案

付図 1.3.4　N 値と S 波速度との相関例

ここからわかるように，いずれも非常にばらつきは大きく，土の硬さを間接的に示す指標であるN値から微小ひずみレベルでの変形特性に関わるV_sを推定することには限界があると考えられ，あくまで目安と考えるべきであろう．

(3) 砂地盤の液状化強度

砂地盤の液状化強度を増大させる要因である①密度の増加，②鉛直有効応力（深さ）の増加，③水平有効応力の増加（過圧密または締固めによる），④地層の堆積年代の古さ（セメンテーション効果），⑤振動または小ひずみ繰返しせん断効果，はN値を増大させる要因でもある[付1.3.16]．

ここから，付図 1.3.5 に示すように，有効上載圧と細粒分含有率により補正したN値が液状化判定に利用されているが，この場合のN値はトンビ法または自動落下法で測定された値に限られていることに留意する．さらに，細粒分含有率は判定間隔ごとに測定するよう計画すべきである．また，粘性土層を薄く挟んでいたり，層構成が複雑な場合は，標準貫入試験の試験ピッチを1m以下に細かくして，判定の精度を向上させることも考えられる．

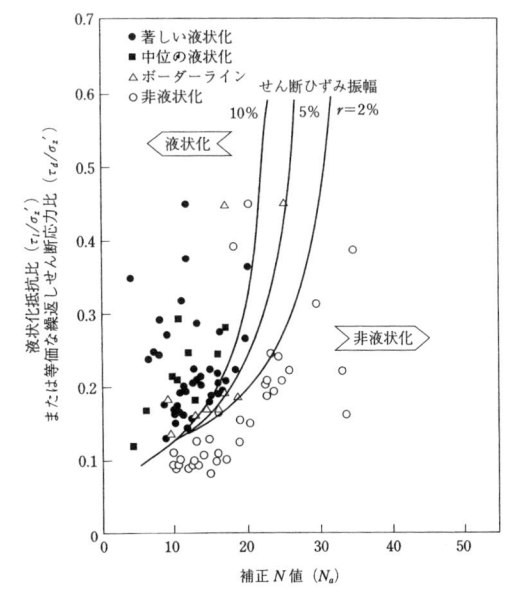

付図 1.3.5 N値と液状化抵抗との関係[付1.3.17]

参考文献

付 1.3.1) 日本建築学会：建築基礎構造設計指針，pp.203～209，2001

付 1.3.2) 山肩邦男，伊藤敦志，山田 毅，田中 健：場所打ちコンクリート杭の極限先端荷重および先端荷重～先端沈下量特性に関する統計的研究，日本建築学会構造系論文報告書，No. 423，pp.137～146，1991

付 1.3.3) 小椋仁志：杭先端載荷試験法の概要と適用例，GBRC（日本建築総合試験所），No. 87，pp.54～67，1997

付 1.3.4) 高野昭信，稲村利男，宮本和徹，史 桃開：場所打ち杭の鉛直荷重−変位解析，第33回地盤工学研究発表会（山口），pp.1373～1374，1998

付 1.3.5) 阪神高速道路公団：場所打ち杭の支持力設計要領，1990

付 1.3.6) 岡原美知夫，中谷昌一，谷口敬一，松井謙二：軸方向押込み力に対する杭の支持力特性に関する研究，土木学会論文報告集，No.418，Ⅲ-13，pp.257～266，1990

付 1.3.7) 前掲付 1.3.1)，pp.113～116

付 1.3.8) 前掲付 1.3.1)，p.146

付 1.3.9) 日本道路協会：道路橋示方書 Ⅳ下部構造編，p.255，2002

付 1.3.10) 鉄道総合技術研究所：鉄道構造物等設計標準・同解説 基礎構造物・抗土圧構造物，p.87，2000

付 1.3.11) 足立義雄：設計に用いるK値の求め方とその精度，土木技術資料，Vol. 12，No. 3，pp.15～17，29，1970

付 1.3.12) 地盤工学会：地盤調査の方法と解説，p.268，2004
付 1.3.13) 今井常雄，殿内啓司：N値とS波速度の関係およびその利用例，基礎工，Vol. 16, No. 6, pp.70〜76, 1982
付 1.3.14) 大田 裕, 後藤典俊：S波速度を他の土質諸指標から推定する試み，物理探鉱，第29巻，第4号，pp.31〜41, 1976
付 1.3.15) 鉄道総合技術研究所：鉄道構造物等設計標準・同解説 基礎構造物・抗土圧構造物，p.117, 2000
付 1.3.16) 吉見吉昭：砂地盤の液状化，技報堂出版，p.49, 1980
付 1.3.17) 前掲付 1.3.1), p.63

付録I.4　地盤調査発注仕様書

　建築基礎設計のための地盤調査の計画は設計行為の一部と考えられ，設計者が設計方針に従って調査計画を行い，発注する．1.8節において，地盤調査の発注にあたっては，できる限り調査者と相談・協議して計画を進めていくことが望ましいことを示したが，そのベースとして，また地層構成を想定して自らの判断により発注を行なう場合にもその手助けとして，発注仕様書の構成例やフォーマットの例を示すことは有意義であると考えた．そこで，付表1.4.1に標準的な発注書の構成例を具体例として次ページ以降に日本建築構造技術者協会（JSCA）のフォーマット[付1.4.1]を示す．

　地盤調査においては，事前に想定した地盤構成と実際の調査結果が異なることが多く，原位置試験の調査深さやボーリング調査の最大深さについては，調査結果（の速報）を受けて適宜判断する必要があり，仕様書には，調査，試験内容の変更があることを明示し，その場合の対処方法や相談方法，協議方法についても示しておくことが必要である．

付表1.4.1　地盤調査発注仕様書の構成例

項目	内容
1. 共通事項	調査件名・調査場所・住所および案内図・調査位置図・調査期間 計画建物の概要 （可能であれば）想定される基礎構造・想定される根切り深さ
2. 調査目的	調査段階－本調査・予備調査・追加調査のいずれかを示す． 調査目的－支持層の確認・地層構成の把握・地下水位の把握・物理特性・化学特性の把握・強度特性・変形特性・動的特性の把握・工学的基盤の確認など
3. 委託範囲	調査およびその報告書の作成 あるいは設計用地盤定数の設定・液状化判定・沈下量の評価・支持力の算定・基礎工や対策工の提案等の検討事項
4. 調査仕様	準拠する規格・基準・仕様書類 支持層（打止め）の判断方法 計画者（発注者・設計者）と協議が必要な事項 中間報告の頻度・内容・方法 標準貫入試験の打撃回数の最大値 測量の基準点の設定方法・表示方法
5. 調査・試験内容	ボーリング本数・深度・孔径 原位置調査方法・調査数・調査深さ（または調査対象の土質） 載荷試験方法・試験数 サンプリング方法・試料数・採取深さ（または採取対象の土質） 室内土質試験方法・試験数・試料数
6. 報告書	報告事項の一覧あるいは準拠する仕様書類を示す．
7. 現場説明事項	現地作業に関する注意事項 想定外の事態に対する対応方法

参考文献

付1.4.1)　日本建築学会：建築基礎設計のための地盤調査計画指針　付.6節, 1995

この地盤調査仕様書は、(社)日本建築構造技術者協会(JSCA)技術委員会地盤系部会が作成したものである。(社)日本建築学会「建築基礎設計のための地盤調査計画指針」に基づいて計画された地盤調査を発注するための仕様書であり、用語の定義などは「同指針」に拠っている。

0. 見積要項

0-1 提出期限　　　年　月　日

0-2 宛　名

0-3 提 出 先

0-4 部　　数　　　　　　　　部

0-5 内　　容　　調査名称・調査費および試験費合計・内訳明細・その他

0-6 支給資材

0-7 その他
　a 埋設物確認の必要があれば、試掘の費用を計上すること。
　b 調査・試験の数量に変更が生じた場合精算を原則とする。
　c 現場作業上の制約条件
　（　　　　　　　　　　　　　）

JSCA 仕-1 改

地 盤 調 査 仕 様 書

　　　　　年　　月

不許複製

付録I　地盤調査計画のための資料　−227−

8-1a　ボーリングおよび原位置試験その他

項目	ボーリング孔径 (mm)	66			86			116			合計		
		本数	延べ深さ	N値点数	本数	延べ深さ	N値点数	本数	延べ深さ	N値点数	本数	延べ深さ	N値点数
ボーリング		m											
		m											
		m											
標準貫入試験		m											
		m											
		m											
	合　計												
乱した試料採取（点数）													
乱さない試料採取（点数）					シンウォールサンプル			デニソンサンプル			合計		
自由地下水位測定													
被圧地下水位測定													
ボーリング孔内水平載荷試験													
その他 現場透水試験 常時微動測定 弾性波速度検層など													

---

1. 調査件名

（注）●は，○で選択する．複数可

2. 調査段階
   - ●地層構成が不明である → ・予備調査
   - ・本調査
   - ●地層構成が推定できる → ・本調査
   - ・追加調査

3. 調査場所

4. 建物概要
   用途：
   構造種別：　●S造　●RC造　●SRC造
   階　数：　地上　　階，地下　　階
   基礎底：　GL−　　m
   その他の建物概要は添付図による．

5. 調査期間　　　年　月　日〜　年　月　日

6. 調査目的
   - ●設計・施工に必要な地層構成の把握および支持層の確認とその傾向．
   - ●各地層の物理・力学的性質の把握，特に強度ならびに沈下特性の確認．
   - ●地盤の変形特性の把握
   - ●地盤の振動特性の把握
   - ●その他（　　　　）

7. 委託範囲
   - ●文献調査（コンサルティング業務）
   - ●原位置試験（地盤調査業務）
   - ●室内土質試験（地盤調査業務）
   - ●試験結果の整理（地盤調査業務）
   - ●試験結果の解析，設計に必要な土質定数等の提示（コンサルティング業務）
   - ●基礎の提案とその検討（コンサルティング業務）
   - ●その他（　　　　）

8. 調査内容
   調査は本仕様書に基づいて行い，内容は次の通りである．
   調査位置は添付図による．

— 228 —　建築基礎設計のための地盤調査計画指針

8-3 調査位置図

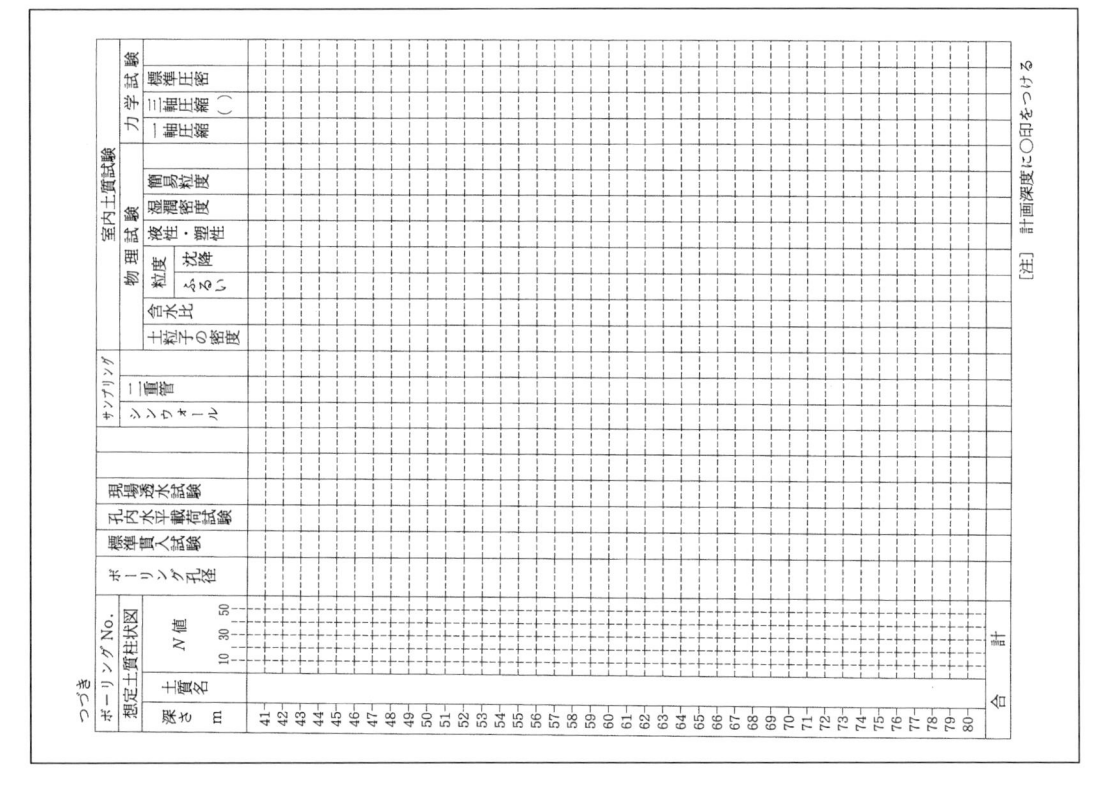

9. 調査報告書

最終報告書は調査が終了した時点でできるだけ速やかに提出する。
なお、報告事項は次の通りとする。
中間報告も、ボーリング1孔完了毎に(仮)柱状図を提出する。

9-1 調査概要
a 調査内容
b 調査位置図
c 地形地盤概要(隆起・沈降・埋立などの地盤の変遷を含む。)
d 調査結果概要(土質柱状図・各種試験および測定結果・土質試験結果一覧表)

9-2 解析結果(調査結果の考察)
a 地層分類(図)
b 地層断面図(彩色のこと)
c 土質定数
d 設計・施工上特に問題なる地層の有無
e 不明の項目

9-3 調査結果・調査記録の詳細(各種試験および測定データ・土質試験結果データシート)

9-4 参考文献・調査記録写真(各孔)・土質標本(一孔につき一式)

9-5 その他指示する事項

基準点(BM)の位置・標高を調査位置図に明記する。
各調査地点の標高は、水準点・三角点またはこれに代わるものの標高も1ヶ所以上測定する。
敷地中心の緯度・経度を1/25 000または1/50 000の地図より読み取り、調査位置図に0.1秒単位で明記する。
調査・試験の報告書は、(社)地盤工学会制定のシートを用いて作成することを原則とする。
土質標本は、原則として代表的な地層の変わることに作成する。
土質標本箱の中に当該ボーリング孔の土質柱状図を添付する。

10. 調査・試験の仕様

10-1 一般事項

a 調査・試験は、関連JIS規格または(社)地盤工学会基準に準ずる。
b 調査・試験は、地盤調査業者の責任施工を原則とする。
(調査工事および報告書に関する責任は地盤調査業者にある。)
c 調査にあたっては、既存物件などの保護に留意しなければならない。既存物件などに与えた損害は、地盤調査業者の責任において補償しなければならない。作業完了の後は、直ちに仮設物・器機等を撤去し、後片付けおよび清掃を行い、孔埋めなどで敷地を原形に復さなければならない。
d 各原位置試験において、所期の目的通りに掘進等が完了した時点で係員に対する中間報告を行うことを原則とする。
e 調査・試験の途中で、
想定地盤と著しく異なったり、現場諸条件の特異性により掘進が困難な場合
予定深度に達しなくても、数m以上にわたり想定支持地盤が確認できない場合
予定深度に達していないが、数m以上にわたる支持地盤が確認できた場合
近接2地点での調査・試験で、著しく結果が異なる場合
その他、係員に報告し、試験・目的が達成できないと判断した場合
は、係員の指示により、その指示を受ける。
f 係員の指示により、調査・試験の変更を行うことがある。

10-2 調査方法
　a　ボーリング
　　工法は、ロータリー式ボーリングとする。
　　孔内水位の確認は、自由水位面までの無水掘りを原則とする。
　　調査・試験終了後のボーリング孔で、地下工事のあるもの、または被圧地下水位のある場所、その他必要と認められる場合にはセメンテーション等を行う。
　b　標準貫入試験
　　試験方法は自動落下装置による方法を原則とする。
　　N 値は、特記なき限り 1 m 毎に測定する。
　　乱さない試料の採取を実施する深さまでは、原則として N 値測定を省略する。
　c　乱した試料の採取
　　標準貫入試験用サンプラーより採取する。
　d　乱さない試料の採取
　　$N≦4$ の場合は、固定ピストン式シンウォールサンプラーによることを原則とする。
　　$N>4$ の場合は、デニソン型サンプラーまたはトリプルチューブサンプラーによることを原則とする。
　e　地下水位測定（自由水位・被圧水位）
　　測定方法として無水掘り、単孔式現場透水試験、間隙水圧測定などを指示する。
　　単孔式現場透水試験の場合、測定に先立って行われた調査結果に基づき、対象土層に塩ビ管などによるストレーナーを設置する。なおストレーナーは対象土層以外とは縁切り（例えばセメンテーション）をするが、十分な施工ができない場合は、対象土層まで新たにボーリングを行う。次に孔内を十分洗浄し、地下水を汲み上げ（復水法）、または注水した（注水法）後、水位が安定するまで測定を行う。
　f　ボーリング孔内水平載荷試験
　　プレシオメータ・LLT・KKT 等により行う。

付録I.5 地盤調査方法の国際化および海外基準における地盤調査の現状

あらゆる分野における国際的な標準化の流れの中で，地盤・基礎設計の分野も例外ではなく，地盤調査技術の多様化とともに，技術規格・基準の国際標準化が進んでいる．国際競争や公共調達が顕在化していない建築分野では，国際標準に対する整合性は緊急の問題と捉えられていない面もあるが，早晩，積極的な技術情報の発信と国際整合性への配慮が求められるようになろう．なお，地盤・基礎設計に関する国際標準化の最新動向は，本会や地盤工学会など関連学術団体のWebサイトや会誌を通じて参照できる．

(1) 国内における地盤調査の現状

地盤調査の実情を把握するために実施した最近のアンケート調査結果[付1.5.1)]の中から，調査内容の概要を付表1.5.1にまとめる．このアンケートには，高層建築物や免震建築物を対象とした調査が比較的多く含まれ，一般に多数を占める規模の小さな建物計画に対する地盤調査の実態と異なることは予想されるが，標準貫入試験を基本に，サンプリングに基づく各種室内土質試験も多く行なわれ，性能評価の対象となるような建物では地盤の振動特性を把握する試験の実施率が高く，検討項目や調査目的に合わせた地盤調査の計画・実施がうかがえる．

建築基礎設計では，標準貫入試験に孔内水平載荷試験や室内土質試験を組み合わせて地盤の支持力や安定性を評価するのが一般的で，付表1.5.1もその傾向にある．これは，日本の表層地盤が非常に複雑な構成となっているために，土質に対する適用性が広く，かつ試料を採取して土質を直接観察できる標準貫入試験が多用され，それに伴って設計に供するためのデータが蓄積されてきたという歴史的な背景に負うところが大きい．他方，欧米ではコーン貫入試験やベーンせん断試験などを用いた地盤評価も広く行われており，先端抵抗だけでなく間隙水圧や周面摩擦抵抗あるいはせん

付表1.5.1 原位置試験・室内土質試験の実施状況[付1.5.1)]

調査方法	調査・試験名	実施数	対象数	実施率（％）
原位置試験	標準貫入試験	150	150	100
	標準貫入試験以外のサウンディング*	6	150	4
	孔内水平載荷試験	119	150	79
	PS検層	57	150	38
	現場透水試験	60	150	40
室内土質試験	一軸圧縮試験	109	150	73
	三軸圧縮試験	99	150	66
	圧密試験	101	150	67
	動的変形試験	24	150	16

［注］＊コーン貫入試験：2例，密度検層：3例，オートマチクラムサウンディング：1例

断波速度のデータも同時かつ連続的に取得できることから，性能設計においても有効な調査手段となりうる．それ以外にも地盤調査方法は，室内土質試験も含め，ハード面・ソフト面ともに多様化が図られており[付1.5.3)]目的に合わせた調査メニューの拡大が期待される．

(2) 地盤調査方法の国際化

WTO（世界貿易機構）は，加盟各国の各種規格・基準が相互に障害とならないように定めた協定（TBT協定）を結んでいる．地盤・基礎設計の分野においても，性能設計の概念の下，地盤調査・土質試験・載荷試験・地盤改良・地盤環境などについて国際標準化（ISO規格化）が進められている．なお，ISO規格策定の多くは欧州連合（EU）主導で進められており，標準貫入試験・コーン貫入試験・土質分類など，JISや地盤工学会基準と異なるものもある．

構造物の設計に関しては，ISO2394「構造物の信頼性に関する一般原則」(1998) が規定されている．これは，建築および土木構造物全般に対して限界状態に対する信頼性を確率的に扱う，つまり性能規定型の設計方針をまとめたもので，各国において作成される基準類のよりどころとすべきものである．従来，地盤・基礎設計の分野は，地盤材料の不確実性などから性能設計の導入が遅れてきたが，ISO規格策定と上部構造との整合を図る必要を受けて，欧米では性能設計体系を採り入れた設計基準（コード）の準備が進められている．

信頼性設計に根ざした技術標準の整備にとって，地盤調査とその評価は重要である．EU内部の技術調和を図り，国際的な技術主導を視野に入れたユーロコード（Eurocode）は，設計原則Eurocode0からアルミニウム構造物Eurocode9まで，各種構造物の設計標準を示すものである．例えば，地盤・基礎設計を扱うEurocode7では，荷重効果側と抵抗側に設計条件に応じた部分係数（Partial factors）を導入し，ある限界状態に対する安全の余裕度を定量的に示すことを意図している．多国間の技術標準として，設計手法や部分係数の採り方は加盟各国に委ねられている関係で，設計者により検討結果が異なるといった課題も指摘されているが，2010年頃からの本格運用に向けて進んでいる．Eurocode7では，地盤調査結果から設計用の地盤定数を求める際，想定する限界状態ごとに規定された部分係数を導入するようになっており，地盤調査方法や規模に応じて安全性が変化する．

Eurocode7やASCEの杭基礎設計コードを提供する米国陸軍工兵隊（US Army Corps of Engineers, USACE）の技術マニュアル類に示される，具体的な地盤調査の計画・実施・評価法の概要を紹介する．調査規模に関する情報を，本指針と比較する形で付表1.5.2に示す．調査規模を決める要素は，建物の特性，地層構成，計画に含まれる技術課題，コストなどであるが，基本的な考え方は概ね共通している．調査点数は建築物（基礎）の範囲を効果的にカバーする配置・数量とすること，調査深さは建物荷重や施工により影響を受ける地層の深さまでとすること，が原則となっている．

欧米の各基準においても，基礎設計に必要な地盤定数は，基本的に地盤中から乱れの少ない試料を採取し，現実の状況に照らした室内土質試験を行って評価する方法が推奨されている．しかし，原位置試験結果から経験的な相関に基づいて地盤定数を推定する，あるいは載荷試験により，直接，地盤の荷重－変位関係を測定する場合も多い．付表1.5.3に欧米の各基準に示された原位置試験に

よる地盤の評価方法をまとめる．わが国では標準貫入試験のN値や孔内水平載荷試験に基づいて地盤定数を推定し，間接的に支持力や沈下を評価する場合が多い．他方，欧米では標準貫入試験だけでなくコーン貫入試験・プレッシャメーター試験・ベーンせん断試験など他の試験法による地盤評価も広く扱われており，各種原位置試験の適用について弾力的である．Eurocode7やUSACEマニュアルでは基礎の支持力や即時沈下量など，基礎の設計に直接，原位置試験結果を使う方法をいくつか紹介しているが，標準貫入試験により沈下量を推定する経験に基づく方法に信頼性を与えているわけではなく，複数の方法を併用した安全側の評価を推奨している．

(3) 建築基礎設計のための地盤調査

以上のように，地盤・基礎設計の分野も信頼性に基づく性能設計の体系が国際標準となりつつあり，信頼性を定量化する上で地盤調査の重要性は高い．また，地盤調査方法の国際標準化（ISO規格化）も進んでいる．わが国でも法令の整備に先立ち，信頼性に基づいた設計基準を策定するための基本方針[付1.5.4)]が示され，それに基づいた地盤工学会基準[付1.5.5)]も策定されている．これらは，

付表1.5.2　地盤調査規模の比較例

	本指針（1.7節）	Eurocode7[*1)]	USACE Manuals[*2)]
調査点数	・地層構成が推定できる場合と，推定できないか変化を想定する場合に分けて目安を提示． ・位置は，建物の形状を考慮して隅角部や中央部など効果的な位置．	・高層構造物（high-rise structures）の場合15m～40mのグリッド． ・面積の大きな構造物の場合60m以内のグリッド． ・地盤が一様と考えられる場合は間隔を広げる，あるいは点数を減らすことも可．	・点数は，地盤条件や面積に応じて3～5点以上． ・位置は，建物範囲（基礎の設置範囲）の隅角部・端部・中心部など．
調査深さ	・直接基礎の場合，支持層として想定される地層が確認できる深さまで．ただし，以深に沈下の原因となる地層が現れることが想定される場合は，当該層の有無が確認できる深さまで． ・杭基礎の場合，沖積層全層かつ支持層として想定される地層が5～10m以上確認できる深さまで．支持杭の場合は，杭先端深さより杭先端径の数倍の深さまで．ただし，以深に軟質な層が現れることが想定される場合は，当該層の有無が確認できる深さまで．沖積層全層かつ支持層に相当する地層が5m以上確認できる深さで，杭先端深さより杭径の数倍の深さまで．	・構造物の建設により影響を受ける層全てを貫入する深さ． ・高層構造物の直接基礎の場合，基礎底面から6mかつ基礎短辺の3倍以上，ラフト基礎の場合，建物短辺の1.5倍以上． ・杭基礎の場合，杭先端から群杭幅短辺以上かつ5m，および杭先端径の10倍以上．	・直接基礎の場合，基礎最小幅の2～4倍以上で，基礎接地圧により生じる地中応力が1/10以下になる深さ[*3)]か，以深に不安定な地層が現れない深さ． ・杭基礎の場合，杭先端から20フィート（約6m）以上．

[注]　＊1：地盤条件・建物条件などによる三つの区分のうち標準的な場合．他の区分や地盤汚染，ガスの含有が予想される場合は別途考慮．
　　　＊2：建築物に関する記述を複数のマニュアルから抜粋．
　　　＊3：弾性解による．複雑な地層，建物では別途検討．

考え方の基礎を信頼性設計に置くことにより，設計標準の国際性を確保するとともに各国の研究成果を反映させうることも意図したものである．建築基礎設計においても，設計者は建物が満たすべき性能に見合った地盤調査の規模・内容を主体的に計画し，調査結果の評価について適切な判断が求められる．必要な地盤情報を吟味し，既往の研究成果も随時取り込みながら，それに相応しい調査法を弾力的に選定して実施する必要がある．性能の客観的評価のためには，試験法や結果解釈のISO規格との整合性，例えば，標準貫入試験による打撃回数測定長（JIS：100mm，ISO：150mm）やN値の補正法，砂とシルトの境界の粒径（JIS＝0.075mm，ISO＝0.063mm）等も今後の課題である．信頼性に基づく性能設計においては，統計上の標本としての地盤情報データベースに，信頼に足るデータが蓄積・公開され，参照されることも重要になろう．

付表1.5.3　原位置試験による地盤評価の比較

項　目			基礎指針	EU Eurocode7	米国（USACE） Geotechnical Investigations	米国（USACE） Bearing Capacity of Soils	米国（USACE） Settlement Analysis	米国（USACE） Soils & Geology
適用	内　容		設計	地盤調査	地盤調査	支持力	沈下	地盤調査・設計
適用	対　象		建築物	基礎全般	土木構造物等	各種構造物	各種構造物	建築物等
適用	地　盤		土	土・岩	土・岩	土	土	土・岩
強度特性	砂質土	D_r	－	SPT	SPT, CPT	SPT, CPT	－	SPT, CPT
強度特性	砂質土	ϕ'	SPT	SPT, CPT, SWS	SPT, CPT	SPT, CPT	－	SPT
強度特性	粘性土	S_u	－	CPT, DMT	SPT, CPT, FVT	SPT, CPT, PMT, FVT	－	CPT, PMT, FVT
強度特性	支持力		－	SPT, PMT, FVT, SWS	SPT	SPT, CPT, FVT	－	SPT, CPT
変形特性	砂質土	E	SPT, PMT	SPT, CPT, PMT	－	－	SPT, CPT, PMT, DMT	SPT
変形特性	砂質土	ν	(0.3)	－	－	－	(0.4)	－
変形特性	粘性土	E	SPT, PMT	CPT	－	－	SPT, CPT, PMT	－
変形特性	粘性土	ν	(0.5)	－	－	－	(0.4)	(0.5)
変形特性	即時沈下量		－	－	SPT	－	SPT, CPT, PMT, DMT	－
応力履歴			－	－	－	－	SPT, CPT, PMT	－
備　考			表中，空欄は記述なし．D_r：相対密度，ϕ'：有効内部摩擦角，S_u：非排水せん断強度，E：ヤング係数，ν：ポアソン比，SPT：標準貫入試験，CPT：コーン貫入試験，PMT：プレッシャメーター試験，FVT：ベーンせん断試験，DMT：ダイラトメーター試験，SWS：スウェーデン式サウンディング試験					

参考文献

付 1.5.1) 金子　治，金井重夫：地盤調査の現状と最新の動向，2006年度日本建築学会大会パネルディスカッション資料，pp.7〜14，2006
付 1.5.2) 防災科学技術研究所他：統合化地下構造データベースの構築，科学技術振興調査費重要研究解決型研究，2006
付 1.5.3) 地盤工学会：地盤調査・試験法の小型・高精度化に関する研究委員会報告，2006
付 1.5.4) 国土交通省：土木・建築に係る設計の基本，2002
付 1.5.5) 地盤工学会：地盤工学会基準　性能設計概念に基づいた基礎構造物等に関する設計原則，2006

付録Ⅱ　地盤環境調査に関する資料

付録Ⅱ．1　地盤環境振動調査

(1) 地盤環境振動調査の流れ

　地盤環境振動調査は第1章図1.3.2や第2章図2.3.23に示したように，地盤環境振動調査は1）簡易予測を含む事前検討～2）詳細予測を含む振動測定調査～3）対策効果の確認を含む要求性能の確認のための竣工時調査の順で実施される．以下にその概要を示す．

(2) 事前検討

① 資料調査，聞取り調査計画

　事前検討では，まず資料調査および聞取り調査により敷地の周囲あるいは近隣に工場や幹線道路などの明確な振動源が存在するかどうかを調査する．明らかな振動源が存在する場合，あるいは振動源が特定できない場合でも敷地周辺の同じ用途の建築物に振動障害が生じている場合には振動測定調査を計画する．

② 現地踏査計画

　資料調査や聞取り調査と並行して現地踏査を計画する．現地踏査では，敷地の立地条件，周囲の振動状況などを調査し，振動測定調査の計画・立案に必要な諸データを収集する．また，明確な振動源が予測されている場合にはその場所・方向・距離・大きな振動が発生する時間帯などを確認する．ただし，振動が体感できないからといって，振動障害の可能性がないと判断してはならない．それは，建築物や床の共振によって振動が増幅される可能性があるからである．また，現地踏査時に簡易的に振動レベルの測定を計画する場合もある．

③ 地盤環境振動の簡易予測

　交通振動や工事振動の場合には，環境アセスメントで用いられる振動レベルの予測式や距離減衰式（付録Ⅱ．4参照）から地盤の振動レベルを簡易的に推定することができる．推定のための敷地地盤の速度構造（2.3.11項参照）を把握するためには，PS検層結果を用いるのが一般的である．標準貫入試験のN値から推定した値を用いることも可能であるが，推定誤差が大きくなる可能性が高いことを理解した上で用いる（付録Ⅰ．3参照）．

　この検討によって，敷地の振動レベルが振動規制法の規制値を越える可能性がある場合，あるいは要求性能を満足しない可能性のある場合には振動測定調査を実施する．振動測定調査を実施する際には，簡易予測の結果を測定点数や配置などの調査計画に反映すると良い．

(3) 振動測定調査

① 振動レベルの測定計画

振動レベルは原則として JIS C 1510[付2.1.1)] で規定されている検定に合格している振動レベル計を用いて測定する．一般には，振動を電気信号に変換する振動ピックアップと振動ピックアップからの電気信号を振動レベルに変換して表示する振動レベル計が一組となっている．これに，複数の振動レベル計からの振動レベルの計測結果を記録するレベルレコーダ・波形を記録するデータレコーダ・周波数分析を行う分析装置など[付2.1.2)]を適切に組み合わせて測定機器を計画する．付図 2.1.1 に振動レベル測定時の計測機器の接続例を示す．

振動レベルの測定計画では，事前検討の結果を踏まえて，付表 2.1.1 の項目を記した測定計画書が作成される．

測定計画書の作成にあたっては以下のことに注意する．

a．測定日や時間帯は，振動状況の季節変動や時間変動を考慮して，最も大きい振動が発生するタイミングを逃さないように計画する．例えば，幹線道路では，交通量の少ない夜間のほうが大型車の高速走行が多くなって大きな振動となり，日中の測定のみでは不十分な場合がある．ま

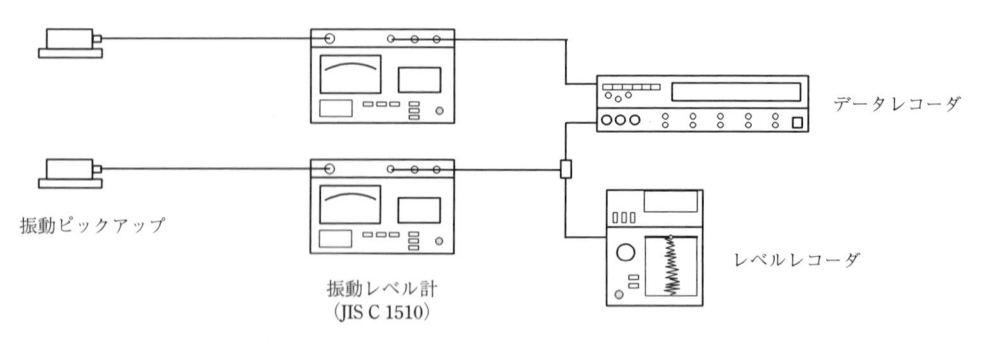

付図 2.1.1 振動レベル測定時の機器の接続例

付表 2.1.1 測定計画書の項目

項目	記述内容	備考・注意点
振動調査の目的	振動源の概要	振動源の種類や距離など明記
	建築物の要求性能	建物規模，用途，設計条件など明記
振動調査の内容	調査日時，場所，測定担当者	最大振動の発生時間帯を逃さない
	振動源の種類と位置（配置図）	振動源の状況報告を指示
	測点数と配置（配置図） 測定する振動の方向成分	振動評価のための必要・十分な情報が得られるように計画
	測定方法，測定項目	測定時間，回数などを指示
	使用計測機器	計測機器の組み合わせと台数を指示
測定結果の評価方法	統計処理方法など	測定結果の評価方法を明示
期限など	報告書の提出期限 報告書の書式・項目と内容	報告書の提出期限や書式などを指示
その他提出物	測定データの保存媒体 測定時の写真など	報告書以外に提出する媒体・資料の内容を明示

た，対象とする振動源が作動していない静かな状態（暗振動）の振動レベルの測定を計画しておくことも必要である．天候などの影響で振動測定が不可能となる場合を考慮して，測定日時とともに予備日時も指定しておくと良い．

b．振動源が明確である場合には，測定時の振動源の状況をモニターする．例えば，交通振動であれば大型車両の車種や目視による走行速度などを記録する．

c．測点数と配置は，振動源の位置や敷地の形状，建物の配置計画などを考慮に入れ，振動評価のための十分な情報が得られるように計画する．少なくとも建築物の基礎の位置における地盤の振動レベルは測定しておくべきである．また，地盤における振動レベルの距離減衰を評価したい場合には，振動が減衰する方向に複数の測点を設ける．付図2.1.2に振動レベル計の配置例を示す．

d．複数の計測機器を用いて複数の測点を同時に測定するのか，あるいは1台の計測機器を測点ごとに持ち回り測定するのかを明示する．また，どの測点において，どの振動源につきどのタイミングで，何秒間あるいは何分間の測定を何回行なうのかなどを計画する．

e．振動規制法では上下方向の振動のみが規制の対象となるが，水平方向の振動で障害が発生する場合もあるため，振動レベルの測定は上下方向と水平2方向，計3方向を測定の対象とするのが望ましい．

② 振動波形の測定計画

振動波形の測定は地盤振動の最大振幅や周波数特性・主要な振動の継続時間などを調べるために実施する．また，各種の周波数分析や建築物の応答解析を実施する際に入力波として地盤の時刻歴波形を用いる場合にも振動波形の測定が必要となる．

振動波形の測定では，加速度・速度・変位の時刻歴変動を電気信号に変換する振動ピックアップ，振動ピックアップからの電気信号を増幅し振動波形に変換する振動計・振動計からの振動波形を記録するデータレコーダ・計測を制御および管理して測定波形を処理するためのパーソナルコンピュータ・測定と同時に周波数分析を行う分析装置など[付2.1.2)]を適切に組み合わせて測定機器を計

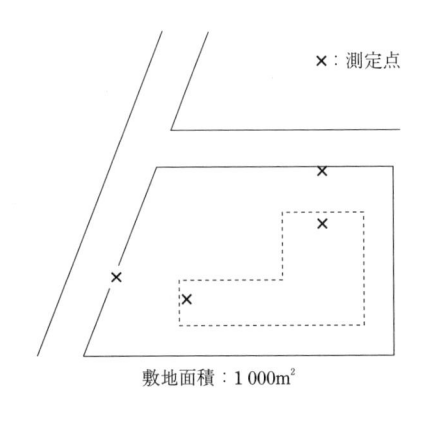

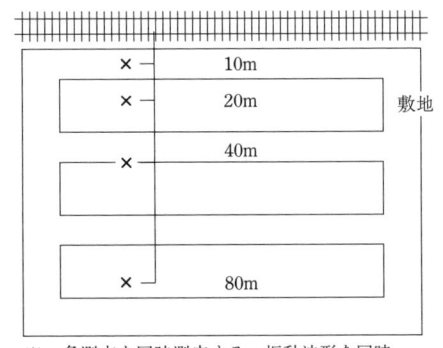

(a) 敷地内での計測地点　　(b) 振動源からの距離減衰を評価する場合

付図 2.1.2 振動レベル計の配置計画例

画する．調査の目的が，オフィスや住宅の居住性能を評価するものであれば，人体で感じる程度の振動を計測できれば良いので，振動ピックアップおよび振動計として振動レベル計を用いることができる．また，精密嫌振機器を設置するための調査であれば，微細な振動を計測する必要があるので，より感度の高いサーボ型振動ピックアップとそれに適した振動計などを用いるように計画する．付図 2.1.3 に振動波形測定時の計測機器の接続例を示す．

　振動波形の測定計画書の作成要領は，付表 2.1.1 に示した振動レベルの場合とほぼ同様であるが，以下のことに注意する必要がある．

a．記録する物理量（加速度，速度あるいは変位）を明記する．また，周波数分析を行う場合には分析方法と分析に必要なパラメータを記す．

b．建築物の振動に関する居住性能は，水平振動に対し 0.1〜30Hz，鉛直振動に対し 3〜30Hz の振動数範囲で評価を行う[付2.1.3]．一方，地盤の環境振動は一般に 1〜90Hz の振動数範囲を調査対象とするので，この範囲の振動を精度良く測定できる振動ピックアップ（1〜90Hz で平坦特性を持つもの）を用いることが多い．また，振動計には対象とする周波数範囲以外の成分をフィルターに通してカットする機能や振動レベル計のように人体感覚補正回路を通して補正波形に変換する機能などが備えられているものもあるので，必要に応じて機器を選択する．

c．デジタル方式のデータレコーダーを使用する場合には，計測時にサンプリング周波数を適切に設定する必要がある．サンプリング周波数は，周波数分析を行う際の最大周波数の 2 倍以上とする（通常は 5 倍以上とすることが望ましい）．

③　周波数分析

　地盤の振動特性をより詳細に把握するためには，計測した振動波形に対して周波数分析を計画する．周波数分析には，高速フーリエ変換によるスペクトル分析（FFT 分析：Fast Fourier Transform）・1/1 あるいは 1/3 オクターブバンド周波数分析・パワースペクトル分析などがある[付2.1.2]が，地盤環境振動の評価では主に FFT 周波数分析と 1/3 オクターブバンド周波数分析を用いる．

　FFT 周波数分析はデジタル化された波形データを基に周波数特性を解析するものであり，振動数に対して分解能の高い分析結果を得ることができることから，機械や設備の振動の影響を評価す

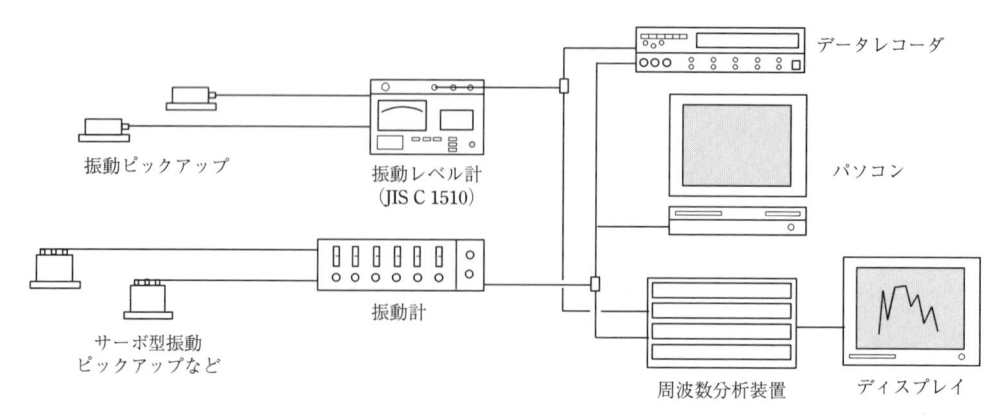

付図 2.1.3　振動波形測定時の機器の接続例

るときに用いられることが多い．環境振動では，定常的な波形だけでなく間欠的な波形や衝撃的な波形を取り扱うが，分析時間が長い場合はこのような振動を過小評価する場合があるため，時間窓と呼ばれる一定時間幅（セグメント長）の波形を取り出して FFT 周波数分析を行い，時刻をずらしながら（隣り合う時間窓の重なる比率をオーバラップ比率と呼ぶ）これを繰り返していき，各分析結果の最大値（ピークホールド）や平均値（アベレージ）をとって評価することが多い．付図 2.1.4 の加速度波形に対してピークホールド FFT 周波数分析を行なった例を付図 2.1.5(a)に示す．

1/3 オクターブバンド周波数分析は，測定波形に対し 1/3 オクターブバンド幅の周波数帯域のみを通過させるフィルターを用い，通過した波形の最大振幅などを分析結果とする手法である（JIS C 1513）．1/3 オクターブバンド幅の中央である中心周波数と，遮断周波数の低域および高域を付表 2.1.2 に示す．地盤環境振動調査では，通常この 20 種の分析値を用いて評価する．

付図 2.1.4 の加速度波形に対して 1/3 オクターブバンド周波数分析を行なった例を付図 2.1.5(b)に示す．1/3 オクターブバンド周波数分析は，周波数の分解能が FFT に比較して低いものの，サンプリング周波数やデータの長さによらず安定した評価値が得られるため，学協会などの規準や指針の評価方法としてよく用いられている．

④ 性能評価の検討

振動規制法に則って振動レベルを評価するためには，付録Ⅱ．3・付録Ⅱ．4 に示すような振動レベルの時間変動の状態に応じた統計処理が必要となる．ただし，頻度は少ないが検討を要する大きな振動が計測された場合などは，測定された振動レベルの最大値を用いて評価するなど，状況に応じた判断が必要になる．

付録Ⅱ．3 に示すように本会「建築物の振動に関する居住性能評価指針・同解説」[付2.1.3]や ISO

付表 2.1.2 1/3 オクターブバンド周波数分析の中心周波数と遮断周波数[付2.1.1]

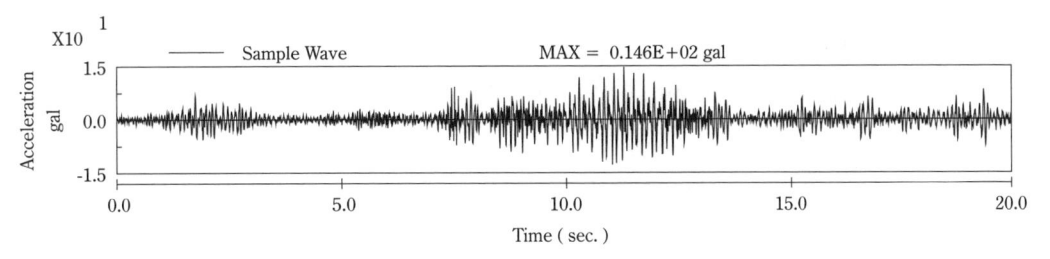

中心周波数		1	1.25	1.6	2	2.5	3.15	4	5	6.3	8
遮断周波数	低域	0.9	1.12	1.4	1.8	2.24	2.8	3.55	4.5	5.6	7.1
	高域	1.12	1.4	1.8	2.24	2.8	3.55	4.5	5.6	7.1	9
中心周波数		10	12.5	16	20	25	31.5	40	50	63	80
遮断周波数	低域	9	11.2	14	18	22.4	28	35.5	45	56	71
	高域	11.2	14	18	22.4	28	35.5	45	56	71	90

付図 2.1.4 周波数分析のための加速度波形の例

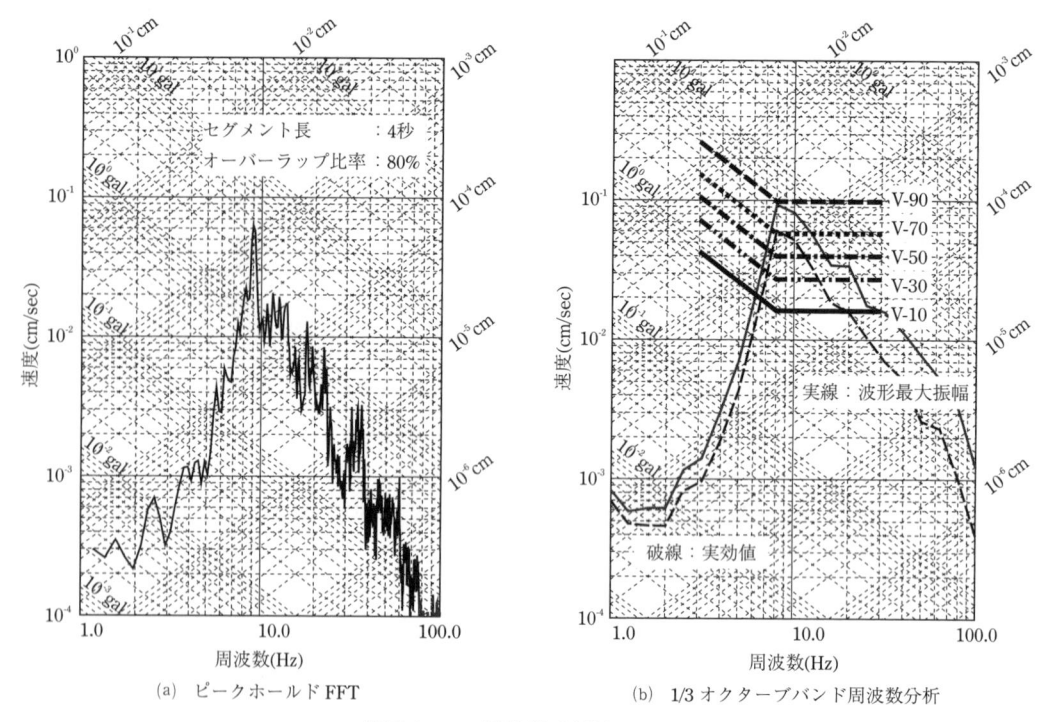

付図 2.1.5　周波数分析結果の例

2631/2（全身振動暴露評価指針）[付2.1.4]では，居室の床レベルでの環境振動の性能評価を判断する指標が示されているが，地盤環境振動調査によって得られる値は，建築物が建設される前の地盤上で測定されたものであるため，建築物の振動特性（振動の増幅や減衰）を考慮して居室の床レベルでの振動を予測する必要がある．建築物内の振動の増幅・減衰とその予測方法には以下が考えられる．

a．建築物の固有振動数付近における振動の増幅．たとえば，建物の固有振動数と減衰定数から予測する[付2.1.2]．

b．床スラブや梁の固有振動数付近における振動の増幅．たとえば，床スラブや梁の固有振動数と減衰定数から予測する[付2.1.5]．

c．建築物の基礎や杭の入力損失による振動の減衰．たとえば，基礎の入力損失係数から予測する[付2.1.5]．

d．建築物の伝播経路における材料減衰．

　これらを考慮して周波数分析結果を修正することにより，要求性能の達成度を判定することができる．具体的な方法は参考文献付 2.1.5)，付 2.1.6) 等を参照されたい．

　また，建物内の振動をより詳細に予測・検討する場合には，地盤上で測定した振動波形を用いて，有限要素法などの数値解析手法による応答シミュレーションを行うことを検討する．このとき，地盤の解析モデルの作成に際し，PS 検層の結果等を用いて地盤の速度構造を決定する．

(4)　地盤環境振動対策および竣工時調査

　以上の地盤環境振動調査により，振動による障害が発生する可能性が高いと判断された場合には，

以下に示すような基礎への防振対策を講じることを検討する．
　・地盤改良や増杭など，基礎地業の剛性を増加させる対策
　・基礎スラブの増厚など，基礎構造の剛性を増加させる対策
　ただし，地盤構造や卓越振動数によって対策の効果が大きく異なるため，数値解析による振動予測の結果や過去の実績などを勘案して防振効果を予測して最適な対策を選択する必要がある．なお，一般的な環境振動対策[付2.1.6],[付2.1.7]に関しては付録Ⅱ．4に示すので参照されたい．
　また，建築物の竣工後に建築物内の床上で本節に述べたものと同様の方法で振動調査を行い，上記の地盤環境振動対策の効果を確認する．
(5) 地盤環境振動調査の発注，委託
　地盤の環境振動測定や測定結果の評価・分析など地盤の環境振動調査を発注する場合には，本節(3)で示したような振動測定計画書を作成したうえで業者に測定内容を指示する．このとき，調査結果に不足が生じないように，調査の目的を明確にし，図面などの必要な情報を開示しておく必要がある．
　地盤環境振動調査報告書は，建築物の要求性能に見合った計画・設計・施工を実施するための重要な資料となるため，調査の内容が計画書および発注書に則ったものであること，調査結果および報告書の内容に不足がないことを確認する．報告書の項目と内容は，振動測定計画書で指示したものが基本であるが，加えて以下のことに注意する．
a．振動源の種類や位置が計画書と異なっていた場合や，障害物などの特殊な事情により測点の位置を変更した場合は，その理由と変更の内容が記されていること．
b．特殊な事情により計画時と異なる機器を用いた場合には，その理由と変更内容を示してあること．また，何らかの事情により計画時と異なる物理量で測定した場合には，その理由とデータの変換方式が記されていること．
c．測定結果は振動レベルの時刻歴波形や加速度波形などのグラフが示されており，同時に最大値などの数値を記されていること．また，測定時の状況について適宜説明を加えてあること．例えば，交通振動であれば測定時の交通量や通過車両の種類・速度，機械振動であれば機械の種類・稼動状況などについての説明など．
d．振動レベルの測定結果は，時間変動に応じた統計処理を行なった結果が明示されていること．規制値が明らかになっている場合は，処理結果が規制を満足しているかどうかの評価が示されていること．周波数分析結果は，分析方法と各種パラメータが明示されており，分析結果を評価曲線とともにグラフ化し，評価結果を説明していること．
　付表2.1.3に地盤環境振動調査の発注・委託内容を示す．

付表 2.1.3　地盤環境振動調査（振動測定調査）業務の発注・委託内容

委託内容	調査の仕様
共通事項	調査件名・調査目的・調査日時・調査場所・調査担当者・測点数と配置・測定方法と測定項目・使用測定機器・報告書の内容・測定データの保存媒体など
振動レベル調査	統計処理の方法など
振動波形調査 周波数分析調査	記録する物理量（加速度・速度）・振動数範囲・デジタルの場合サンプリング周波数・周波数分析の方法など

参 考 文 献

付 2.1.1)　江島　淳：地盤振動と対策－基礎・法令から交通・建設振動まで－，集文社
付 2.1.2)　日本建築学会：環境振動・固体音の測定技術マニュアル，オーム社
付 2.1.3)　日本建築学会：建築物の振動に関する居住性能評価指針・同解説，2004
付 2.1.4)　日本建築学会：居住性能に関する環境振動評価の現状と規準，2000
付 2.1.5)　日本建築学会：建築物の減衰，2000
付 2.1.6)　櫛田　裕：環境振動工学入門－建築構造と環境振動－，理工図書
付 2.1.7)　日本騒音制御工学会編：地域の環境振動，技報堂出版

付録Ⅱ．2　地盤環境振動調査例

付 2.2.1　高速道路の高架橋脇に建設される集合住宅

(1)　調査計画概要

付図 2.2.1 に示すように都市部の高速道路の高架橋（RC 製 T 型橋脚，鋼製桁）沿いの敷地（間口 8m，奥行約 22m）に，S 造 2 階建ての集合住宅（間口 6m 奥行 17m）を新築する計画である．高架橋下には片側 3 車線の幹線道路があり，幹線道路・高速道路ともに交通量は多い．計画の際に交通振動による建築物の揺れが懸念されたため，幹線道路あるいは高速道路（高架橋）を振動源とする地盤環境振動（交通振動）の調査を実施することとなった．

(2)　事前検討

①　事前検討の計画

事前検討として，当該建築物の計画の際に実施した地盤調査結果および高架橋の基礎形式の調査を行なう．さらに，現地踏査において振動レベル計による簡易的な計測を計画し，本調査の必要性を判断することとした．

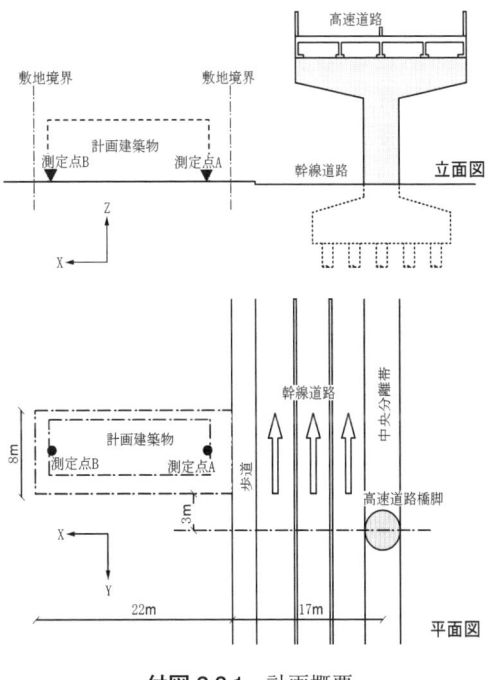

付図 2.2.1　計画概要

②　事前検討結果

標準貫入試験結果によると，当該地盤はローム層および粘土層が 7m 続き，その下に N 値が 50 以上の砂層となっていた（付図 2.2.2）．なお，地盤調査は標準貫入試験のみで速度検層は行っていなかった．また，高速道路の基礎形式は GL−7m 以下の層で支持する杭基礎であった．

GL−7m 以浅のローム層と表層の粘土層の N 値より V_s を換算したところ，V_s =155〜190m/s となった．また，表層地盤の固有振動数 f は，深さ 7m では f =5〜7Hz 程度になると推定された．

次に，平日の 16 時〜17 時にかけて現地踏査を行った結果，騒音は気になるものの敷地内では特に振動を感じることは無かった．また，付図 2.2.1 に示す敷地の道路際における 10 分間の振動レベル計測を実施したところ，瞬間値で 50dB を超える振動が頻繁に発生していることが確認された．これらの事前検討結果より，以下に示す振動測定調査を実施することとなった．

(3)　振動測定調査計画

①　調査方法および検討項目

加速度の振動波形測定と測定データの周波数分析によって以下の項目を検討する．

・振動発生源の特定

- 地盤環境振動の大きさ
- 卓越振動数
- 時間帯による違い

② 振動波形（加速度）の測定計画

付表2.2.1に示すように，敷地および建築物は道路と直交する奥行方向が長いので，測定ポイントを付図2.2.1に示す道路際A点と反対側B点の2か所とし，9時から翌日6時まで3時間おきに合計8回，それぞれ10分間の計測（サンプリング周波数100Hz）を行う．また，振動発生源を特定するために，幹線道路が見え高速道路の車両通過音が聞こえる場所に収録装置を設置し，振動波形をモニタで確認しながら測定することとした．

③ 周波数分析

付表2.2.1に示すように，卓越振動数を評価するためFFTによる周波数分析および1/3オクターブバンド周波数分析を実施し，「建築物の振動に関する居住性能評価指針[付2.2.1]」によって，居住性能を評価することとした．

(4) 振動測定調査結果および対策方法の検討

① 卓越振動数および振動発生源，時間帯による違いについて

FFTによる周波数分析結果では，いずれの時間帯でも，XYZの各方向（付図2.2.3）ともに2.6Hzが卓越していた．また，測定時の観察によると，高速道路を大型車両が通過したときに地盤環境振動も大きくなっていることが確認された．事前調査によると，地盤の卓越振動数は5〜7Hzなので，FFT周波数分析による卓越振動数は，高速道路の橋脚もしくは橋桁の固有振動数によるものと判断された．時間帯別では，交通量が少なく走行速度の上がる夜半〜早朝の振動が大きかった．

付表2.2.1 測定・分析項目

振動測定		
	測定箇所	A点，B点の2か所同時測定
	測定成分	加速度波形
	測定方向	両測点ともXYZ3方向（合計6ch）
	測定時間	9・12・15・18・21・24・3・6時の8回，それぞれ10分間
	交通状況観察	上記測定時刻に同時に交通状況メモ
	使用機器	サーボ型加速度計，収録装置
データ分析		
	サンプリング	100Hz（0.01秒刻み）
	分析	・FFTによる周波数分析 　（卓越振動数把握） ・1/3オクターブバンド分析（0-P値） 　（居住性能評価）

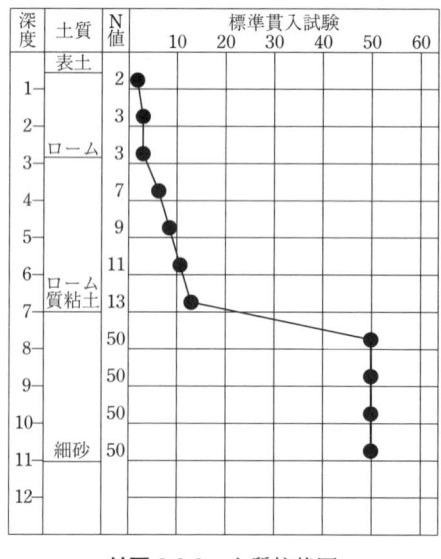

付図2.2.2 土質柱状図

② 居住性能の評価について

付図 2.2.3 に，測定点 A における全時間帯の 1/3 オクターブバンド周波数分析による各帯域での加速度の最大値と文献付 2.2.1) による知覚確率曲線（太線）を示した．

分析結果によると，FFT 周波数分析結果の卓越振動数である 2.6Hz を含む 2.5Hz 帯が卓越していた．卓越値は，知覚確率 10％を意味する H‑10 および V‑10（鉛直方向は，3Hz における知覚曲線値で評価した参考値）を若干下回る程度であるが，建築物で振動が増幅した場合には多くの人が体感する振動になることが推測された．また，建築物の構造形式（S 造 2 階建）を考慮すると，水平応答の固有振動数が同様な周波数帯となる可能性があることから水平振動が問題になる可能性が高いことも予想された．

③ 振動対策としての基礎構造の変更

基本計画時の基礎形式は布基礎であったが，振動調査結果を参考にして，地盤の鉛直剛性増大のため砂層（GL－7m）までの深層混合処理工法による地盤改良を実施，さらに入力損失効果を期待して厚さ $t=300$mm のべた基礎を採用することとした．

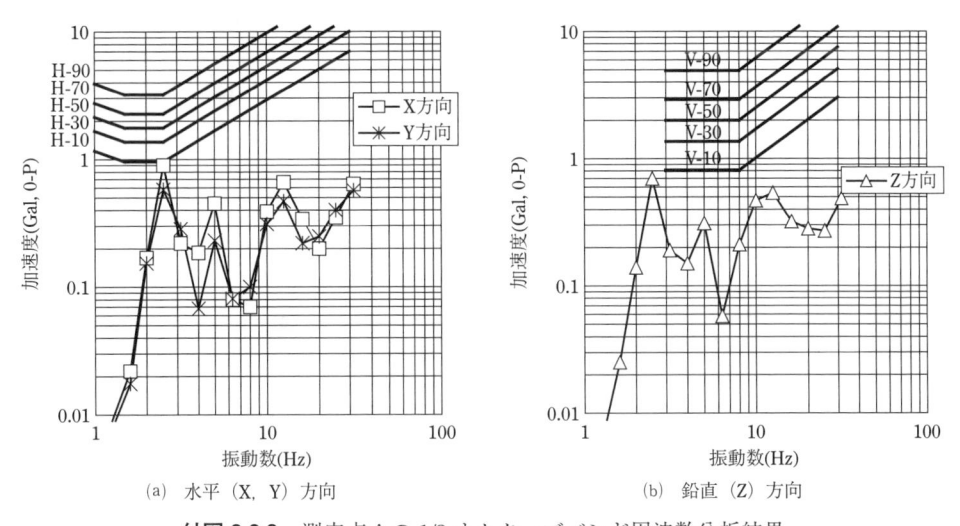

(a) 水平 (X, Y) 方向　　(b) 鉛直 (Z) 方向

付図 2.2.3 測定点 A の 1/3 オクターブバンド周波数分析結果

付 2.2.2 一般公道に面する敷地に建設される精密測定機器を有する研究施設

(1) 調査計画概要

建築計画は付図 2.2.4 に示すように，一般公道に面する敷地に平面寸法 40m×18m の S 造 3 階建ての研究施設を新築されるが，1 階には振動を嫌う精密測定機器が設置される．1 階床は土間コンクリートで，精密測定機器の設置予定場所と公道との距離が 10m と短いため車両通過時の振動が懸念された．設置予定の精密測定機器は，平面寸法 4m×4m の基礎上に設置することが設計条件となっており，精密測定機器メーカーから付図 2.2.5 に示す 1/3 オクターブバンド周波数ごとの振動許容値が提示されている．そこで，地盤環境振動調査を実施し基礎形式を決定することとした．

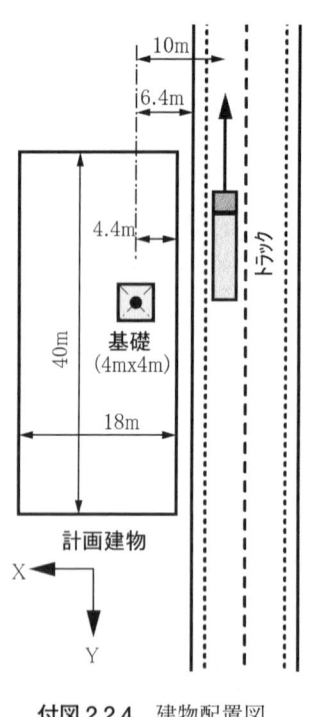

付図 2.2.4　建物配置図 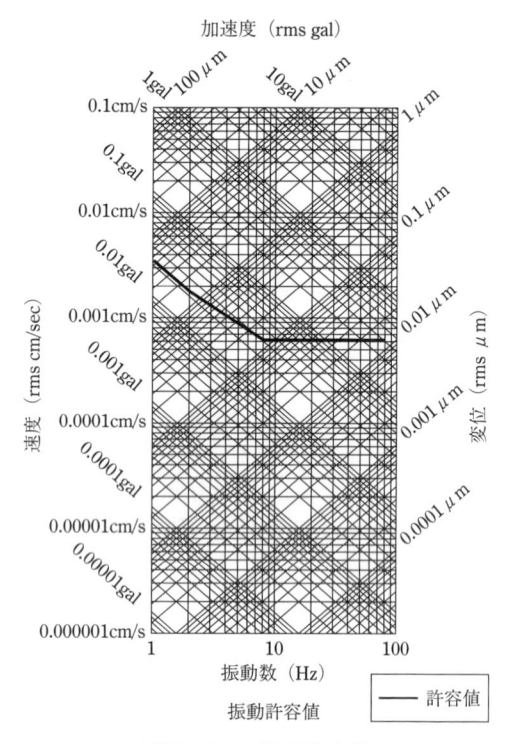　　　　　　　付図 2.2.5　振動許容値

(2) 事前検討のための地盤調査
① 地盤調査計画

　事前調査として現地踏査を行ったところ，前面道路の交通量は比較的少なく，通過車両も乗用車と小型トラックが主体であるが1時間に数台程度大型トラックが通過することがわかった．道路の路面状況は比較的平坦であるが予定地付近に継目があり，そこを大型車両が通過した際に振動が発生することがわかった．

　そこで，当初は地盤調査として標準貫入試験のみを実施する予定であったが，振動予測の精度を高めるためにPS検層および密度検層を追加することとした．

② 地盤調査結果

　標準貫入試験・PS検層・密度検層により得られた土質柱状図を付図2.2.6に示す．地盤は軟弱な粘土層（GL-8～-12m）の下方に若干締まった砂層（GL-16～-20m）がある．

(3) 振動測定調査計画
① 検討手順

　基礎形式を決定するため，1) 原地盤，2) GL-2.5mまでの直接基礎，3) ϕ600のPHC杭4本をGL-17mまで打設した杭基礎，の3ケースについて検討することとした．調査検討手順を以下に示す．

a．精密測定機器基礎設置位置において地盤振動波形（加速度）を測定する．
b．原地盤および二つの基礎形式について，道路位置に単位加振力を作用させた時の基礎上の応答

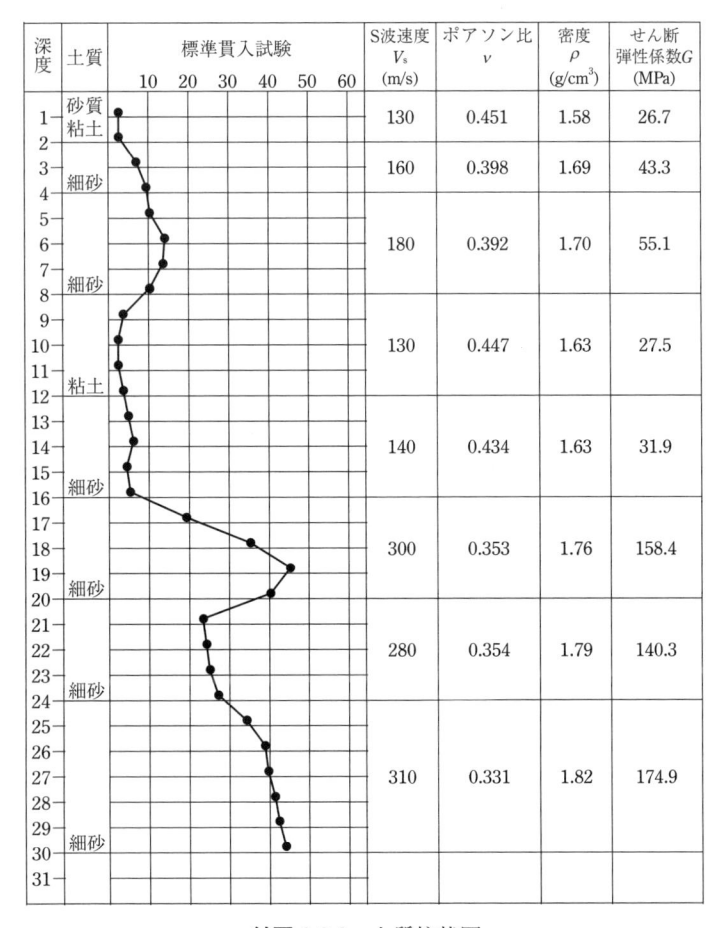

深度	土質	標準貫入試験 10 20 30 40 50 60	S波速度 V_s (m/s)	ポアソン比 ν	密度 ρ (g/cm³)	せん断弾性係数 G (MPa)
1-2	砂質粘土		130	0.451	1.58	26.7
3-4	細砂		160	0.398	1.69	43.3
5-8	細砂		180	0.392	1.70	55.1
9-12	粘土		130	0.447	1.63	27.5
13-16	細砂		140	0.434	1.63	31.9
17-20	細砂		300	0.353	1.76	158.4
21-24	細砂		280	0.354	1.79	140.3
25-30	細砂		310	0.331	1.82	174.9

付図 2.2.6　土質柱状図

を 2 次元 FEM による応答解析で予測する．
c．直接基礎案と杭基礎案についてそれぞれ原地盤に対しての振動低減効果を求め，それに現状の地盤振動を乗ずることにより基礎振動を予測する．
d．設置予定の精密機器の振動許容値を満足する基礎形状を選定する．
② 振動波形（加速度）の測定計画および周波数分析の方法

振動波形（加速度）の測定は当該機器の基礎位置の地表 1 か所とし，周辺の交通状況を同時にモニタしながら行う．測定に使用する機器は，低域振動や微小振動の測定に適したサーボ型加速度計とし，サンプリング周波数 256Hz ≒ 0.0039 秒刻みでデータを収録する．大型トラックが両車線をそれぞれ 4 台通過するまでデータを記録し，その後 1/3 オクターブバンド周波数分析を行なう．
③ 振動予測の方法

地盤環境振動による振動予測は，2 次元 FEM モデルを用いて，道路から基礎への伝搬方向である X 方向と上下 Z 方向について行う．地盤定数は付図 2.2.6 に示した値を用いる．地盤の減衰定数は 5％とした．

解析は 1～100Hz の周波数応答解析とし，基礎中心から 10m 位置での地表面を加振点として，上

下方向加振力を作用させ，原地盤に対する直接基礎または杭基礎の応答比から適切な基礎形式を判断する．

(4) 調査結果および対策の検討

① 振動波形（加速度）の測定結果

大型トラックが通行した際の振動測定結果の最大値を付図2.2.7に示す．X方向とZ方向振動が大きく，X方向は10Hz・20Hzが卓越し，Z方向は4Hz・10Hz・31.5Hzが卓越している．図には精密測定機器の許容値を示しているが，X・Z方向では10Hz以上で許容値よりもかなり大きくなっていることが確認された．

② 振動予測の解析結果

直接基礎の場合と杭基礎の場合の周波数応答性状の計算結果を付図2.2.8に示す．直接基礎では9Hz以上で振動低減効果が見られるがそれ以下の低い振動数での低減効果は少なく，杭基礎では2Hz前後の振動数から低減効果が見られた．

振動許容値との比較では直接基礎では許容値を超える振動数があるが，杭基礎ではどの振動数でも振動許容値以下という結果になった．

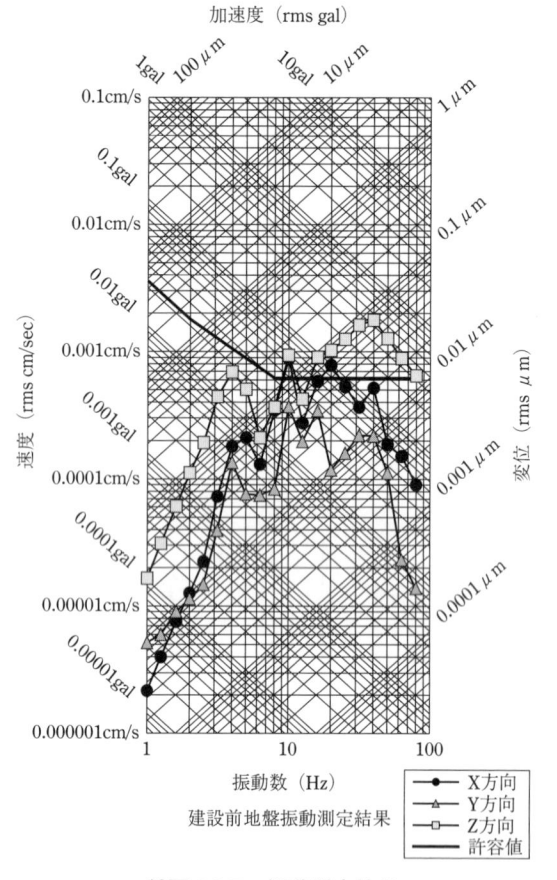

付図2.2.7 振動測定結果

③ 調査結果を考慮した精密測定機器基礎およびその他の設備機器の設計について

地盤環境振動調査の結果，最も大きな振動低減効果が期待される杭基礎案を採用することとした．ただし，杭基礎案でも精密測定機器の振動許容値に対する余裕度が小さいと判断されたので，精密測定機器の設置位置を道路より20mの位置とし，加振源である道路からの距離を大きくして余裕度の拡大を図った．また，予測結果を検証するため精密測定機器基礎の完成時に今回と同様の振動測定を行うこととした．さらに，建築物内や周辺施設にある設備機器等が発生する微小振動が悪影響を及ぼすことのないように設備機器・配管・ダクト類の防振を徹底することとした．

参 考 文 献

付2.2.1) 日本建築学会：建築物の振動に関する居住性能評価指針同解説，2004

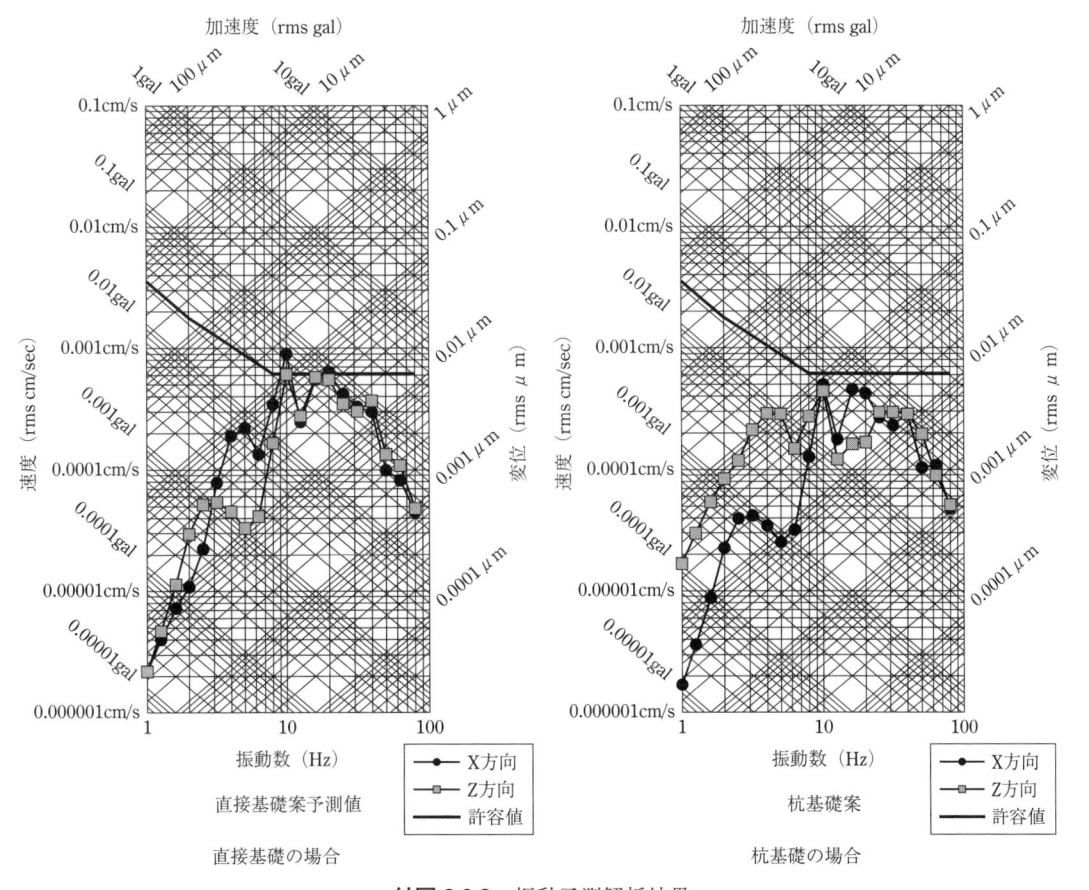

付図 2.2.8　振動予測解析結果

付録Ⅱ．3　環境振動問題に関わる法律および諸基準

(1) 環境振動関係各種規制法の概要

　振動は各種環境問題の中でも騒音と並んで日常生活に関係の深い問題であり，付図2.3.1に示すようにこれらの環境問題に対する法律的な規制基準としては，環境基本法を頂点とし，その実施法として位置づけられる振動規制法がある．環境基本法は環境政策の基本的方向を示した法律であり環境保全のための各種の規定を定めているが，騒音と異なり振動に関わる環境基準は定められていない．これは，環境基本法第16条で環境基準を定められているのが大気の汚染・水質の汚濁・土壌の汚染・騒音であり，振動には触れられていないことによる[付2.3.1]．

　環境振動問題に対する具体的な法的規制としての振動規制法は，1）工場・事業所振動について必要な規制を行うこと，2）建設作業振動について必要な規制を行うこと，3）道路交通振動に係る要請の措置を定めること，を3本柱としており，それにより生活環境を保全し国民の健康の保護に資することを目的として昭和51年に制定された．このため都道府県知事（政令都市にあってはその長に委任）が振動を防止することにより住民の生活環境を保全する必要があると認められる地域を指定し，この指定地域内において発生する振動について規制を行っている．また，市町村長は指定地域について振動の大きさを測定し，1）は金属加工機械などの政令で定める著しい振動を発生する施設（「特定施設」という．）を設置している工場・事業所（「特定工場」という．）の事業活動に伴う振動について，2）は杭打ち機等の政令で定める著しい振動を発生する建設作業振動（「特定建設作業」という．）にともなう振動について，規制基準の設定や改善勧告・改善命令を出すことができる．3）は環境省令で道路交通振動に係る要請の限度が定められている．また，市町村長は道路交通振動がその限度を超えていることにより道路周辺の生活環境が著しく損なわれていると認められる時は，道路管理者に対しては振動防止の観点から道路改善などの要請を，都道府県公安委員会に対しては交通規制等の要請できる[付2.3.2]．新幹線鉄道振動については振動規制法では定め

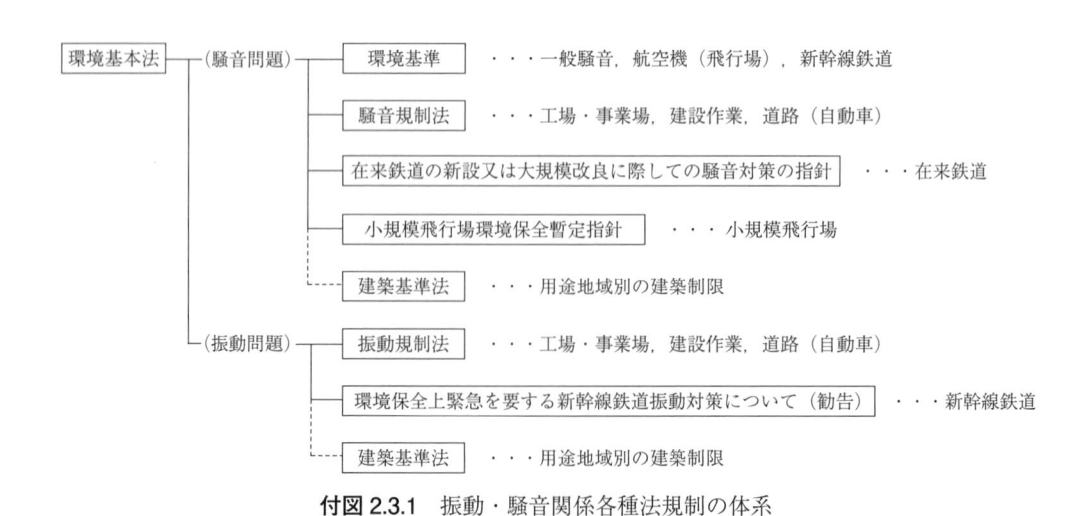

付図 2.3.1　振動・騒音関係各種法規制の体系

られていないものの，昭和51年に環境庁長官から運輸大臣に対して「環境保全上緊急を要する新幹線鉄道振動対策について」の勧告が出されている．なお，振動規制法では在来鉄道振動や地下鉄振動および建物内振動に関しては対象としておらず，これらの振動には法的な基準値はない．

以下に振動規制法等の概要を説明する．

① 振動規制法における振動評価[付2.3.3],[付2.3.4]

振動規制法の特定工場および特定建設作業に関する基準，道路交通振動に関する限度において評価の対象とする振動は，検定済み（検定有効期間6年以内）の振動レベル計を用いて測定し，その振動量の評価および規制は振動源の敷地境界における鉛直方向の振動レベルのみで行う．（水平方向の振動の規制基準値は特に定められていない．）振動レベル（L_v）は，振動加速度レベル（L_{va}）に人体感覚補正をしたものであり，単位は計量法に定められているデシベル（dB）を用いる．日本工業規格 JIS C 1510 では X 方向・Y 方向（水平）・Z 方向（鉛直）の3方向について振動レベルが規定されており，具体的には，$L_v = 20 \cdot \log(a/a_0)$（$a_0$：基準加速度 = 10^{-5}m/s²，a：振動感覚補正を行った振動加速度 = $(\Sigma a_n^2 \cdot 10^{(C_n/10)})^{1/2}$，$a_n$：周波数 n（Hz）における加速度（m/s²），C_n：周波数 n における補正値）と定義される．ここで人体の感覚影響が入っていない振動加速度レベルに対する各周波数 n における補正値は，1Hz → −6dB，2Hz → −3dB，4Hz → 0dB，8Hz → −0.9dB，16Hz → −6dB，31.5Hz → −12dB，63Hz → −18dB となる．なお，$C_n = 0$ の場合（a に感覚補正を行わない場合）が振動加速度レベルに相当する．振動レベルの決定は，特定工場および特定建設作業振動に関しては，測定器の指示値が変動しないか変動が少ない場合はその指示値・測定器の指示値が周期的または間欠的に変動する場合はその変動ごとの指示値の最大値の平均値・測定器の指示値が不規則かつ大幅に変動する場合は5秒間隔または100個またはこれに準じた間隔と個数の測定値の80％レンジの上端値とされている．道路交通振動に関しては，当該道路交通振動の状況を代表すると認められる1日において昼間および夜間の区分ごとに1時間あたり1回以上の測定を4時間以上行い，5秒間隔または100個またはこれに準ずる間隔と個数の測定値の80％レンジの上端値を昼間および夜間の区分ごとにすべてについて平均した数値とされている．

工場振動・建設作業振動・道路交通振動について，それぞれの振動発生形態の特性・地域性・時間帯・家屋内による振動増幅量（振動規制法制定時には5dB程度とされた）を勘案して，敷地境界における付表2.3.1[付2.3.5]に示す基準値が設定されている．この表に示す規制基準値や規制時間帯はこの表に示す範囲内で都道府県知事や指定都市および中核市の長が設定可能である．また，時間の区分（昼間：午前5時～午後10時，夜間：午後7時～午前8時）および区域の区分（第1種・第2種）は特定工場振動と道路交通振動で同じであり，第1種区域は居住などの閑静な環境区域を，第2種区域は商業・工業区域などが該当する．特定建設作業振動に関する区域については制限を受ける作業時間によって第1号区域（午前7時～午後7時）と第2号区域（午前6時～午後10時）に区分されており，第1号区域は住居が集合しており静穏の保持を必要とする区域や病院または学校の周辺の地域などが該当し，第2号区域は指定地域のうち第1号区域以外の区域が該当する．なお，特定建設作業に関しては「日曜その他の休日に行われないこと」「連続6日を超えて行われないこと」などの実施上の制限がある．

付表 2.3.1　振動規制法における規制基準値（要請限度）と規制時間帯

振動源	特定工場振動		特定建設作業振動		道路交通振動	
区域の区分／時間の区分	第1種区域	第2種区域	第1号区域	第2号区域	第1種区域	第2種区域
0:00〜4:00	夜間 55dB 以上 60dB 以下	夜間 60dB 以上 65dB 以下	夜間 作業禁止 時間帯	夜間 作業禁止 時間帯	夜間 60dB	夜間 65dB
5:00〜7:00						
8:00〜11:00						
12:00〜14:00	夜間 60db 以上 65dB 以下	夜間 65db 以上 70dB 以下	75dB 以下 かつ 1日最大作業時間 10 時間以下	75dB 以下 かつ 1日最大作業時間 14 時間以下	昼間 65dB	昼間 70dB
15:00〜18:00						
19:00〜21:00			夜間 作業禁止 時間帯			
22:00〜23:00	夜間 55dB 以上 60dB 以下	夜間 60dB 以上 65dB 以下		夜間作業 禁止時間	夜間 60dB	夜間 65dB

② 環境保全上緊急を要する新幹線鉄道振動対策についての勧告における振動評価

新幹線鉄道振動については振動規制法では定められていないものの，昭和51年に環境庁長官から運輸大臣に対して「環境保全上緊急を要する新幹線鉄道振動対策について」の勧告が出されており，測定方法および評価法とともに対策指針値（70dB）が示されている[付2.3.6]．新幹線鉄道振動の振動レベルが70dBを超える地域については緊急に振動源および障害防止対策を講ずることが定められている．この場合の振動レベルの決定は，上り下りの列車を合わせて原則として連続して通過する20本の列車について通過列車ごとの振動の最大振動レベルを読み取り，そのうちの大きさが

上位半数のものを算術平均して行うことになっている.測定時期は列車速度が通常時より低いと認められる時期を避けて選定するものとされている[付2.3.7].

(2) 振動規制法による法的規制の現状と問題点

① 振動規制法と環境振動に対する社会的状況の変化

振動規制法は昭和51年に施行され今日に至っている.施行時は高度成長期における住工混在などがもたらす環境振動問題の低減に大きく寄与した.しかし,現在では施行時と比較し環境振動を取巻く社会的状況がかなり変化しており,都市の過密化・市街地化の拡大・幹線道路および鉄道路線の発展などにより身近に振動源が増大し,環境振動問題の拡大が懸念されている.また,建築空間における快適性の向上が求められ,環境問題への関心が高まっている現状を鑑みると居住者の振動に対する態度は厳しくなってきていると考えられる[付2.3.2),付2.3.8].

② 振動規制法による規制基準と環境振動問題の現状

振動を感知するのは大半が建物内であるが,振動規制法で定められているのは振動を発生する敷地境界での値であり実際の建物内での振動状況を保障するものではない.これは振動源から建物までの振動の伝播性状が異なるだけでなく,個々の建物の応答性状の相違・居住者の生活様式の相違などさまざまな要因により振動源を対象とする建物内の規制基準を一律に決定することができないためである.このような状況の下に規制基準制定時,振動源側の敷地境界を評価場所としたものと考えられる.また振動規制法では鉛直方向振動だけを規制の対象としており,水平方向振動は規制を受けていない.その根拠は規制基準制定時の科学的知見に基づくものであり,一般に地盤表面では鉛直方向振動の方が水平方向振動よりも大きいものが多く,また環境問題の対象となる振動の周波数帯域では人体が鉛直方向振動をより強く感じるとされていたためである[付2.3.9].しかし,環境振動問題が生じている振動源によっては,敷地境界での地盤振動が建物に伝播した際に水平振動が必ずしも小さくはならない.鉛直方向の加振力が優勢な振動源であっても地盤には水平方向の振動が必ず生じ,建物に伝播した後増幅して水平振動をひきおこす[付2.3.10].場合によっては地盤の水平方向振動の卓越振動数と建物固有振動数が近いことにより,共振現象を励起して水平方向振動が問題になる場合もある.これらの要因により敷地境界での鉛直方向振動測定値が規制基準値以下であっても受振側の建物で有感振動問題が生じる事例が増加しつつある[付2.3.2].

(3) 環境振動問題に関わる法律や諸基準を勘案した環境振動評価

① 主な環境振動に関わる評価法

(2)で述べたように,振動規制法による現行の法的規制が遵守されてもすべての環境振動問題まで対応できないのが現状であり,地盤環境振動の実態を正確に把握するためには,法的規制で定められている鉛直1方向成分(Z)の振動レベルの大きさに加え,水平2成分(X・Y)も測定して振動を評価することが重要である.また,測定場所は敷地境界線上にとるのが原則であるが,地盤環境振動測定としては居住者の住居周辺の地盤振動までを測定対象とすることが望ましい.なお,国内における環境振動の評価法としては,振動源側の評価として既述の法的規制である「振動規制法」,受振建物側の評価として本会基準である「建築物の振動に関する居住性能評価指針・同解説」がある.この居住性能評価指針には,建築物の用途などに対応させた目標性能(推奨基準値)は規定し

ていない．したがって環境振動に対する目標性能の決定主体はあくまで建築主および設計者が原則であり，設計者は基準値として設定された仕様を一律に満足するように設計するのではなく，個々の建築主や居住者の要求に応じた設計条件を個別に設定し，目標性能を実現することが求められる．評価方法の詳細は居住性能評価指針を参照されたい．国際的には「ISO 2361/2：全身振動暴露評価指針」などがあるが，これを日本に取り入れる場合，日本独自の影響評価ガイドラインを考える必要がある[付2.3.11]．主な環境振動にこれらの評価法を対応させると付表2.3.2のようになる．

② 本会の居住性能評価指針と性能評価曲線の概要

本会では，1991年に刊行した「建築物の振動に関する居住性能評価指針・同解説[付2.3.12]」を2004年に改定[付2.3.13]し，人の動作・設備による鉛直振動，交通による鉛直・水平振動，風による水平振動に対し性能評価曲線を示している．地盤振動に関連するのは鉄道や自動車などの交通による振動であり，以下はこれについて簡単に解説する．

交通による鉛直振動と水平振動に関する性能評価曲線を付図2.3.2に示す．ここで，性能評価曲線V-x・H-xの数字xは知覚確率，すなわちx%の人が振動を感じることを表している．ただし，この確率はあくまでも人が振動を知覚する確率であり，振動を不快に感じる確率ではない．

設計者は性能評価曲線の中から目標性能を選択し，交通振動により最も大きくなると想定される床の加速度波形に対し1/3オクターブバンド周波数分析を行なって，その最大値が目標性能を満足するように建物を設計することになる．目標値の設定は，建物の用途や建築主の意向などを考慮し，設計者が判断するものとされており，特に推奨値や許容値などは示されていないが，用途別の性能

付表2.3.2 主な環境振動に関わる評価法

振動の種類	交通振動 道路交通振動 振動源側	交通振動 道路交通振動 受振建物側	交通振動 鉄道振動 振動源側	交通振動 鉄道振動 受振建物側	工場振動 振動源側	工場振動 受振建物側	建設作業振動 振動源側	建設作業振動 受振建物側
評価法	振動規制法 (1976)	居住性能評価指針 (2004)	各自治体条例[*1] および 新幹線振動勧告[*2] (1976)	居住性能評価指針 (2004)	振動規制法 (1976)	－	振動規制法 (1976)	－
評価量	振動レベル(dB)	加速度(cm/s^2)	振動レベル(dB)	加速度(cm/s^2)	振動レベル(dB)	－	振動レベル(dB)	－
評価方向	鉛直方向	鉛直方向・水平方向	鉛直方向	鉛直方向・水平方向	鉛直方向	－	鉛直方向	－
測定点	敷地境界	床[*3]	敷地境界	床[*3]	敷地境界	－	敷地境界	－
振動数範囲	鉛直：1～80(Hz)	水平：1～30(Hz) 鉛直：3～30(Hz)	鉛直：1～80(Hz)	水平：1～30(Hz) 鉛直：3～30(Hz)	鉛直：1～80(Hz)	－	鉛直：1～80(Hz)	－
規制基準値 (要請限度)	夜間：60～65(dB) 昼間：65～70(dB)	規定していない (ユーザー判断)	新幹線：70(dB)	規定していない (ユーザー判断)	夜間：55～65(dB) 昼間：60～70(dB)	－	6:00～21:00間：75(dB) 上記時間帯以外 作業禁止	－

[注]
*1：鉄道振動に関しては，新幹線以外は法制化がされておらず各自治体条例や各路線の供給主体による技術的解決にまかされていることが多い．
*2：昭和51年環境庁勧告：環境保全上緊急を要する新幹線鉄道振動対策について．
*3：「居住性能評価指針」では，対象建築物の用途を住居あるいは事務所を基盤とするものとしている．

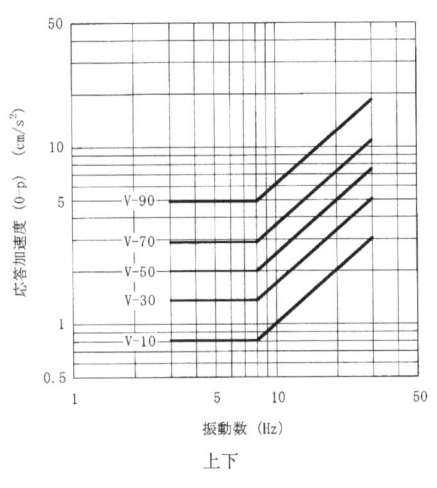

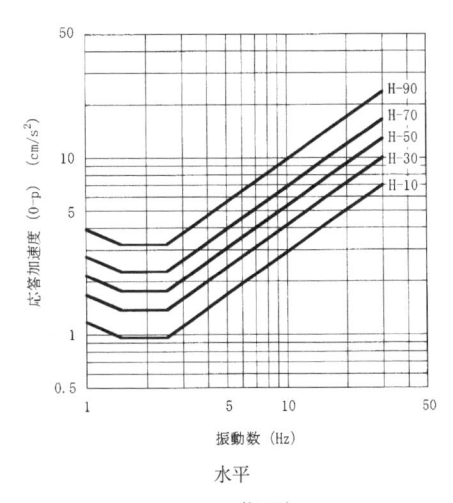

付図 2.3.2　交通振動に対する居住性能評価曲線（建築学会）[付2.3.13]

評価区分を示していた1991年の指針を参考にして，住居の場合 V-10～V-70 かつ H-10～H-70，事務所の場合 V-30～V-90 かつ H-30～H-90 の範囲で目標性能が選択されることが多い．

③　ISO2631/2（全身振動暴露評価指針）の概要

付図 2.3.3 に示すように ISO2631/2（全身振動暴露評価指針）[付2.3.14]では，苦情が発生しないとされる上下方向および水平方向の評価曲線の厳しいほうをとったものをコンバインド曲線と呼んで振動評価の基本曲線，これを定数倍したものを建物内の評価曲線とし，その倍率に対して床用途別（作業所・事務所・住宅・病院・精密作業）の振動許容値を付表 2.3.3 のように示している．

ここで，評価に用いるのは 1/3 オクターブバンド周波数分析の実効値であり，振動評価量が本会の指針とは異なることに注意する必要がある．ただし振動が正弦波とすると，ISO2631/2 の評価曲線 1・2・4・8 は本会の指針の評価曲線のそれぞれ V-10・V-30・V-70・V-90 とほぼ同じレベルになる．また，ISO2631/2 では 1～80Hz の範囲の振動を対象としており，30Hz までの振動を対象とする本会の指針よりも対象とする周波数範囲が高振動数側に広い．

④　微振動に対する振動評価[付2.3.15]

前項までは地盤環境振動を人体の感覚を意識した比較的大きな振幅領域の問題として扱ってき

付表 2.3.3　床用途別評価（基本曲線に対する倍率）[付2.3.14]

時間など　　　　区域	時間帯	連続振動および間歇的に繰り返す振動	衝撃振動
精密作業所を要する場所	昼間，夜間	1	1
住宅	昼間	2～4	30～90
	夜間	1.4	1.4～20
オフィス	昼間，夜間	4	60～128
作業所	昼間，夜間	8	90～128

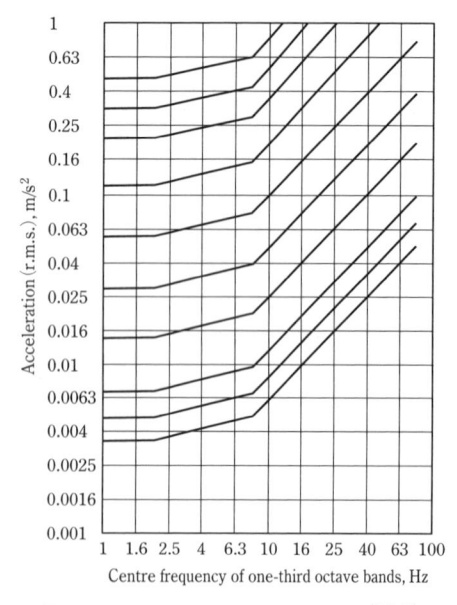

付図 2.3.3　ISO2631/2 の評価曲線[付2.3.14)]

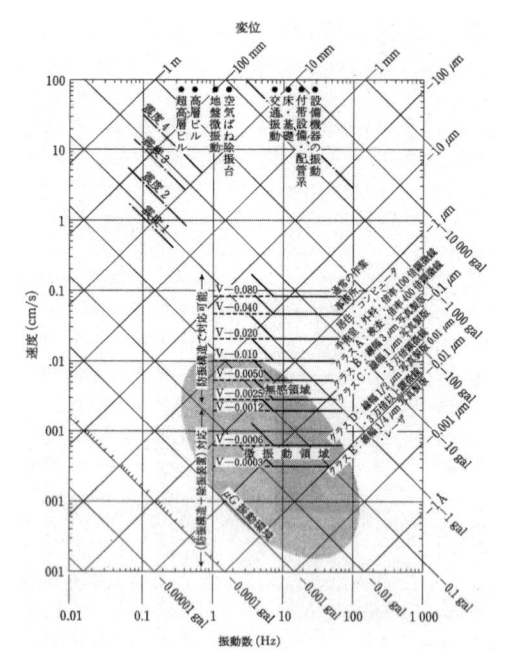

付図 2.3.4　精密機器の振動許容値[付2.3.16), 付2.3.17)]

た．これに対し精密機器に影響を与える振動は微振動と呼ばれ，人体に感知できず微振動計のみに感知される極めて小さい振動領域にある．半導体工場での集積回路製作工程や電子顕微鏡を使用する作業・レーザー光を用いた精密測定では振動により作業が妨害され生産性が低下することから，振動が極めて小さい環境が望まれ，防振計画・防振設計が必要である．実際の防振計画を立てる際には精密機器の振動許容値が必要であるが，建築主である精密機器メーカーから提示されない場合や最大変位や最大加速度だけ与えられることがあり，振動数に関する条件が付与されない限り許容値の情報としては不足している．防振設計を確実に経済的に行うためには，振動数と振幅の情報をスペクトルの形で示されることが望ましいが，精密機器はそれぞれ固有の振動特性を持ち，障害の発生する振動数領域や振幅は各機器によって異なりその許容値を提示するのは容易ではない．

　現在，許容値の目安は種々提案されており，代表例として E.E.Ungar[付2.3.17)] が示す付図 2.3.4 がある．この図は周波数領域ごとの変位（μm)・速度（cm/s)・加速度（cm/s^2：gal）を表示したもので，これらの 3 成分を同時に評価できるトリパタイト図である．この他にも許容値を提案しているものがあり，参考文献付 2.3.18)〜付 2.3.21) を参照されたい．

参 考 文 献

付 2.3.1)　産業管理協会：新・公害防止の技術と法規 2006，p.143，2006
付 2.3.2)　横島潤紀：居住者からの性能要求，第 18 回環境振動シンポジウム資料，pp.13〜18，2000
付 2.3.3)　日本建築学会：居住性能に関する環境振動評価の現状と規準，pp.164〜170，2000
付 2.3.4)　日本騒音制御工学会：地域の環境振動，pp.235〜238，技報堂出版，2001.3

付2.3.5) 高橋尚人：振動問題の現状と課題，第16回環境振動シンポジウム－環境振動における要求性能への対応－，日本建築学会，pp.31～34，1998.1
付2.3.6) 日本建築学会：環境振動・固体音の測定技術マニュアル，pp.187～188，オーム社，1999.3
付2.3.7) 中野明朋：環境振動，p.58，技術書院，1996.4
付2.3.8) 塩田正純：地盤振動公害と法制化，総合土木研究所，基礎工 Vol.30，No.1，pp.2～7，2002.1
付2.3.9) 日本建築学会・環境振動小委員会環境振動評価WG資料：環境振動評価の今後の課題，pp.41～45，2000.3
付2.3.10) 北村泰寿：環境振動の全般的な課題，日本騒音制御工学会・技術レポート第22号，pp.27～32，2000.4
付2.3.11) 前田節雄：ISOの現状と今後の対応，建築技術・No.685，pp.111～113，2004.11
付2.3.12) 日本建築学会：建築物の振動に関する居住性能評価指針・同解説，1991
付2.3.13) 日本建築学会：建築物の振動に関する居住性能評価指針・同解説，2004
付2.3.14) 日本建築学会：居住性能に関する環境振動評価の現状と規準，pp.156～159，2000
付2.3.15) 日本建築学会：居住性能に関する環境振動評価の現状と規準，pp.88～90，2000
付2.3.16) 櫛田　裕：環境振動工学入門，pp.151～153，理工図書，1997.1
付2.3.17) Ungar, E.E. et al : Vibration Control Design of High Technology Facilities, pp.20～26, Sound and Vibration, 1990
付2.3.18) 時田保夫監修：防振制御ハンドブック，pp.854～939，フジ・テクノシステム，1992
付2.3.19) 福原博篤：高精密室内における微振動の計測と評価，日本音響学会騒音研究会資料，N86-06-1，1986
付2.3.20) 大川平一郎，土屋秀雄，小林英雄，長瀧慶明：精密工場施設の振動予測および防振対策，日本建築学会大会学術講演梗概集，pp.9～10，1986
付2.3.21) 蔭山　満，寺村　彰，吉原醇一，武田寿一：精密加工工場の環境振動評価について，日本建築学会大会学術講演梗概集，pp.11～12，1986

付録Ⅱ．4　環境振動の予測と対策

(1) 環境振動の予測

　道路・鉄道・作業所などから生じた振動が地盤を伝播して当該建築物に入力し，その居住性や作業性に障害が発生する可能性がある場合や建築工事中に重機等が発する建設振動・建築物内の設備機器などが発する振動によって周辺の建築物に振動障害が発生する可能性がある場合には，事前に受信あるいは発生する振動を予測し，その対策について検討を行っておくことが望ましい．特に，当該建築物の竣工後に環境振動問題が発生した場合，解決が困難になることが多いので，事前の調査と検討が重要である．

　上記の振動問題のうち，自らが振動の発生源となる建設振動・工場振動・発破振動に関しては，振動規制法による規制対象となっており，地盤振動の予測式を用いて敷地境界位置での振動レベルの予測を行い，周辺で障害が発生しないように検討する．ただし振動規制法はあくまでも地盤上での振動レベルの基準値を定めたものであり，振動レベル以外の項目（1/3 オクターブバンド分析による振動数成分）や地盤と建築物の応答特性を考慮した環境振動評価については触れていないため，別の方法で予測する必要がある．

　地盤振動の伝播特性（減衰・卓越振動数など）は地盤構造により異なる．そのため対象地点の振動予測には発生源から対象地点までの地層構成・地盤密度・振動の伝播速度などの地盤調査結果が必要になる．振動の予測方法は，波動伝搬理論によるもの・経験式を用いるもの・数値解析によるものなどが挙げられる．波動伝搬理論は距離減衰・波の反射・透過・基礎の入力損失等を理論的に求める方法で，経験式は振動伝播理論を元にして，実験や実測による式を用いて振動を予測する方法，数値解析は地盤や構造物をモデル化して解析する方法である．

　これらの予測方法の概要を以下に示す．

(2) 地盤を伝わる環境振動のメカニズム

　地盤内を伝搬する振動（波動）は実体波と表面波に分けることができる．実体波は地中内部を進行する振動であり P 波（Primary Wave）と S 波（Secondary Wave）がある．前者は疎密波，後者はせん断波ともいう．表面波は地表面付近に現れる振動で上下に楕円を描くように振動しながら進行するレイリー波（Rayleigh Wave）と進行方向に対し水平直交方向に振動しながら進行するラブ波（Love Wave）がある．地盤環境振動問題では，振動源のごく近傍では実体波が主となるケースが多いが，振動源から少し離れた場所ではエネルギーが大きく距離減衰が小さいレイリー波が主となるケースが多い．これらの振動の模式図を付図 2.4.1 に示す．振動は振動源から遠ざかるにつれて減衰し小さくなっていくが，減衰は振動エネルギーから摩擦エネルギーへ変化されることによる内部減衰と，振動の広がりによって振動エネルギーが消散することによる逸散減衰（幾何減衰）とに分けられる．

　地盤を均質な弾性体であると仮定した場合，内部減衰と逸散減衰の両方を考慮した到達地点での振幅は（付 2.4.1）式のように与えられる（振幅の距離減衰式）．

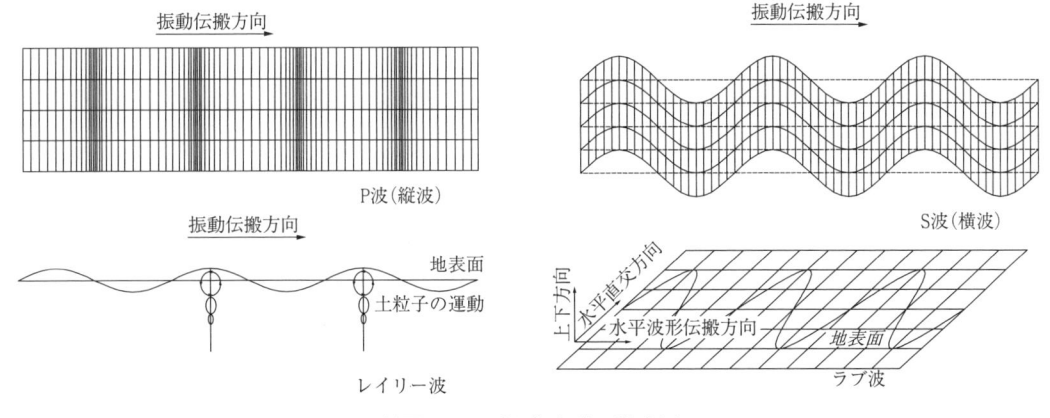

付図 2.4.1 振動波形の模式図

$$u = u_0 \cdot e^{-\alpha(r-r_0)} \cdot (r/r_0)^{-n}, \quad \alpha = 2\pi h f/V \qquad (付2.4.1)$$

ここで，u：振動源から距離 r の位置での加速度（あるいは速度，変位）の振幅
 u_0：振動源近傍の基準点での加速度（あるいは速度，変位）の振幅
 r：振動源からの距離（m）
 r_0：振動源から振動源近傍の基準点までの距離（m）
 h：土の内部減衰定数
 f：振動数（Hz）
 V：地盤の波動伝搬速度（m/s）
 n：実体波の場合 $=1$，表面波の場合 $=0.5$

（付 2.4.1）式の振幅は加速度・速度・変位のいずれにも適用できる．付図 2.4.2 は（付 2.4.1）式を r_0 で基準化して振幅比 (u/u_0) を求め，振動源からの距離 r との関係を示したものである．

地盤の波動伝搬速度 V は，卓越するのが実体波なのか表面波なのかを判断し，地盤の PS 検層結果あるいは N 値からの換算により決定する．内部減衰定数 h は 0.02〜0.05 程度とする．ただし，実際の地盤は複数の地層で構成されており，層の境界位置では波の反射や屈折が起きるため，地表面の波は単純に減衰せずに増減を繰り返しながら徐々に減衰することに注意が必要である．

地盤の固有振動数 f（Hz）は支持層と地表層で構成される単純な 2 層地盤の場合，下式で表される．

$$f = V/4H \qquad (付2.4.2)$$

ここで，V：地表層の地盤伝搬速度（m/s）

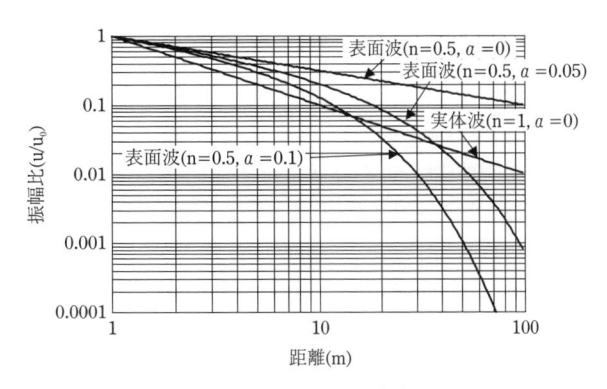

付図 2.4.2 距離減衰

H：地表層の層厚（m）

Vは表面波速度とせん断波速度V_sがほぼ同等であるとして，通常はV_sを用いる．V_sはPS検層結果を用いるかN値から推定する[付2.4.1]．ただし，N値とV_sの関係式は付録Ⅰ．3に示したように相関は必ずしも良いとは言えず，精度良く検討を行う必要がある場合はPS検層や密度検層を行うべきである．なお，軟弱地盤では地盤の卓越振動数は10Hz以下と比較的低くなる場合が多く，（付2.4.1）式からわかるように振動数が低いと距離減衰が小さくなるため，振動源から離れた位置でも地盤環境振動が問題になることもあるので注意が必要である．

地盤を伝搬してきた振動が建築物の基礎に入力すると，振動数によっては振幅が小さくなることがあり，これを入力損失という．剛体基礎の入力損失ηは，波長λ（$\lambda = V/f$）に対し基礎の平面寸法Lが大きいほど小さくなるという性質がある．

$$\eta = (\lambda/\pi L)\sin(\pi L/\lambda) \tag{付 2.4.3}$$

（付2.4.3）式で計算された入力損失値は，基礎が完全な剛体ではないため実際よりも小さな値となる場合が多いので余裕をもった設計にすべきである．また，杭基礎の場合は簡易式で求めることは難しいので数値解析によって求めることになる．

これに対し，建築物に入力した振動が共振現象により建築物の固有振動数付近で増幅することで，地表面では体感できなかった振動が建築物内で問題になることがある．そのなかでも特に多いのが，建築物全体の水平一次固有振動数によるものと，床スラブの上下の固有振動数によるものである．中小規模の建築物では，地盤の卓越振動数や振動源の振動数と，建築物の固有振動数が一致して問題となるケースがある．特に軟弱な地盤では地盤の固有周期が鉄骨造や木造の低層建築物の水平一次固有振動数と一致することがある．また，スラブの上下固有振動数は，構造やスパンによるが5Hz前後〜20Hz程度である．地盤環境振動が問題となりそうな地域に建築物を構築する場合は，地盤環境振動調査を行い，建築物の固有振動数を地盤の卓越振動数と一致させないようにするのが良い．ただし，建築物の固有振動数は構造部材以外の二次部材によっても変化するため，固有振動数を予測値と実測値とで完全に一致させるのは困難であり，調査結果を踏まえた十分な検討を行い，余裕のある設計を行うことが重要である．

(3) 振動レベルの予測（アセスメント）

道路交通振動・鉄道振動・建設振動などで実験や経験に基づいた地表面での振動レベルの予測式が提案されているが，ここでは道路交通振動・地下鉄振動・工場・建設振動の予測式を紹介する．

① 道路交通振動

道路交通振動では旧建設省土木研究所の提案式（「土研式」）[付2.4.2]に基づく（付2.4.4）式が良く用いられる．

$$\left. \begin{array}{l} L_{10} = L_{10}^* - \alpha_1 \\ L_{10}^* = a \cdot \log_{10}(\log_{10} Q^*) + b \cdot \log_{10} V + c \cdot \log_{10} M + d + \alpha_\sigma + \alpha_f + \alpha_s \end{array} \right\} \tag{付 2.4.4}$$

ここで，L_{10}：振動レベルの80％レンジの上限値の予測値（dB）

L^*_{10} ：基準点における振動レベルの 80％レンジの上限値の予測値（dB）

α_1 ：距離減衰値（dB）＝$\beta \varepsilon \log_{10}(r/5+1)/\log_{10}2$

　　　　β：定数，r：基準点から予測地点までの距離（m）

a, b, c, d：定数

Q^* ：500 秒間・1 車線あたり等価交通量（台/500秒/車線）＝$(500/3600)(1/M)(Q_1+K \cdot Q_2)$

　　　Q_1：小型車時間交通量（台/h），Q_2：大型車時間交通量（台/h），

　　　M：上下車線合計の車線数，K：大型車の小型車への換算係数

V ：平均走行速度（km/h）

$\alpha_\sigma \cdot \alpha_f \cdot \alpha_s$：路面の平坦性による補正値・道路構造による補正値・地盤周期による補正値

各定数および補正値は付表 2.4.1 による．

② 地下鉄振動

鉄道振動のうち地下鉄振動[付2.4.4]は，63Hz 付近の振動数での固体伝播音が問題になることが多い．

$$\left.\begin{array}{l}\text{複線箱型トンネル用}　　：L=K-20 \cdot \log_{10}(X/3)-24 \cdot \log_{10}(Y/40)+20 \cdot \log_{10}(Z/40) \\ \text{複線シールドトンネル用}：L=K-20 \cdot \log_{10}(X/15)-24 \cdot \log_{10}(Y/50)+20 \cdot \log_{10}(Z/40) \\ \text{単線シールドトンネル用}：L=K-20 \cdot \log_{10}(X/15)-24 \cdot \log_{10}(Y/20)+20 \cdot \log_{10}(Z/40)\end{array}\right\}　(付 2.4.5)$$

ここで，L：振動レベル（dB）

付表 2.4.1　道路交通振動予測式の各定数[付2.4.3]を元に作成

	平面道路 （高速道路併設を除く）	盛土道路	切土道路	堀割道路	高架道路に併設された平面道路	高架道路
換算係数 K	\multicolumn{6}{c}{$100<V \leq 140$km/h：14，$V \leq 100$km/h：13}						
定数 a	\multicolumn{6}{c}{47}						
定数 b	\multicolumn{6}{c}{12}						
定数 c	3.5	3.5	3.5	3.5	7.5	7.5
定数 d	27.3	27.3	27.3	21.4	1本橋脚：7.5 2本橋脚：8.1	1本橋脚：7.5 2本橋脚：8.1
補正値 α_σ	アスファルト舗装：$8.2\log_{10}\sigma$，コンクリート舗装：$19.4\log_{10}\sigma$				$1.9\log_{10}H_p$	$1.9\log_{10}H_p$
補正値 α_f	$f \geq 8$Hz：$-17.3\log_{10}f$，$f<8$Hz：$-9.2\log_{10}f-7.3$				$f \geq 8$Hz：$-6.3\log_{10}f$ $f<8$Hz：-5.7	$f \geq 8$Hz：$-6.3\log_{10}f$ $f<8$Hz：-5.7
補正値 α_s	0	$-1.4H-0.7$	$-0.7H-3.5$	$-4.1H+6.6$	0	0
定数 β （距離減衰値）	粘性地盤：$0.068L^*_{10}-2.0$ 砂地盤：$0.130L^*_{10}-3.9$	$0.081L^*_{10}-2.2$	$0.187L^*_{10}-5.8$	$0.035L^*_{10}-0.5$	$0.073L^*_{10}-2.3$	$0.073L^*_{10}-2.3$

［注］ σ：プロファイルメータによる路面凸凹の標準偏差（mm），H_p：伸縮継手部より ±5mm 範囲の最大高低差（mm），f：地盤卓越振動数（Hz），H：盛土高さまたは切土高さまたは堀割深さ（m）

付表 2.4.2　地下鉄振動予測式の K 値

	複線箱型	複線シールド	単線シールド
直結軌道	75	50	52
バラスト軌道	70	45	—
防振まくら木軌道	64	39	41
防振マット軌道	62	37	—

K：付表 2.4.2 に示す定数（dB），
X：トンネルからの距離（m）
Y：1m あたりのトンネル重量（t/m）
Z：列車速度（km/h）

③　工場・建設振動

　工場や建設時の振動は，距離減衰の理論式である（付 2.4.1）式の両辺を振動レベルとするため対数化した（付 2.4.6）式を用いることが多い．

$$L_\mathrm{v} = L_\mathrm{vr0} - 20 \cdot \log_{10}(r/r_0)^n - 8.68\alpha(r-r_0) \qquad (付 2.4.6)$$

ここで，L_v：振動レベル（dB）
　　　　L_vr0：基準点での振動レベル（dB），
　　　　r　：振動源から受振点までの距離（m）
　　　　r_0　：振動源から基準点までの距離（m），
　　　　n　：幾何減衰定数（実体波＝1，表面波＝0.5，複合波＝0.75），
　　　　α　：土質の減衰係数（$0.01 \leq \alpha \leq 0.04$）

(4)　数値解析による環境振動の予測

　前述の減衰式や予測式は，地表面での振幅や振動レベルを求めるができるが，地盤と建築物の相互作用を考慮した応答や，時刻歴波形や周波数領域での検討を行う場合などは，有限要素法・境界要素法・薄層要素法などの空間離散化モデルを用いた数値解析手法を用いて計算を行う．それぞれの具体的な手法および特徴の説明は省略するが，これらの方法を用いることにより詳細な予測が可能になる．解析の際には適切なモデル化と得られた結果を合理的に判断する能力が要求される．また，地盤の物性（変形係数・密度・ポアソン比など）や地層構成などを得るための地盤調査結果の精度が高くないと解析結果の信頼性が落ちる点も留意する．

(5)　地盤環境振動対策

　地盤を伝搬する環境振動の対策は付図 2.4.3 に示すようなものがあり，発振側（振動源側）対策・受振側対策・伝搬経路途中での対策の三つに分けられる．以下にそれぞれの特徴を述べる．

①　発振源側対策

　発振源側の対策は振動発生源，例えば生産機械・設備機器・道路において，基礎やその下の地盤に作用する加振力を抑えて周囲への振動を小さくするものである．具体的な方法としては，生産機

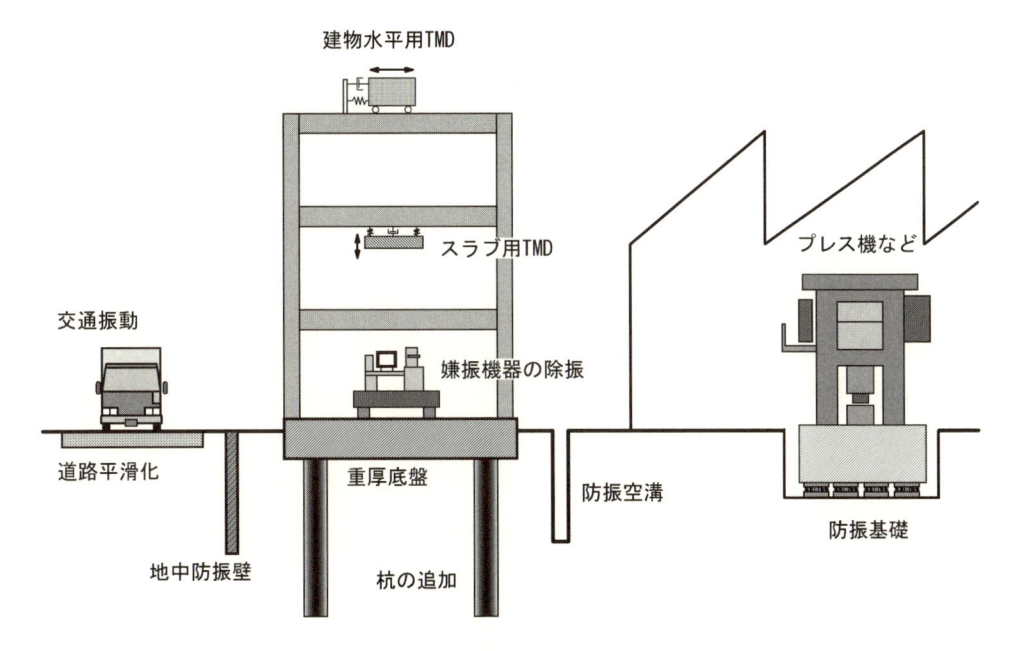

付図 2.4.3 地盤環境振動対策概要

械や設備機器であれば防振ゴム・金属ばね・空気ばねといった防振材料による防振が，道路であれば路面平滑化や速度制限があげられる．

防振工法は，機器の回転数より発生する振動の振動数 f に対し防振振動数 f_0 を $f_0 \leq 1/\sqrt{2}/f$ に設定することにより効果が得られ，f に対して f_0 を小さくするほど効果を高めることができる．一般的な各防振材料の防振振動数の下限値は防振ゴムで 5Hz 程度・金属ばねで数 Hz 程度・空気ばねで 1Hz 程度であるといわれている．防振工法の欠点としては，防振振動数 $f_0 \geq 1/\sqrt{2}/f$ になると逆に増幅するため発生源の機械の振動数が低い場合は効果が期待できないことが挙げられる．

道路交通振動対策としては路面の再舗装による平滑化や速度制限があり，公道では建築主側で実施することはできないが，工場などの敷地内の構内道路においてはこの方法が有効である．

② 受振側対策

床や嫌振機器等の受振側対策としては，基礎の入力損失の利用・制振装置・除振装置・構造体の剛性を上げて固有振動数を高くして共振を避ける方法，などが挙げられる．

基礎の入力損失については，剛体の直接基礎に関しては（付 2.4.3）式で予測が可能である．ただし，入力損失は基礎寸法と波長にもよるが，低振動数域では低減しにくく，基礎の剛性が低い場合には効果が落ちるといった性質がある．また，杭基礎は直接基礎に比べて低減効果が良くなる傾向にあるが，数値解析を用いた検討を行う必要がある．

制振装置のうち環境振動のような微小振動では，TMD（Tuned Mass Damper）がよく用いられる．これは，床や建築物の固有振動数に振動数を一致させたおもりを共振させることでエネルギーを吸収して振動を低減させる，という原理によるものである．TMD には床の上下振動に対応したものと建築物の水平振動に対応したものがある．また，コンピュータで制御するアクティブ型と制御を

行わないパッシブ型とがあり，アクティブ型のほうが効果は高いがコスト高である．また，TMDは共振による定常的な振動に対しては効果があるが，共振以外の強制加振によるものや非定常振動あるいは装置で設定した振動数以外の振動に対しては効果が低い．

除振装置は防振装置と似ているが，電子顕微鏡や半導体製造設備などの微振動対策として用いられるもので，防振装置と同様にパッシブ型とアクティブ型がある．両タイプとも低い振動数では効果が低く増幅する場合もある．

③ 伝搬経路途中での対策

地盤振動の伝搬経路途中に空溝（トレンチ）や連続地中壁を設け振動を遮断・減衰させる方法が，発振側・受振側で対策ができない場合の方法として採用されることがある．ただし，振動数が低く地盤振動の波長が長い場合は，空溝や地中壁を深く設けないと効果が得にくい点や，空溝や地中壁の近傍での効果は高いが，離れると回折波の影響により効果が低減する，といった欠点がある．また，一般にコストが高くなるので採用にあたっては費用対効果を検討する必要がある．

参 考 文 献

付2.4.1) 今井常雄，殿内啓司：N値とS波速度の関係およびその利用例，基礎工，pp.70-76，1982

付2.4.2) 成田信之，桂樹正隆：道路交通振動予測式，土木技術資料，Vol.20，No.6，1978

付2.4.3) 道路環境研究所：道路環境影響評価の技術手法，2000.11

付2.4.4) 風巻友治：地下鉄における防振工法，第1回環境振動シンポジウム，日本建築学会，1983

付録Ⅱ．5　土壌汚染調査

(1) 土壌汚染調査の流れ

　土壌汚染調査の流れを付図2.5.1に示す．土壌汚染調査は最初に対象地が過去に土壌汚染調査を実施しているかどうかを調べ，既存調査がない場合には資料等調査，土壌汚染状況調査（概況調査・絞込調査・深度方向調査），必要に応じて実施する汚染対策のための調査，を段階的に実施する．これは，各段階の調査計画（調査項目，調査位置等）が前段階の調査結果に基づいて設定する必要があるからである．

　資料等調査では，土壌汚染の可能性を評価するために資料調査・ヒアリング・現地踏査を行って汚染の経緯や背景を把握する．資料等調査の結果，土壌汚染のおそれがあると判断された場合には概況調査を実施する．

　概況調査では，資料等調査に基づき，土壌汚染の有無や平面的な汚染範囲を特定するために，調査項目・汚染の可能性の分類による調査区画・調査地点・試料採取方法や試験分析方法を計画し，表土の試験分析を行う．その結果，土壌に含まれる特定有害物質の濃度が指定基準に適合していない場合や土壌ガスが検出された場合には土壌汚染があると判断し，深度方向調査を実施する．なお，概況調査で汚染が確認された場合，汚染の平面範囲を特定するため調査地点をさらに密にした絞込調査を計画・実施する場合もある．

　深度方向調査では，土壌汚染の範囲を三次元的に特定するため深度方向の土壌試験分析を実施する．調査項目（対象物質）ごとに平面的な調査位置と試料の採取深度を設定して行うが，汚染が拡大しない適切な採取方法および試験分析方法を選択する必要がある．

　土壌汚染対策のための調査は，不溶化や化学的分解等の対策方法の適用性を調べるトリータビリティ試験を実施し，対策方法や対策効果の予測・周辺への影響などについて検討するために実施される．

　一方，土壌汚染調査が実施されている場合には内容・結果を精査し，例えば次のような場合には新たな調査や追加調査の実施を検討する必要がある．

・既存の調査が古い条例の下で実施されていて条例が改正されている．
・既存の調査が自主的に実施されたもので，法令や条例に基づく調査に対して調査項目が不足している，あるいは調査内容に不備がある．
・既存の調査後に新たな汚染が生じている可能性がある．

　土壌汚染調査計画における留意点を以下に示す．

・法令や条例に基づいた調査を実施する場合は，地方自治体と協議して計画を策定することが望ましい．
・条例等には地域の特徴があり，調査開始の要件や調査内容が土壌汚染対策法と異なっている場合があるので，自治体等の指導を受けながら調査計画を立案することが望ましい．

```
                          ┌─────────┐
                          │  START  │
                          └────┬────┘
                               │
                      ┌────────┴────────┐   あり    ┌──────────────┐
                      │  既存調査の有無  ├─────────→│ 内容・結果の精査 │
                      └────────┬────────┘           └──────┬───────┘
                               │なし                        │
                               │         あり      ┌────────┴────────┐
                               │←─────────────────┤  追加調査の必要性  │
                               │                   └────────┬────────┘
                               │                            │なし
                   ┌───────────┴───────────┐                │
                   │  資料等調査（1か月程度）  │                │
                   │  ①資料調査  ②ヒアリング  │                │
                   │  ③現地踏査  ④履歴年表の作成│               │
                   └───────────┬───────────┘                │
                               │                            │
                      ┌────────┴────────┐   なし           │
                      │  土壌汚染のおそれ  ├─────────────────┤
                      └────────┬────────┘                   │
                               │あり                         │
            ┌──────────────────┴──────────────────┐         │
            │   土壌汚染状況調査（1～6か月程度）       │         │
            │ ┌─────────────────────────────────┐ │         │
            │ │ 概況調査（平面分布の調査）（1～2か月程度）│         │
            │ │ ①調査対象物質の設定               │ │         │
            │ │ ②土壌汚染のおそれに基づく土地の分類    │ │         │
            │ │ ③試料採取地点の設定               │ │         │
            │ │ ④試料採取・試験分析               │ │         │
            │ └─────────────────────────────────┘ │         │
            │          ┌────────┴────────┐  なし  │         │
            │          │   土壌汚染の有無   ├───────┼─────────┤
            │          └────────┬────────┘        │         │
            │                   │あり              │         │
            │  ┌────────────────┴────────────────┐│         │
            │  │  絞込調査（必要に応じて実施）         ││         │
            │  │      （1～2か月程度）              ││         │
            │  └────────────────┬────────────────┘│         │
            │  ┌────────────────┴────────────────┐│         │
            │  │   深度方向調査（1～2か月程度）       ││         │
            │  │  ①調査項目の設定  ②調査位置の設定    ││         │
            │  │  ③試料採取，試験分析               ││         │
            │  └────────────────┬────────────────┘│         │
            └───────────────────┼──────────────────┘         │
                                │                            │
                    ┌───────────┴────────────┐               │
                    │ 対策のための調査（必要に応じて実施）│←─────┘
                    └───────────┬────────────┘
                                │
                          ┌─────┴─────┐
                          │    END    │
                          └───────────┘
```

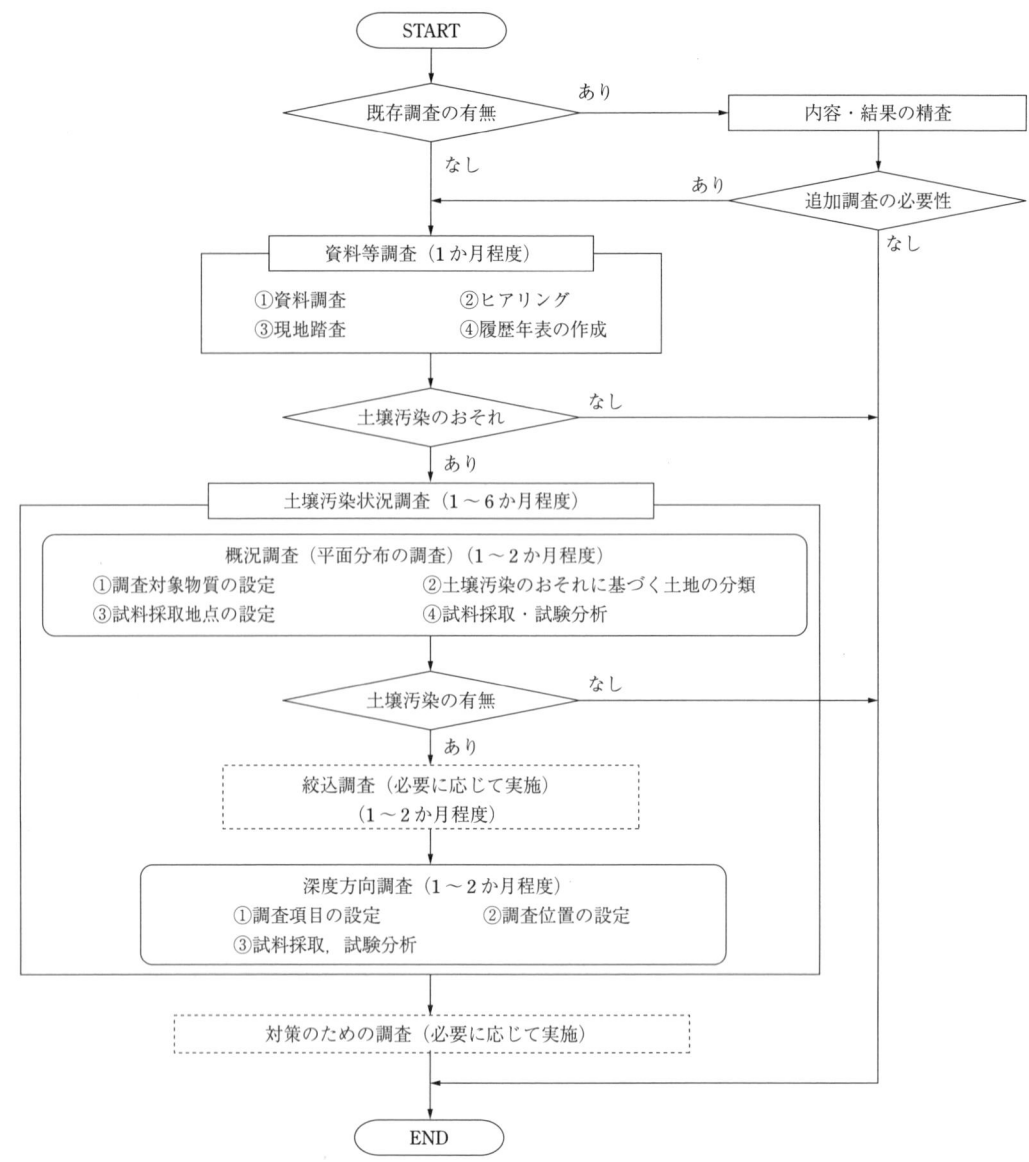

[注] 調査期間は目安であり，特定有害物質の種類や汚染規模により異なる．

付図 2.5.1　土壌汚染調査計画の流れ

・調査計画は概況調査・絞込調査・深度方向調査と，各調査結果に基づき次段階の調査へと進めるため，調査が段階的に継続する可能性があることを予め事業主や工事管理者に説明しておくことが必要である．土壌汚染調査の期間は目安として 1～5 か月程度必要であり，建設事業の全体工程を考慮した調査計画を立案することが望ましい．

(2) 資料等調査

① 資料調査

　資料調査には有害物質の取扱い状況の調査と住宅地図等による土地利用の履歴調査の二つがあり，当該敷地における既存調査の有無を役所や土地所有者に確認するとともに，役所への届出書類

に基づき当該敷地の土地開発等の条件や有害物質の取扱い状況が調査される．以下に概要を示す．

土壌汚染のおそれの判断をするために，届出書類・住宅地図・空中写真・地形図・土地台帳付属地図（土地の位置・形状・地番・道路や隣地境界との関係を示したいわゆる「公図」で，管轄法務局（登記所）で閲覧可能），必要により土地登記簿・社史・図書文献などから土地利用の履歴に関する資料を収集・整理する．たとえば，空中写真は国土地理院が定期的に撮影しているほかに，固定資産の移動確認のために毎年撮影している自治体もあり利用が可能な場合がある．資料の入手先は多岐にわたるため，作成する履歴の全体像を想定して効率的に収集する．当該敷地に有害物質を取り扱っている事業所が存在していたことが判明した場合は，有害物質の取扱い状況を調査する．さらに，汚染状況調査等のために当該敷地の地形・地質や地下水状況などの資料収集を行う．参考までに，土壌汚染の可能性のある土地利用等の例は，工場・ドライクリーニング店・ガソリンスタンド・医院・病院・印刷所・写真現像所・研究施設・変電所・埋立地・盛土された土地などである．

② 聞取り調査

資料調査で収集した情報を補完するために聞き取り調査（ヒアリング）を行う．ヒアリングは，当該敷地における有害物質の取扱い状況について，届出書類の確認とともに役所（環境公害課等）にて行う．また，状況に詳しい土地所有者や施設管理者等に対しても実施する．

③ 現地踏査

土壌汚染の可能性を把握し，収集した資料とヒアリング結果の補完を行うために，現地踏査を実施する．現地踏査では，付表 2.5.1 に示す調査のポイントに留意して，有害物質の取扱い状況を把握する．

④ 履歴年表の作成

収集した資料・聞取り調査・現地踏査結果に基づき，土地利用の履歴年表を作成し汚染のおそれ

付表 2.5.1 現地踏査でのポイント[付2.5.2]

対象箇所	調査の内容
有害物質の使用場所，保管場所	・使用，保管方法　　　　　　・床面，配管状況 ・PCB 使用機器の保管状態
タンク	・埋設配管の有無　　　　　　・給液場所の状態 ・防液堤の有無，状態　　　　・搬入，搬出場所
廃棄物の発生，保管場所	・保管方法　　　　　　　　　・床面，配管状況 ・焼却炉周辺（焼却灰，油染み等）・野焼き
排水処理	・排水処理施設の状態　　　　・排水側溝の亀裂の有無 ・排水ピット　　　　　　　　・浸透枡の有無
敷地全体	・廃棄物の放置の有無　　　　・空きドラム缶の放置の有無 ・不自然な盛土，窪地の存在　・悪臭（油臭，薬品臭等） ・地面の染み　　・植生の異常（雑草が全く生えていない，枯れ等）
敷地境界，周辺	・汚染物質の流入，流出の有無　・周辺部の土地利用形態 ・周辺部の表流水，地下水の利用

を判断する．年表は，当該敷地の土地利用の状況・土壌汚染の可能性・根拠資料を年代順に表にまとめる．付表 2.5.2 に土地利用の履歴年表例を示す．地形図・航空写真は国土地理院，住宅地図は国会図書館他で閲覧可能である．履歴年表の作成にあたっては「環境確保条例に基づく届出書類等の作成の手引（東京都環境局）」[付2.5.1]が参考になる．

⑤ 資料等調査結果の評価

①～④の調査内容を総合的に評価して土壌汚染のおそれの有無を判断する．土壌汚染のおそれがあると判断された場合には，土壌汚染状況調査計画を立案する．

(3) 土壌汚染状況調査

土壌汚染物質は地表からの侵入を想定しており，土壌汚染状況調査では概況調査によって表層部の有害物質濃度を測定し平面的な汚染状況が調査される．概況調査の結果，土壌汚染があると判断された場合にはボーリングによる深度方向調査を行って汚染範囲を三次元的に把握する．

以下に，概況調査・絞り込み調査・深度方向調査の概要と留意点について述べる．なお，これらの調査方法の詳細は，文献付 2.5.2)を参照されたい．

① 概況調査（平面分布の調査）

a．調査対象物質の設定

法令や条例に基づく調査の場合，調査対象物質は，土壌汚染対策法にある特定有害物質の中から，資料等調査結果に基づき設定する．ただし，農薬を調査対象から省略する場合やダイオキシン類を

付表 2.5.2 土地利用の履歴年表の例

年 代	対象地の土地利用の状況	対象地の土壌汚染の可能性	根拠資料
1930 年 （昭和 5 年）	対象地は，田圃として利用されている．	土壌汚染の可能性は考えにくい．	地 形 図：1930 年　国土地理院発行 航空写真：1930 年
1957 年 （昭和 32 年）	対象地に賃貸住宅が建築されている．土地利用としては建物であった．	土壌汚染の可能性は考えにくい．	地 形 図：1957 年　国土地理院発行 航空写真：1957 年 住宅地図：1957 年
1975 年 （昭和 50 年）	対象地は，1957 年とほぼ同様であるが，一部増築されている．	土壌汚染の可能性は考えにくい．	住宅地図：1975 年
1986 年 （昭和 61 年）	対象地は，建物があり，賃貸住宅として利用されている．	土壌汚染の可能性は考えにくい．	住宅地図：1986 年
1993 年 （平成 5 年）	対象地は，1993 年にガソリンスタンドとして利用されている．	土壌汚染の可能性はあると考えられる．	住宅地図：1993 年
2007 年 （平成 19 年）	対象地は，1993 年と同様で変化はない．	土壌汚染の可能性はあると考えられる．	航空写真：2007 年 住宅地図：2007 年

【総評】 土地利用の資料等調査を地形図，住宅地図および航空写真に基づき行った結果，対象地において有害物質を取り扱った経緯が見られた．以上より，対象地内において土壌汚染のおそれがあると考えられる．

追加する場合もある．なお，油汚染調査とその対策については明確な基準が制定されていないため，油汚染対策ガイドライン（付録Ⅱ.7参照）を参考に調査を進めることが望ましい．

概況調査では，重金属等については表層付近の土壌中の汚染物質濃度として土壌溶出量（地下水等への溶出が想定される有害物質の量）と土壌含有量（土壌中に含まれる有害物質の量）を調査する．揮発性有機化合物については，表層部付近の土壌の間隙ガス（土壌ガス）中の汚染物質濃度を調査する．付表2.5.3に調査対象物質の一覧を示す．

b．土壌汚染のおそれに基づく土地の分類

資料等調査に基づき，当該敷地を土壌汚染のおそれの程度に応じて付表2.5.4に示す3種類の土地に分類する．

c．単位区画の設定

敷地の平面的な汚染状況を調査するため，敷地内を「単位区画」と呼ばれる最小調査範囲で区切る．単位区画は当該敷地の最北端（複数ある場合は最も東にある地点）を起点として，東西・南北

付表 2.5.3　土壌汚染調査対象物質一覧

重金属等		揮発性有機化合物
土壌含有量	土壌溶出量	土壌ガス中の汚染物質濃度
・カドミウムおよびその化合物 ・六価クロム化合物 ・シアン化合物（遊離シアン） ・水銀およびその化合物 ・セレンおよびその化合物 ・鉛およびその化合物 ・砒素およびその化合物 ・ふっ素およびその化合物 ・ほう素およびその化合物	・カドミウムおよびその化合物 ・六価クロム化合物 ・シアン化合物 ・水銀およびその化合物 ・アルキル水銀 ・セレンおよびその化合物 ・鉛およびその化合物 ・砒素およびその化合物 ・ふっ素およびその化合物 ・ほう素およびその化合物 ・シマジン ・チオベンカルブ ・チウラム ・ポリ塩化ビフェニル（PCB） ・有機りん化合物	・四塩化炭素 ・1,2-ジクロロエタン ・1,1-ジクロロエチレン ・シス-1,2-ジクロロエチレン ・1,3-ジクロロプロペン ・ジクロロメタン ・テトラクロロエチレン ・1,1,1-トリクロロエタン ・1,1,2-トリクロロエタン ・トリクロロエチレン ・ベンゼン

付表 2.5.4　土壌汚染のおそれに基づく土地の分類[付2.5.3]

分類	内容
おそれがないと認められる土地	有害物質使用特定施設の敷地から，その用途が全く独立している状態の土地（山林，従業員用の居住施設・駐車場，グラウンド，体育館等）
おそれが少ないと認められる土地	直接，有害物質の使用を行なっている土地ではないが，有害物質使用特定施設等から，その用途が全く独立しているとはいえない土地（作業場，資材置場，倉庫等）
おそれがあると認められる土地	上記以外の土地（有害物質使用特定施設およびそれを設置している建物，有害物質使用特定施設と配管で繋がっている施設およびその建物等）

方向に 10m 格子の区画（単位区画の面積：100m², 付図 2.5.2(a)）を設定する．さらに，同じ起点から，これらの単位区画を 30m 格子（面積 900m²）に区分する（付図 2.5.2(b)）．なお，中央環境審議会の答申[付2.5.4]によると，100m² に 1 地点の密度（10m 格子区画）で調査を実施した場合の汚染発見率は約 80％である．

d．調査地点（試料採取地点）の設定

対象とする汚染物質（有害物質）と土壌汚染のおそれに基づく土地の分類結果から，付表 2.5.5 に基づいて単位区画ごとの調査地点（試料採取地点）を設定する．

以下に，付図 2.5.3 に示す例に基づく単位区画および試料採取地点の設定手順を示す．

1）土壌汚染が存在するおそれに基づく単位区画の分類
・調査項目ごとに単位区画の設定と土壌汚染のおそれによる土地の分類を行う．
・これらを重ね合わせ，土壌汚染のおそれに基づく単位区画の分類を実施する．汚染のおそれがある単位区画を「全部対象区画」，汚染のおそれが少ない単位区画を「一部対象区画」という．

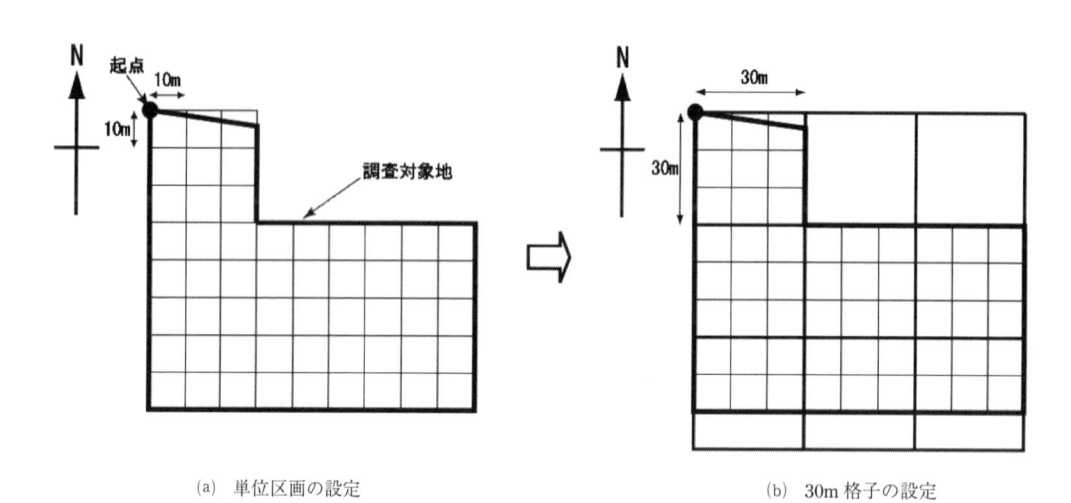

(a) 単位区画の設定　　　　　　　　　　(b) 30m 格子の設定

付図 2.5.2　単位区画，30m 格子の設定方法

付表 2.5.5　汚染物質ごとの調査地点[付2.5.3]

特定有害物質の種類		第一種特定有害物質 （揮発性有機化合物）	第二種特定有害物質 （重金属等）	第三種特定有害物質 （農薬等）
調査箇所	汚染のおそれがある土地	全ての単位区画ごと 1 地点	全ての単位区画ごと 1 地点	全ての単位区画ごと 1 地点
	汚染のおそれが少ない土地	30m 格子内で 1 地点	30m 格子内で複数地点，均等混合	30m 格子内で複数地点，均等混合
	汚染のおそれがない土地	必要なし	必要なし	必要なし
調査内容		土壌ガス調査　→ 深度方向土壌溶出量調査	土壌溶出量調査 土壌含有量調査	土壌溶出量調査

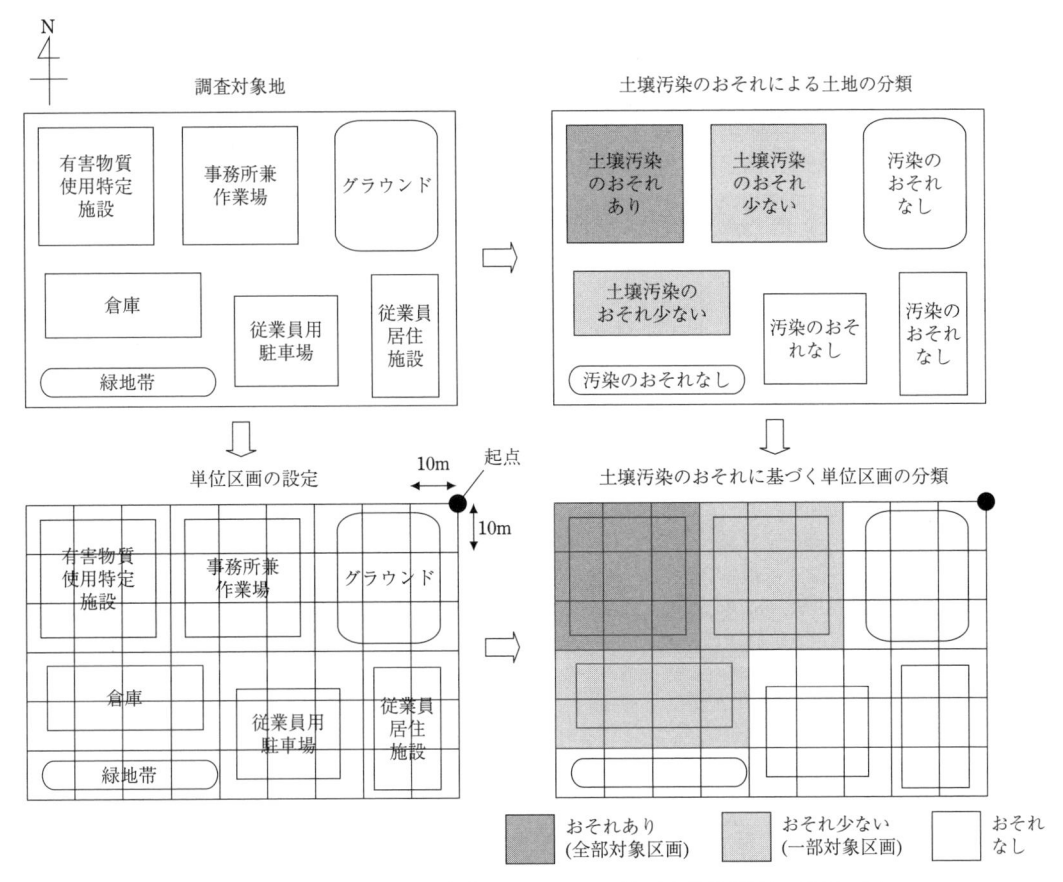

付図 2.5.3　土壌汚染が存在するおそれに基づく単位区画の分類の例

　全部対象区画となった単位区画（100m²）は必ず試料採取を行い，一部対象区画では 30m 格子（900m²）ごとに試料採取区画を選定する．それ以外の区画は汚染のおそれがないと判断し，基本的には試料採取の対象とならない．ただし，土地取引等における自主調査において，「汚染のおそれがないと認められる土地」であっても「汚染のおそれが少ないと認められる土地」としての概況調査が実施されている場合もある．

2）試料採取地点の設定

　第一種特定有害物質（揮発性有機化合物）の場合は，汚染物質が気化した状態で存在することが考えられるため，区画分類に応じて以下のように土壌ガスの採取を行う（付図 2.5.4(a)）．

・単位区画内に「汚染のおそれがある土地」が含まれる場合（付図 2.5.4(a)の⑤区画）は全部対象区画とし，すべての単位区画ごとにそれぞれ 1 地点，試料採取を行う．

・単位区画内に「汚染のおそれが少ない土地」が含まれる場合（付図 2.5.4(a)の③・④・⑥区画）は一部対象区画とし，30m 格子の中心 1 地点で試料採取を行う．中心を含む単位区画が一部対象区画である必要はない．

・単位区画内のすべてが「汚染のおそれがない土地」の場合（付図 2.5.4(a)の①・②区画）は試料採取を行う必要はない．

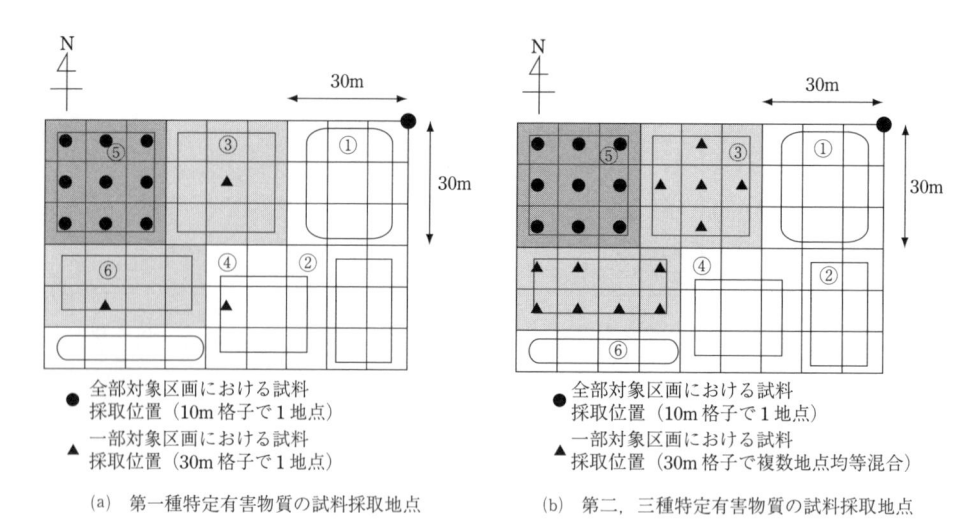

-274- 建築基礎設計のための地盤調査計画指針

(a) 第一種特定有害物質の試料採取地点　　(b) 第二, 三種特定有害物質の試料採取地点

付図 2.5.4 試料採取位置の設定方法

　第二・三種特定有害物質（重金属等，農薬等）の場合は，区画分類に応じて以下のように試料採取を行う（付図 2.5.4(b)）.
　・単位区画内に「汚染のおそれがある土地」が含まれる場合（付図 2.5.4(b)の⑤区画）は全部対象区画とし，すべての単位区画ごとにそれぞれ 1 地点，試料採取を行う.
　・単位区画内に「汚染のおそれが少ない土地」が含まれる場合（付図 2.5.4(b)の③・⑥区画）は，一部対象区画とし，30m 格子内にある一部対象区画のいずれか 5 つの単位区画から試料を均等に採取する．30m 格子内の一部対象区画が 5 つ以下の場合（付図 2.5.5(b)の④区画）には，30m 格子内のすべての一部対象区画から試料を採取する．なお，採取した試料は均等に混合して最終的に 1 試料とする（「複数地点均等混合」という.）.
　・単位区画内のすべてが「汚染のおそれがない土地」の場合（付図 2.5.4(b)の①・②区画）は，試料採取を行う必要はない．

e. 試料採取・試験分析方法
　第一種特定有害物質を対象とした調査における，土壌ガスの採取方法および分析方法は，「土壌ガス調査に係る採取および測定の方法を定める件（平成 15 年 3 月 6 日環境省告示第 16 号）」に基づいて実施する．土壌ガスの採取は，付図 2.5.5 に示すように，採取深度 GL－1.0m（0.8～1.0m）で行う．また，地表面がコンクリートやアスファルト等で覆われている場合は舗装の上を調査基準面とする．採取した土壌ガスに含まれる対象物質の濃度を測定して，基準値の下限値未満である場合は，土壌汚染はないと判断する．
　第二種および第三種特定有害物質（重金属や農薬等）を対象とした調査における土壌溶出量・含有量調査のための試料採取例を付図 2.5.6 に示す．試料採取深度は，原則として表層（GL±0～－5cm）および GL－5～－50cm の土を深度方向に分けて均等に採取し，風乾後混合して 1 試料とする．ただし，地表面がコンクリートやアスファルト等で覆われている場合は，土壌ガス調査とは異なり，それらを除いた土壌表面を基準とする．複数地点均等混合法の場合は，さらに複数地点の

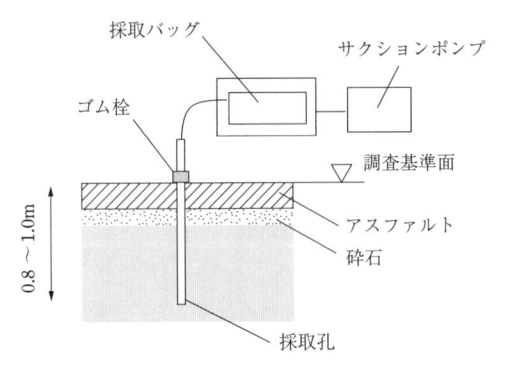

付図 2.5.5 土壌ガスの採取状況例

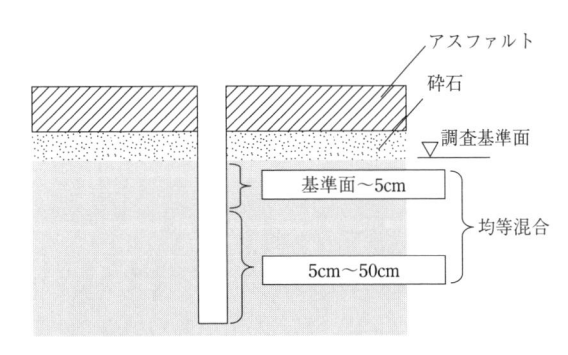

付図 2.5.6 表土試料の採取状況例

試料を混合する．なお，土壌汚染の試験分析方法は，「土壌溶出量調査に係る測定方法を定める件（平成15年3月6日環境省告示第18号）」および「土壌含有量調査に係る測定方法を定める件（平成15年3月6日環境省告示第19号）」に規定されている．

② 絞込調査

概況調査の結果，「土壌汚染のおそれが少ないと認められる土地」においては，必要に応じて，土壌汚染の平面範囲を限定するために絞込調査を行う．土壌ガスが検出された場合は，検出された物質およびその分解生成物について，30m格子内の残りの単位区画（10m格子）を調査する．土壌溶出量・含有量調査で土壌汚染の存在が認められた場合は，30m格子内の全ての単位区画において，基準値を超過した物質を対象として個別に調査を行い，土壌汚染が存在する単位区画を特定する．土壌溶出量または含有量のどちらかが基準値を超過し，超過しなかった方の濃度も比較的高い場合には両方を分析する場合もある．単位区画より，さらに細かく区画割りして調査を行う場合もある．

また，「土壌汚染のおそれがあると認められる土地」においては，概況調査で指定基準を超過した場合，引続き詳細な調査（深度方向調査）を実施する．

③ 深度方向調査

a．調査対象物質の設定

重金属等の場合，概況調査で指定基準を超過した特定有害物質に対して，その有害物質に対応した土壌溶出量試験または土壌含有量試験を実施することになるが，必要に応じて，土壌溶出量試験および土壌含有量試験の両方を行うこともある．

揮発性有機化合物の場合，土壌ガスから検出された特定有害物質について土壌溶出量試験を実施するが，分解生成物がある場合はその分解生成物についても同試験を行うことが望ましい．

b．調査位置および深度の設定

概況調査で土壌汚染が確認された地点および土壌ガスが検出された地点において，深度方向調査を行う．試料採取深度は，原則として，重金属等の場合，表層（深度0～0.05m），深度0.05～0.5m，1m，以下1mごとに深度5mまでとする．揮発性有機化合物の場合は，表層（深度0～0.05m），深度0.5m，1m，以下1mごとに深度10mまでとする．土壌汚染の基準超過地点または土壌ガスの検

出地点の全地点においては深度方向調査を実施せずに，相対的に濃度の高い地点で行う場合もある．必要に応じて，地下水についても調査を行い，汚染が判明した場合には法令あるいは条例等に従い適切に処理する．

　c．深度方向調査での留意点

　土壌環境調査におけるボーリングによるサンプリングは，分析に供する試料を有害物質の濃度を変化させずに採取することが重要である．また，ボーリングを実施することにより汚染物質を拡散させない注意が最も必要である．以下に留意点を示す．

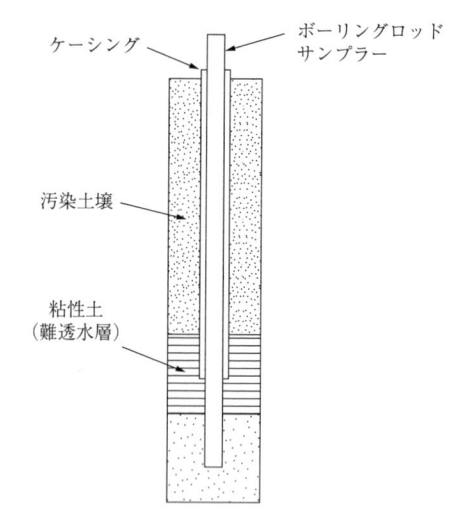

付図 2.5.7　ケーシングによる汚染土壌の遮蔽の模式図

- ボーリングにより難透水層を貫通すると，難透水層の直上で止まっていた汚染物質が下層へ拡散するおそれがあるので，事前に地盤構成を把握しておく必要がある．汚染されている地層の下方に堆積している汚染されていない地層を調査する場合は，ケーシングを難透水層または汚染されている層の十分下方まで建込み，汚染物質の掘削孔内への浸入を阻止するなどの処置を行う（付図 2.5.7 参照）．また掘削に泥水を使用する場合，泥水が汚染される可能性が高いため泥水を完全に置換する．
- サンプリング器具や掘削器具に付着した汚染土壌を洗浄せずに，それらを再使用すると汚染が拡散するおそれがあるので，ボーリング機材は十分に洗浄する．
- ボーリングにより発生した洗浄水・泥水・スライム等には汚染物質が含まれている可能性が高いため，濃度を調べて専門の処分業者に依頼して適切に処分する．なお，環境調査のボーリングは無水で行われることが多い．
- ボーリング調査を行った後の掘削孔は観測井として仕上げるか，モルタルやベントナイト等を充填して汚染物質の浸透経路とならないよう埋め戻す．

(4)　土壌汚染調査の発注，委託方法

　一般的な土壌汚染調査の発注，委託内容を付表 2.5.6 に示す．法令や条例等に基づく調査の場合，

付表 2.5.6　土壌汚染調査の発注・委託内容

委託内容		調査の仕様
共通事項		調査件名，調査場所の地番・住居表示，法・条例等の対象か否か，適用条例・指針・基準等，報告書・届出書等の作成
資料等調査		調査目的，調査項目，調査位置図，収集資料等の範囲
土壌汚染状況調査	概況調査	調査目的，調査項目，調査位置図，調査数量，分析方法
	絞込調査	調査目的，調査項目，調査位置図，調査数量，分析方法
	深度方向調査	調査目的，調査項目，調査位置図，調査数量，調査数量，レベル測量，分析方法

資料等調査で有害物質の使用および排出の状況など，付表2.5.6の項目の他に必要な調査項目もあるので，手引き，指針，様式等に従うとともに，地方自治体と協議する．既存の調査報告書・届出書がある場合は，調査業務委託先にそれを資料として貸与する．

地盤環境調査には知識と経験が必要なので，調査業務委託先には実績のある調査業者を選定する必要があるが，法令や条例等に基づく調査の場合，調査資格が規定されていることがあるので該当する資格を有していることが調査業者選定の判断材料となる．たとえば土壌汚染対策法では，環境省に登録している指定調査機関に調査を委託することが定められており，自治体によっては，社団法人土壌環境センターで認定している土壌環境監理士が在籍している調査機関が指定される場合もある．分析機関は濃度計量証明事業所などに委託することが必要である．

地盤環境調査業務の報告書は発注仕様書の内容を満たすことが原則であり，法令および条例等に基づく届出書の場合は，法令および条例等に基づく様式を満足し，地方自治体が必要とする項目が明確に記載されている必要がある．

(5) 土壌汚染が判明した場合の対応

① 調査結果の報告

土壌汚染対策法および条例などで規定されている土地の調査結果は法令や条例に基づいて結果を報告する．自主調査の場合は，汚染の状況や土地・建物利用の状況により地方自治体への報告が必要となる場合がある．

② 対策方法

土壌・地下水汚染の対策には，主に以下に示すような方法がある．土壌汚染対策法に基づいた対策と対策例については付Ⅱ.8に示す．

　　土壌汚染対策：汚染土壌の掘削除去・原位置浄化・原位置封じ込め・遮水封じ込め・不溶化
　　地下水汚染対策：汚染土壌の掘削除去の際に地下水を除去・原位置地下水浄化・地下水揚水

③ 搬出土壌の取扱い

汚染土壌を搬出する場合には「汚染土管理票（マニュフェスト）」で管理し適切に処理処分する．

参 考 文 献

付2.5.1) 東京都環境局環境改善部有害化学物質対策課：環境確保条例に基づく届出書類等の作成の手引
付2.5.2) ㈳土壌環境センター：土壌環境リスク管理者講習会テキスト
付2.5.3) ㈳土壌環境センター：土壌汚染対策法に基づく調査および措置の技術的手法の解説
付2.5.4) 中央環境審議会：土壌汚染対策法に係る技術的事項について（答申），2002.9

付録Ⅱ．6　土壌汚染調査例

(1) 調査計画概要

　RC 3階建ての集合住宅の建設が計画されている当該敷地は，有害物質を使用していたと考えられる工場の跡地（付図 2.6.1）であり，土壌汚染の可能性がある．しかし，工場が廃止されたのは土壌汚染対策法の施行前であり汚染調査が未実施であったため，事業主の依頼の下に，工場で使用されていた可能性が高い有害物質について土壌汚染対策法に基づく調査が実施されることとなった．
　調査計画の立案と調査の実施は，事業主の依頼により土壌汚染調査の専業者が行ったが，調査には建築施工者が立ち会った．また，後述する土壌汚染対策工に関しても，実施は地方自治体との協議により定めた専業者が行ったが，事業主の依頼により建築施工者が工事に立ち会った．

(2) 資料等調査

① 資料等調査計画

　届出書類等の調査や，工場稼動時の土地所有者からの聞取り調査（ヒアリング），および現地踏査（当該敷地における植生・土の変色・臭気・近隣状況・廃棄物の有無など）により，工場で使用されていた有害物質および使用場所の情報を収集する．

② 資料等調査結果

　工場操業時に使用していたと考えられる有害物質は，テトラクロロエチレン・トリクロロエチレン（揮発性有機化合物）・六価クロム・鉛（重金属等）であり，これらによる土壌汚染のおそれがあると判断された．

③ 概況調査（土壌汚染状況調査）

a．土壌汚染のおそれに基づく土地の分類

　資料等調査結果に基づき，付図 2.6.2 に示すように，当該敷地を土壌汚染のおそれの程度に応じて3区分し，各区分における概況調査の調査区画を下記のように設定した．

　　1）「汚染のおそれがないと認められる範囲」：汚染のおそれがない場合は，概況調査を実施しないが，資料等調査の結果，対象となる範囲は存在しなかった．

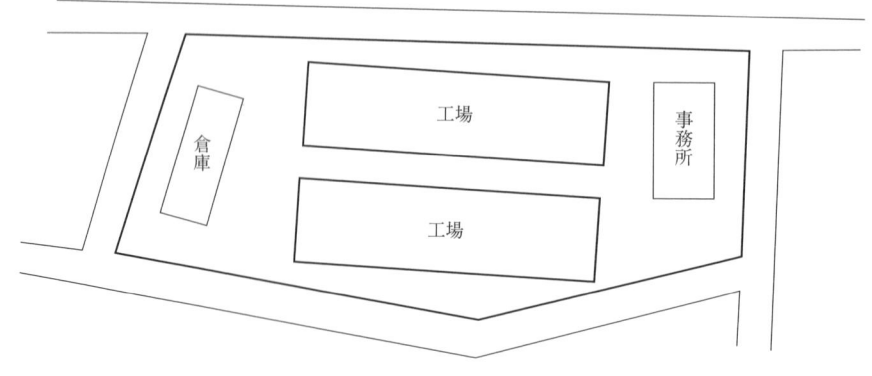

付図 2.6.1　敷地平面図

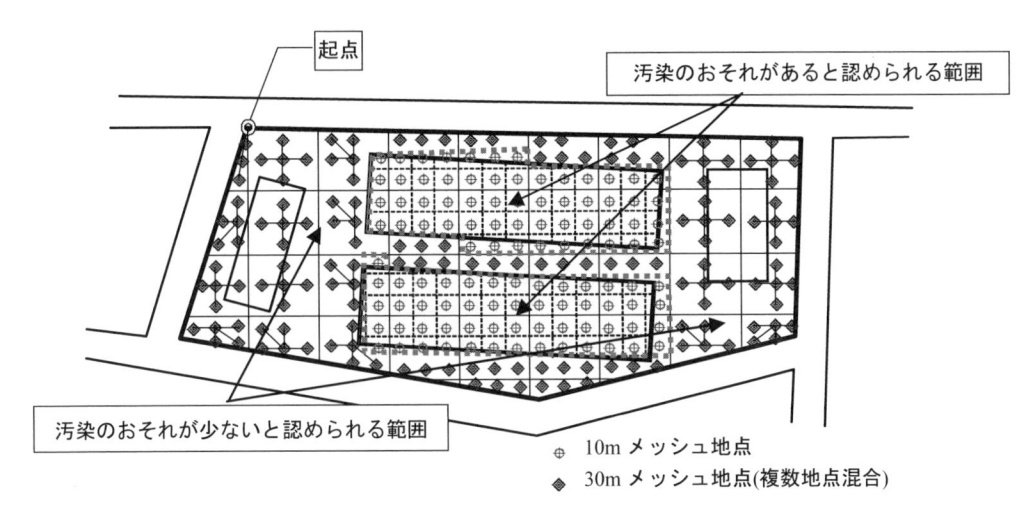

付図 2.6.2　調査地点

2）「汚染のおそれが少ないと認められる範囲」：30m格子内で概況調査を実施する．資料等調査の結果，工場建屋以外の範囲が対象となった．

3）「汚染のおそれがあると認められる範囲」：10m格子内で概況調査を実施する．資料等調査の結果，工場建屋の範囲が対象となった．

b．調査対象物質ごとの試験分析計画

・揮発性有機化合物（第1種特定有害物質）

　　土壌ガスを採取し，テトラクロロエチレンとトリクロロエチレンとその分解生成物の1,1-ジクロロエチレン・シス-1,2-ジクロロエチレンについて濃度を測定する．

・重金属等（第2種特定有害物質）

　　六価クロムと鉛について土壌溶出量および含有量試験を実施する．分析方法は，30m格子区域では5地点均等混合分析，10m格子区域では個別分析とする．ただし30m格子で基準値を超過した場合は30m格子内のすべての10m格子（単位区画）において個別分析を実施する．

(3) 概況調査結果

付図2.6.3に示すように揮発性有機化合物ではトリクロロエチレンが，付図2.6.4，付表2.6.1に示すように重金属では土壌溶出量および土壌含有量ともに基準値を超過する鉛が検出されたことから，基準値を超過する汚染が認められた地点において深度方向調査を行うこととした．

(4) 深度方向調査

① 深度方向調査計画

付表 2.6.1　概況調査結果（重金属）

調査区画	調査地点	基準値超過地点	超過物質	最大濃度
10 m格子区画	106地点	15地点	鉛	0.035mg/L（溶出量），6 000mg/kg（含有量）
30 m格子区画	35区画	3区画	鉛	0.021mg/L（溶出量），3 500mg/kg（含有量）

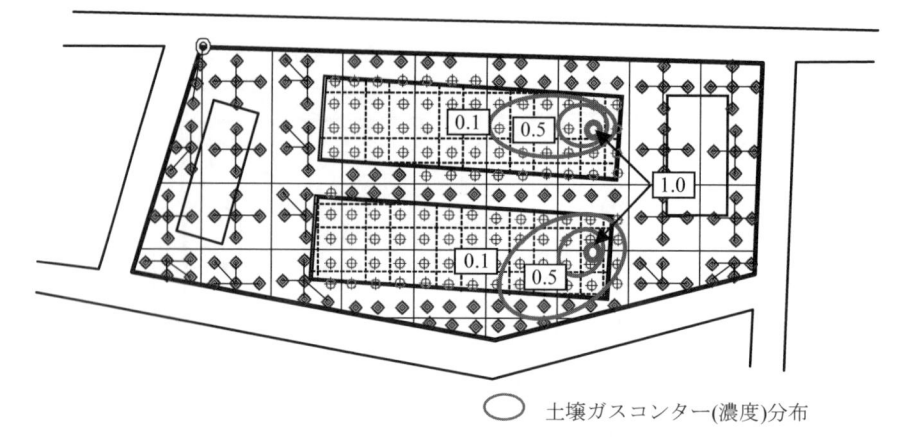

付図 2.6.3　土壌ガス調査結果

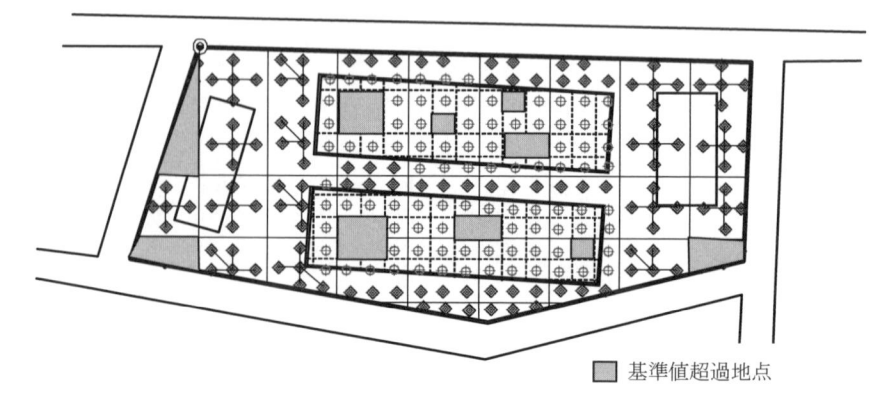

付図 2.6.4　重金属超過地点

　概況調査結果に基づき，トリクロロエチレンの濃度が大きかった地点と基準値を超過する鉛が検出された地点の全14箇所で深度方向調査を実施することにした．分析試料のサンプリングは表層（0.05m）・0.5m・1.0～10.0m間で1mごとに行い，揮発性有機化合物については1,1-ジクロロエチレン・シス-1,2-ジクロロエチレン・トリクロロエチレン・テトラクロロエチレンの溶出量を重金属については鉛の溶出量を分析する．さらに，地下水の汚染状況に関しても調査することになった．

② 深度方向調査結果

　付表2.6.2は，各サンプリング深さにおける溶出量の最大値を示したものである．揮発性有機化合物では，シス-1,2-ジクロロエチレン・トリクロロエチレン・テトラクロロエチレンが深度5.0～8.0mで基準値を超過する地点が存在した．また，鉛は深度2.0mまでの間で基準値を超過する地点があった．さらに，地下水調査の結果，深度8.0～12.0mの砂層でトリクロロエチレンの濃度が0.035mg/L・シス-1,2-ジクロロエチレンの濃度が0.063mg/Lと，基準値を超過していることが判明した．

(5) 汚染対策および基礎構造計画の変更

　鉛が基準値を超過した範囲の地盤は，掘削除去にて場外に搬出することとなった．

付表 2.6.2　深度方向調査結果

深さ (m)	1,1-ジクロロエチレン	シス-1,2-ジクロロエチレン	トリクロロエチレン	テトラクロロエチレン	鉛
0.0～0.05	＜0.002	＜0.004	0.003	＜0.001	0.011
0.5	＜0.002	0.004	＜0.003	＜0.001	0.009
1.0	＜0.002	0.006	0.008	0.008	＜0.001
2.0	0.018	0.028	0.024	0.002	0.012
3.0	0.010	0.006	0.003	＜0.001	＜0.001
4.0	0.016	0.009	＜0.003	0.009	＜0.001
5.0	＜0.002	1.8	0.055	0.059	＜0.001
6.0	＜0.002	0.62	0.025	0.013	＜0.001
7.0	0.013	0.004	0.057	＜0.001	＜0.001
8.0	0.006	0.020	0.003	0.028	＜0.001
9.0	0.008	0.020	0.025	＜0.001	＜0.001
10.0	0.007	0.039	0.011	0.005	＜0.001
基準値	0.02	0.04	0.03	0.01	0.01

※1：単位（mg/L）
※2：値は各深さでの溶出量の最大値を示す

　トリクロロエチレン等の揮発性有機化合物に関して，基準値を超過した範囲においては，掘削可能な地盤は掘削除去にて場外に搬出し，その他のエリアについては，地下水汲上げによる原位置浄化が実施されることになった．

　当初の基礎形式は付図 2.6.5 に示すように，埋土層・シルト層・砂層・粘土層を貫通して礫層に先端支持させる杭基礎で計画していたが，砂層での地下水汚染が判明したことから，汚染地下水を拡散させないようにするため粘土層を貫通しないで杭先端部を粘性土層内に止める摩擦杭基礎に変更することにした．

(6)　行政報告，近隣住民対応など

　土壌汚染調査結果については，条例に基づき，事業主が地方自治体へ報告し，地方自治体の指導のもとに上記の汚染対策工事が計画され，実施された．また，対策工事を実施する前に，事業主が住民説明会を開催し，周辺住民へのリスクや工事期間中の配慮などが説明された．

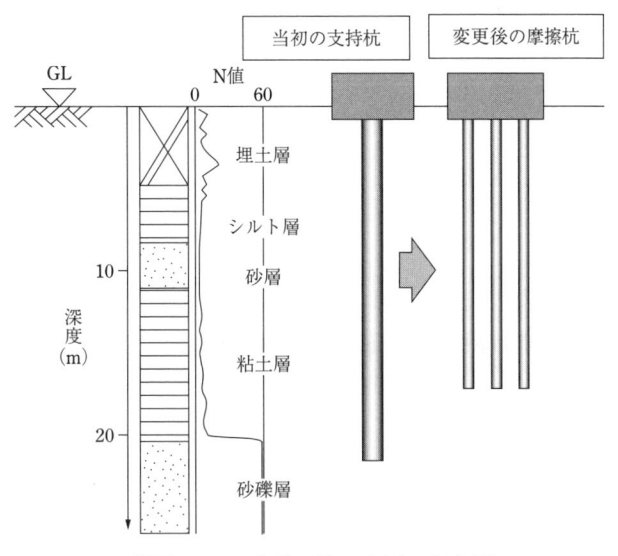

付図 2.6.5　基礎工法の変更の概念図

付録Ⅱ．7　土壌・地下水汚染調査に関わる法律および諸基準

(1) 土壌・地下水汚染に関する法律の概要

わが国における土壌汚染の法規制は，神通川流域で発生したカドミウムによる「イタイイタイ病」を契機として「農用地の土壌の汚染防止等に関する法律（昭和45年12月25日法律第139号）」が制定されたのが始まりである．一方，市街地においては大気および水質が先行して規制され，土壌に関しては平成14年5月に土壌汚染対策法が制定，平成15年2月に施行された．このうち，「土壌汚染の未然防止」については水質汚濁防止法，廃棄物の処理及び清掃に関する法律および大気汚染防止法などで既に措置されており，土壌汚染対策法では，「土壌汚染の状況把握」および「土壌汚染による人の健康被害の防止」を主眼においた法律となっている．つまり，土壌汚染対策法は既に発生した土壌汚染について，状況把握および汚染除去等の措置という事後的な対策を講ずることとなる．

なお土壌汚染対策法以外にも，ダイオキシン類の土壌汚染については「ダイオキシン類対策特別措置法（平成11年7月16日法律第105号）」が制定されており，土壌の油汚染については「油汚染対策ガイドライン（平成18年3月中央環境審議会土壌農薬部会土壌汚染技術基準等専門委員会）」が環境省より示されている．

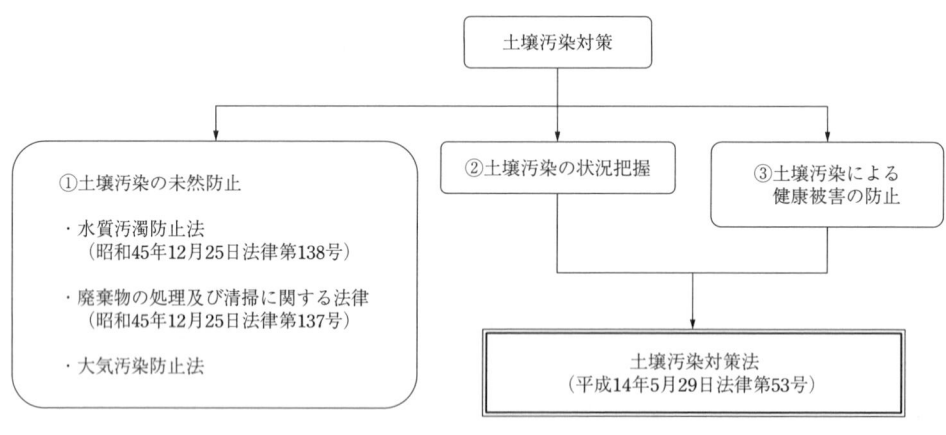

付図 2.7.1　土壌汚染対策の法体系

(2) 地方自治体の条例，要網，指導指針等

多くの自治体では地域住民の環境問題への関心の高まりを反映して，自治体独自の条例を制定しており，さまざまな形式で条例，要網，指導指針等が制定されている．環境省の調査[付2.7.1]によると，平成17年度に条例等を制定した自治体数は271となっている．これまでの条例等では汚染原因者に汚染対策を求めることが多かったが，東京都や大阪府のように汚染原因者ではない土地改変者等の事業者に対しても調査・対策義務を課すなどの規定を定める自治体も増加している．代表的な条例名を以下に示す．なお詳細については各自治体のホームページなどを参照されたい．

埼玉県	埼玉県生活環境保全条例（平成13年埼玉県条例第57号）
茨城県	茨城県生活環境の保全等に関する条例（平成17年茨城県条例第9号）
栃木県	栃木県生活環境の保全等に関する条例（平成16年栃木県条例第40号）
群馬県	群馬県の生活環境を保全する条例（平成12年群馬県条例第67号）
千葉県	千葉県環境保全条例（平成7年千葉県条例第3号）
東京都	都民の健康と安全を確保する環境に関する条例（平成12年東京都条例第215号）
神奈川県	神奈川県生活環境の保全等に関する条例（平成9年神奈川県条例第35号）
新潟県	新潟県生活環境の保全等に関する条例（平成9年新潟県条例第47号）
愛知県	県民の生活環境の保全等に関する条例（平成15年愛知県条例第7号）
三重県	三重県生活環境の保全に関する条例（平成13年三重県条例第7号）
広島県	広島県生活環境の保全等に関する条例（平成15年広島県条例第35号）
大阪府	大阪府生活環境の保全等に関する条例（平成6年大阪府条例第6号）
福岡県	福岡県公害防止等生活環境の保全に関する条例（平成14年福岡県条例第79号）
川崎市	川崎市公害防止等生活環境の保全に関する条例（平成11年川崎市条例第50号）
高槻市	高槻市環境影響評価条例（平成15年高槻市条例第28号）

(3) 各種基準値

① 土壌汚染対策法

　土壌汚染対策法の対象となる特定有害物質は土壌に含まれることに起因して健康被害を生じるおそれがあるものとして，鉛・砒素・トリクロロエチレン等の付表2.7.1に示す25物質が指定されている．これらには溶出に起因する汚染地下水等の摂取によるリスクがあるため土壌溶出量基準が定められており，環境省告示第46号（土壌環境基準）で基準値とその試験方法が規定されている．さらに，このうち9物質については汚染土壌を直接摂取することによるリスクもあり土壌含有量基準も定められている．土壌含有量は平成9年の環境省の「土壌・地下水汚染に係わる調査・対策指針および運用基準」において4項目（含有量参考値）が設定されていたが，土壌汚染対策法では9項目に増えて測定方法も変更された．また，平成9年に環境基本法に基づいて地下水環境基準が定められた．付表2.7.2に特定有害物質の主な用途を示す．

② セメント系固化材における六価クロムの溶出

　また，国土交通省では平成12～13年に通達[付2.7.2]により，国土交通省直轄工事においてセメント及びセメント系固化材を使用あるいは使用した改良土を再利用する場合，環境省告示46号溶出試験あるいは塊状にサンプリングした改良土を溶媒水中で静置して六価クロム溶出量を測定するタンクリーチング試験による六価クロム溶出試験を実施し，必要に応じて適切な処置を講じることとしている．

③ ダイオキシン類対策特別措置法

　ダイオキシン類対策特別措置法第7条の規定に基づき，人の健康を保護する上で維持されることが望ましい基準として，ダイオキシン類による大気の汚染，水質の汚濁（水底の底質の汚染を含む．）及び土壌の汚染に係る環境基準を付表2.7.3のとおり定めている．

付表 2.7.1 土壌汚染対策法の指定基準（土壌汚染対策法施行規則：平成 14 年環境省令第 29 号）

分類	特定有害物質の種類	指定基準 土壌溶出量基準（mg/L）	指定基準 土壌含有量基準（mg/kg）	地下水基準（mg/L）
第一種特定有害物質	四塩化炭素	0.002 以下	—	0.002 以下
	1,2-ジクロロエタン	0.004 以下	—	0.004 以下
	1,1-ジクロロエチレン	0.02 以下	—	0.02 以下
	シス-1,2-ジクロロエチレン	0.04 以下	—	0.04 以下
	1,3-ジクロロプロペン	0.002 以下	—	0.002 以下
	ジクロロメタン	0.02 以下	—	0.02 以下
	テトラクロロエチレン	0.01 以下	—	0.01 以下
	1,1,1-トリクロロエタン	1 以下	—	1 以下
	1,1,2-トリクロロエタン	0.006 以下	—	0.006 以下
	トリクロロエチレン	0.03 以下	—	0.03 以下
	ベンゼン	0.01 以下	—	0.01 以下
第二種特定有害物質	カドミウム及びその化合物	0.01 以下	150 以下	0.01 以下
	六価クロム化合物	0.05 以下	250 以下	0.05 以下
	シアン化合物	検出されないこと	50 以下（遊離シアンとして）	検出されないこと
	水銀及びその化合物	水銀が 0.0005 以下，かつアルキル水銀が検出されないこと	15 以下	水銀が 0.0005 以下，かつアルキル水銀が検出されないこと
	セレン及びその化合物	0.01 以下	150 以下	0.01 以下
	鉛及びその化合物	0.01 以下	150 以下	0.01 以下
	砒素及びその化合物	0.01 以下	150 以下	0.01 以下
	ふっ素及びその化合物	0.8 以下	4 000 以下	0.8 以下
	ほう素及びその化合物	1 以下	4 000 以下	1 以下
第三種特定有害物質	シマジン	0.003 以下	—	0.003 以下
	チオベンカルブ	0.02 以下	—	0.02 以下
	チラウム	0.006 以下	—	0.006 以下
	ポリ塩化ビフェニル	検出されないこと	—	検出されないこと
	有機りん化合物	検出されないこと	—	検出されないこと

付表 2.7.2 　主な特定有害物質とその用途例[付2.7.3]

分類	物　質　名	主な用途
揮発性有機化合物	四塩化炭素	機械器具の洗浄，殺虫剤，ドライクリーニングの洗剤，フロンガスの製造
	1,2-ジクロロエタン	塩化ビニルモノマー原料，合成樹脂原料，フィルム洗浄剤，有機溶剤，殺虫剤
	1,1-ジクロロエチレン	有機溶剤に可溶で，ポリ塩化ビニリデール（コーティングシート）原料
	シス-1,2-ジクロロエチレン	溶剤，染料抽出剤，香水，ラッカー，熱可塑性樹脂の製造，有機合成原料
	1,3-ジクロロプロペン	土壌燻蒸剤，殺線虫剤，ゴムの加硫促進剤
	ジクロロメタン	プリント基板の洗浄，金属の脱脂洗浄，冷媒，ラッカー
	テトラクロロエチレン	機械金属部品や電子部品の脱脂やドライクリーニング用の洗剤
	1,1,1-トリクロロエタン	金属の洗浄，ドライクリーニング溶剤（製造・使用禁止）
	1,1,2-トリクロロエタン	粘着剤，溶剤
	トリクロロエチレン	機械金属部品や電子部品の脱脂やドライクリーニング用の洗剤
	ベンゼン	染料，溶剤，合成ゴム，合成皮革，合成顔料，化学工業用原料，ガソリン
重金属等	カドミウム及びその化合物	充電式電池，塗料，メッキ工業など用途が広い
	六価クロム化合物	化学工業薬品，メッキ剤
	シアン化合物	メッキ工業，化学工業
	水銀及びその化合物	化学工業，電解ソーダ，蛍光灯，計器
	セレン及びその化合物	複写機，感光体，整流器，太陽電池，赤色顔料，ガラス着色剤
	鉛及びその化合物	鉛蓄電池，鉛管，ガソリン添加剤など用途が広い
	砒素及びその化合物	鉱山，製薬，半導体工業
	ふっ素及びその化合物	金属の研磨やステンレスの洗浄
	ほう素及びその化合物	電気メッキ工程の緩衝剤・メッキ液
	シマジン	トリアジン系除草剤で野菜，豆類，芝などに用いる
	チウラム	種子，球根，芝などの殺菌剤，ゴムの加硫促進剤
	チオベンカルブ	チオカーバイト系除草剤で稲，野菜，豆類などに用いる
	ポリ塩化ビフェニル（PCB）	電気絶縁油，熱媒体，ノーカーボン複写紙等に使用（現在は製造・使用禁止）
	有機りん化合物	殺虫殺菌剤，触媒

付表 2.7.3 ダイオキシン類対策特別措置法による環境基準（平成 14 年環境省告示第 46 号改正）

媒体	基準値	測定方法
大気	0.6pg-TEQ/m³ 以下	ポリウレタンフォームを装着した採取筒をろ紙後段に取り付けたエアサンプラーにより採取した試料を高分解能ガスクロマトグラフ質量分析計により測定する方法
水質 （水底の底質を除く）	1pg-TEQ/L 以下	日本工業規格 K0312 に定める方法
水底の底質	150pg-TEQ/g 以下	水底の底質中に含まれるダイオキシン類をソックスレー抽出し，高分解能ガスクロマトグラフ質量分析計により測定する方法
土壌	1 000pg-TEQ/g 以下	土壌中に含まれるダイオキシン類をソックスレー抽出し，高分分解能ガスクロマトグラフ質量分析計により測定する方法

＜備考＞　①基準値は，2,3,7,8-四塩化ジベンゾ-パラ-ジオキシンの毒性に換算した値とする．
　　　　②大気及び水質（水底の底質を除く）の基準値は，年間平均値とする．
　　　　③土壌にあっては，環境基準が達成されている場合であって，土壌中のダイオキシン類の量が 250pg-TEQ/g 以上の場合には，必要な調査を実施することとする．

④　土壌の油汚染

　土壌の油汚染調査は油汚染対策ガイドライン[付2.7.4]を参考に行う．本ガイドラインが対象とする「油汚染問題」は，「鉱油類を含む土壌に起因して，その土壌が存在する土地（その土地にある井戸の水や，池・水路等の水を含む）において，その土地又はその周辺の土地を使用している又は使用しようとする者に油臭や油膜による生活環境保全上の支障を生じさせていること」をいう．油汚染問題についての対応は，現場の状況に応じて個別に検討すべきものであるので，本ガイドラインはいかなる現場にも画一的規制的に用いることができるものとして作成されたものではない．また，油汚染問題の原因となっている鉱油類はさまざまなものがあり，油含有土壌中の油濃度によって一律に表現できるものではないので，油濃度の基準値は設定されていない．鉱油類には，ガソリン，灯油，軽油，重油等の燃料油と，機械油，切削油等の潤滑油がある（アスファルトは対象外）．鉱油類以外のものについては，本ガイドラインを参考にして対処する．

　調査対象は油膜・油臭と全石油系炭化水素（TPH）濃度である．TPH 濃度の測定方法は GC-FID 法（水素炎イオン化検出器付きガスクロマトグラフ法），IR 法（赤外分光分析法），n-ヘキサン抽出物質重量法があるが，油種が判別でき，低沸点成分の油も測定できるので，GC-FID 法が望ましい．

　油膜・油臭がなくても，油で色がついていれば，汚染土と判断され，建設発生土（残土）として受け入れてもらえないことがあるため問題になることがある．また，油膜・油臭がなくても，TPH 濃度により油汚染の程度によっては問題になることがあるので注意を要する．

(4) 日本と海外の法規制の比較

　付表 2.7.4 に，日本とアメリカ，ドイツ，オランダ，イギリスの土壌汚染に関連する法規制の比較を示す．欧米諸国では，日本よりも早く土壌汚染の法整備がされており，事業者や土地所有者により土壌汚染の届出が法律で義務付けられている．なお，日本の基準値は一律であるのに対して，

付録Ⅱ 地盤環境調査に関する資料　－287－

付表 2.7.4 土壌汚染に関連した法規制の日本と海外との比較[2.7.5]

	アメリカ	ドイツ	オランダ	イギリス	日本
法律の名称	スーパーファンド法, 資源保護回復法	連邦土壌保全法	土壌保全法	環境保護法	土壌汚染対策法
制定・施行年	1980 制定, 1986・1990 改正 (スーパーファンド法), 1976 年制定 (資源回復保護法)	1998 制定	1986 制定, 1994 改正	1999 施行	2002 施行
目的	スーパーファンド法：有害物質の環境への放出から人体の健康及び生活環境を保護 (汚染の浄化), 資源保護法：廃棄物の発生から最終処分までの包括的な安全を定めた法律 (未然防止)	恒久的に土壌機能を保全し, また回復することと (汚染の予防, 浄化)	人、植物又は動物にとって土壌が有する機能的な特性を保護 (汚染の予防, 浄化)	生物の健全性, 生態系, 人の財産を保護 (汚染の予防, 浄化)	国民の健康保護 (汚染の浄化)
調査の実施主体	初期調査：行政　詳細調査：責任当事者	初期調査：行政　詳細調査：責任当事者	初期調査：行政　詳細調査：責任当事者	行政	汚染者・土地所有者
対策の実施主体	責任当事者 (汚染者・土地所有者, 有害物質搬送業者), 行政	責任当事者 (汚染者・土地所有者, 土地占有者 etc)	責任当事者 (汚染者・土地所有者, 土地使用者)	責任当事者 (汚染者・土地所有者, 行政	汚染者・土地所有者
浄化責任者と費用負担者	潜在的責任者	汚染者・土地所有者, 土地占有者	汚染者・土地所有者	汚染者・土地所有者	汚染者・土地所有者
汚染土地の登録	全国優先順位一覧			土地登記時に追記	台帳作成・閲覧
	1008 種	26 種に設定 ①土壌, 人の直接摂取考慮：児童公園, 住宅, 公園・娯楽施設, 工業, 不動産：15 物質 ②土壌, 食物の間接摂取考慮：農地・菜園：6 物質, 草地：4 物質 ③土壌, 地下水の間接摂取考慮：27 物質	介入値：77 物質 跡地利用別の基準値：100 物質 土壌, 人のリスク考慮 跡地利用：住宅, 庭付き住宅, 工業, 農業	土壌, 人へのリスク基準値 ・汚染地の暴露アセスメントのための物質 ・汚染土地の再開発を行うための委員会による基準値：18 物質	26 種
有害物質の基準	発動基準：危険指数システム (HRS) の評点が 28.5 以上 浄化目標：以下の 3 つより設定 ①土地の利用用途を含めたリスク評価値 ②ARARs (法的に適用され, また適切か つ遇当な要件) に従った目標値 ③EPA に定められた SSLs (土壌スクリーニング値)	・検査値：汚染有無の判断基準 ・措置値：汚染発動基準 ・予防値：浄化措置基準 ・追加的負荷値：予防原則を確保するための負荷の投入 ※浄化の目標値なし, 措置値を基にリスクアセスメントの結果をもとに行政を判断	・介入値：公衆の健康被害を起こす土壌汚染の許容濃度基準 ・目標値：浄化措置の目標値 ・詳細調査発動基準：(介入値＋目標値)/2 以上 ※浄化の目標値はあるが, リスクアセスメントの結果をもとに行政を判断	汚染値, 人の暴露土地の定量的な基準はなく ①深刻な被害がある, ②規制ならんに有害物質が侵入した場合に汚染地となる判定して当局判断に汚染地となる。	
浄化発動の基準	サイトごと (土地用途別)	サイトごと (土地用途別)	一律, サイトごと	サイトごと (土地用途別)	一律
浄化達成基準	サイトごと (土地用途別)	サイトごと (土地用途別)	原則として全ての土地に対して基準までの浄化を要求	サイトごと (土地用途別)	サイトごと (土地用途別)
生態系への配慮	○	○	○	○	×
浄化基準の環境配慮性	○	○	○	○	×
厳格責任 (無過失責任)	○	○	○ (限定)	(法律には明記なし)	
遡及責任	○ (抗弁付)	○	○		
汚染責任の定義	被害のおそれがあるもの	被害のおそれがあるもの	被害のおそれがあるもの	被害のおそれがあるもの	基準値を超えたもの
基準値の性格	スクリーニング値, 一応の目安	スクリーニング値, 一応の目安	判断基準	スクリーニング値, 一応の目安	絶対的な判断基準
個別のリスク評価	必要 (サイトごとにリスク評価を行い汚染の有無を判断)	必要 (サイトごとにリスク評価を行い汚染の有無を判断)	必要 (サイトごとにリスク評価を行い汚染の有無を判断)	必要 (サイトごとにリスク評価を行い汚染の有無を判断)	不要 (基準値のみで判断)。ただし, 基準値の意味について理解が必要。

欧米諸国ではリスク評価に基づき土地用途別に汚染物質の基準が設定されていることが大きな相違である．

参 考 文 献

付 2.7.1) 環境省水・大気環境局：平成17年度土壌汚染対策法の施工状況及び土壌汚染調査・対策事例等に関する調査結果，2007.10

付 2.7.2) 建設省技調発第49号：「セメント及びセメント系固化材の地盤改良への使用及び改良土の再利用に関する当面の措置について」の運用について，2000.3

付 2.7.3) 土壌環境センター：土壌・地下水汚染対策支援データベース，2004

付 2.7.4) 中央環境審議会　土壌農薬部会　土壌汚染技術基準等専門委員会：油汚染対策ガイドライン，2006.3

付 2.7.5) 土壌環境センター：平成15・16年度自主事業報告書　土壌の健全性評価検討部会報告書

付録Ⅱ．8　土壌・地下水汚染対策

(1) 土壌汚染対策法における汚染の除去等の措置

　土壌汚染対策法では，指定区域に指定されると汚染防止のための措置の実施が要求されるが，その措置は「直接摂取によるリスク」と「地下水等の摂取によるリスク」により分けられている．

　「直接摂取によるリスク」とは，特定有害物質が含まれる汚染土壌を，直接摂取することによるリスクを指し，汚染された土地で生活する場合など摂食または皮膚接触（吸収）によって汚染土壌を摂取したことで人の健康に悪影響がおよぶリスクを対象としている．措置の対象となる土地は「土壌含有量基準」を満たしていない土地であり，その措置方法は付表2.8.1に示すように当該土地の条件により異なる．

　「地下水等の摂取によるリスク」とは，土壌中の汚染物質が地下水などに溶け出して，飲用などによって摂取するリスクを指す．措置の対象となる土地は「土壌溶出量基準」を満たしていない土地で，付表2.8.2に示すように有害物質の種類・溶出濃度により異なった措置方法が規定されている．

　「直接摂取によるリスク」と「地下水等の摂取によるリスク」の両方に対して適用可能な措置は「汚染土壌の除去（掘削除去措置，原位置浄化措置）」である．このとき「地下水等の摂取によるリスク」の場合には，措置後にも汚染物質が溶出してくる可能性があるため，付表2.8.3に示すような措置の種類に応じた水質モニタリングが規定されている．

　措置を実施する際，汚染土壌の指定区域外への搬出は「環境省告示第二十号　搬出する汚染土壌の処分方法」に従わなければならない．搬出する汚染土壌は「搬出汚染土壌管理票（以下，汚染土管理票という．）システム」に示された手順に従って処理し，処分後には「汚染土管理票の写し」（必要により「搬出汚染土壌確認報告書」）を都道府県知事等に提出する．汚染土管理票は当該処分終了から5年間は保管しなければならない．また処理場での管理方法も有害物質の種類・濃度により

付表 2.8.1　直接リスクに係わる措置[付2.8.1]

対策方法	乳幼児の砂場や園庭の敷地または遊園地の遊戯設備等	50cmの盛土により，支障が出るような居住用の建築物の敷地	左記以外の一般の土地
立入禁止	×	◇	◇
舗　装	×	◇	◇
盛　土	×	×	◎
土壌入れ替え	×	◎	○
土壌汚染の除去	◎	○	○

［凡例］
◎：原則として命ずる措置
○：土地の所有者および汚染原因者が希望する場合に命ずることの出来る措置
◇：土地所有者が希望し，◎の措置の費用を超えない場合に命ずることが出来る措置
×：適用不可能な措置

付表 2.8.2 地下水等の摂取に係わる措置[付2.8.2]

	第一種特定有害物質 (揮発性有機化合物等)		第二種特定有害物質 (重金属等)		第三種特定有害物質 (農薬等)	
	第二溶出量基準*		第二溶出量基準*		第二溶出量基準*	
	適合	不適合	適合	不適合	適合	不適合
原位置不溶化・ 不溶化埋め戻し	×	×	●	×	×	×
原位置封じ込め	◎	×	◎	◎**	◎	×
遮水工封じ込め	○	×	○	○**	○	×
遮断工封じ込め	×	×	○	○	○	◎
土壌汚染の除去	○	◎	○	○	○	◎

[凡例]
◎：原則として命ずる措置
○：土地の所有者等と汚染原因者の双方が希望した場合に命ずることができる措置
●：土地の所有者が希望した場合に命ずることができる措置
×：技術的に適用不可能な措置
＊　「第二溶出量基準」とは，土壌溶出量基準の 10～30 倍に相当するものである．
＊＊　汚染土壌を不溶化し，第二溶出量基準に適合させた上で行うことが必要．

規定がある．

(2) 土壌・地下水汚染対策の現状（主な浄化技術）

　汚染土壌等の対策は付録Ⅱ．7 で述べた法律的に命ぜられる措置だけでなく，対象となる土地の現状（汚染状況・社会的影響・以降の使用予定など）を考慮してより効果的な措置を講じる場合が多い．そのためには，事前の詳細調査により汚染種・汚染濃度・汚染範囲（広がりおよび深さ）・汚染方向を把握して効果的な浄化計画を立案する．

　浄化方法は，付表 2.8.4 に示すように汚染種・濃度・土地の環境条件により採用する方法が異なる．重金属等は原位置での分解や除去が困難なため，掘削除去や不溶化封じ込めを行う場合が多いが，掘削除去は汚染土壌を清浄な土壌と入れ替えることから浄化が確実で工期も短い反面，掘削した土壌の中間処理および最終処分場での管理にコストがかかる．不溶化封じ込めは，原位置において薬剤注入および攪拌を行うもので，重金属類を薬剤と化学反応させ地下水や雨水に溶出する可能性を極めて低くすることで，拡散を防止する方法である（付表 2.8.5 参照）．しかし，原位置で不溶化処理を行った場合には重金属自体は依然そのサイトに存在しているため，汚染物質がそのサイトに現存しており，経年変化により影響を受ける恐れがあり，付表 2.8.3 にもあるように処理後も定期的に地下水のモニタリングを実施する必要がある．また，土壌の入替えや不溶化対策を行った地盤は充分な締固めが必要である．汚染土壌を土壌清浄装置で処理して清浄化して埋戻し土壌として利用するケースも増えている．土壌清浄装置には汚染土壌をスラリー化して洗浄するものや低沸点物質を対象として熱処理（低温加熱）を行うものがある．土壌洗浄は，重金属などの汚染物質が土粒子の表面に多く存在するという特徴を利用して比表面積の大きい細粒分を除去する方法である[付2.8.3]．その概念を付図 2.8.1 に示す．この場合も不溶化処理と同様に処理後の土壌の締固め等に注意を払

付表 2.8.3　措置の種類と地下水の水質測定の内容[付2.8.2]

措置の種類		対象となる土地の範囲	観測井 設置箇所	水質の測定 頻度	水質の測定 確認事項	水位の測定 頻度・(期間)	水位の測定 確認事項
地下水の水質測定		土壌汚染に起因する地下水汚染が生じていない場合に実施対象となる土地の範囲は土壌汚染に起因する地下水汚染の状況を的確に把握できる地	1以上	・当初1年目定期的に4回以上/年 ・2～10年目1回以上/年 ・11年目以降1回以上/2年	現に地下水汚染が生じた場合には以下の措置に移行することとなる	－	－
原位置不溶化		措置を実施した範囲にある地下水の流れの下流側周縁	1以上	定期的に4回以上/年	地下水汚染の生じていない状態が2年継続すること	－	－
不溶化埋め戻し		措置を実施した範囲にある地下水の流れの下流側周縁	1以上	定期的に4回以上/年	地下水汚染の生じていない状態が2年継続すること	－	－
原位置封じ込め		汚染土壌の囲い込みを実施した範囲にある地下水の流れの下流側周縁	1以上	定期的に4回以上/年	地下水汚染の生じていない状態が2年継続すること※1	－	－
		汚染土壌の囲い込みを実施した範囲内	1以上	－	－	※1の要件が確認されるまで	地下水の上昇がないことの確認
遮水工封じ込め		措置を実施した範囲にある地下水の流れの下流側周縁	1以上	定期的に4回以上/年	地下水汚染の生じていない状態が2年継続すること※2	－	－
		措置を実施した範囲内	1以上	－	－	※2の要件が確認されるまで	地下水の上昇がないことの確認
遮断工封じ込め		措置を実施した範囲にある地下水の流れの下流側周縁	1以上	定期的に4回以上/年	地下水汚染の生じていない状態が2年継続すること	－	－
土壌汚染の除去	原位置浄化	汚染土壌のあった範囲	1以上	定期的に4回以上/年	地下水汚染の生じていない状態が2年継続すること	－	－
	掘削除去	埋め戻しを行った土地	1以上	定期的に4回以上/年	地下水汚染の生じていない状態が2年継続すること	－	－
		※上記のうち措置実施前に地下水汚染が認められていない場合	1以上	1回	地下水汚染の生じていないことの確認	－	－

う必要がある．

　揮発性有機化合物では，揮発性が高いという特徴を利用した土壌ガス吸引や地下水揚水曝気による浄化が行われる．土壌ガス吸引は真空ポンプを用いて直接土壌から汚染物質ガスを吸引除去する方法で，多くの実績があり，吸引された物質は地上部の回収装置（活性炭等）で除去されるために環境への負担も少ないが，土壌が不均一である場合など通気性が悪い状態では適用が難しい．揚水曝気は，汚染されている地下水を直接汲み上げて地上で曝気等により汚染物質を除去する方法で，汚染地下水の拡散を防止する効果は大きいが，完全な浄化効果が確認されるまでに時間を要するた

付表 2.8.4　浄化技術の分類

対策	分類					
重金属類の対策	浄化	原位置浄化	原位置溶融	原位置ガラス固化		
			原位置抽出	地下水揚水，浄化壁		
			原位置分解	化学分解，生物分解		
		掘削除去	分解	熱分解，化学分解		
			分離	土壌洗浄，熱脱着		
			溶融	溶融スラグ		
	封じ込め	原位置封じ込め	(処理)	固化	セメント固化	
				不溶化	化学的不溶化	
		掘削除去後封じ込め	(施工)	遮水工	矢板	
				遮断工	コンクリートピット	
VOCの対策	原位置浄化	原位置分解	生物分解	バイオベンティング，バイオスティムレーション，バイオオーグメンテーション		
			化学分解	鉄粉還元処理，フェントン処理		
			透過性浄化壁（地下水による拡散防止技術）			
		原位置抽出	地下水揚水	揚水曝気，活性炭処理		
			土壌ガス吸引			
	掘削除去	分解	熱分解	焼却		
			化学分解			
		分離	熱脱着	低温加熱		
			土壌洗浄			
油分の対策	原位置浄化	原位置分解	生物分解	バイオベンティング，バイオスパージング		
			化学分解	フェントン処理		
		原位置抽出	地下水揚水			
			土壌ガス吸引			
	掘削除去	分解	生物分解	ランドファーミング，バイオパイル		
			熱分解	焼却		
		分離	熱脱着	低温加熱，生石灰混合		
			土壌洗浄			

バイオベンティング　　　　　　：土壌中の不飽和体に空気を注入し，同時に吸引して，生物浄化効率を上げる工法．
バイオスティムレーション　　　：現場に生息する微生物を活用して環境修復を行う方法．
バイオオーグメンテーション　　：外来の微生物を導入する方法．
バイオスパージング　　　　　　：土壌の水飽和帯に通気し，地下水中の酸素濃度を上げて生物浄化効率を上げる工法．

付表 2.8.5　主な不溶化処理の薬剤と作用

重金属等	主な不溶化剤	作　用
カドミウム化合物	硫化ナトリウムキレート剤	硫化カドミウム生成，キレート吸着
シアン化合物	硫酸第一鉄	難溶塩生成
鉛化合物	硫化ナトリウムキレート剤	硫化鉛生成，キレート吸着
六価クロム化合物	硫酸第一鉄	三価クロム化合物に還元後，中和
砒酸化合物	塩化第二鉄，硫酸第二鉄	砒酸鉄生成
水銀化合物	硫化ナトリウムキレート剤	硫化水銀生成，キレート吸着

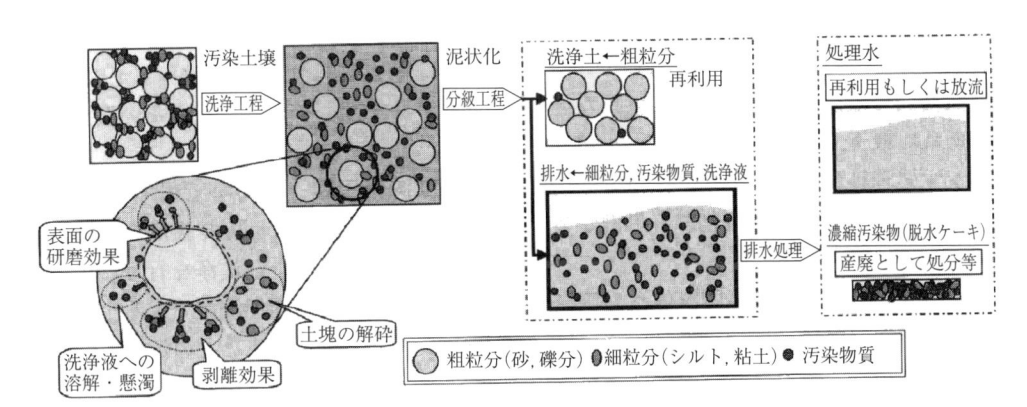

付図 2.8.1　土壌洗浄の概念[付2.8.4]

め，工期に余裕のないサイトでは他の対策と併用することが多い．

　エアスパージング法は付図 2.8.2 に示すように，地下水（飽和層）と土壌（不飽和層）を併せて浄化する方法である．この方法は汚染された地下水の揚水を伴わないため，排水処理施設の必要がなく，揮発による物理化学的除去に加え，空気を導入することで微生物の働きによる浄化効果も期待できる．最近では，フェントン反応を利用した化学的分解浄化や汚染物質と反応して無害化する物質を充填した透過壁を設置して拡散を防止する方法（透過反応壁法）も開発されている．

　有機物である揮発性有機物質や油分の汚染には，付図 2.8.3 のような生物分解を利用したバイオレメディエーションの適用も多い．バイオレメディエーションは他の処理方法と比較して浄化にかけるエネルギーが小さく，低コストで処理の際に新たな廃棄物等が発生することも少ないため，油汚染を中心に採用実績が多くなってきている．

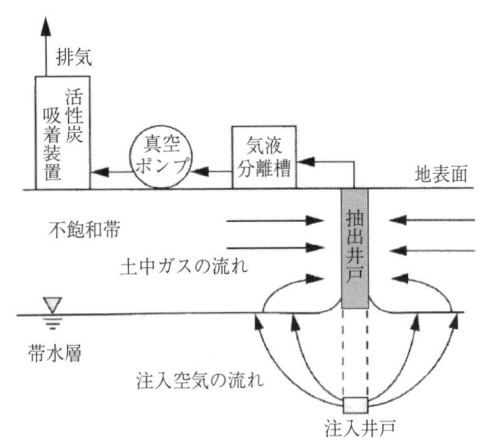

　また最近では，バイオレメディエーションのひとつともいえる植物を利用したファイトレメディエーションの開発も行われてきている．ファイトレメ

付図 2.8.2　エアスパージングの例[付2.8.4]

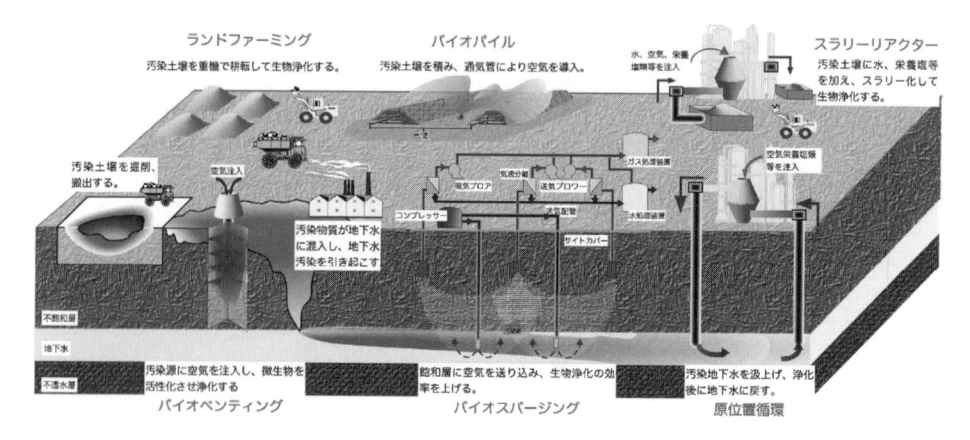

付図2.8.3 バイオレメディエーション技術の例[付2.8.6]

付表2.8.6 主な技術の比較[付2.8.6]

比較項目	ファイトレメディエーション	バイオレメディエーション	化学的処理	熱/物理的処理
処理対象物質	重金属類 VOC，油分	VOC，油分	重金属類 VOC，油分	重金属類 VOC，油分
コスト（初期コスト）	○	○	△〜× 技術ごとで異なる	△〜× 技術ごとで異なる
外部エネルギーの必要性	○	△	×	×
浄化の場所	原位置，場内	原位置，場内	原位置，場内	原位置，場内
即効性（短期浄化）	×	△	○	○
土壌の温度・湿度等が与える処理能力への影響	×	×	○	○
広範囲に低濃度で汚染された地域への適用	○	○	×	×

○：優，△：普通，×：劣

ディエーションは溶解した重金属が根を通し植物に吸収され植物体へ蓄積することで汚染物質を除去し，さらに植物の根圏環境が汚染サイトに存在する微生物活性を上げて，油分などの汚染物質の分解を促進させて浄化を図る技術である．

以上の浄化工法は，「生物処理」・「化学的処理」・「熱的/物理的処理」に分けられる．主な技術の比較を付表2.8.6に示すが，ここに示した内容は各サイトに特異的かつ複雑な条件が存在するため，厳格なものではなくあくまでも一般的な傾向である．

参考文献

付2.8.1) 吉村 隆：初歩から学ぶ土壌汚染と浄化技術，工業調査会，2003

付 2.8.2) 土壌環境センター：土壌汚染対策法に基づく調査及び措置技術的手法の解説，2003
付 2.8.3) Liquid Extraction Technologies, Innovative Site Remediation Technology ; Design and Application, Vol. 3, 1998
付 2.8.4) 地盤工学会：続・土壌・地下水汚染の調査・予測・対策，2008
付 2.8.5) 清水建設技術研究所編集員会，環境創造テクノロジー，イプシロン出版，2006
付 2.8.6) 科学技術政策研究所ホームページ：http://www.nistep.go.jp/achiev/ftx/jpn/stfc/stt012j/feature4.html

建築基礎設計のための地盤調査計画指針

1985 年 7 月 1 日	第 1 版第 1 刷
1995 年 12 月 5 日	第 2 版第 1 刷
2009 年 11 月 20 日	第 3 版第 1 刷
2023 年 7 月 20 日	第 8 刷

編　集　　一般社団法人　日本建築学会
著作人
印刷所　　昭和情報プロセス株式会社
発行所　　一般社団法人　日本建築学会
　　　　　108-8414 東京都港区芝 5-26-20
　　　　　電　話・(03) 3 4 5 6-2 0 5 1
　　　　　F A X・(03) 3 4 5 6-2 0 5 8
　　　　　http://www.aij.or.jp/
発売所　　丸善出版株式会社
　　　　　101-0051 東京都千代田区神田神保町 2-17
　　　　　　　　　神田神保町ビル
　　　　　電　話・(03) 3 5 1 2-3 2 5 6

© 日本建築学会 2009

ISBN978-4-8189-0587-0　C3052